KB043326

아주 쓸모 있는 세계 이야기

아주 쓸모 있는 세계 이야기

초판 1쇄 발행 2019년 9월 14일
초판 3쇄 발행 2022년 12월 19일

지은이 남영우·박선미·손승호·김걸·임은진

펴낸이 김선기
펴낸곳 (주)푸른길
출판등록 1996년 4월 12일 제16-1292호
주소 (08377) 서울시 구로구 디지털로 33길 48 대륭포스트타워 7차 1008호
전화 02-523-2907, 6942-9570~2
팩스 02-523-2951
이메일 purungilbook@naver.com
홈페이지 www.purungil.co.kr

ISBN 978-89-6291-832-8 03980

• 이 도서의 국립중앙도서관 출판예정도서목록(CIP)은 서지정보유통지원시스템 홈페이지(http://seoji.nl.go.kr)와 국가자료공동목록시스템(http://www.nl.go.kr/kolisnet)에서 이용하실 수 있습니다.(CIP제어번호: CIP2019034373)

Understanding the World :
A Geographical Approach

지 리 학 자 가 들 려 주 는 재 미 있 는 세 계 상 식

아주 쓸모 있는 세계 이야기

프롤로그

저널리스트인 팀 마샬Tim Marshall은 국제문제를 다루기 위해 25년 넘게 30개국이 넘는 분쟁지역을 직접 현장에서 취재하며 알게 된 사실들을 그의 저서 『지리의 힘』에서 날카롭게 파헤쳤다. 그는 정치적·종교적 이데올로기는 성쇠를 겪지만, 지리적 요소는 시간이 흘러도 그 자리에 그대로 남아 있음을 깨달았다. 그는 나폴레옹이나 히틀러와 같은 인물은 물론 나치와 소련의 위협은 시간이 지나면서 사라졌지만, 북유럽 평원과 동유럽의 카르파티아산맥 등은 여전히 그 자리에 있음을 지적했다. 이와 마찬가지로 당 태종 이세민이나 몽골 제국의 칭기즈칸과 같은 침략자는 물론 일제의 위협은 사라졌지만, 만주 평원과 한반도 또한 여전히 제자리에 자리하고 있다.

또한 마샬은 지리의 힘이 21세기 현대사에 미치는 영향이 막대함을 강조하여 이것을 '지리의 포로prisoners of geography'라 표현했다. 이 책에서는 과연 역사가 지리의 포로인지, 자연환경이 인간에게 어떤 영향을 미쳤는지 등을 여러 나라의 사례를 통하여 추론해 본다.

지구상에서 전개되는 역사와 인류문명을 좌우하는 것이 지리이며, 경제와 정치를 움직이는 것 역시 지리라고 한다면 지나친 과장일까? '지리'는 한자로 '地理', 영어로는 'geography'라 표기된다. 이것은 각각 땅의 이치를 연구한다는 뜻과 땅을 기술한다는 뜻을 지니고 있다. 두 단어가 모두 오늘날 지리학의 기초가 되고 있지만, 땅의 이치를 파악한다는 점에서 서양의 geography보다 한자문화권의 地理學이 본질에 더 가

깝다.

지리란 분야는 표면적 사실의 나열이 아니라 지역에서 전개되는 각종 현상을 종합적으로 분석하고 지역의 고유성과 일반성을 규명하는 학문이다. 지리학에서는 땅이 지닌 특성을 지역이란 프레임에 씌워 이 땅과 저 땅이 무엇이 다르고 무엇이 같은지 규명하려고 애쓴다. 그럼에도 불구하고 지리학이란 분야가 구체적으로 무엇을 연구하는 학문인지 정확히 모르는 경우가 허다하다.

인간의 행태는 땅과 자원을 이용하고 쟁탈하는 것과 다름없다. 쟁탈은 땅과 자원의 한계가 있기 때문에 일어나는 것이며 남의 나라 땅이 탐날 경우에 발생하는 것이었다. 오늘날에는 아무리 탐나더라도 남의 나라 땅과 자원을 힘으로 빼앗을 수 없는 시대에 돌입했다. 세계평화의 유지와 인류의 복지 증진을 위해 제정된 국제법이 있기 때문이다. 비록 국제법에 강제성이 없더라도 문명국이라면 지구촌의 일원으로 준수하여야 마땅하다. 그러므로 우리는 지리를 통해 땅과 자원의 쟁탈로 점철된 인간의 행태에 대하여 심층적인 해석을 내릴 수 있게 되었다.

해외여행의 문턱이 낮아지고 각종 미디어를 통해 많은 정보를 접하게 되면서 오늘날의 세계는 각 나라가 서로 멀게 느껴지지 않는 시대에 접어들었다. 지구촌이 형성된 것이다. 그러나 "구슬이 서 말이라도 꿰어야 보배다."라는 말이 있듯이 산만하게 나열된 정보는 지식이 될 수 없고 교양인이 되는 데 별로 보탬이 되지도 않는다.

우리는 이 생각을 토대로, 독자들에게 지리를 통해 세계를 이해할 수 있는 지식과 관점을 제공하기 위하여, 크게 5개 장으로 나눠 현재와 미래를 관통할 수 있게 엮었다. 먼저 제1장의 글로벌 차원에서 세계를 이해한 후, 제2장 환경적 차원, 제3장 문화적 차원, 제4장 경제적 차원에 대해 알아보고, 제5장의 로컬 차원에서 국가별 이슈에 관하여 살펴볼 것이다.

지구에서 일어나는 현상과 지리학 분야가 매우 다양하므로 여러 분야에 걸쳐 다양한 학문적 배경과 관점을 가진 전문가들이 집필진으로 동원되어 이 책을 구성하였다. 각 저자들은 주제별로 중요하다고 생각하는 키워드를 본문 앞에 제시했으니 그것을 중심으로 읽으면 핵심이 되는 사항을 한발 빠르게 간파할 수 있을 것이다.

근대 이후 역사와 지리를 독점해 온 서구의 횡포를 비판한 케네스 데이비스Kenneth Davis는 지리학 전문가들이 일반 독자들과 학생들을 아예 무시하거나 고압적이며, 깊이를 추구한다는 미명 아래 주제가 지닌 흥미를 간과한다고 비판한 바 있다. 그런 이유로 사람들은 지리가 재미없다고 느낀다. 저자들은 그의 비판을 염두에 두고 이 책의 집필에 임했다.

이 책은 열대야 일수가 기록을 깨는 무더운 날씨 속에서 집필되었다. 저자들은 독자들이 이 책을 통해 조금이나마 세계를 이해하는 데 도움이 되도록 지도와 사진을 많이 수록했다. 독자들이 세계를 보는 안목이 생기게 된다면 그것으로 만족하련다. 저자들은 세계지리를 공부하는 학도는 물론 글로벌 현상을 알고 싶어 하는 기업의 비즈니스

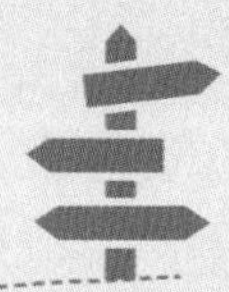

맨과 지역학에 관심이 있는 국제정치학을 전공하는 학도, 해외관광을 위한 여행자 들에게 일독을 권하고 싶다.

마지막으로 저자들이 편안하게 집필에 몰두할 수 있는 공간을 제공해 준 노블레스 타워 실버타운의 한문희 박사와 많은 조언을 아끼지 않은 이경택 박사, 출판을 기꺼이 수락해 주신 김선기 사장님, 책을 예쁘게 꾸며 주신 최지은 씨께도 심심한 사의를 표한다.

2019년 8월

저자 일동

차례

제2장 환경적 차원: 다양한 자연환경의 이해

제3장 문화적 차원: 문화적 다양성의 이해

이 책에는 독자들의 이해를 돕기 위해 각종 사진과 그래프는 물론 지도가 곳곳에 삽입되어 있다. 『군주론』의 저자 마키아벨리(Machiavelli)는 군대를 지휘하는 장군이 가장 먼저 모든 지리적 장소와 자연을 알아야 하는 것처럼 국토의 모든 것을 알기 위해서는 지도를 보아야 한다고 지적한 바 있다. 또한 미국인 저널리스트였던 반 룬(Van Loon)은 책보다 지도를 더 자주 펼쳐 볼 것을 권했다. 그는 지도 없이 지리를 이해하려는 것은 마치 악기 없이 음악을 배우거나 물 없이 수영을 배우는 것과 같다고 일갈한 바 있다.

반 룬의 권유가 아니더라도 지도를 펼치거나 지구본을 돌려 본다면 세계에 대한 이해가 더 깊어질 것이다. 또한 지도 속에 몰입하면 야릇한 행복감을 느끼게 될 것이다. 독자들은 지도를 보면서 느끼기만 하면 된다. 지명 따위는 외우지 않아도 된다. 지도를 자주 펼쳐 보면 지명은 자연스레 암기되니까 말이다.

특히 제1장에서는 글로벌 차원에서 세계 각국을 언급하는 관계로 독자들에게 생소한 국가명과 지명이 등장하게 된다. 그럴 경우에는 지도를 펼쳐 놓고 보면 이해하는 데 도움이 될 것이다.

제1장

글로벌 차원: 세계의 이해

01
아시아와 유럽의 경계는 어딜까?

키워드: 아시아, 유럽, 아나톨리아, 카르파티아산맥, 레반트, 오리엔트.

1. 아시아Asia란 지명은 서양에서 생겨났다

아시아는 영어로 ASIA, 한자로 亞細亞라 표기되는데, 결론부터 이야기하면 이것은 서양중심적 발상에서 유래된 명칭이다. '아시아'라는 지명이 생긴 것은 아주 오랜 옛날의 일로 그 기원에 대해서는 여러 가지 해석이 분분하다. 그 가운데 유력한 학설을 소개하면 다음과 같다.

고대 그리스인은 그들의 동쪽에 있는 지역을 'Aσία'라고 불렀는데, 이는 '동쪽' 혹은 '일출'을 의미하는 아시리아어의 '아수asu'에서 유래했을 것으로 추측된다. 이 그리스어 지명은 서부 아나톨리아에 있던 연합국가 아쑤와Assuwa에서 나온 듯하다. 히타이트어로 '좋다'는 뜻의 '아쑤-assu-'가 이 명칭의 일부일 것이라는 설도 있다.

아쑤와 대비되는 '에레브ereb'는 '서쪽' 혹은 '일몰日沒'이란 뜻이다. 에레브는 고대 그리스 신화에 등장하는 페니키아 공주의 이름 '에우로페'로 부활해 '유럽'의 기원이 되었다. '에우로페Europe'란 단어는 '넓은 얼굴'을 가리키는 말이다. 기원전 12세기부터 동서양의 구분이 생겨난 것이다.

2. 유럽 경계의 변천

어원의 관점에서 보면 앞에서 설명한 바와 같지만, 지리적 관점에서 구대륙을 유럽, 아시아, 아프리카로 구분한 것은 고대 그리스 지리학자인 아낙시만드로스Anaximandros 나 헤카타이오스Hekataios 등이 기원전 6세기부터 사용한 방식일 것으로 추정된다. 처음으로 철학적 세계관을 전개한 아낙시만드로스는 캅카스 지역을 아시아와 유럽의 경계로 삼았고, 기원전 5세기의 역사의 아버지라 불리는 헤로도토스도 이 관례를 따랐다. 헬레니즘시대를 지나면서는 지리적인 지식이 쌓여 현재의 돈강을 경계로 삼기도 했다. 로마시대의 작가인 포세이도니오스Poseidonios나 스트라본Strabo, 프톨레마이오스Ptolemaeos 등도 이 방식을 따랐다.

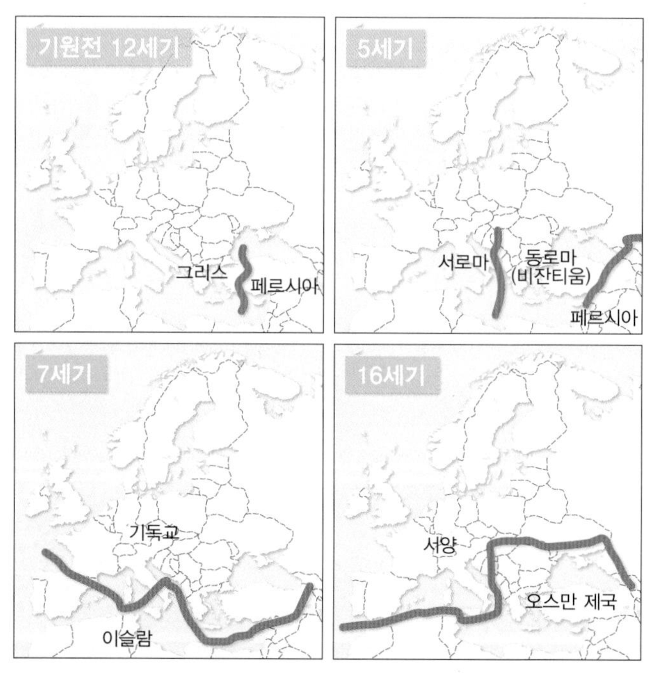

그림 1-1. 시대에 따른 동서양 경계의 변화

* 분홍색 선은 동서양 경계를 표시한 것이다.

그 당시 아시아와 유럽, 즉 동양과 서양은 보스포루스해협을 경계로 나뉘었고 터키의 아나톨리아반도를 아시아라 불렀다. 그리스가 아나톨리아반도의 서부지역까지 영역을 확장하여 페르시아와 접하면서 서양이 약간 넓어졌다. 그러나 광범위한 유럽 대륙의 명칭으로 격상된 최초의 기록은 기원전 3세기 그리스 지리학자 에라토스테네스Eratosthenes에 의한 것이며, 동양과 서양의 경계는 기원전 2세기의 지리학자 프톨레마이오스가 동로마였던 아나톨리아반도를 포함하여 오늘날의 유럽에 상당하는 범위를 확정하면서 5세기경까지 유지되었다. 7세기에는 이베리아반도가 이슬람을 침략하면서 기독교권만 유럽으로 인식하기도 했으나, 16세기에 들어와서 오스만 제국의 팽창으로 동서양 경계에 변화가 생겼다.

지리학적으로 본래의 유럽은 리투아니아와 폴란드 사이의 칼리닌그라드와 흑해 연안의 오데사를 연결하는 선의 서쪽으로 한정하는 범위를 가리키는 경우가 일반적이

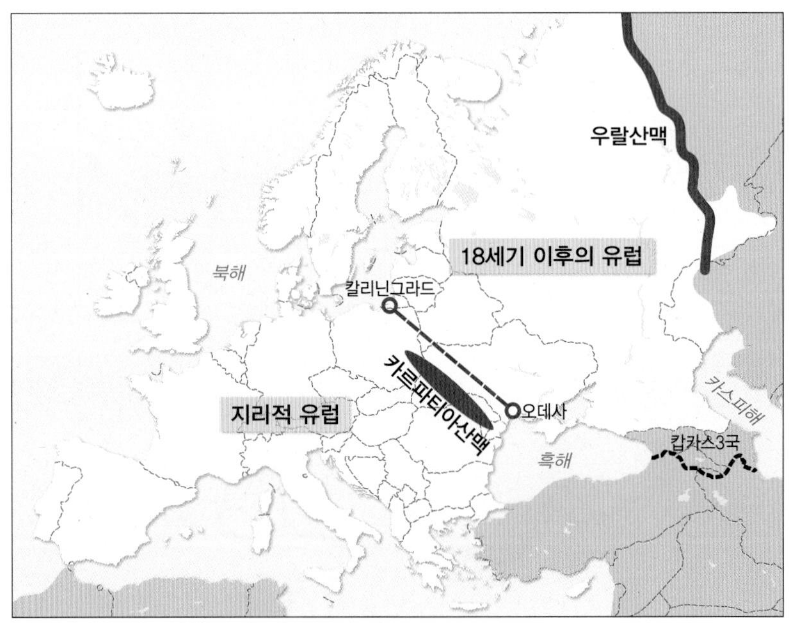

그림 1-2. 유럽의 지리적 경계

다(그림 1-2). 그 경계의 서쪽에 유럽 문화라 할 수 있는 라틴 문화권·게르만 문화권·슬라브 문화권이 모두 포함되기 때문이다. 유럽에서 슬라브인들이 가장 오래 살던 땅은 카르파티아산맥 일대였을 것이다. 남쪽으로 간 사람들은 발칸 슬라브인이 되었고, 서쪽으로 간 사람들은 체코인·폴란드인, 동쪽으로 간 사람들은 러시아인의 원류인 동슬라브인이 되었다.

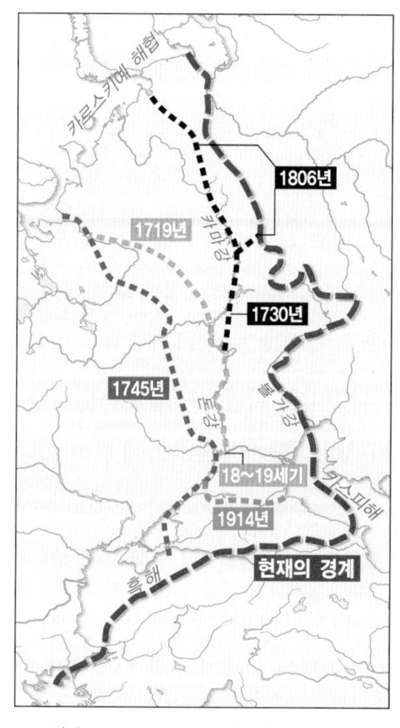

그림 1-3. 1700~1920년간 출판된 지도의 유럽 경계

18세기 이후부터 20세기에 걸치는 동안에 출간된 여러 지도를 보면 아시아와 유럽의 경계가 다양했음을 알 수 있다(그림 1-3). 오늘날에는 아시아와 유럽의 경계가 보스포루스해협으로부터 흑해와 캅카스산맥을 거쳐 카스피해와 우랄산맥으로 이어지는 선으로 통용되고 있지만, 1700년대 이후에 돈강·볼가강·카마강 등을 경계로 삼은 적도 있었다.

유럽인은 최근까지만 하더라도 러시아가 유럽 국가인가, 아시아 국가인가에 대한 의문을 가지고 있었다. 제1·2차 세계대전 당시만 하더라도 러시아는 유럽의 일원으로서 부족함이 없었지만, 냉전시대로 접어들면서 유럽 세계에서는 부정하고 싶은 대상이 되었다. 러시아인은 16세기부터 우랄산맥을 유럽의 경계로 인식하기 시작했다. 독일의 지리학사 훔볼트와 광물학자 구스타프 로제는 우랄산맥의 서쪽 사면에서 동쪽 사면으로 넘어가는 지점을 자연적인 분계선으로 규정했다.

아시아와 유럽의 양 대륙에 걸쳐 있는 나라는 러시아와 터키이다. 동유럽의 수도였던 이스탄불을 터키가 차지하면서 생긴 일이다. 우리가 이스탄불에 가면 '아, 유럽이

구나!'라고 느끼지만, 유럽인은 이 도시에 오면 '아, 아시아구나!'라고 느낀다.

유럽과 아시아의 경계란 역사적이고 문화적인 것이기 때문에 세계인의 인식 속에서만 존재하는 것이다. 어디가 유럽이고 어디가 아시아인지에 대한 사람들의 생각과 믿음은 역사적으로 변해 왔던 것이지 고정된 실체는 아니었다. 조지아·아르메니아·아제르바이잔의 캅카스 3국은 자신들을 유럽권으로 인식하고 있다. 그런 이유로 유럽평의회에서는 이들 3국을 유럽의 일원으로 인정하지만, 국제 연합UN 통계국에서는 아시아로 분류하고 있다.

아시아의 지명에서 알 수 있는 것처럼 지명이란 스스로 호칭하는 것이라기보다는 타인이 어떻게 부르는가에 달려 있다는 것을 알 수 있다. 해가 뜬다는 뜻의 프랑스어 '레베르Lever'와 해가 뜨는 곳이라는 뜻의 방위 개념인 라틴어 '오리엔스Oriens'에서 유래해 동지중해 연안지방을 지칭하는 '레반트Levant'와 '오리엔트Orient' 역시 마찬가지이다. 라틴어 oriri는 '떠오르다'를 뜻하며 그 파생어 oriens는 '떠오르는'이라는 뜻이다. 오리엔트는 14세기 프랑스의 고어에서 영어로 이입된 단어다.

대부분의 성당이 동쪽을 향하도록 설계된 이유는 유럽 쪽에서 볼 때 예루살렘이 동쪽에 위치하기 때문이다. 서양인의 관점에서 작명된 근동Near East, 중동Middle East, 극동Far East 역시 아시아인이 스스로 호칭한 지명이 아니다.

02

국기를 보면 국가와 지역의 특징이 보인다!

키워드: 국기, 노르딕지역, 아난 플랜, 그란 콜롬비아.

1. 국기國旗란?

우리는 어떤 행사장이나 국제회의 또는 올림픽이 열릴 때 펄럭이는 만국기를 보게 된다. 여러 국기가 한꺼번에 펄럭이는 모습은 아름답게 보인다. 국기란 일정한 형식을 통하여 한 나라의 역사·국민성·이상 따위를 상징하도록 정한 기旗를 가리킨다. 그러므로 각국의 국기는 그 나라의 상징이며 대표성을 갖는다고 볼 수 있다.

세계 여러 나라의 국기는 도형과 디자인이 다양할뿐더러 색깔 또한 마찬가지다. 국기는 한 나라의 상징이지만 대륙별 혹은 지역별로 볼 때 일정한 공통점을 발견할 수 있다. 이런 차이는 인간의 색 감정이 자연환경과 인문환경의 영향을 받아 생겨난 것이다. 그중에서 가장 중요한 것은 위도에 따라 달라지는 기후의 영향일 것이다.

2. 대륙별 국기

각국의 국기 색깔을 살펴보면, 빨강, 하양, 초록, 파랑의 순으로 많다. 역시 빨강은

색 중의 제왕이라 불릴 만큼 가장 많이 사용된다. 그다음이 바탕색이 되는 하양이며, 초록과 파랑도 많이 쓰인다. 같은 빨강이라도 그 의미는 나라마다 약간 다르다. 태양의 빨강, 혁명의 피를 상징하는 빨강, 기독교의 빨강, 이데올로기의 빨강, 용맹의 빨강 등 다양하다. 국기별로 하양은 농도 차이가 없지만 초록과 파랑은 농도의 차이가 있다.

도형과 디자인은 줄무늬, 별, 문장, 십자형, 달 등과 같이 다양하며 네팔을 제외하고는 대부분 사각형 형태를 취한다. 먼저 그림 1-4에서 보는 바와 같이 아시아 국가의 국기의 경우, 빨강과 하양이 가장 많이 사용되었다. 그리고 도형과 문양은 줄무늬가 가장 많고, 그다음이 문장, 별의 순이다. 줄무늬는 가로 줄무늬와 세로 줄무늬가 있는데, 가로 줄무늬가 압도적으로 많다. 이는 아시아뿐만 아니라 아프리카와 유럽 등의 대륙에서도 마찬가지다.

서남아시아의 경우 사우디아라비아 국기는 신앙고백이 녹색 바탕에 흰색으로 적혀 있고, 파키스탄 국기는 이슬람의 녹색 바탕에 흰색의 초승달과 별이 새겨져 있다. 쿠웨이트·요르단·이라크 국기도 이슬람의 녹색, 투쟁과 용기의 빨강, 평화의 상징인 하양으로 구성되어 있다. 이와 같이 이슬람권 국가들의 국기에는 초록과 달·별이 그려진 경우가 많다.

아시아의 국기들에는 빨강이 가장 많이 사용되었지만 그림 1-5에서 보듯이 아프리카의 국기들에는 초록, 빨강, 검정의 순으로 많이 쓰였다. 적도에 가까운 지역에 사는 사람일수록 적색 시세포가 발달되어 있어 장파장인 빨강·주황·노란색의 미묘한 차이까지 느낄 수 있고, 궁극적으로는 이 색깔들을 아름답게 느낀다. 상식적으로 열대지방 사람은 덥기 때문에 차가운 흰색을 좋아하고 극지방 사람은 흰색 계열보다는 따뜻함을 풍기는 빨간색 계열을 찾을 것 같지만 사실은 정반대로 나타난다.

대체로 빨간색을 선호하는 것은 빨강이 태양과 힘의 상징이기 때문이다. 이것은 태양과 가까운 적도에 가까운 나라일수록 강하게 나타난다. 반면에 극지방의 흰 눈 속에 사는 에스키모인은 상대적으로 백색 시세포가 발달되어 있어 백색의 미묘한 차이까지

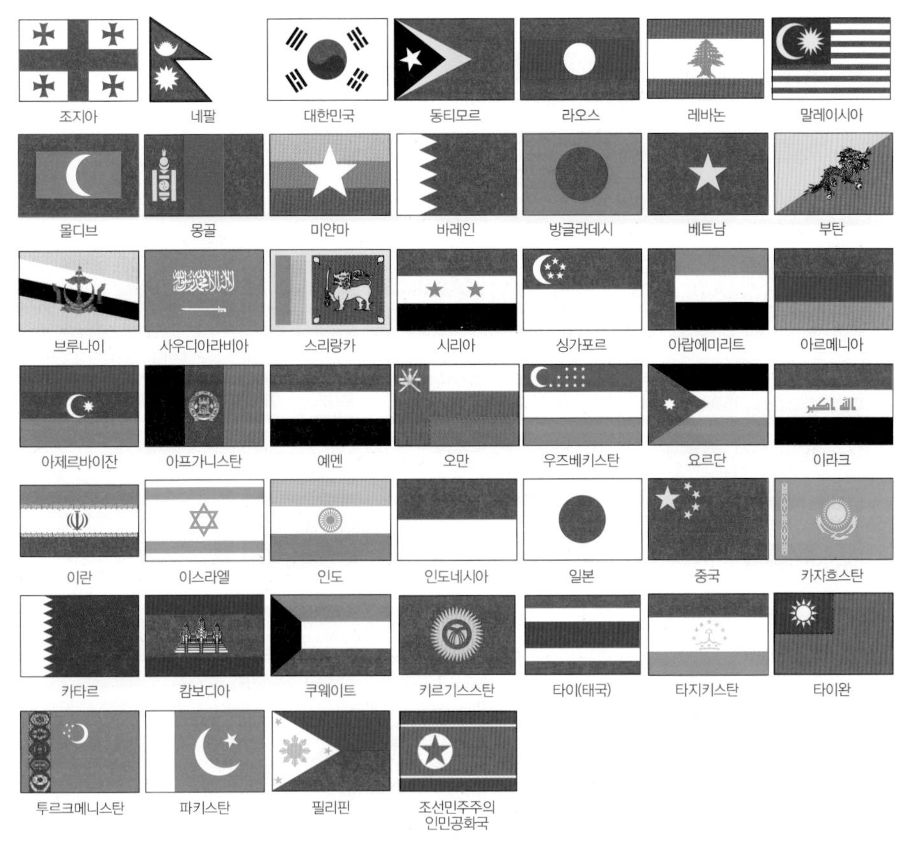

그림 1-4. 아시아 국가별 국기

구분할 수 있다.

반면 역사와 전통을 자랑하는 유럽의 국기를 보면 각 나라의 국기 속에 자연환경보다는 그 나라의 역사와 종교가 살아 숨 쉬고 있음을 알 수 있다. 프랑스 국기인 청·백·홍의 3색기는 프랑스혁명이 지향한 자유·평등·박애를 뜻한다. 검정·빨강·노랑의 3색 가로 줄무늬로 이루어진 독일 국기는 나폴레옹과 전쟁을 벌일 때 그와 맞서 싸웠던 프로이센 의용군의 군복 색깔에서 연유하며, 외침에 대항하고 국가통일을 기원하는 상징의 색이다.

'유니언잭'으로 알려진 영국 국기는 잉글랜드·스코틀랜드·아일랜드의 깃발을 조합

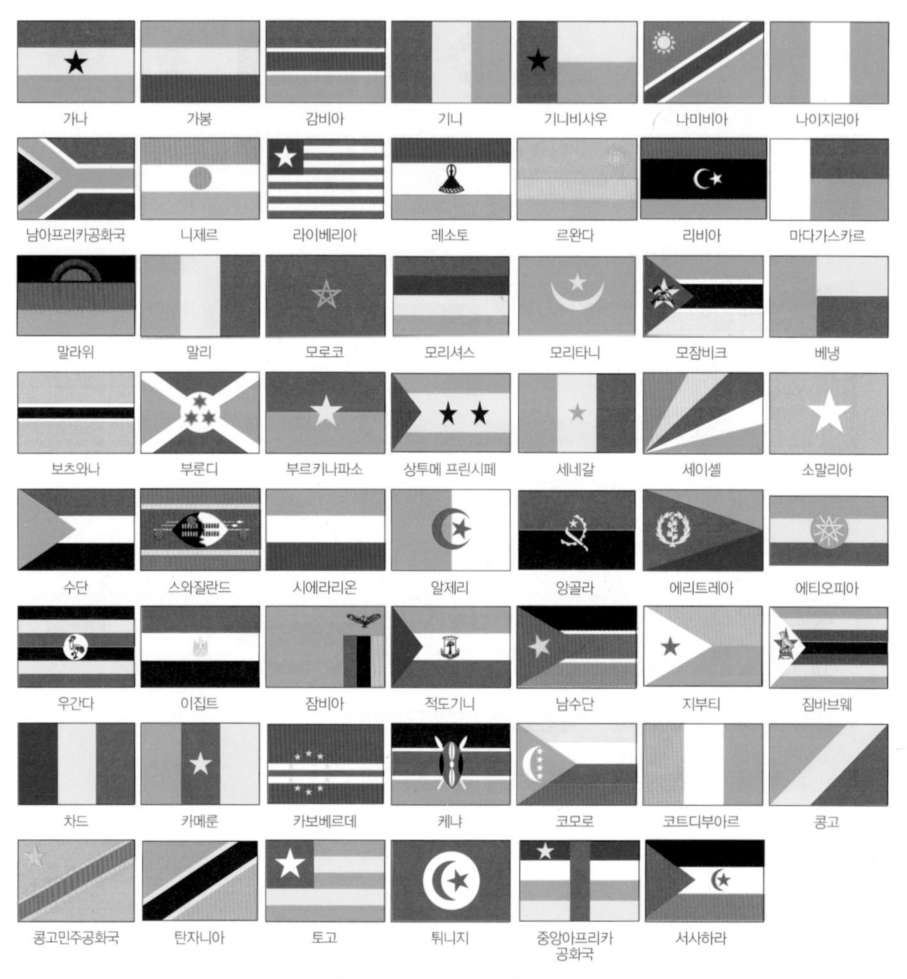

그림 1-5. 아프리카 국가별 국기

한 것이며, 기본적인 도형인 붉은 십자가는 청교도 국가답게 그리스도의 순교를 상징한다. 유럽에서 국기에 십자가 문양이 들어간 국기만 11개국이다. 이는 유럽에 기독교 국가가 많은 것에서 기인한 것이다. 이탈리아 국가대표팀을 흔히 '아주리 군단'이라 부르는데, 아주리Azzurri란 이탈리아어로 푸른색을 뜻한다. 이것은 이탈리아반도 동쪽에 있는 아드리아해Adriatic Sea의 바다 색깔이 푸른 것에서 연유한 것이다.

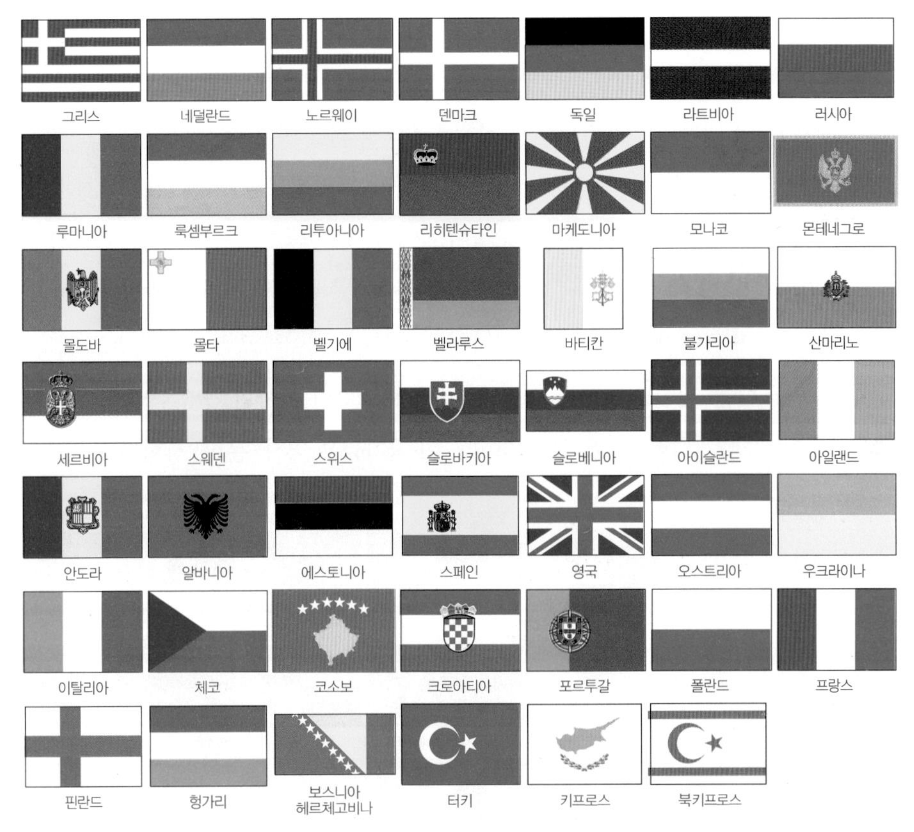

그림 1-6. 유럽 국가별 국기

그림 1-7에서와 같이 북아메리카의 국기를 보면 파랑이 가장 많고, 그 뒤를 이어 빨강과 검정이 많은 것을 알 수 있다. 이것은 푸른 바다를 낀 자연환경과 아프리카에서 노예로 팔려 온 흑인들의 슬픈 사연이 깃들이 있는 것으로 해석할 수 있다. 아프리카와 흑인들에 관한 가슴 아픈 사연은 이 책의 곳곳에서 언급될 것이다(70, 71, 74절을 참조할 것).

국기는 자연과 역사, 인문지리적 환경과 밀접하게 연관되어 있기 마련인데, 남아메리카나 아프리카의 경우 풍성한 자연환경의 영향을 많이 받았다. 그런 까닭에 이 지역의 국기는 녹색과 파랑이 주를 이루며, 남아메리카나 아프리카 축구선수 유니폼도 녹색이 많다. 녹색과 파랑은 자연에 대한 동경을 나타낸다. 아메리카 대륙의 국기에 줄무늬가 많은 것은 과거 유럽의 식민통치를 받은 영향 때문인 것으로 풀이된다.

오세아니아 대륙의 국가별 국기는 그림 1-9에서 보는 바와 같이 다른 대륙과 차별화된다. 영연방에 속하는 뉴질랜드·오스트레일리아·투발루를 비롯하여 과거 영연방에 속했던 피지를 제외하면 색다른 도형이 들어가 있고, 색깔은 파랑, 빨강, 검정의 순으로 많다. 영연방에 속하는 나라의 국기에는 좌측 상단에 영국기가 들어 있다.

북유럽을 노르딕지역Nordic region(한자어로는 북구北歐)이라고 부르는데, 노르웨이·덴마크·스웨덴·핀란드·아이슬란드의 5개국이 노르딕 이사회 가맹국이며, 페로 제도, 올란드 제도, 그린란드는 준회원이다. 이 국가들은 역사·문화·사회적 측면에서

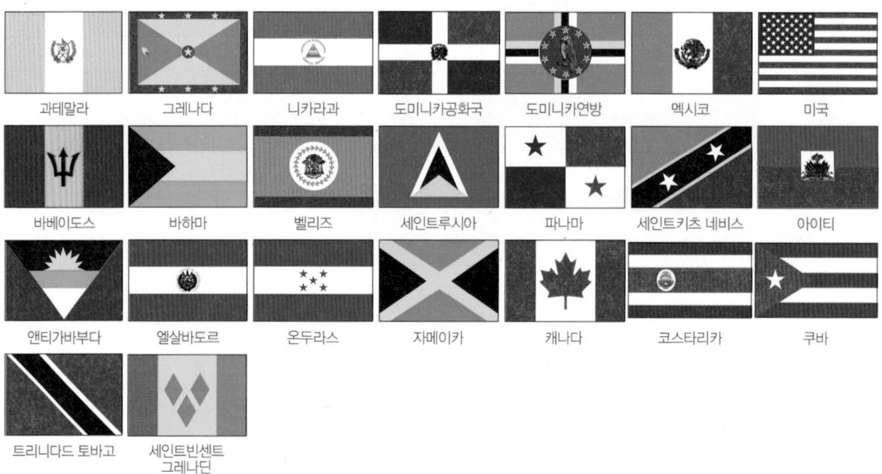

그림 1-7. 북아메리카 국가별 국기

그림 1-8. 남아메리카 국가별 국기

공통점이 많다.

그림 1-10에서 보는 바와 같이 노르딕 국가의 국기는 덴마크 국기의 디자인에 바탕을 두고 있다. 중앙에서 왼쪽으로 치우친 스칸디나비아 십자가 문양이 특징이다. 올란드 제도와 페로 제도의 국기 역시 스칸디나비아 십자 무늬를 쓰고 있다. 노르딕 이사회의 준회원 중 하나인 그린란드만이 유일하게 스칸디나비아 십자가 무늬를 쓰지 않고 있다. 노르딕 여권연맹은 노르딕 국가의 국민이 다른 노르딕 국가로 여행하거나 이

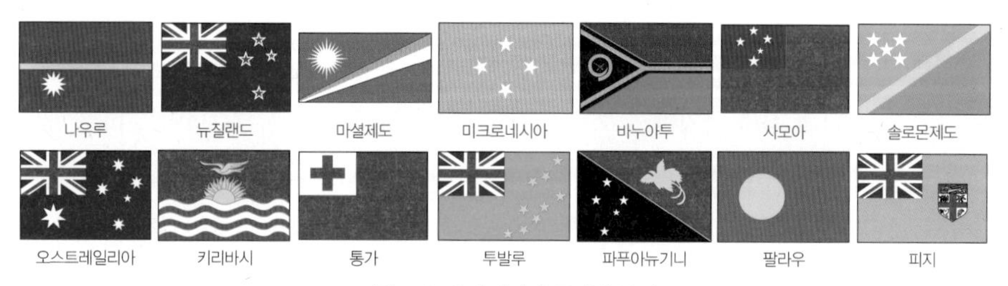

그림 1-9. 오세아니아 국가별 국기

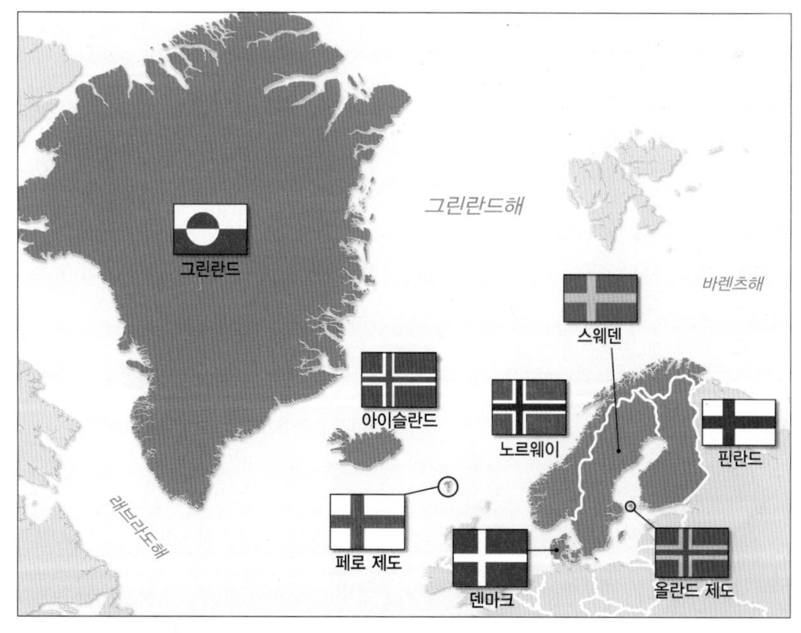

그림 1-10. 노르딕 국가 이사회의 회원국과 준회원국의 국기

민 갈 때 여권이나 거주허가가 필요하지 않도록 하는 조약을 체결한 바 있다.

3. 특이한 국기

네팔 국기는 세계 여러 나라의 국기들 가운데 유독 눈에 잘 띈다. 모든 국가의 깃발이 사각형인 데 비하여 네팔의 국기만 두 개의 삼각형이 상하로 겹친 형태이기 때문이다. 이 나라의 공식명칭은 네팔연방민주공화국The Federal Democratic Republic of Nepal 이다.

그림 1-11의 좌측 국기에서 보는 것처럼 네팔 국기는 2개의 삼각형이 상하로 배열된 모양이다. 이 두 개의 삼각형은 히말라야산맥의 봉우리들을 나타내며, 위 삼각형의 달은 왕실을 뜻하고, 아래 삼각형의 태양은 재상 일족을 뜻한다. 이는 네팔이 영원히 번영하기를 바라는 뜻을 담고 있다. 히말라야산맥에 자리 잡은 네팔은 석가모니가 태어난 나라지만, 대부분의 국민은 힌두교를 믿고 종교에 바탕을 둔 엄격한 생활을 영위하고 있다.

잘 모르는 독자들도 있겠지만 바티칸 시국市國에도 국기가 있다. 그림 1-11의 우측의 정사각형 국기는 교황청이 위치한 바티칸 시국의 국기이다. 이 국기는 1825년 교황 레오 12세 때 제정된 것이다. 노란색과 하얀색은 교황청 위병의 모표 색을 의미하고, 국기 오른쪽의 문장은 교황의 삼중관冠과 성 베드로의 열쇠가 서로 엇갈리는 모양이다. 삼중으로 이루어진 교황관은 사목권·신품권·교도권 등 교황이 지닌 세 가지 직무를 나타낸다. 이 국기는 1925년에 바티칸 시국의 국기로 인정되었다.

그림 1-11. 네팔과 교황청 국기

특이한 국기는 또 하나 있다. 사우디아라비아 국기에는 문양이나 도형 대신 아랍 문자가 들어가 있다. 전제군주국인 사우디아라비아의 국기는 1973년 3

월 15일에 제정되었다. 그림 1-12에서 보는 바와 같이 국기의 세로와 가로 비율은 2:3이며, 초록색 바탕에 흰색으로 아랍어 문구와 칼이 새겨져 있다.

그림 1-12. 사우디아라비아의 국기

국기에 쓰인 아랍어는 술루스체로 이슬람교의 신앙고백인 샤하다shahadah이다. 술루스Thuluth체란 서예에서 손으로 쓴 중세 이슬람풍의 글씨체를 뜻한다. 아랍어로 '1/3'이라는 뜻의 술루스체는 글자마다 1/3씩 기울이는 원리에 따라 쓰인다. 크고 우아한 이 필기체는 중세 이슬람교 사원을 꾸미는 데 많이 사용되었다.

이 글의 의미는 "알라 이외에 다른 신은 없으며 마호메트는 알라의 사도이다."라는 뜻이며, 샤하다가 쓰인 국기의 앞면과 뒷면이 바뀌어 보이는 것을 막기 위해 두 장의 천을 맞붙여 만드는 규칙이 있다. 또한 이슬람교의 신성한 구절인 '샤하다'가 쓰였기 때문에 국기를 조기로 게양하는 행동, 국기를 상품에 사용하는 행동이 일절 금지되어 있다. 아랍어 문구 밑의 칼은 사우디아라비아의 초대 국왕인 이븐사우드의 승리를 나타내며 잠정적으로 이슬람교와 알라를 이교도로부터 사수하는 상징이기도 하다. 그들이 생각하는 이교도란 개신교·유대교 등과 같은 종교적 적대 세력을 가리킨다.

키프로스는 세 부분으로 나뉜다. 남부는 그리스계가 다수인 키프로스공화국이고 북부는 터키계가 다수를 차지한 미승인국인 북키프로스 터키공화국이며, 중간에는 국제연합에서 관리하는 완충지대가 있다. 한편 국토의 남쪽과 동남쪽 끄트머리에는 영국 해군이 주둔하는 해군 기지가 각각 위치하고 있다. 국제적으로 인정받는 국가는 그리스계가 다수인 남키프로스로 유럽 연합EU에 가입되어 있다.

키프로스공화국의 국기는 1960년 8월 16일에 제정되었다. 그림 1-13의 (a)에서 보는 바와 같이 하얀색 바탕에 키프로스의 노란색 지도가 그려져 있고 그 아래에 두 개의 올리브 가지가 엇갈려 놓여 있다. 하얀색은 평화를, 노란색은 키프로스라는 국명의 유래가 된 구리를 의미하며 두 개의 올리브 가지는 그리스계 키프로스인과 터키계 키프로스인 간의 평화와 화해에 대한 희망을 뜻한다. 키프로스 내에서는 국민의 선택에

(a) 키프로스 (b) 북키프로스 (c) 국제 연합의 통일 국기

그림 1-13. 키프로스의 국기들

따라 그리스의 국기나 터키의 국기를 함께 게양하는 것이 인정된다.

당시 국제 연합의 사무총장이었던 코피 아난의 이름을 딴 아난 플랜Annan Plan for Cyprus에 따라 통일된 키프로스공화국의 국기로 제안되었던 디자인[그림 1-13의 (c)]은 국민투표로 부결되면서 실제로 사용되지는 못하고 있다. 깃발의 색깔은 헬라를 상징하는 파랑과 튀르크를 상징하는 빨강이 상단과 하단에, 키프로스를 뜻하는 주황이 중간에 각각 배치되어 있다. 이는 의식적으로 그리스와 터키의 상징을 융합해 도안된 것이었다.

4. 유사한 문양의 국기들

국기들 가운데에는 유사한 도안과 색깔로 디자인되어 있어 구별하기 힘든 깃발들이 많이 있다. 앞에 나온 십자무늬가 들어간 노르딕 국가들의 국기뿐만 아니라 주로 가로 줄무늬와 세로 줄무늬의 형태를 취하며 색깔로만 차별화한 국가들의 국기들도 구별이 어렵다.

그림 1-14에서 보는 바와 같이 세로 줄무늬 가운데 루마니아와 차드를 구별하는 것은 불가능에 가깝다. 가로 줄무늬의 국기 중 헝가리와 타지키스탄의 깃발은 식별하기 어렵다. 모나코와 인도네시아 그리고 니카라과와 엘살바도르도 마찬가지다. 우리는 동일한 도안이라고 생각할 수밖에 없다.

이렇게 볼 때 우리나라의 국기는 비록 건곤감리乾坤坎離의 4괘를 그리기 어렵다는 단

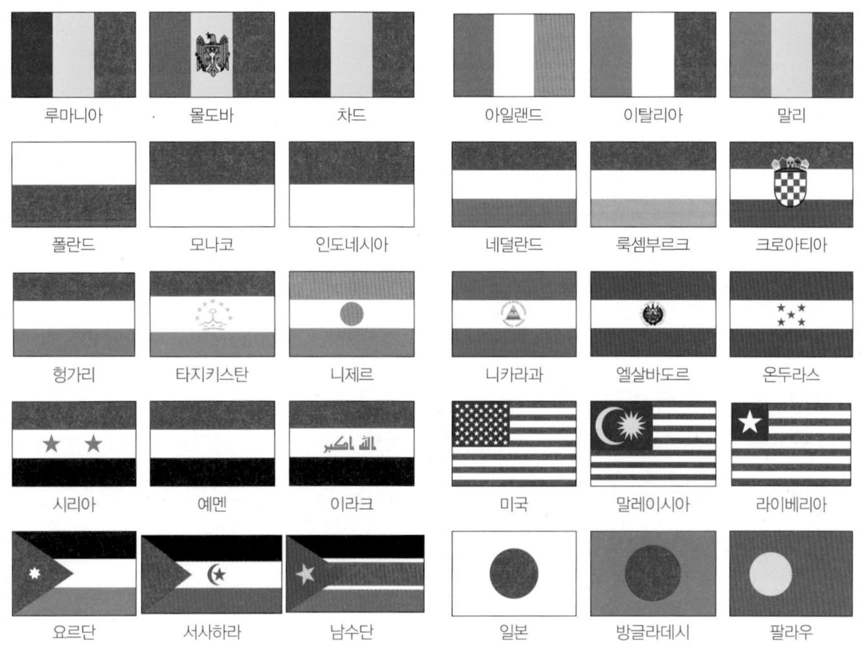

그림 1-14. 유사한 국기들 비교

점이 있지만 그 어느 나라의 국기와도 차별화되는 디자인이라 할 수 있다. 외국인 중에는 태극기를 신기하게 보는 사람들이 많은 편이다. 국제행사장에 걸린 만국기 가운데 한국의 태극기는 유난히 눈에 잘 띈다.

5. 통일국가와 분단국가의 국기

우리는 위에서 영연방 국가들의 국기와 북유럽의 노르딕 이사회의 국기에서 유사한 디자인의 국기들을 살펴보았다. 그렇다면 이들과 달리 분단국가가 통일되었거나 거꾸로 하나의 국가가 분단되었을 경우, 어떤 형태의 국기로 변화했을까? 통일을 열망하는 우리로서는 궁금하기 짝이 없다.

먼저 분단국가가 통일된 경우를 살펴보자. 제2차 세계대전으로 분단국가가 된 서

독과 동독의 경우 제1차 세계대전 말에 바이마르공화국이라고도 불렸던 독일 제국 Deutsches Reich의 국기를 바탕으로 중앙에 서로 다른 문장을 넣었으나, 1990년 통일되면서 본래의 국기였던 독일 제국의 국기를 사용하게 되었다.

제2차 세계대전이 끝나고 프랑스가 다시 인도차이나를 지배하려고 획책하자 베트남의 지도자 호찌민은 1946년 12월부터 반프랑스 독립투쟁을 벌여 승리했다. 제네바 협정에서 북위 17°선을 경계로 남북 베트남으로 나누고, 2년 내에 총선거를 실시하여 통일정부를 수립하기로 합의했다. 그러나 미국의 지원을 받은 남베트남 정권이 총선거에서 패배할 것을 우려하여 이를 거부하면서 베트남은 분단되었다. 1969년 7월 미국 대통령 닉슨은 독트린을 발표하여 베트남에서의 철수를 추진했다. 마침내 1973년 1월 파리 평화 협정이 체결되고, 미군과 한국군이 철수했다. 2년 후 북베트남은 무력으로 남베트남을 점령하고 통일을 이루었다.

예멘은 과거 오스만 제국으로부터 독립한 북예멘(예멘 아랍공화국)과 영국으로부터 독립하여 사회주의국가가 된 남예멘(예멘 인민민주공화국)으로 분리되어 있었다. 제1차 세계대전에서 오스만 제국에 패하자 1918년에는 북예멘이 사실상 독립을 쟁취했다. 반면에 남예멘은 제1·2차 세계대전에서 모두 영국이 승리하는 바람에 끝내 독립을 이루지 못하고 결국 구소련의 도움을 빌미로 사회주의를 만들어 1967년에 독립했다.

그 후 권력 분배에 관한 갈등과 차별, 종교 간의 갈등이 심각해졌다. 결국 1994년 4월부터 벌어진 내전은 군사력과 인구가 모두 우위에 있던 북예멘 군대가 남예멘의 수도 아덴을 점령하며 북예멘의 승리로 끝나, 비로소 완전한 통일이 이루어졌다. 양국 국기는 그림 1-15에서 보는 것처럼 약간의 차이가 있었는데, 북예멘의 주도로 통일된 예멘은 중앙의 별을 삭제한 디자인을 그대로 사용했다.

이와는 달리 그란 콜롬비아Gran Colombia는 오늘날의 콜롬비아·베네수엘라·에콰도르·파나마 전체와 코스타리카·페루·브라질·가이아나의 영토의 일부를 포함하고 있었다. 그란 콜롬비아는 라틴아메리카 식민지 해방과 독립의 선구자였던 볼리바르가

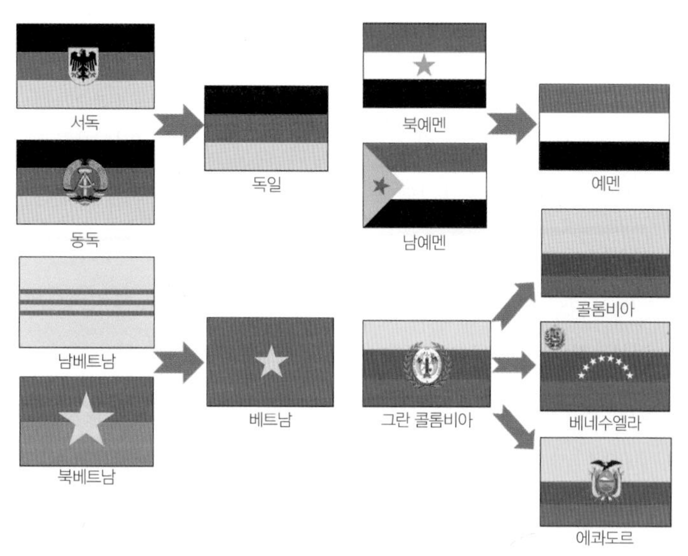

그림 1-15. 통일국가와 분단국가의 국기 변화

스페인 지배에 개별적으로 저항하던 세력을 통합해 남아메리카에 위치한 식민지들을 아우르는 연방제를 구상하면서 설립되었다. 그러나 그가 사망한 후에 해체되었다. 그런 연유로 그란 콜롬비아 영토의 대부분을 점하던 콜롬비아, 베네수엘라, 에콰도르는 바탕 문양이 동일하다.

한반도의 대한민국과 조선민주주의인민공화국이 통일을 이룬다면 통일한국의 국기는 어찌 될지 궁금하다. 미국도 국토가 남과 북으로 분단된 적이 있었다. 미국에서 발생한 남북전쟁(1861~1865)에서 북부군이 승리한 후, 그림 1-16에서 보는 것처럼 미국 국기를 북부군의 국기로 사용한 바 있다. 우리나라의 경우는 독자들의 생각에 맡긴다. 참고로 일본이 패망 한 후 38도선 이북에 들어선 북한의 초창기 국기는 태극기였다.

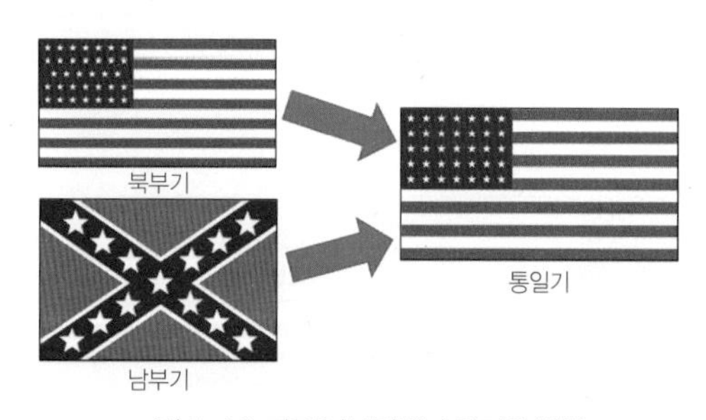

그림 1-16. 미국 남북전쟁과 국기의 변화

6. 가장 많이 바뀐 미국의 성조기

국가별 국기 가운데 가장 많이 바뀐 국기는 바로 미국 국기이다. 미국 국기는 흰 별stars과 붉고 하얀 줄stripes로 디자인되어 있어 한자어로는 '성조기星條旗', 영어로는 'the Stars and Stripes'라 부른다.

미국은 1776년 7월 4일 독립 선언을 했을 당시만 하더라도 공식적 국기가 없었으나 1607년 초기에는 좌측 상난에 영국 국기를 넣은 비공식 국기를 사용했다. 1777년부터 13개의 별이 들어간 베치 로스 기Betsy Ross flag라 불리는 국기가 사용되기 시작하면서 영토확장에 따라 별의 개수가 증가하기 시작했다.

새로운 주가 연방에 추가되면서 디자인도 거기에 맞춰 바뀌었다. 15개 주일 때는 줄무늬도 함께 늘었으나, 그 후로는 13개로 고정되었다. 일설에 의하면 조지 워싱턴이 "별은 하늘에서, 적색은 영국의 색에서 따왔다. 백색 줄은 영국으로부터의 분리를 나타내기 위해 표시했다."라고 풀이한 것으로 전해진다.

48개의 별을 담은 국기는 1912년에서 1959년까지 쓰였으며 1959년 49개의 별을 담은 국기가 1년 동안 사용되다가 1960년 하와이주가 미국의 50번째 연방주로 가입한 후 50개의 별을 담은 국기가 오늘날 미국의 공식적인 국기로 쓰이고 있다. 그림 1-17에서는 50회에 걸친 변화 중 특이한 경우만 소개해 놓았다.

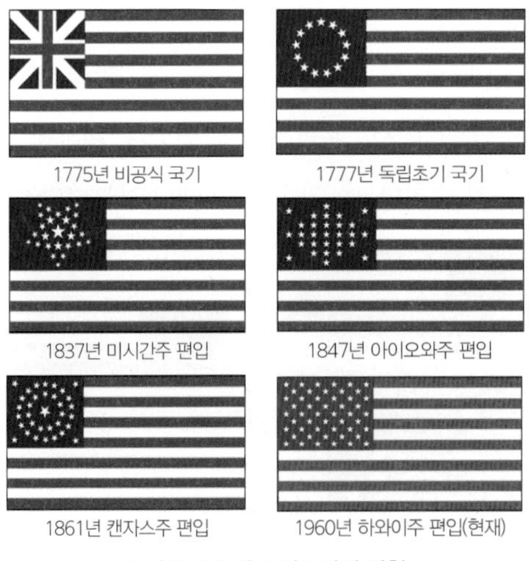

그림 1-17. 미국 성조기의 변천

여기서 한 가지 성조기에 관한 수수께끼와 같은 이야기를 소개하려고 한다. 1871년의 성조기 속에는 코리아Corea란 글자가 들어가 있다. 미국의 디자인 업자인 키트 헨릭스

컬렉션이 누군가 보관하고 있던 성조기를 공개했는데, 13개의 별이 그려진 사각형 안에 'COREA'가 새겨져 있었던 것이다(그림 1-18).

그림 1-18. "COREA"가 들어간 1871년의 성조기

이 성조기에는 "COREA 1871" 외에도 "BATTERY RODGERS, BY LAND OR BY SEA!"라는 글씨가 새겨져 있다. "BATTERY RODGERS"는 남북전쟁 당시 북군 해군으로 활약했던 미국 해군 로저스 제독이 1871년 신미양요辛未洋擾 때 아시아 함대를 이끌고 조선을 침략하면서 그의 이름인 RODGERS와 함대라는 뜻인 BATTERY를 합쳐 로저스 함대를 뜻하며 새겨 넣은 것으로 추정된다.

1871년의 성조기라면 36개의 별이 그려져 있어야 맞다. 13개의 별이 그려진 시기는 1777~1795년에 해당하므로 뭔가 이상하다. Corea와 Korea는 C와 K가 'ㅋ'음으로 발음되므로 혼용될 수 있다. 1886년 네덜란드 대사는 조선을 Corea로 표기한 적이 있다. 프랑스와 스페인에서는 C가 사용되었으나 독일어권에서는 K가 사용되었다. 그러니 그것은 문제가 되지 않지만, 무슨 이유로 성조기 속에 코리아가 들어있는지 궁금할 뿐이다. 이것에 관한 수수께끼는 아직 정확하게 밝혀지지 않고 있다.

03

돈을 보면 국가와 지역의 특징이 보인다!

키워드: 돈, 지폐, 인플레이션, 유럽 연합, 화폐 단위.

1. 돈이란 무엇인가?

고대 로마 신화에 나오는 이야기에 따르면, 돈money은 최고의 신이었던 주피터의 아내 유노Juno가 로마인에게 외적 침입의 위험을 사전에 경고해 준 것을 계기로 '경고한 자'라는 뜻이 붙어 '유노 모네타'로 불린 것에서 기원했다. 모네타Moneta란 '경고한 자'를 의미하며 조언자인 유노를 가리킨다.

로마 초기에는 유노 여신의 사원 근처에 동전을 만드는 주조소가 있었고, 동전에 여신의 얼굴을 새겨 넣었다. 이때부터 경고를 뜻하는 모네타는 주전소, 동전, 화폐를 가리키는 말이 되었다. 이 말이 프랑스어인 'moneie→monnaie'를 거쳐 오늘날 영어의 'money'로 변화했다고 전해 내려온다.

화폐의 기원은 기원전 24세기경 메소포타미아에서 은과 같은 귀금속을 화폐로 사용했다는 학설이 유력한데, 서양에서는 기원전 7세기에 지금의 터키에 위치했던 리디아 왕국에서 처음 만들어졌다. 일렉트럼 코인electrum coin이라 불리는 천연의 금과 은의 합금으로 만들어진 이 화폐는 서양에서 가장 오래된 돈으로 동물과 사람이 새겨져 있다.

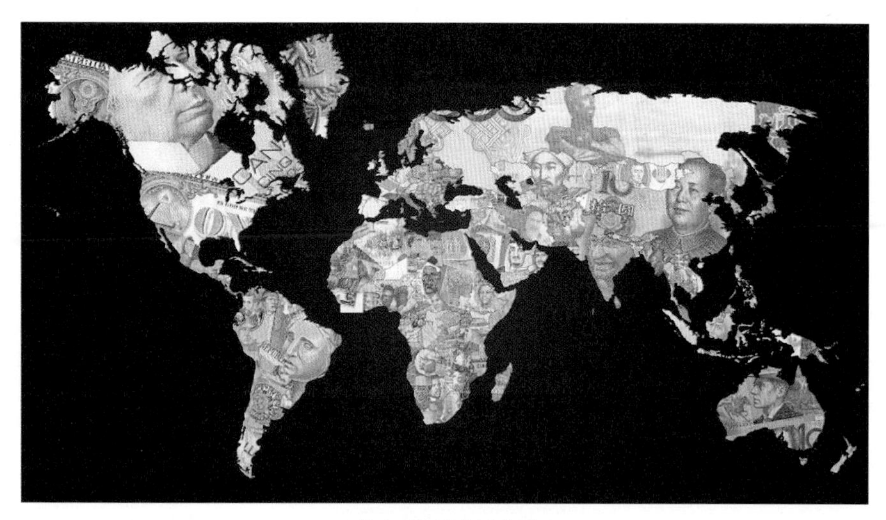

그림 1-19. 세계 지폐 지도

그 후 이것은 그리스와 로마로 전파되었다.

한편, 동양에서는 기원전 16~15세기경 조개를 물품화폐로 사용했으며, 춘추시대인 기원전 8~7세기경 농경의 발달을 배경으로 농기구 모양을 본뜬 포전布錢과 칼 모양을 본뜬 도전刀錢을 주조했다. 그 후, 진나라의 시황제는 둥근 원 모양에 네모난 구멍이 뚫려 있는 동전을 만들어 중국뿐 아니라 동아시아에도 전파했다.

우리나라는 기자조선에서 자모전子母錢이라는 철전이 사용되었다는 기록이 있으며, 마한에서 기원전 169년에 동전을 처음 주조했으나 삼국시대까지는 금속주화보다는 쌀과 베를 중심으로 한 곡화穀貨, 미화米貨, 포화布貨 등이 널리 쓰였다. 우리나라에서는 본격적인 돈에 관한 기록이 고려시대부터 나타난다.

그렇다면 한국어의 '돈'이란 언제부터 생겨났으며 왜 돈이라 불렀을까? 여기에는 두 가지 학설이 있다. 하나는 많은 사람의 손을 거쳐 천하를 돌고 돈다는 의미에서 돈이라 부르게 되었다는 학설이고, 또 하나의 학설은 고대에 사용되었던 칼 모양의 화폐를 일컫는 도화刀貨가 세월이 흘러 돈으로 와전되었다는 것이다. 어느 학설이 맞는지는 불확실하다.

2. 세계 각국의 지폐

화폐가 갖춰야 할 기본 요건은 네 가지로, ① 교환의 매개 역할에 사용될 수 있는 일정한 형태, ② 쉽게 인지하고 구분할 수 있는 통일된 도안, ③ 경제적 교환가치를 나타내는 금액의 표시, ④ 모든 거래에서 아무런 제약 없이 결제수단으로 사용될 수 있는 통용력이다.

여기서는 세계 각국의 지폐에 초점을 맞춰 살펴볼 것이다. 세계 대부분의 국가는 지폐를 만들 때 그 속에 들어갈 도안에 세심한 주의를 기울인다. 지폐 속에는 그 나라를 상징할 만한 그림이 들어가야 하기 때문에 무엇이 해당국을 대표할 수 있는 그림인지 고심하게 된다.

지폐 도안에 가장 많이 사용되는 소재는 인물의 초상화라 할 수 있다. 인물 그림은 다른 소재에 비하여 조금만 달라져도 쉽게 알아볼 수 있으므로 지폐의 위조 및 변조를 방지할 수 있기 때문이다. 그 나라의 왕 또는 대통령의 초상이나 유력한 정치인의 초상을 많이 사용한다. 예를 들면, 영국에서는 엘리자베스 2세 여왕의 초상이 자주 사용되었다. 이 초상화는 그림 1-20에서 보는 것과 같이 영국뿐만 아니라 영연방 국가인

그림 1-20. 엘리자베스 여왕의 초상이 담긴 영국과 영연방의 지폐

오스트레일리아, 캐나다, 뉴질랜드 등에서도 사용되고 있다.

각국의 국왕이었던 인물 중 그 나라의 국민들이 존경하는 인물의 초상을 담은 경우도 볼 수 있다. 그림 1-21에서 보는 것과 같이 우리나라 화폐에는 세종대왕이, 몽골 화폐에는 칭기즈칸의 초상이 담겨져 있다. 그림 1-22에서 보는 것처럼 미국의 조지 워싱턴, 베트남의 호찌민, 중국의 마오쩌둥, 파키스탄의 무하마드 알리 진나, 남아프리카공화국의 만델라 등 초대대통령을 비롯한 국가원수의 초상이 담긴 지폐들도 있다.

그림 1-21. 국왕의 초상이 담긴 지폐

그림 1-22. 국가원수의 초상이 담긴 지폐

우리나라 역시 과거에는 초대 대통령의 초상이 담긴 지폐가 통용된 적이 있다. 아시아의 지폐 속에는 특히 위인과 건물이 지폐 양면에 그려져 있는 경우가 많다.

일본의 경우에는 그림 1-23에서 보는 것처럼 19세기 계몽사상을 펼치며 탈아론脫亞論을 주장한 후쿠자와 유키치福澤諭吉를 비롯하여 메이지 시대의 대표적인 지식인이자 일본 근대 문학의 개척자 중 한 사람인 나쓰메 소세키夏目漱石, 세균학자 노구치 히데요野口英世, 제5대 내각총리대신을 역임한 이토 히로부미伊藤博文 등의 초상이 담긴 화폐들이 대표적이다.

이들 중 이토 히로부미는 일본인의 시각에서는 근대 정치인의 한 사람이자 일본의 근대화에 기여한 중요한 인물로 기억되겠지만, 한국인의 입장에서는 을사늑약과 관련하여 일본의 제국주의적 침략과 대한 제국의 식민지화를 주도한 인물이다.

이와는 달리 자국의 관점에서뿐만 아니라 세계적으로 볼 때 존경할 만한 인물의 초상을 담은 화폐도 찾아볼 수 있다. 그림 1-24에서 보는 바와 같은 인도와 남아프리카공화국의 지폐가 그 예이다. 인도의 마하트마 간디는 비폭력주의를 표방하며 인도의 독립을 쟁취하는 데 앞장서고 모든 인류로부터 추앙받은 위인이며, 남아프리카공화국의 넬슨 만델라는 인종차별정책인 '아파르트헤이트'에 맞서 싸워 1993년 노벨 평화상

후쿠자와 유키치

나쓰메 소세키

노쿠치 히데오

이토 히로부미

그림 1-23. 일본 지폐 속의 초상화

을 수상한 위인이다.

그러나 최근에는 인물 초상보다는 예술가와 과학자 또는 탐험가 등 다양한 분야에서 뛰어난 업적을 남긴 인물들을 지폐의 도안으로 사용하는 경향이 늘어나고 있다. 예를 들면, 그림 1-25에서 보는 것처럼 오로라의 발생원인을 규명한 노르웨이의 물리학자 크리스티안 비르켈란, 뉴질랜드의 산악인 에드먼드 힐러리, 스코틀랜드의 여성 수학자이자 천문학자인 메리 서머빌, 리투아니아의 과학협회 창설자 요나스 바사나비추스, 영국의 생물학자 찰스 다윈, 우루과이의 여류 시인 후아나 데 이바르부루 등의 인물들이 화폐에 실렸었거나 실려 있다.

아프리카의 지폐는 각국의 고유의 상징물이 그려진 경우와 아프리카의 지역성을 묘사하거나 독립운동가의 그림이 들어간 경우를 흔히 볼 수 있다. 동일한 지폐를 여러 나라에서 공유하는 경우도 있는데, 중앙아프리카공화국의 지폐는 인접국인 차드·카

인도

남아프리카공화국

그림 1-24. 인도와 남아프리카공화국의 지폐

그림 1-25. 다양한 분야에서 업적을 남긴 인물의 초상이 담긴 화폐

그림 1-26. 아프리카 각국의 지폐

메룬·가봉·적도기니 등지에서 사용된다. 또한 코트디부아르를 위시하여 부르키나파소·말리·토고·베냉 등의 국가들도 공통지폐를 사용하고 있다. 아프리카의 돈은 라틴아메리카 국가들처럼 물가변동이 심해 화폐의 액면가치가 자주 바뀐다는 특징이 있다. 불안정한 경제로 인한 인플레이션이 극심하기 때문이다.

산악지대를 끼고 있거나 세계적으로 알려진 산을 보유한 국가의 지폐에서는 산을 찾아볼 수 있다. 터키의 아라라트산은 『구약성서』의 노아의 홍수 전설에 등장하는 성스러운 산이다[사진 1-1의 (a)]. 과거 이 산을 터키에 빼앗긴 아르메니아 역시 아라라트산을 신성시하는 것은 마찬가지다. 한민족으로 치면 백두산에 해당된다. 그런 까닭에 아르메니아와 기독교 국가들의 입장에서는 분하다는 생각이 들 것이다. 아라라트산은 터키의 지폐에서 사용된 적이 있다(그림 1-27).

사진 1-1의 (b)에서 보는 파키스탄의 K2 봉은 히말라야산맥의 하나인 카라코람산

맥에 속해 있고 에베레스트산에 이어 세계에서 두 번째로 높은 산이다. 빙하와 눈으로 뒤덮인 이 산은 고드윈 오스틴 빙하의 약 4,570m 지점을 기저로 솟아 있으며, 해발고도는 8,611m에 달한다. 이 산의 지명에 'K2'라는 기호가 붙은 것은 카라코람산맥에서 두 번째로 측정한 산이기 때문이며, 고드윈 오스틴이란 명칭은 K2를 처음 측량한 19세기 영국의 지리학자이자 측량기사인 고드윈 오스틴 대령의 이름에서 따온 것이다. K2 봉이 묘사된 것은 그림 1-27의 파키스탄 지폐에서 볼 수 있다.

과거 시바의 여왕이 다스렸던 에티오피아는 고원과 산악지대로 구성된 나라다. 에

(a) 아라라트산

(b) K2 봉

사진 1-1. 터키의 아라라트산과 파키스탄의 K2 봉

에티오피아

터키

키르기스스탄

파키스탄

그림 1-27. 산이 묘사된 지폐들

티오피아 남쪽의 시미엔산맥에는 에티오피아의 최고봉인 라스다샨산이 4,550m 높이로 솟아 있는데, 이 산의 모습은 에티오피아의 지폐 속에 담겨 있다. 톈산산맥에서 두 번째로 높은 산은 카자흐스탄과 키르기스스탄에 걸쳐 있는 해발 6,995m에 달하는 칸텡그리산으로 알려져 있다. 이 산은 키르기스스탄 지폐에 그려져 있다.

3. 유럽 연합의 지폐

1993년에 발효된 마스트리흐트 조약에 따라 출범한 유럽 연합은 12개국으로 시작했다. 현재는 27개국으로 구성되어 2002년 1월 1일부터 유로화가 법정 통화로 발행되기 시작했다. 유럽 연합이 정치·경제적 통합을 위하여 결성된 것인 만큼 화폐가 통일되어야 했기 때문이다.

유럽 연합의 화폐 단위는 유로Euro와 보조 단위 센트Cent로 정해졌다. 지폐가 2002년 발행되기 시작한 이후 2015년에 두 번째 시리즈의 지폐가 발행되어 현재까지 쓰이고 있다. 모든 가맹국이 동일한 지폐 도안을 사용하지만, 동전(주화) 앞면은 국가별로 다른 도안을 사용한다.

유럽 각국은 유로화 통합과정에서 화폐의 도안에 국가별 인물도안을 배제하고 시대별 건축물로 대체했다. 유로화의 도면에는 그림 1-28에서 보는 바와 같이 유럽의 역사에서 볼 수 있는 건축양식의 건축물 이미지가 묘사되어 있다. 5유로에는 그리스 건축양식의 건축물이 그려져 있으며, 10유로에는 10~12세기 로마네스크 건축양식의 건축물이 담겨져 있다. 20유로에는 12~13세기 고딕 건축양식의 창문, 50유로에는 14~16세기 르네상스 건축양식의 문, 100유로에는 17~18세기 바로크·로코코 건축양식의 건축물이 묘사되어 있다. 200유로에는 19세기 말 건축양식의 건축물이 들어 있고, 500유로에는 현대식 건축물이 담겨 있다.

유로화 도안의 또 하나의 특징은 지폐 뒷면에 유럽 지도와 시대별 교량 혹은 수로가 묘사되어 있다는 점이다. 시대별 건축양식의 교량이 들어가 있는데, 이는 유럽 연합이

그림 1-28. 유로화폐들

서로 소통하며 교류한다는 뜻을 내포한다.

4. 각국의 화폐 단위

세계 여러 나라의 화폐에 적혀 있는 액면금액의 체계인 화폐 단위는 해당 국가 국민들의 경제생활에 직접적인 영향을 미치며 다른 지급 결제수단의 발달과 화폐의 제조비용에도 영향을 준다. 일반적으로 각국 통화의 화폐단위는 〈1, 5 체계〉와 〈1, 2, 5 체계〉로 대별된다.

구체적으로 1, 10, 100, 1000단위이거나 5, 50, 500, 5000단위 또는 2, 20, 200, 2000단위가 대부분이다. 우리나라는 가장 일반적인 〈1, 5 체계〉를 따르기 때문에 5원, 10원, 100원, 500원 동전과 1,000원, 5,000원, 10,000원, 50,000원 지폐가 발행되고 있다.

이와는 달리 〈1/2, 2.5, 3, 8, 15, 25, 75 체계〉와 같은 특이한 액면체계를 사용하는 나라도 있고, 경우에 따라서는 〈3, 15, 45, 90, 250 체계〉를 사용하기도 한다. 예를 들면 전자는 바하마, 캄보디아, 부탄 등에서 사용된 적이 있으며, 후자는 미얀마에서 찾

바하마 1/2 달러

미얀마 15챠트

미얀마 45챠트

미얀마 90챠트

그림 1-29. 바하마의 1/2 액면체계와 미얀마의 15, 45, 90 액면체계의 사례

아볼 수 있다. 동전이 없는 미얀마는 1, 10, 50, 100, 200, 500, 1000, 5000, 10000챠트의 지폐를 발행하고 있지만, 그림 1-29에서 보는 것과 같이 예전에는 15, 25, 35, 45, 90챠트의 지폐가 통용되었다.

일반적 액면체계를 따르지 않는 나라들은 대개 경제적 성장이 부진하며 세계화와 거리가 먼 국가들이라 할 수 있다. 바하마의 지폐에 엘리자베스 여왕의 초상이 들어간 것은 이 나라가 영연방에 속하기 때문이다.

04
지역별 키 차이는 왜 생기나?

키워드: 베르그만 법칙, 알렌의 법칙, 체중, 신장.

1. 베르그만 법칙과 알렌의 법칙에 따른 체구 차이

사람의 키는 지역의 기후에 따라 좌우되는가? 아니면 인종에 따라 좌우되는가? 그것도 아니면 영양상태에 따라 좌우되는가? 흔히 서양인은 동양인보다 키가 크며, 개발도상국보다 선진국 국민의 키가 큰 것으로 인식한다. 그렇다면 한국인은 키가 큰 편인가, 작은 편인가?

인간은 온혈동물(항온동물)에 속하며 세계 각지에 분포하며 살고 있다. 온혈동물의 분포는 19세기 독일의 생물학자 베르그만이 고안한 법칙으로 설명할 수 있다. 베르그만 법칙Bergmann's rule이란 추운 지방에 사는 동물의 몸통과 체중이 따뜻한 곳에서 사는 같은 종보다 더 크고 무거운 현상을 말한다. 이런 현상은 체표면적의 비율이 작아지면서 체열의 발산이 방지되어 나타나는 것으로 밝혀졌다.

구체적으로 항온동물은 몸의 크기가 커지면 몸의 총면적은 늘어나지만 몸의 부피에 대한 표면적은 줄어든다. 즉, 몸 크기가 두 배가 될 때 부피(체중)는 8배로 늘어나는 반면, 표면적은 4배로 증가한다. 그러므로 추운 지방에 사는 항온동물은 몸의 크기가 클

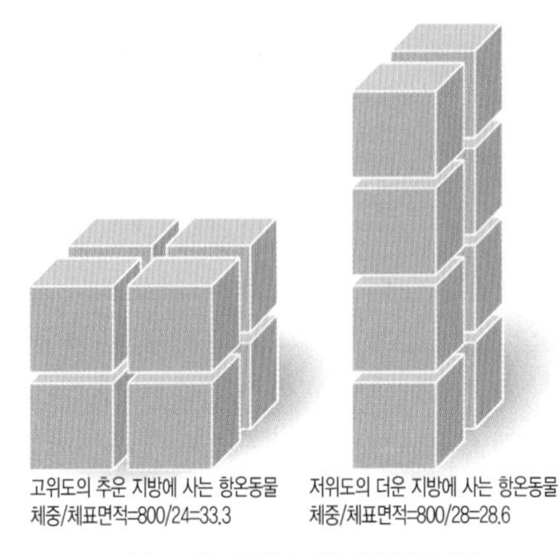

그림 1-30. 체중과 체표면적의 비율

수록 체온 유지에 유리하고, 더운 지방에 사는 항온동물은 작을수록 유리하다. 결국 이 법칙은 기후에 따라 체열을 보존하거나 발산하는 적응 메커니즘을 규명한 이론이라 할 수 있다.

그림 1-30에서 알 수 있는 것처럼 체중과 체표면적의 비율이 고위도의 추운 지방에 서식하는 항온동물의 경우 33.3인 데 비해, 저위도의 더운 지방에 서식하는 항온동물의 경우 28.6으로 낮은 것을 알 수 있다. 다시 말해서 추운 지방일수록 덩치가 뚱뚱해지고 더운 지방일수록 체구가 호리호리해진다. 이러한 이유로 아메리카 대륙에서 서식하는 퓨마의 경우, 적도 근처에 사는 퓨마는 체구가 작은 데 비해 극지방에 사는 퓨마는 체구가 크다. 이것이 황인종에 속하는 몽골 인종의 이목구비가 뚜렷하지 않은 이유다.

베르그만 법칙과 더불어 생물학의 중요한 법칙 중 하나로 알렌의 법칙이 있다. 알렌의 법칙Allen's rule이란 기온이 낮은 고위도에 살수록 열을 체내에 유지하기 위하여 몸의 말단 길이가 짧아지며 기온이 높은 저위도에 살수록 열 배출을 원활히 하기 위해 몸의 말단 길이가 길어진다는 법칙이다. 이에 따라 극지방으로 가까이 갈수록 포유동물의 코·귀·꼬리 등 신체의 돌출 부위가 작아지는 경향이 있다.

2. 체중과 체표면적의 관계

위에서 설명한 베르그만 법칙과 알렌의 법칙을 아프리카인에게 적용한 것이 그림 1-31이다. 이것은 아프리카인의 체중과 체표면적의 비율을 나타낸 분포도이다.

이 지도에서 보는 바와 같이, 작열하는 사하라사막과 칼라하리사막, 나미브사막 일대에는 그 비율이 33 이하로 최솟값을 보인다. 이들 지역의 아프리카인의 얼굴과 체구는 호리호리하고 왜소하다. 그리고 기온이 상대적으로 낮은 적도 부근에 거주하는 아프리카인은 저위도임에도 불구하고 그 비율이 35 이상의 값을 보여 체구가 큰 것을 알 수 있다. 빅토리아호를 끼고 위치한 우간다인의 경우는 36의 국지적으로 높은 수치를 보여 예외적인 사례에 속한다.

아프리카 북부에 위치한 아틀라스산맥 이북 지역의 모로코인은 37로 가장 높은 값을 보이며, 그 뒤를 이어 알제리인과 튀니지인은 36의 값을 보인다. 부족의 이동속도는 기후변화와 그 반응속도보다 빠르므로 예외적인 사례도 있을 것이다. 체중/체표면적의 비율은 북쪽으로 갈수록 커지며, 이탈리아인(37.1)보다는 프랑스인(38.3)이, 프랑스인보다는 독일인(39.1)이 체구가 더 큰 경향이 있다. 이와 동시에 베르그만 법칙에 따라 키 역시 커지므로 북유럽은 거인으로 불릴 정도의 신체를 갖게 된다.

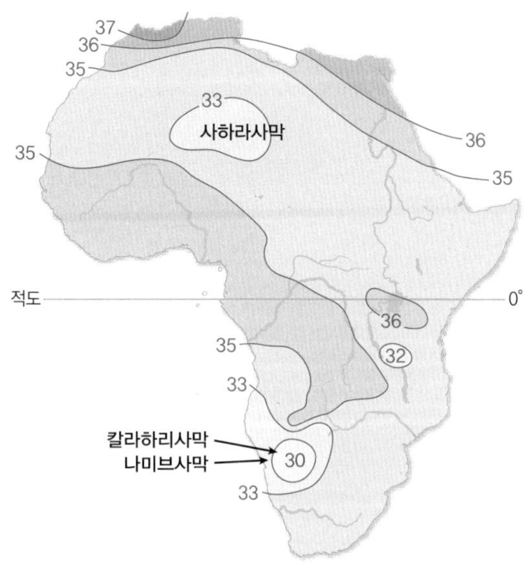

그림 1-31. 아프리카의 체중/체표면적 비율의 분포

3. 국가별 성인 남자의 신장

그림 1-32는 국가별 성인 남자의 평균 키의 분포도이다. 이것을 보면 고위도 지방에 속하는 국가일수록 키가 크고, 저위도 지방에 속한 국가일수록 작다는 사실을 확인할 수 있다. 이를 통해 베르그만 법칙이 맞다는 것을 알 수 있다.

스칸디나비아반도의 노르웨이·스웨덴을 포함해 북유럽의 덴마크·아이슬란드, 오스트리아·체코 남자들은 179~184.8㎝로 체구가 가장 크며, 핀란드·독일·스위스·이탈리아·영국·러시아는 175~176.9㎝의 신장을 보인다. 유럽인의 이민으로 성립된 미국·오스트레일리아·뉴질랜드의 성인 남자 평균 신장도 175~176.9㎝에 속한다.

그림 1-32. 국가별 성인 남자의 평균 신장

동양의 경우 한국인이 175~176.9㎝로 단연 장신의 반열에 속하며, 터키와 이란이 그 뒤를 따르고 있다. 아마 독자들은 한국 성인 남자들의 키가 저위도의 동남아시아 국가들보다 큰 것은 알고 있었겠지만 중국이나 중앙아시아보다 더 크다는 사실에 의외라고 생각할지도 모르겠다. 북한은 식량 부족과 낙후된 경제의 영향으로 체구가 작은 편이다.

역사적으로 한민족은 일본민족에 비해 신장이 큰 덕에 일본인을 '왜놈'이라 불렀었다. 일본인은 메이지 유신 후부터 한민족보다 신장이 커졌으나, 한국경제의 고도성장으로 한민족의 영양상태가 좋아지면서 역전되었다. 우리나라의 교육부와 일본의 문부과학성이 집계한 통계에 따르면 우리나라 청소년 남자의 신장이 일본인에 앞서기 시작한 것은 1995년부터의 일이다. 중국은 지역별 신장의 편차가 크고 남쪽에서 북쪽 지방으로 갈수록, 즉 화남지방에서 화북지방으로 올라갈수록 키가 크다.

서양인이라 하여 모두 키가 큰 것은 아니다. 가령 프랑스와 스페인을 비롯하여 동유럽인의 신장은 한국인보다 작은 편이다. 그리고 유럽인과 인디오의 혼혈이 많은 라틴아메리카 국가들 역시 한국인보다 체구가 작다. 물론 체구가 크다고 하여 강한 남자라

할 수 없다. 이러한 사실은 로마시대에 체구가 상대적으로 작았던 로마군이 그들보다 큰 게르만족을 물리친 사실과 165cm에 불과한 나폴레옹의 군대(보병)가 유럽을 제압한 사실만 보아도 알 수 있다.

4. 체격과 성격의 관계

독일의 정신의학자이자 심리학자인 크레치머Kretschmer가 제기한 유명한 이론이 있다. 그는 『체격과 성격』이란 저서에서 인간의 성격이 기질에 의해 좌우된다고 보고 체형과 기질을 세 가지 유형으로 구분하였다. 즉 호리호리한 세장형細長型, asthenic · 뚱뚱한 비만형肥滿型, pyknic · 근육질의 투사형鬪士型, athletic으로 구분하여, 세장형은 소극적이고 조용한 성격이고, 비만형은 사교적이고 친절하나 조울증 성격이며, 투사형은 꼼꼼하거나 완고하며 다혈질적 성격이라고 보았다.

구체적으로 비교적 마른 체구의 세장형 인간은 민감한 성격으로 내성적일 뿐만 아니라 신경질적이며 환경의 영향을 쉽게 받는 성격이다. 뚱뚱한 체구의 비만형 인간은 일반적으로 선량하고 온화한 성격으로 대인관계가 원만하여 비록 경솔한 측면이 있으나 사회적으로 성공을 거두는 사례가 많은 편이다. 이에 비해 근육질의 투사형 인간은 예의 바르고 의리가 있고 인내심이 강하지만 고집이 센 편으로 출세하면 독재자가 될 가능성이 있다.

학문 세계에서는 각각 괴테와 A. 훔볼트, 칸트와 뉴톤, 헤겔과 W. 훔볼트 등과 같은 성격의 소유자들이 각자의 성격에 따라 학문적 업적을 쌓았다. 동생인 A. 훔볼트는 세장형으로 탐험 여행을 계기로 지리학자가 되었고, 형인 W. 훔볼트는 비만형으로 저명한 문학자와 교분을 맺고 외교관 생활이 계기가 되어 언어학자가 되었다. 우리는 크레치머가 주장하는 것처럼 일상생활에서 체형에 따라 여러 측면에서 각기 다른 행동을 보이는 사람들을 볼 때마다 기후의 영향을 받아 형성된 체형 간의 차이를 인정하는 경우가 많다. 즉 위도에 따른 기후적 차이에 따라 체형의 차이가 나타난다는 것인데, 일반적으로 고위도일수록 체구가 큰 것으로 알려져 있다. 한민족의 형질은 전통적으로 세장형이면서 동시에 투사형에 속하는 유형이 많은 편이었다.

이상에서 설명한 신장에 관한 설명은 과학적인 측면도 있지만, 환경결정론이나 인종적 편견에 매몰될 위험성도 내포하고 있음을 염두에 두고 생각할 필요가 있다.

도그하우스 다이어리 지도로 본 국가별 이미지는?

세계 유명 만화작가 단체가 개설한 만화사이트인 도그하우스 다이어리(Doghouse Diaries)는 2013년 세계은행과 기네스북의 정보를 토대로 세계 국가별 대표 이미지를 지도로 나타냈다. 제목은 '각국이 세계를 주도하는 분야(what each country leads the world in)'로, 각 나라를 대표하는 이미지를 매우 코믹하게 표현했다. 물론 이 지도가 얼마만큼 객관성을 담보할 수 있으며 편견에 치우친 것은 아닌지 판단하기 어렵지만 세계 각국의 대표적 이미지를 엿볼 수 있어 여기에 소개하려고 한다.

키워드: 도그하우스 다이어리, 국가별 이미지, 국제미용성형학회.

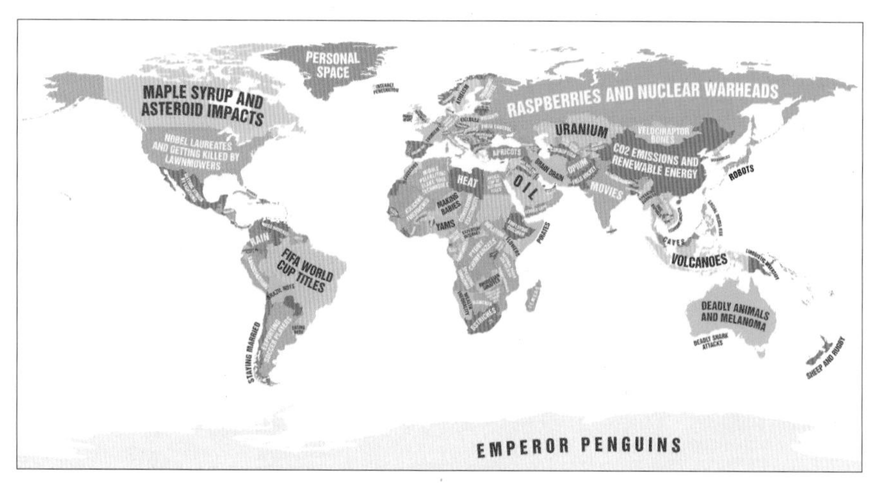

그림 1-33. 도그하우스 다이어리의 세계지도

1. 아시아 국가별 이미지

먼저 아시아 국가별 이미지를 보면 국가별 경제·문화적 특징을 비롯해 전쟁과 관련된 이미지가 눈에 띈다. 베트남은 경제성장, 타이는 쌀 수출, 사우디아라비아는 석유, 부자 나라인 카타르는 높은 국내총생산, 이스라엘은 연구개발 이미지가 강하게 표현되어 있다. 방글라데시는 평화 유지로 드러난 반면, 이라크는 전쟁으로 인한 불안한 언론인 이미지로 표출되었고 아프가니스탄은 아편 이미지가 강한 것으로 묘사되었다. 독자들은 그림 1-34의 지도 속 글자가 보이지 않는 경우 표 1-1에서 확인할 수 있다.

아프가니스탄은 세계 아편시장의 최대 공급국가라는 불명예를 안고 있다. 이 나라의 치안과 경제가 불안정해지면서 아편 재배에 뛰어드는 사람이 많은 탓이다. 또한 아편은 국경 고산지대에 은신하며 암약하는 탈레반 무장 세력의 자금원이 되고 있다.

주목해서 볼 것은 한반도와 그 주변 국가들의 이미지다. 여러 이미지가 있음에도 불구하고 우리나라가 일벌레workaholics로 묘사된 것은 씁쓸하지만 이는 사실이다. 가령 케이팝k-pop을 비롯한 초고속 인터넷, 양궁강국 등의 이미지도 있을 텐데 말이다. 실제로 한국 노동자의 연간 노동시간은 그림 1-35에서 보는 것처럼 경제협력개발기구OECD의 평균치인 1,763시간을 훨씬 초과하여 멕시코에 이어 두 번째로 길다.

북한은 극심한 통제국가 이미지인 검열로 표현되어 있고, 일본은 로봇 산업의 발달을 염두에 둔 로봇 이미지로 묘사되어 있다. 인구대국이며 '세계의 공장'이란 이

그림 1-34. 아시아 국가별 이미지

표 1-1. 아시아 주요 국가별 이미지

국가명	이미지
인도	movies(영화)
인도네시아	volcanoes(화산)
방글라데시	peacekeeping(평화 유지)
베트남	economic growth(경제성장)
타이	rice exports(쌀 수출)
아프가니스탄	opium(아편)
이라크	not safe for journalists(불안한 언론인)
이스라엘	R&D(연구개발)
카타르	GDP(국내총생산)
사우디아라비아	oil(석유)
대한민국	workaholics(일벌레)
중국	CO_2 emissions and renewable energy(이산화탄소 배출과 신재생 에너지)
일본	robots(로봇)
북한	censorship(검열)

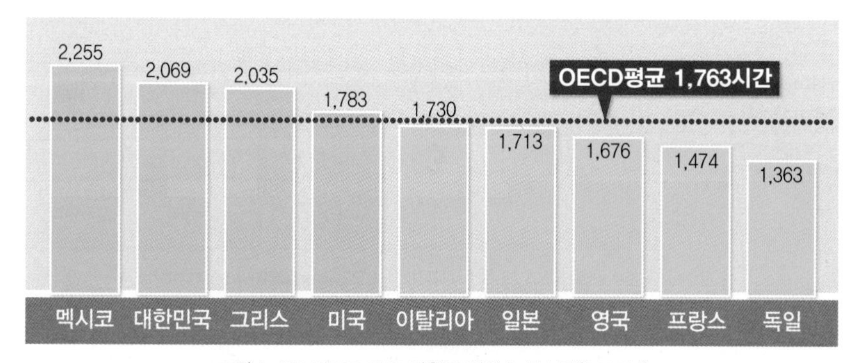

그림 1-35. OECD 주요 회원국 연간 노동시간(2016년)

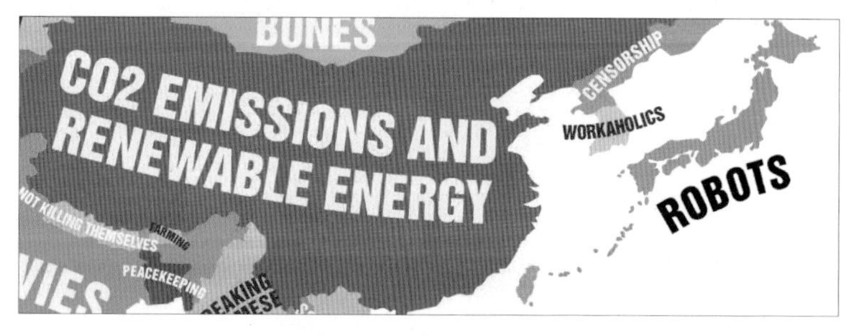

그림 1-36. 동아시아의 이미지

미지에 어울리는 중국은 이산화탄소 배출과 신재생 에너지의 이미지로 드러나 있다.

2. 유럽 국가별 이미지

정치·경제적 측면에서 선진국들이 집중된 서유럽과 북유럽, 상대적으로 낙후된 개발도상국들이 모여 있는 동유럽 역시 재미있는 이미지로 나타나 있다. 영국의 이미지를 파시스트 운동이라고 표현한 점은 납득하기 어렵지만, 프랑스와 벨기에를 각각 관광과 휴식(편안함)으로, 아일랜드를 삶의 질로 표현한 것은 수긍이 간다. 그리고 덴마크와 노르웨이를 각각 교육과 민주주의 이미지로 나타낸 것도 이해가 가는 대목이다.

재미있는 것은 축구강국인 독일이 월드컵 우승 독점, 체코가 맥주 마시기, 네덜란드가 장신의 이미지로 표현된 것이다. 이와는 달리 루마니아는 컴퓨터의 다운로드 속도가 느린 것으로 이미지화됐고, 아제르바이잔은 소프트웨어 불법복제로 표현되었다. 러시아는 핵탄두로, 한동안 내전을 겪었던 보스니아 헤르체고비나는 매설지뢰로 묘사되었다.

그림 1-37. 유럽의 국가별 이미지

표 1-2. 유럽 주요 국가별 이미지

국가명	이미지
영국	fascist movements(파시스트 운동)
프랑스	tourism(관광)
독일	almost winning the world cup(월드컵 우승 독점)
러시아	raspberries & nuclear warheads(산딸기와 핵탄두)
벨기에	relaxing(휴식)
네덜란드	being tall(장신)
덴마크	education(교육)
노르웨이	democracy(민주주의)
아일랜드	quality of life(삶의 질)
체코	drinking beer(맥주 마시기)
루마니아	download speed(다운로드 속도)
보스니아 헤르체고비나	having land mine(매설지뢰)
아제르바이잔	software piracy(소프트웨어 불법복제)
스페인	cocaine use(코카인 사용)
그리스	olive oil consumption(올리브유 소비)

이 밖에도 스페인은 코카인 사용, 그리스는 올리브유 소비 이미지로 표현됐다. 그중 스페인이 코카인 이미지로 부각된 것은 유로 화폐 속에서 검출된 코카인 성분 때문인데, 유럽인 중 많은 사람이 지폐에 코카인을 말아 흡입하고 있다. 스페인에서 통용되고 있는 지폐 중 14%가 콜롬비아에서 생산된 코카인을 흡입하는 데 사용된 것으로 추정된다. 일반적으로 국제 마약밀매조직은 달러화보다 유로화를 선호하는 것으로 알려져 있다.

3. 아프리카 국가별 이미지

정치 · 경제적으로 낙후된 국가가 많은 아프리카의 이미지는 어떨까? 리비아사막에 위치한 리비아는 열기의 이미지, 코트디부아르는 말라리아, 가봉과 마다가스카르는 각각 해꼬리원숭이와 여우원숭이의 이미지로 표현되어 아프리카 대륙의 특징이 잘 나

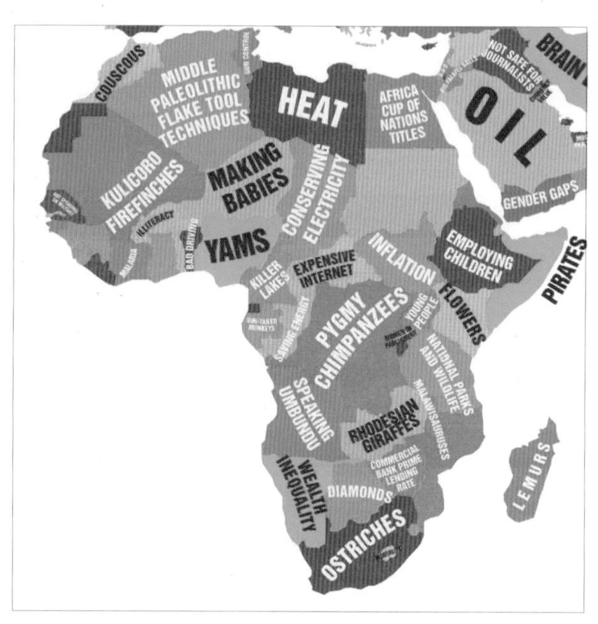

그림 1-38. 아프리카의 국가별 이미지

타나 있다.

아프리카의 특징적 이미지는 수단의 인플레이션을 비롯해 나미비아의 부의 불평등, 부르키나파소의 문맹, 레소토의 사망률에서도 찾아볼 수 있다. 모로코의 이미지인 쿠스쿠스는 알갱이 형태의 파스타에 다양한 채소와 고기를 곁들인 베르베르족의 음식으로 북아프리카의 마그레브 지방에서 널리 식용되는 전통요리 중 하나다. 모로코에서는 닭고기나 양고기로 만든 전통 스튜인 타진과 더불어 질그릇에 담아 먹는 게 특징이다.

중기 구석기시대의 박편석기 기술로 표현된 알제리의 이미지는 아하가르 고원에 위치한 타실리나제르에서 발굴된 석기시대의 유물에서 비롯되었다. 이 일대에는 1만 년 전의 중기 구석기시대의 박편석기를 비롯한 암벽화 등의 선사시대 유적지가 많이 분포하고 있다.

소말리아의 이미지인 해적은 널리 알려진 바 있다. 이 나라에 해적이 들끓는 이유는

표 1-3. 아프리카 주요 국가별 이미지

국가명	이미지
모로코	couscous(쿠스쿠스)
알제리	middle paleolithic flake tool techniques(중기 구석기시대의 박편석기 기술)
리비아	heat(열기)
수단	inflation(인플레이션)
소말리아	pirates(해적)
코트디부아르	malaria(말라리아)
가봉	sun-tailed monkeys(꼬리원숭이)
나미비아	wealth inequality(부의 불평등)
부르키나파소	illiteracy(문맹)
중앙아프리카공화국	expensive internet(비싼 인터넷)
마다가스카르	lemurs(여우원숭이)
레소토	mortality(사망률)

내전으로 산업 기간시설이 초토화되어 경제가 완전히 붕괴된 탓에 대부분의 국민이 실업자가 되었기 때문이다.

처음에는 어부들이 외국 어선들의 불법조업으로 생계를 유지하기 힘들자 어장을 싹쓸이하는 주변국들의 어선을 나포해서 약간의 피해보상금을 받는 수준이었다. 그러나 의외로 생각보다 수입이 좋다는 것을 알게 되면서 대다수의 어부들이 해적 일을 겸하게 되고 군벌들이 끼어들기 시작했다. 여기에 일확천금을 꿈꾸는 물주들이 투자에 나서면서 해적질이 하나의 산업으로 번창하게 되었다.

4. 아메리카 국가별 이미지

신대륙으로 진출한 유럽인은 원주민이었던 아메리칸 인디언을 몰아내거나 그들과 섞이면서 메스티소mestizo가 되어 새로운 문화를 창출했다. 여기서는 북아메리카와 라틴아메리카 국가들의 이미지를 살펴볼 것이다.

미국의 이미지는 독특하게 노벨상 수상자와 잔디깎기로 인한 사망으로 표현되었다.

이는 미국에 노벨상 수상자와 잔디밭을 낀 단독주택이 많은 것을 반영한 결과일 것이다. 노벨상 수상자에 관한 최근 통계에 의하면 미국은 물리학상 89명, 생리학·의학상 97명, 경제학상 50명, 화학상 60명, 평화상 21명 1단체, 문학상 12명으로 총 329명 1단체가 수상한 바 있다. 단연 으뜸가는 실적이다(노벨상에 관해서는 16절에서 상세히 후술할 예정이다).

재미있는 이미지로는 베네수엘라의 미스유니버스를 위시하여 브라질의 FIFA 월드컵 타이틀, 아르헨티나의 축구선수 수출이 있다. 베네수엘라는 러시아, 벨라루스, 우크라이나와 더불어 미스유니버스, 미스월드, 미스인터내셔널 등의 각종 미녀대회를

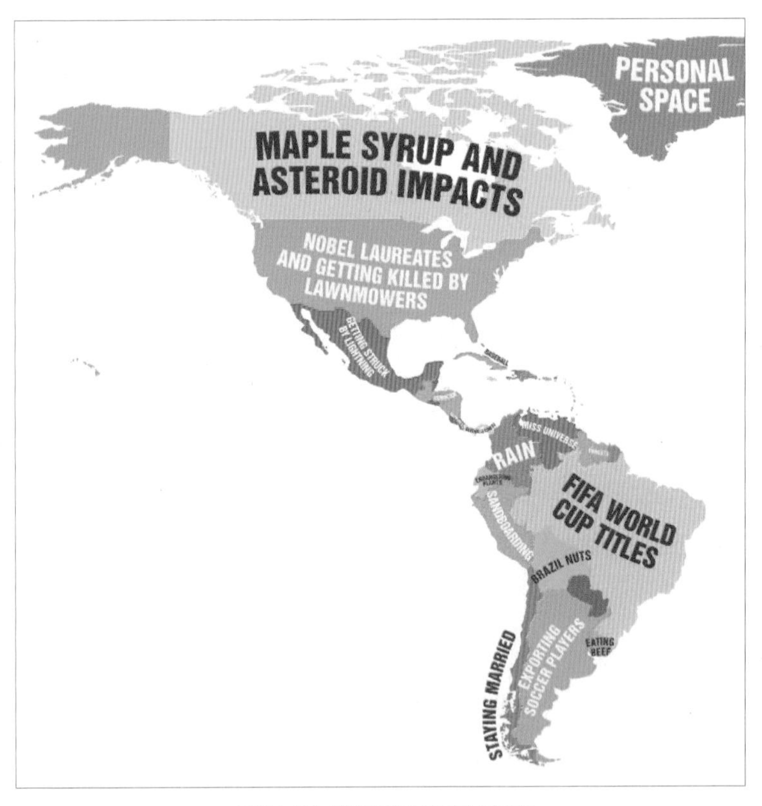

그림 1-39. 아메리카의 국가별 이미지

표 1-4. 아메리카 주요 국가별 이미지

국가명	이미지
미국	nobel laureates and getting killed by lawnmowers(노벨상 수상자와 잔디깎기로 인한 사망)
쿠바	baseball(야구)
온두라스	homicide(살인)
코스타리카	happiness(행복)
베네수엘라	miss universe(미스 유니버스)
수리남	forest(숲)
브라질	FIFA world cup titles(피파 월드컵 타이틀)
우루과이	eating beef(쇠고기 먹기)
아르헨티나	exporting soccer players(축구선수 수출)

휩쓸 만큼 미녀가 많은 나라로 알려져 있다. 실제로 이 나라에 가 보면 미녀들이 소문 만큼 많다는 느낌이 안 든다.

베네수엘라에는 미인 사관학교가 있는데, 이 학교는 세계 미인선발대회에 출전할 여자들을 양성하는 미인 양성 캠프다. 베네수엘라는 성형의 나라기도 하다. 미인의 나라라는 별칭에 어울리게 아름다움에 대한 집착이 남다르다. 이 나라의 미에 대한 강박관념은 성형수술로 이어지고 있다. 국제미용성형수술협회ISAPS가 지난해 발표한 보고서에 따르면 베네수엘라에서만 약 4만여 건에 달하는 가슴 성형수술이 이뤄진 바 있다.

세계 인구의 0.36%에 불과한 베네수엘라가 세계미인대회 입상자 30%를 차지하는 등 세계미인대회를 독식하고 있는 이유는 베네수엘라에서 미인대회 입상은 출세의 보증수표나 마찬가지여서 수많은 여성들이 뜨거운 열기를 보이며 미인대회에 참가하기 때문이다. 미인대회에서 우승하면 부와 명예가 보장되는 경향이 강하기에 수많은 여성이 미인대회에 참가하는 것이다. 베네수엘라에서는 2만여 개의 각종 미인대회가 열린다.

브라질은 독일, 이탈리아, 아르헨티나와 더불어 펠레와 호나우두 등으로 대표되는 자타가 인정하는 축구강국이다. 브라질은 현재까지 유일하게 FIFA 월드컵에서 단 한 차례도 기권하거나 예선 탈락하지 않고 본선에 진출한 국가이며, 월드컵에서 5회 우승하여 최다 우승 기록도 보유하고 있다. 마라도나와 메시 등으로 대표되는 아르헨티나 역시 브라질 못지않은 축구강국이다. 그런 까닭에 아르헨티나의 이미지는 축구선수 수출로 묘사된다. 이 나라의 유명한 선수들이 유럽 프로축구 팀에서 활약했거나 현재도 높은 몸값으로 활약하고 있다.

06

역대 올림픽과 월드컵 개최국을 알면 그 나라의 국력이 보인다!

키워드: 스포츠, 올림픽, 월드컵, IOC, FIFA.

1. 올림픽의 기원

근대 올림픽은 스포츠 마니아라 할 수 있는 쿠베르탱 남작이 창시했다. 프랑스의 교육자였던 쿠베르탱은 스포츠 제전을 통해 세계 청년의 우정과 화합을 도모하자는 결론을 내렸다. 그리하여 1894년 국제올림픽위원회IOC를 조직하여 1896년 제1회 아테네 올림픽을 개최하게 되었다.

올림픽은 IOC의 주관 아래 고대 올림픽의 부활이라는 목표를 내걸고 1896년부터 4년에 한 번 개최되는 전 세계 규모의 스포츠 제전이다. 하계 올림픽과 동계 올림픽을 합치면 2년마다 번갈아 열리는 셈이다. 올림픽은 전 세계에서 열리는 모든 스포츠 축제를 넘어 지구촌에서 열리는 모든 축제 중 가장 규모가 큰 대회이며, 전 세계에서 참여하고 시청하는 지구촌 최대의 이벤트다.

올림픽의 여러 종목의 선수들은 아무리 참가에 의의가 있다고 하더라도 사실 올림픽 출전과 메달권 진입을 목표로 이 올림픽만을 위해 4년을 피눈물 나게 훈련한다. 하계 올림픽은 동계 올림픽에 비해 전 세계적인 인지도·인기·수익·규모 면에서 훨씬 월등하므로, 같은 올림픽이라도 하계 올림픽과 동계 올림픽의 수익과 브랜드 가치는 차이가 매우 크다. 동계 올림픽은 겨울철이 존재하는 나라에 국한된다는 점에서 범세계적이지 못하다.

2. 하계 올림픽 개최국

올림픽은 국제 행사 중 가장 크고 잘 알려져 있으며 메달 수상자에게는 큰 명예가 주어진다. 특히 하계 올림픽은 세계에서 가장 큰 국제행사로, 수상자에게는 순위에 따라 금메달, 은메달, 동메달이 주어지며, 이런 전통은 1904년 이후부터 유지되고 있다.

하계 올림픽은 앞에서 언급한 것처럼 동계 올림픽에 비하여 규모가 더 크다. 일반적으로 올림픽은 원래 하계 올림픽을 가리키는 말이었다. 역대 하계 올림픽 개최국은 그림 1-40에서 보는 바와 같이 특정 국가에 국한되어 분포한다.

역대 하계 올림픽 개최국은 제1회 대회인 1896년 그리스를 시작으로 제31회 대회인 2016년 브라질에 이르고 있다. 1908년에 제4회 대회가 이탈리아에서 개최될 예정이

그림 1-40. 역대 하계 올림픽 개최국의 분포(1896~2016년)

었으나 베수비오 화산 폭발의 위험성 때문에 영국으로 개최지를 옮기게 되었다. 1916년 개최될 예정이었던 제6회 대회는 독일이 유치했지만 제1차 세계대전으로 무산되었고, 나치 독일이 개최한 제11회 대회에서는 일본 선수로 참가한 손기정과 남승룡 선수가 마라톤 종목에서 1등과 3등을 석권하기도 했다. 제12회 대회는 일본이 유치했다가 핀란드로 개최국이 변경되었으나 제2차 세계대전으로 역시 무산되었다. 전쟁이 길어지자 제13회 대회를 영국이 유치했지만 또 무산되는 우여곡절을 겪었다. 세계대전이 종료되자 제14회 대회가 1948년 영국에서 개최되었다.

올림픽을 한 번도 유치하지 못한 나라가 훨씬 많지만 여러 번에 걸쳐 유치한 나라도 있다. 미국의 4회에 이어 영국이 3회, 프랑스·그리스·독일이 각각 2회씩 유치했다. 하계 올림픽을 유치한 경험이 있는 나라는 200여 개국 중 19개국에 불과하다. 하계 올림픽을 유치하기 위해서는 28개 종목 300여 개의 경기에 달하는 시합을 하므로 다양한 경기장시설을 완비해야 한다. IOC 규정에 맞는 시설을 갖추기 위해서는 막대한 경비가 소요되므로 경제적 능력이 없는 나라는 유치하기 어렵다.

우리나라는 1948년 영국이 유치한 제14회 대회를 시작으로 참가하기 시작했으며, 1980년 제22회 대회를 구소련이 유치하여 서방권 국가들과 더불어 보이콧한 것을 제외하고는 항상 참가해 왔다. 1984년 미국이 유치한 제23회 대회는 동구권 국가들이 보이콧하여 역시 반쪽 올림픽에 그치고 말았다. 그러나 1988년 한국이 유치한 서울 올림픽에는 북한과 쿠바를 제외한 모든 국가가 참가하여 오랜만에 올림픽다운 올림픽이 개최될 수 있었다.

우리나라의 올림픽 성적은 2000년 호주가 유치한 시드니 올림픽을 제외하고는 1984년 LA 올림픽부터 꾸준히 세계 10위권 내의 좋은 성적을 거두고 있다. 한국의 숙적으로 알려진 일본은 2004년 그리스에서 열린 아테네 올림픽을 제외하고는 모든 대회에서 우리나라에 뒤지고 있다. 인구 규모의 측면에서 볼 때 한국의 성적은 대단히 우수하다고 할 수 있다.

3. 동계 올림픽 개최국

아테네에서 제1회 올림픽 대회가 개최되었던 초기에는 동계 스포츠에 대한 인식이 높지 않았다. IOC의 창립 멤버이자 동계 스포츠에 관심이 많았던 스웨덴의 빅토르 발크가 올림픽 종목에 동계 스포츠 종목 추가를 제안함에 따라, 1908년 피겨스케이팅 종목이 채택되어 첫 대회를 치렀다.

동계 올림픽은 초기에 하계 올림픽 대회에 몇몇 실내 종목을 곁들여 열렸다가, 1924년 프랑스에서 정식으로 첫 번째 동계 올림픽 대회가 개최되었다. IOC 주관으로 4년마다 열리는 동계 올림픽은 1992년까지는 하계 올림픽 대회와 같은 해에 개최되었지만, 1994년부터 하계 올림픽과 2년 간격을 두고 개최되기 시작했다. 스키와 같은 설상종목, 스케이팅과 같은 빙상종목, 썰매와 같은 슬라이딩종목 등으로 구분되어 있다. 동계 스포츠 종목에 대한 지속적인 논의가 이루어지면서 15개 종목 102개 경기로 늘어났다.

2018년에는 제23회 대회가 우리나라 평창에서 개최된 바 있다. 역대 동계 올림픽 개최국은 그림 1-41에서 보는 바와 같이 하계 올림픽보다 더 제한적인 것을 알 수 있다. 역대 동계 올림픽은 1924년 제1회 대회인 프랑스 샤모니 올림픽을 시작으로 제4회 대회까지 이어졌으나, 제2차 세계대전으로 한동안 중단되었다. 전쟁이 끝난 뒤인 1948년 스위스의 생모리츠에서 전후 첫 동계 올림픽이 개최되었다.

1956년 이탈리아에서 열린 동계 올림픽부터 TV로 생중계되기 시작했다. 다만 텔레비전 방영권의 판매는 1960년 로마 하계 올림픽 대회부터였으며, 이 대회는 대형 스포츠 대회의 텔레비전 중계 가능성을 테스트하기 위한 목적으로 진행되었다. 1968년 프랑스에서 열린 동계 올림픽은 사상 처음 컬러TV 방송으로 중계된 대회였다.

동계 올림픽을 가장 많이 유치한 나라는 미국으로 4회에 걸쳐 유치에 성공했다. 그 뒤를 이어 프랑스 3회, 유럽 국가인 스위스·노르웨이·오스트리아·이탈리아와 캐나다, 일본이 각각 2회씩 유치한 바 있다. 동계 올림픽은 하계 올림픽과 달리 겨울철에

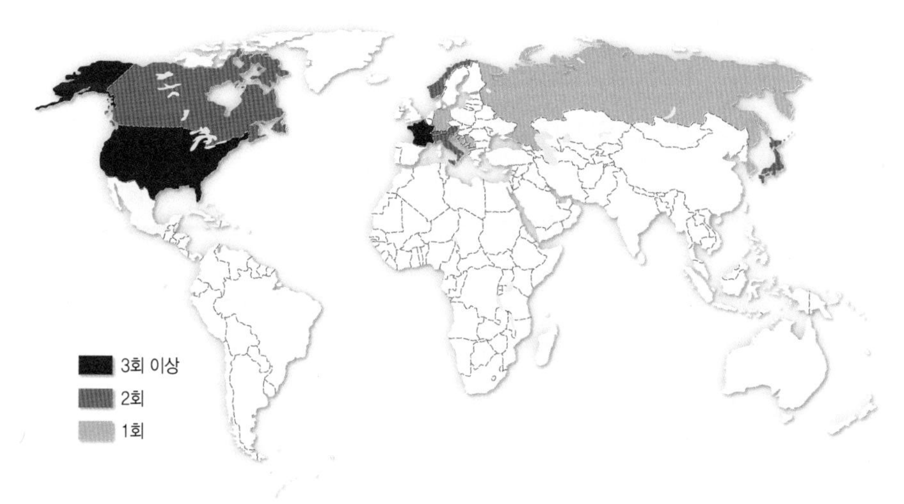

그림 1-41. 역대 동계 올림픽 개최국의 분포(1924~2018년)

할 수 있는 스포츠 종목으로 이루어져 개최 가능한 나라가 제한적일 수밖에 없다. 또한 겨울 스포츠는 시설과 장비에 소요되는 경비가 고가여서 경제적 여유가 있는 서양인의 전유물이었다.

우리나라는 제5회 대회부터 동계 올림픽에 참가했으나 메달을 따지 못했다. 그러나 제16회 대회부터 메달을 따기 시작하여 제21회 대회인 2010년 밴쿠버 동계 올림픽에서는 금메달 6개, 은메달 6개, 동메달 2개로 종합순위 5위를 달성하는 쾌거를 이룩했다. 이 대회에서 특히 여자 피겨스케이팅 종목에서 금메달을 딴 김연아 선수의 모습은 아직도 우리들 기억에 생생하게 남아 있다. 김연아 선수의 경기상황은 그대로 전 세계에 생중계되어 국가 브랜드 이미지를 0.5% 정도 높여 주는 경제효과를 거두었다. 현금으로 환산하면 약 6조 원에 상당한다고 하니 대단한 성과다.

4. 월드컵 개최국

원래 축구의 기원은 기원전 7~6세기에 고대 그리스의 하르파스톤Harpaston이라는 게임에서 비롯되었다는 설이 있지만 오늘날의 축구와 관련성이 적다. 오히려 11세기 경 덴마크의 학정에 시달리던 영국인들이 덴마크군을 물리친 후, 전사한 덴마크 병사들의 두개골을 발로 차면서 기뻐했다는 기록이 축구의 발생과 더욱 관련이 깊다. 그 후 발로 차는 경기가 생겨나 14세기 이후 영국에서 큰 인기를 끌었다. 당시는 골대 없이 하는 경기로 오늘날의 축구와 럭비가 혼합된 경기였다.

19세기 중엽에 들어와서야 축구라는 스포츠가 확실하게 자리를 잡았다. 1863년에 영국 축구협회가 발족되었는데, 축구의 규성을 성립하고 명칭을 풋볼foot ball이라고 정했다. 풋볼은 후에 미식축구와 구별하기 위하여 사커soccer로 변경되었다. 당시 발만 사용하는 축구 규정에 반발하고 태동한 것이 럭비였다. 영국은 세계 곳곳에 식민지를 세우며 축구를 널리 보급하여 오늘날 축구 종가로 불리게 되었다.

월드컵은 1930년 프랑스의 쥘 리메Jules Rimet의 제안에 따라 국제축구연맹FIFA 주관으로 우루과이에서 처음 개최되었다. 세계에서 규모가 가장 큰 국제 축구대회로 올림픽과 더불어 전 세계에서 권위 있는 스포츠 대회 중 하나다. 국제 축구기구인 FIFA에서 주관하고 있으며, 보통 월드컵 혹은 FIFA 월드컵으로 불린다.

1930년 첫 번째 대회를 시작으로 4년마다 개최되고 있다. 예선은 본선에 앞서 3년 먼저 개최되고, 본선은 개최국 경기장에서 한 달 정도의 기간을 두고 32개 팀이 경쟁하여 우승팀을 가른다. 올림픽 대회 축구경기와는 달리 월드컵 축구대회에는 프로 선수들도 참가할 수 있기 때문에 세계 최고 수준의 선수들이 경기를 펼치게 된다.

처음에 제작되었던 트로피는 이 대회 제안자의 이름을 딴 쥘 리메 컵으로 매회 우승국에 수여하여 보관하도록 해 오다가, 1970년 총3회 우승한 브라질이 소유하게 되었다. 이후 1974년 제10회 서독 월드컵 축구대회부터는 FIFA컵이 제작되어 우승국에 수여되고 있다.

역대 월드컵은 제1회 대회를 당시 축구강국이었던 우루과이에서 개최된 것을 시발점으로 2018년 제21회 러시아 월드컵에 이르고 있다. 제2차 세계대전으로 1942년과 1946년 대회는 개최되지 못했다. 역대 월드컵을 보면, 브라질·프랑스·독일·이탈리아가 2회씩 개최했고, 우리나라는 2002년 제17회 대회를 일본과 공동개최한 바 있다. 이 밖에도 미국, 독일, 남아프리카공화국에서 개최되었는데, 축구열풍이 뜨거운 멕시코와 남아프리카공화국을 제외하면 대부분 강국에 편중되어 개최되었다.

월드컵 개최지를 정할 때 FIFA에서는 가능한 한 대륙별 안배의 원칙을 고려하는데, 남아프리카공화국을 개최국으로 선정한 것은 아프리카에 대한 배려 차원으로 보인다. 아프리카 대륙에도 축구강국이 여럿 있지만, 월드컵을 유치할 만한 국가는 별로 없다.

그동안의 성적은 브라질이 5회 우승으로 가장 많고, 그 뒤를 이어 이탈리아가 4회, 독일이 4회, 아르헨티나가 2회, 우루과이가 2회, 프랑스가 2회 우승한 바 있다. 잉글랜드와 스페인은 각각 1회씩 우승했다. 일반적으로 축구는 라틴아메리카 국가와 유럽 국가들이 강세를 보이는 경향이 있다.

우리나라는 개최를 유치한 제17회 대회에서 4강에 진입한 것이 가장 좋은 성적이었다. 히딩크 감독이 이끈 한국 팀은 승승장구하여 월드컵에서 처음으로 4강 신화를 거둘 수 있었다. 독자들은 "오~필승 코리아!" 그리고 "대~한민국!"을 외치며 응원하던

그림 1-42. 역대 월드컵 개최국의 분포(1930~2018년)

사진 1-2. 2002년 월드컵에서 응원하는 붉은악마의 모습

당시의 기억이 생생할 것이다. 그때 한국국민들이 보여 준 길거리 응원문화는 그 후 전 세계에 퍼지게 되었다.

5. 올림픽과 월드컵 개최국

이상에서 살펴본 바와 같이 하계·동계 올림픽과 월드컵이 특정 국가에 편중되어 유치된 것을 알 수 있다. 많은 나라가 세계적인 빅 매치인 올림픽이나 월드컵을 유치하기 위해 막후에서 치열한 로비로 외교전을 벌이고 있지만 쉬운 일이 아니다.

역대 하계·동계 올림픽과 월드컵을 모두 유치한 나라는 많지 않다. 이에 속하는 국가는 그림 1-43에서 보는 것처럼 북반구의 몇몇 나라에 국한되어 있을 정도다. 미국을 비롯하여 독일·프랑스·이탈리아·일본·한국·러시아에 불과할 뿐이다.

이들 7개국의 경제력과 국력의 개요를 보면 표 1-5와 같다. 즉 미국을 위시한 일본, 독일, 프랑스, 이탈리아는 경제적 측면에서 볼 때 선진국이라 간주되는 국가들인데, 여기에 한국이 들어가 있는 것은 우리나라의 국제적 위상을 엿볼 수 있는 대목이다. 러시아는 경제적으로 다른 6개국에 비하면 상대적으로 뒤지는 편이지만, 이 표에서

그림 1-43. 역대 올림픽과 월드컵을 모두 유치한 국가의 분포

표 1-5. 역대 올림픽과 월드컵 유치국가의 경제력과 국력

국가명	경제력	국민총생산(달러)	무역액 순위	국력*
미국	1위	17.4조	2위	1위
독일	4위	3.9조	3위	5위
프랑스	6위	2.8조	5위	6위
이탈리아	8위	2.1조	8위	18위
일본	3위	4.6조	4위	7위
러시아	12위	1.9조	12위	2위
한국	11위	1.4조	9위	11위

* 미국 『U.S. News』가 정치·경제적 영향력과 군사력을 평가한 순위.

보는 것처럼 미국 시사 전문지 『U.S. News』가 정치·경제적 영향력과 군사력을 종합적으로 평가한 결과에 의하면 세계 제2위의 국력을 가진 나라로 평가되고 있다.

07
동성애 및 동성결혼을 금지한 국가와 허용한 국가는?

키워드: 동성애, 동성결혼, 게이, 레즈비언, 커밍아웃, 국제동성애협회.

1. 동성애

동성애는 생물학적 또는 사회적으로 같은 성별을 지닌 사람들 간의 감정적·성적 끌림을 뜻한다. 일반적으로 게이gay는 남성 동성애자, 레즈비언lesbian은 여성 동성애자를 일컫는다. 여성의 동성애를 흔히 '레즈비어니즘'이라고 부르는데, 이는 고대 그리스의 시인 사포Sappho가 활동하던 에게해의 레스보스섬에서 유래된 말이다. 요즘에는 동성애를 가리킬 때 '게이'라는 말을 흔히 쓴다.

개인이 특정한 성적 지향을 갖게 되는 이유에 대해서는 아직 과학자들 사이에서 합의에 이르지 못했다. 그러나 전문가들 사이에서는 유전자, 초기 자궁 내 환경 또는 그 둘의 조합으로 설명되는 생물학적인 이론들이 주류를 이룬다.

동성애는 각 시대나 문화에 따라 허용되거나 묵인 또는 금지되어 왔다. 고대 그리스인은 동성애를 허용했으며 이성 간의 사랑보다 더 고귀한 형태의 사랑으로 인식하기도 했었다. 그러나 유대교와 기독교 문화에서는 동성애를 죄악시했다.

이스라엘 태생의 『사피엔스』의 저자 유발 하라리 역시 동성애자였다. 그는 유대교 신자임에도 불구하고 동성애자라고 커밍아웃했다. 커밍아웃coming out이란 자신의 성 적 지향이나 성 정체성을 다른 사람이나 사회에 공개하는 행위를 뜻하는데, '벽장 속에서 나오다coming out of the closet'에서 유래된 말이다. 본뜻은 세상에 밝히고 싶지 않은 자신의 사상이나 지향성을 숨기고 있다가 드러내는 것을 뜻하는 표현이었으나, 오늘날에는 성소수자가 가족과 친구, 동료, 성소수자 집단, 사회에 자신의 성 정체성이나 지향을 밝히는 것을 의미한다. 1970년대 초까지 미국 정신의학회는 동성애를 정신질환으로 간주했으나, 동성애자들의 정치적 행동과 노력으로 그러한 시각은 사라지게 되었다.

신라시대의 화랑이 동성애를 했다고 추측하는 견해도 있으나, 이것은 어디까지나 추측일 뿐 정확한 근거는 존재하지 않는다. 고려시대 때는 목종이 생모인 천추태후의 등쌀에 시달려 국정에 흥미를 잃고 동성애에 몰두했다는 기록이 있으며 『고려사절요高麗史節要』에도 그 덕분에 목종에게는 자식이 없다는 이야기가 기록되어 있다.

2. 역사 속 동성애

로마 제국에서 기독교가 313년 밀라노 칙령을 통해 허용된 이후, 콘스탄티우스 2세 때 동성애에 대한 처벌이 처음 법으로 제정되었다. 그러나 이 법은 수동적 위치의 동성애자만을 처벌하는 법이여서 기독교 교리와는 관계가 없었다. 4세기에 기독교를 로마의 공식적인 국교로 삼은 테오도시우스 1세는 동성애를 공식적으로 규탄했다.

이때부터 동성애는 교회법에 의해 일종의 죄악으로 간주되었다. 동성애는 자위행위나 피임처럼 신이 허용한 성교의 본래 목적인 종족보존과는 무관한 탐욕적인 성행위 또는 이교도의 우상숭배로 해석되어, 성경의 계율을 어긴 범죄로 여겨진 것이다.

중세시대에는 유럽의 이런 분위기 속에서도 동성애가 완전히 사라진 적은 없다. 수도원이나 기사단처럼 남성 중심의 단체에서 동성애 관계가 존재했을 것으로 추정된다. 르네상스 시대의 유럽에서도 동성애는 결코 광범위한 사회적 인정을 받은 적은 없으며, 폐쇄적인 궁정사회와 일부 시민사회에서 비밀리에 이루어졌다.

르네상스 시대의 수많은 예술가 중에서는 동성애자 혹은 양성애자로 보이는 인물이 많았다. 영국 극작가 셰익스피어와 말로우, 이탈리아 화가 미켈란젤로, 라파엘로 등이 대표적이다. 1500년대 아메리카 대륙을 침략한 스페인은 많은 원주민이 공개적이고 자연스러운 동성애 관계를 맺는다는 사실을 발견하고 엄벌에 처했다.

중국에서는 당나라 시대에 기독교 문화가 유입되면서 동성애에 대한 박해 움직임이 일기 시작했다. 명나라 시대의 푸젠福建 일대에는 동성결혼제도가 있었다는 기록이 있을 정도로 동성애 관계에 관용적이었다. 중국의 오랜 역사 기간 동안 국가나 사회 차원에서 동성애 박해가 주류를 이루진 못했고 청나라 후기에 와서야 서구의 동성애 혐오주의가 점차 확대되었다. 결국 청나라는 성매매가 아닌 동성애 관계도 처벌하는 법을 만들었다.

3. 동성애와 동성결혼에 대한 국가별 차이

오늘날 동성애는 그림 1-44에서 보는 것처럼 주로 이슬람권 국가에서 엄격히 금하고 있으며, 러시아는 직접적인 동성애 처벌법은 없지만 동성애 관련 모임이나 집회 등을 금지하고 있다. 일반적으로 동성결혼은 정치적으로 민주화되지 않은 이슬람권과 아프리카 국가에서 금지하고 있다. 이슬람권인 사우디아라비아·이란·예멘과 아프리카의 수단·우간다·모리타니는 사형에 처하며, 서남아시아와 아프리카 북부·서부·남부 국가에서는 법으로 금지하여 징역형에 처한다.

레즈비언, 게이, 트랜스젠더 관련 단체가 참여하는 국제동성애협회ILGA의 집계에 따르면, 유교적 관습에 젖어 있는 아시아 국가들은 동성애와 동성결혼에 대하여 비교적 보수적인 사고를 갖고 있다. 한국·중국·일본이 그러하다. 2001년 네덜란드를 시작으로 동성결혼을 법제화한 나라는 프랑스·벨기에·덴마크·스웨덴·스페인 등과 같은 유럽에 집중되어 있다. 2018년 타이완은 아시아에서는 처음으로 동성결혼을 합법화

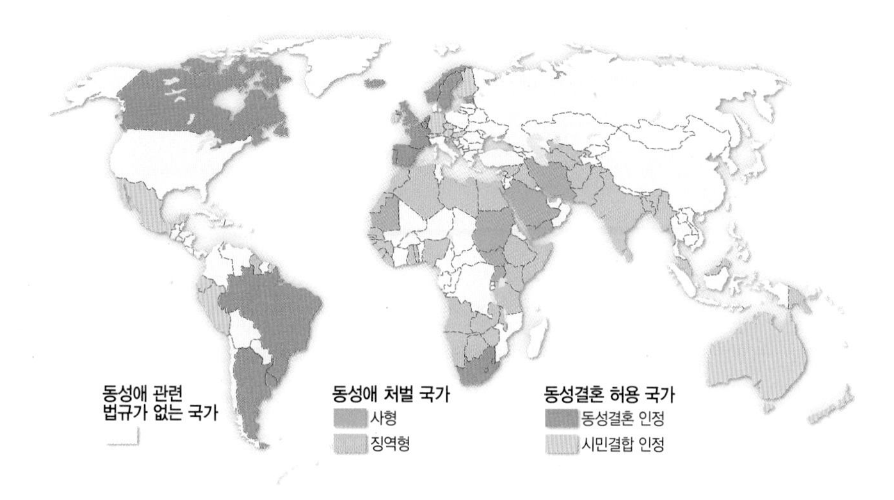

그림 1-44. 동성애 및 동성결혼에 대한 국가별 대응

하는 법안을 국회에서 통과시켰다.

2019년 기준 동성결혼을 허용하는 국가는 유럽의 일부 국가들과 더불어 아메리카 대륙의 캐나다·브라질·아르헨티나·우루과이 등을 포함하여 오스트레일리아·뉴질랜드, 아프리카의 남아프리카공화국 등 28개국으로, 점점 늘어나고 있는 추세이다. 동성애를 불법으로 간주하고 있는 나라는 세계 200여 개국 중 78개국에 이른다.

미국은 2015년 연방대법원의 동성애 허용 판결이 내려지기 전 동성결혼을 허용하는 주와 허용하지 않는 주로 나뉘어 있었다. 그림 1-45는 2015년 전의 동성결혼에 대한 주별 상황을 지도화한 것이다. 동성결혼을 허용한 주는 매사추세츠·뉴욕·워싱턴·워싱턴 DC·펜실베이니아·일리노이·아이오와 등 27개 주에 달했다. 이들 지역은 도시화가 일찍 진전된 미국 동북부를 비롯하여 캘리포니아를 중심으로 한 서부지역을 포함한다. 일리노이주의 거대도시인 시카고 주변지역 역시 동성결혼에 대하여 진보적 성향을 나타냈다. 다시 말해서 동북부 메갈로폴리스·오대호 메갈로폴리스·태평양 메갈로폴리스 일대의 지역이다.

이와는 달리 동성결혼을 인정하지 않는 주는 조지아·앨라배마·루이지애나·텍사스 등의 남부지역을 비롯하여 노스다코타·사우스다코타·몬태나·와이오밍 등의 서부 및 중서부 지역에 집중되었다. 이와 같이 동성결혼을 인정하지 않았던 주들은 대개 도시화가 지체된 농촌지역인 경우가 많았다.

지금까지 살펴본 바와 같이 동성애와 동성결혼에 대한 국가별 차이는 종교적 이유와 정치적 요인에 의해 좌우되거나 도시화 정도에 따라 차이가 나는 것을 알 수 있다. 그러나 기독교 신도가 많은 국가의 경우에는 나라에 따라 상이하다. 가령 가톨릭 국가인 스페인은 동성결혼을 인정하는 데 반해 이탈리아는 이에 관한 법규가 없다. 이는 러시아 정교를 비롯하여 아르메니아 정교와 그리스 정교 역시 마찬가지다.

우리나라의 경우는 동성애에 대한 인식이 아직 보수적일 뿐만 아니라 동성결혼에 대한 법적 보호에 대하여 엄격한 성향을 보인다. 미국 『워싱턴 포스트』와 ABC방송사가 2013년 실시한 미국과 한국 국민의 여론조사 결과에 따르면 그림 1-46에서 보는 바와 같이 동성결혼의 법적 허용에 대한 미국인의 찬성 의견이 58%인 데 비해 한국인은 25%에 불과하다. 즉 한국에서는 동성결혼에 대한 반대 의견이 지배적이다. 우리나

그림 1-45. 미국의 주별 동성결혼 허용여부(2015년 이전)

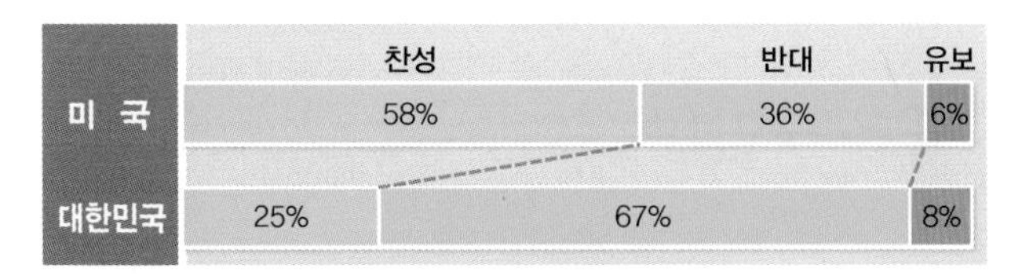

그림 1-46. 동성결혼의 법적 허용에 관한 여론조사 결과

라에서는 주로 기독교 단체를 중심으로 동성애와 동성결혼을 반대하고 있다.

한국갤럽이 2017년 동성애와 동성결혼에 대한 여론을 조사한 결과, 58%의 국민이 반대했고, 34%가 찬성했다. 지역적으로는 충청남북도의 반대가 65%로 가장 높게 나타났고, 부산과 경상남도가 54%로 가장 낮았다. 연령별로는 60대 이상이 76%로 가장 높았고, 19~29세의 청년층이 29%로 가장 낮게 나타났다.

이 결과는 동성결혼에 대한 지역별·연령별 성향의 차이를 나타내는 것이지만, 2001년의 동일한 조사와 비교해 보면, 동성결혼에 찬성하는 한국인이 16년 사이에 두 배로 증가했음을 나타내는 결과였다. 현재는 우리나라 국민들이 동성결혼에 보수적이지만 점진적으로 관대해지는 추세로 바뀔 전망이다.

08

손재주가 좋은 국민은?

어느 나라 국민의 손재주가 좋은지 가늠하는 것은 용이한 일이 아니지만, 국제기능올림픽대회 성적이 객관적인 지표가 될 수 있을 것이다. 여기서는 이 성적을 기준으로 어느 나라 국민의 손재주가 좋은지 가늠해 보려 한다.

키워드: 국제기능올림픽대회, 알베르트 비달상, 기능인.

1. 국제기능올림픽

국제기능올림픽대회International Youth Skill Olympics는 직업기능을 겨루는 국제대회며, 이 대회에서는 17~22세 사이의 젊은이들이 2년마다 개최국에서 서로의 기술을 겨룬다. 월드 스킬스 인터내셔널World Skills International이라는 기구가 이 대회를 관장하고 있으며, 이전 명칭은 국제기능훈련기구였다.

제1회 국제기능올림픽대회는 1950년 스페인의 마드리드에서 처음으로 열렸다. 국제기능올림픽대회는 청소년 근로자 간의 기능경기대회의 실시를 통하여 최신기술의 교류와 세계 청소년 근로자들의 상호이해와 친선을 꾀하며, 각국의 직업훈련제도 및 그 방법에 관한 정보교환을 주요 목적으로 한다. 이것은 근로청소년들의 심신을 건전하게 하고 노동의식을 높이기 위해 직업청소년단이 열었던 기능경기대회가 발전된 것이다.

초창기에는 유럽 국가 중심의 회원국으로 구성되었으나, 1960년대 초 아시아에서 일본이 처음으로 회원국으로 가입했다. 우리나라는 1966년 두 번째로 가입하면서

1967년 제16회 스페인 마드리드 대회부터 국가대표 선수를 파견하게 되었다. 그 뒤 타이완이 가입하여 동서의 기술을 잇는 국제기구로서 더욱 확대되어 나갔다. 1973년부터는 미국이 가입함으로써 명실상부한 국제대회의 면모를 갖추게 되었다.

우리나라는 1966년 9월 국가대표 선수를 파견하기 위한 예선대회로서 첫 지방기능경기대회를 개최하고 전국대회에 출전할 지방대표 선수를 선발했으며, 제1회 전국기능경기대회를 서울에서 개최했다. 이 대회에서 9개 직종에서 9명의 대표선수를 선발한 후, 1967년 9월 스페인에서 개최된 제16회 대회에 처음 출전하여 공업선진국 선수들과 기량을 겨루었다. 이때 양복과 제화 직종에서 금메달을 획득했으나 종합성적은 경험 미숙으로 저조했다.

2. 경기 종목과 평가방법

이 올림픽의 경기 종목은 기계, 금속, 전기·전자·정보, 건축·목재, 미예, 공예이며, 6개 분과 46개 직종으로 이루어져 있다. 이 대회는 '1직종 1선수' 참가를 원칙으로 한다. 경기 종목의 상세한 내역은 표 1-6에서 보는 바와 같다.

국제기능올림픽대회 조직위원회가 정한 평가 방법은 너무 복잡하여 생략하겠지만

표 1-6. 경기 종목의 분과와 직종

기계	금속	전기·전자·정보	건축·목재	미예	공예
CNC밀링	배관	공업전자기기	가구	상품 진열	창의적 모형
CNC선반, 금형	용접	동력제어	목공	간호	귀금속 공예
기계제도/CAD	자동차도장	모바일 로보틱스	미장	레스토랑 서비스	그래픽 디자인
냉동기술	차체수리	옥내제어	실내장식	요리	석공예
메카트로닉스	철골구조물	웹 디자인	장식미술	의상 디자인	프린팅
자동차 정비	판금	정보기술	조경	제과제빵	
통합제조		컴퓨터 정보통신	조적	피부미용	
폴리메카닉스		통신망 분배기술	타일	헤어 디자인	
항공정비				화훼장식	

메달의 점수는 금메달 4점, 은메달 3점, 동메달 2점, 우수상 1점으로 계산하여 총점수의 합계로 종합성적의 순위를 매긴다.

3. 역대 성적

우리나라는 제16회 스페인 대회 이후 29회에 걸쳐 국제기능올림픽에 참가했고, 2017년 제44회 아랍에미리트 대회에 이르기까지 총 19차례에 걸쳐 종합우승을 하는 쾌거를 이룩했다. 우리나라 젊은이들의 손재주는 가히 신의 경지에 있다고 할 만큼 우수하다.

1995년 알베르트 비달상이 처음 도입된 이후, 우리나라는 총 4번의 수상자를 배출함으로써 명실상부 세계 최고 기능강국의 위상을 드높이고 그 입지를 더욱 공고히 하는 계기를 마련했다. 참가선수들 중 최고 득점을 얻은 MVP 선수에게 수여하는 알베르트 비달상은 세계 최고의 손기술에게 주는 영예의 훈장이다.

국제기능올림픽대회 제1회가 1950년부터 개최되었지만, 1955년을 제외하고는 1962년 제11회 대회까지 종합우승국을 가리지 않았다. 경기 종목별 성적과 종합성적을 발표하기 시작한 것은 1963년 제12회 아일랜드 더블린 대회부터다. 이때부터 기술강국 일본은 영국, 스위스 등의 유럽 기술강국들과 더불어 상위권을 휩쓰는 기염을 토했다. 한국은 1968년 제17회 스위스 베른 대회에서 종합성적 3위에 입상하면서 서서히 두각을 나타내기 시작했다.

1970년대 전반에는 한국이 독일과 스위스에 밀려 준우승에 그쳤으나, 후반의 제23회 대회부터 종합우승을 차지하기 시작했다. 그 후부터 우리나라의 독주는 계속되어 세계를 놀라게 했다. 한국은 1993년 타이완에서 열린 제32회 대회와 2005년 제38회 대회를 제외하고는 종합우승을 독차지했다.

그림 1-47은 역대 국제기능올림픽대회의 종합우승을 차지한 횟수를 국가별로 표시한 지도다. 이 지도로 알 수 있는 것처럼 우리나라는 단연 탁월한 성적을 거두어 왔으

그림 1-47. 나라별 역대 국제기능올림픽대회 종합우승 횟수

며, 그 뒤를 일본, 스위스, 스페인 등이 따르고 있다. 산업혁명의 중심지였던 영국과 유럽 국가들은 공업기술의 노하우가 축적되어 있어 좋은 성적을 거두긴 했으나, 동아시아 국가들의 손재주에는 미치지 못했다.

이러한 사실은 그림 1-48의 역대 국제기능올림픽대회의 종합성적 3위권 내에 진입한 횟수로도 증명이 된다. 우리나라는 역대 대회에서 총 26회에 걸쳐 3위권 내에 진입했고, 일본은 24회에 걸쳐 3위권에 진입한 바 있다. 이에 비해 유럽은 정밀공업이 발달한 스위스와 과학 선진국인 독일이 각각 16회, 9회로 3위권에 진입하는 데 그쳤다.

특히 주목할 만한 사실은 한국을 비롯한 일본·타이완·중국의 성적이다. 이들 국가의 민족은 이른바 젓가락 문화권에 속한다는 공통점을 갖고 있다. 과학적 실험에 의하면 젓가락을 사용하기 위해서는 손바닥·손목·팔꿈치 등 30여 개의 관절과 50여 개의 근육을 사용해야 하는 것으로 알려져 있다. 이것이 대뇌에 자극을 주게 되어 도구사용 능력과 섬세함을 길러 주게 된다. 더욱이 한국인은 예로부터 나무젓가락보다는 쇠젓가락을 사용하여 콩자반을 집어 먹었으니 외국인이 보기에는 신기神技에 가깝게 보였을 것이다.

그림 1-48. 역대 국제기능올림픽대회 3위권 진입 횟수

연속되던 한국의 종합우승은 2015년 제43회 브라질 상파울루 대회로 막을 내렸다. 한국은 중국의 종합우승으로 준우승 국가로 밀려나고 말았다. 이 대회에서 중국은 금메달 15개로 종합우승의 영광을 차지했는데, 우리나라는 전통적 강세였던 기계, 전기·전자·정보 분과에서 부진하여 8개의 금메달을 획득하는 데 그쳐 2위로 밀려난 것이다. 3위는 스위스였다.

중국은 2010년 국제기능올림픽대회의 조직위원회에 가입한 후 지금까지 4회에 걸쳐 참가했는데, 2015년 제43회 브라질 상파울루 대회에서 3위를 차지한 후, 그다음 대회인 제44회 아랍에미리트 아부다비 대회에서 종합우승을 차지했다. 제46회 대회는 2021년에 중국 상하이에서 개최될 예정인데, 장차 중국은 우리나라의 종합우승을 가로막는 가장 강력한 라이벌로 부상할 것으로 예상된다.

이상에서 설명한 바와 같이 우리나라 젊은이들의 손재주는 세계가 인정할 정도로 높은 수준임에도 불구하고 한국사회에서는 제대로 인식하지 못하고 있다. 2011년 중앙일보가 "한국사회는 기능인을 우대하고 있는가?"에 관한 설문조사를 실시했다.

그림 1-49에서 알 수 있는 것처럼 기능인의 우대에 대하여 '그렇지 않다'란 응답이

51.3%로 가장 높았고, '그렇다'는 5.2%에 불과했다. '보통이다'란 응답이 25.2%로 그 뒤를 이었고, '매우 그렇지 않다'가 18.3%였다. 결국 69.6%에 달하는 국민들이 한국사회가 기능인을 우대하지 않는 것으로 부정적으로 인식하고 있는 셈이다. 세계가 인정한 우리나라 젊은이들의 손재주를 정부와 기업이 더욱 고양시킬 수 있는 방안이 어느 때보다도 필요한 시점이며, 국민들의 인식 전환이 필요하다고 생각한다.

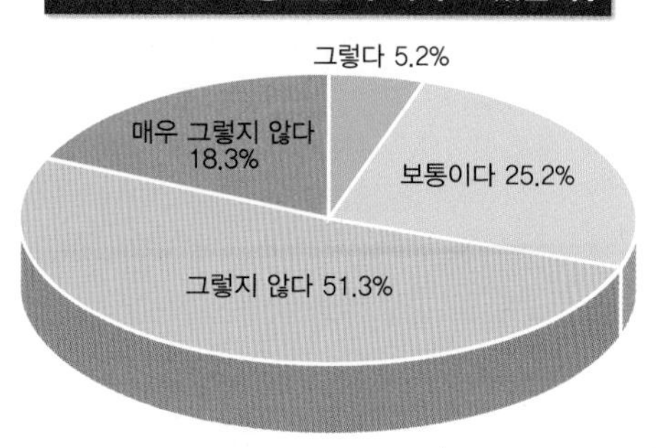

그림 1-49. 한국사회의 기능인에 대한 인식

09
치안이 안전한 나라와 위험한 나라는?

우리는 해외여행을 할 때 여행대상국이 안심할 수 있는 나라인지 신경을 쓴다. 위험국가로 출국하면 외교부로부터 방문자제 혹은 신변안전 각별유의 등과 같은 휴대폰 문자를 받을 수도 있다. 여기서는 어느 나라가 안심하고 여행할 수 있는 나라인지 국가별로 살펴보고자 한다.

키워드: 실패국가지수, 취약국가지수, 테러리즘, 국내인전 및 경찰 지수.

1. 취약국가지수

과거에 실패국가지수Failed States Index라 불렸던 취약국가지수FSI: Fragile States Index는 미국의 싱크탱크인 평화기금회FFP: The Fund for Peace와 미국의 잡지인 『포린폴리시』가 2005년 이후로 1년에 한 차례씩 출간하는 보고서다. 이 목록은 충돌 또는 붕괴에 대한 국가들의 취약성을 측정하며, 분석을 위한 데이터가 충분하고 국제 연합의 회원국 자격이 있는 모든 독립국들을 대상으로 순위를 매긴다.

국가로 인식되지 못하고 있는 타이완·팔레스타인 영토·북키프로스·서사하라 등은 분석 대상에서 제외했다. 취약국가의 순위는 12가지 지표로 점수를 합산하여 정해지는데, 각 지표는 0~10으로 점수가 매겨지며, 0은 가장 낮은 강도(가장 안정적), 10은 가장 높은 강도(가장 불안정적)를 의미하고 0~120의 스케일이 도출된다. 분류 지표는 표 1-7에서 보는 바와 같이 크게 응집력(3개), 사회적(3개), 경제적(3개), 정치적(3개) 지표로 분류된다.

지수에서 고려되는 지표들은 국가가 붕괴하거나 충돌할 취약성을 측정하는 수단이

표 1-7. 취약국가 분류 지표

지표 분류	내용
응집력 지표	치안 유지력, 엘리트의 이기심(권력투쟁, 부정선거), 집단 간의 갈등
사회적 지표	인구압, 난민과 국내 유랑민, 외부로부터의 간섭
경제적 지표	불균형 개발, 빈곤과 경기 침체(소득 수준, 인플레이션 등), 인력 유출
정치적 지표	정부의 정당성, 공공 서비스, 인권과 법치주의(정치·언론·종교 등의 탄압, 고문, 인신매매, 정치범 감금 등)

며 이 지표들을 통해 국가에 순위가 매겨진다. 12개의 지표의 총합이 0~29.9이면 지속 가능sustainable 국가로, 30~59.9이면 안정적stable 국가로, 60~89.9이면 경고warning 국가로, 90~120이면 경보alert 국가로 분류된다.

사회적 지표에 포함되는 인구압은 정부가 시민을 보호하기 어렵게 만드는, 식량공급 및 기타 생명 유지 자원 대비 높은 인구밀도를 가리킨다. 이 압력에는 질병, 자연재해, 인구증가, 영아사망률, 환경 위험에서 비롯되는 것들이 포함된다. 경제적 지표에 속하는 불균형 개발은 교육, 직업, 경제 지위에 따른 단체 기반의 불공평을 의미하며, 이것은 국가 내에서 사회계획의 불공평한 헌신으로 이어질 수 있다. 그리고 정치적 지표에 포함되는 인권과 법치주의는 국가가 주된 책임을 수행하지 못하여 생겨나는 기초적 권리의 불공평한 보호를 의미한다.

위에서 설명한 방법으로 분류된 국가별 취약 정도는 그림 1-50에서 보는 바와 같다. 대체적인 특징을 보면 위험단계에 속하여 경보 및 경고로 분류된 국가는 대부분 최빈국이며, 그 외에도 국가 전체를 뒤흔들 정도의 극단적인 분쟁이나 정변 등 온갖 위험에 봉착해 있는 경우가 많다. 서남아시아의 아프가니스탄·파키스탄·이라크·시리아, 아프리카의 소말리아·리비아·차드·수단·남수단 등의 나라가 경보단계에 속한다. 동아시아에서는 북한이 경보국가로 분류되어 있다.

남수단은 2011년 수단의 남부지역을 중심으로 분리되었으며, 이후 2013년 살바 키르 대통령이 마차르 전 부통령의 쿠데타 모의혐의를 제기하면서 내전이 시작되었다. 2015년 8월 평화협정을 체결했지만 1년이 채 지나지 않아 무력충돌이 재개되었다. 국

그림 1-50. 세계 취약국가 분류(2017년)

제 연합 안전보장이사회는 2018년 7월에 내전 중인 남수단에 대한 무기금수 조치를 담은 결의를 채택했다.

특히 아프리카의 취약국가 명단에서 높은 순위를 차지하고 있는 나라에는 국민소득이 낮고 무법천지에 가까운 상황에 처한 국가와 국민소득이 낮고 불안정하지만, 다른 국가들보다는 좀 나은 부룬디, 니제르와 같은 국가가 포함된다. 조금씩 차이는 존재하지만 전반적인 점수는 모두 높은 편으로 아프리카 국가의 90% 이상이 위험단계(경고 및 경보)를 기록하고 있다.

이와는 달리 지속가능 및 안정 단계의 국가에는 상위권 개발도상국과 상대적으로 경제력이 앞선 선진국이 속해 있다. 다만 유럽 연합 회원국 중 비슷한 수준의 소득을 가진 국가들에 비해 점수가 더 낮은 국가도 있지만 대체로 안정단계나 지속가능단계에 포함되어 있다. 라틴아메리카에서는 칠레·아르헨티나·우루과이가 안정단계지만, 그 밖의 국가들은 경고단계에 포함되어 있다. 특히 최근 베네수엘라는 경제파탄으로 경보단계에 접어들고 있다.

우리나라는 미국·영국·프랑스·일본 등과 더불어 안정(50~60), 매우 안정(40~

50), 대단히 안정(30~40) 단계 중 대단히 안정단계에 속해 있다. 세계에서 가장 안정된 지속가능단계에 속한 나라는 핀란드였다.

러시아와 중국은 70~80점을 얻어 경고단계로 분류되었는데, 이는 취약국가지수의 평가기관이 미국이란 점에서 볼 때 경쟁국가를 과소평가했다는 의구심이 드는 대목이다. 왜냐하면 실제로 두 나라의 수준보다 훨씬 취약해 보이는 우크라이나와 가나 등의 점수가 더 낮은 것은 합리적으로 설명하기 어렵기 때문이다.

2. 세계 국가별 국내안전 및 경찰 지수

앞에서 설명한 취약국가지수와 달리 국가별 치안질서와 안정도를 알 수 있는 통계자료가 있다. 세계의 국내안전 및 경찰 지수WISPI: World Internal Security & Police Index라는 통계인데, 이는 경제 및 평화협회IEP: Institute for Economics and Peace의 지원으로 국제경찰과학협회IPSA: International Police Science Association가 개발한 127개국의 국내 보안 및 경찰 성과에 대한 자료다.

WISPI의 웹사이트에 따르면 WISPI의 목표는 내부 안전에 대한 경찰의 규모·수사과정·정당성 및 성과를 측정하고, 평화 및 분쟁에 관한 연구, 범죄학 및 경찰 분야의 기관과 연구원 및 실무자에게 보안업무 참고자료를 제공하는 것이다. WISPI의 측정영역과 지표는 표 1-8과 같다.

이 표에서 보는 바와 같이 4개 영역 중 규모는 치안질서를 유지하기 위한 경찰력 인프라를, 과정은 부패를 방지하기 위한 내용을 포함한다. 또한 합법성은 질서 유지를 위한 절차와 신뢰성을, 성과는 각종 범행의 적발실적과 시민의식을 포함한다.

테러리즘은 국내 치안을 해치는 큰 위협 중 하나인데, 지난 3년 동안 테러 공격으로 6만 2,000명 이상이 사망했다. 가장 큰 폭으로 테러리즘이 증가한 국가는 WISPI에서 최악인 나이지리아다. 그 지수를 보면 그림 1-51과 같다.

싱가포르는 도시국가라서 지도상에는 표시되지 않았지만 WISPI에서 가장 모범적

표 1-8. WISPI의 측정 영역과 지표

영역	지표	측정 내용
규모	경찰 군사력 사설 경호 형무소 규모	10만 명당 경찰 및 사설 경호원 수 10만 명당 무장 병력 10만 명당 사설 경호 계약 건수 수감자 비율, 형무소 규모
과정	부패 실효성 뇌물 공여 과소 보고	부패 제어 형사상 정의 구현, 공정성, 권리존중 경찰에 대한 뇌물 공여 비율 절도범 수사와 보고 비율
합법성	적법절차 경찰 신뢰 공익, 사익 경찰 폭행	적법한 법 집행과 피고인의 권리 경찰에 대한 신뢰를 가진 피고인 비율 경찰공무원과 군인의 사익 추구 시민에 대한 공권력 사용
성과	살인 폭력 테러 공공안전 인식	10만 명당 고의적 살인범 수 지난해 폭행 또는 강도 비율 사망, 상해, 테러사건의 합계 야간 안전 보행 인식

으로 수행된 국가였으며, 그 뒤를 북유럽 국가인 핀란드, 덴마크, 핀란드, 스웨덴 등이 따랐다. 유럽 국가들은 비교적 양호한 편이지만, 상위 20위 안에는 비유럽 국가가 4개국밖에 없다. 아랍에미리트는 서남아시아 및 북아프리카에서 가장 높은 순위에 올랐으며 전체적으로 127개국 중 29위를 차지하여 안전한 국가로 드러났다. 북아메리카는 평균 WISPI가 우수하며, 동유럽을 제외한 유럽 국가와 동아시아의 일본·한국·타이완이 양호한 편이다.

반면에 앞에서 지적한 것처럼 나이지리아는 WISPI에서 최하위를 기록했고, 그다음으로 사하라사막 이남의 아프리카 국가들인 콩고민주공화국·케냐·우간다 등이 하위권에 속했다. 사하라사막 이남의 아프리카 권위주의 정권은 서남아시아 군대보다 경찰력과 군대의 규모가 작았다. 전반적으로 사하라사막 이남 아프리카 국가들의 경찰력은 다른 지역에 비하여 규모가 매우 작은 편이다.

이와 더불어 인도·파키스탄·방글라데시 등의 남아시아와 멕시코·베네수엘라 등

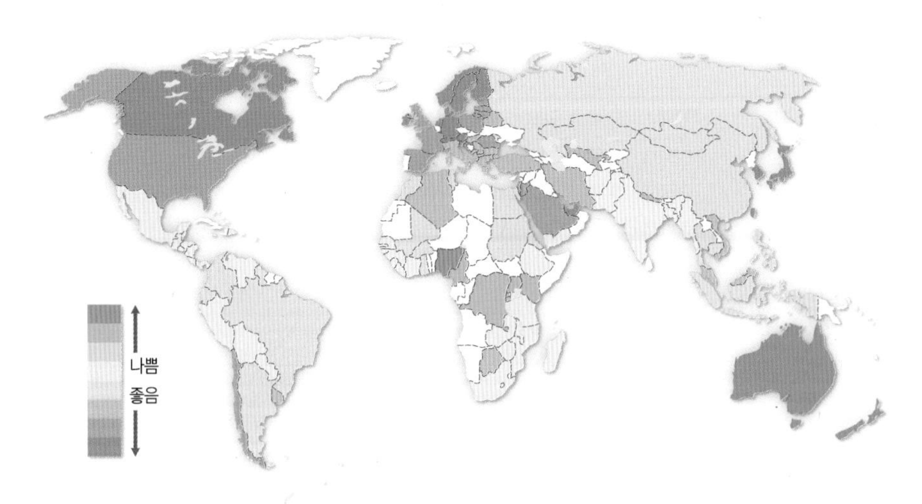

그림 1-51. 세계 안전 및 경찰 지수(2017년)

의 중앙아메리카와 카리브해 연안국들이 비교적 낮은 점수를 받았다. 요르단과 아랍에미리트는 서남아시아 이슬람권의 혼란에도 불구하고 높은 WISPI를 보였다. 이 두 나라는 북아프리카와 서남아시아 9개국 중 네 번째로 우수한 평균 점수를 보였다.

인구가 적은 국가는 인구 규모가 큰 국가에 비해 높은 지수를 보이는 경향이 있는데, WISPI 상위 10개국 중 인구가 2,500만이 넘는 국가는 단 1개국뿐이다. 평균 상위 10개 국가의 인구는 1,700만 명 이하였으며, 하위 10개 국가의 인구는 8,400만 명에 달했다. 모범적인 민주주의 국가는 WISPI에서 가장 좋은 평균 점수를 보이는 경향이 있고, 민주주의와 권위주의를 혼합한 하이브리드 정권을 능가했다. 다만 싱가포르만이 예외적으로 높은 점수를 얻었다. 여기서 우리는 자유민주주의를 잘 이행하는 국가일수록 국민들이 안전한 삶을 보장받을 수 있다는 교훈을 얻을 수 있다.

표 1-9는 WISPI를 기준으로 안전 및 치안질서가 우수한 국가와 불량한 국가 5개국을 각각 나타낸 것이다. 독자들은 이러한 통계를 참고하여 해외여행을 하면 도움이 될 것 같다. 이 표에서 알 수 있는 것처럼 싱가포르, 핀란드, 덴마크, 오스트리아, 독일 등은 안심하고 여행할 수 있는 나라이며, 반대로 나이지리아, 콩고민주공화국, 케냐, 우

표 1-9. WISPI의 우수 국가와 불량 국가

〈불량한 국가〉

국가	합계	규모	과정	합법성	성과
123. 파키스탄	0.349(123위)	0.729(66위)	0.239(116위)	0.173(127위)	0.348(121위)
124. 우간다	0.312(124위)	0.224(126위)	0.219(118위)	0.411(107위)	0.372(119위)
125. 케냐	0.298(125위)	0.214(127위)	0.180(125위)	0.322(123위)	0.456(107위)
126. 콩고민주공화국	0.272(126위)	0.440(115위)	0.195(122위)	0.227(126위)	0.268(124위)
127. 나이지리아	0.255(127위)	0.416(119위)	0.156(1270위)	0.264(124위)	0.226(127위)

〈우수한 국가〉

국가	합계	규모	과정	합법성	성과
1. 싱가포르	0.898(1위)	0.897(21위)	0.829(9위)	0.903(4위)	0.963(1위)
2. 핀란드	0.864(2위)	0.674(80위)	0.922(2위)	0.919(1위)	0.893(9위)
3. 덴마크	0.859(3위)	0.648(88위)	0.948(1위)	0.904(3위)	0.885(10위)
4. 오스트리아	0.850(4위)	0.770(58위)	0.817(12위)	0.899(6위)	0.894(7위)
5. 독일	0.848(5위)	0.778(53위)	0.876(6위)	0.867(10위)	0.852(20위)

간다, 파키스탄 등은 조심해야 할 나라들이다.

지난 50년간 치안 유지 및 형사사법시스템에 대한 지원이 크게 증가했다. 미국의 1인당 GDP는 1961~2015년간 191% 증가했지만, 이 기간에 지방의 주 및 연방정부의 경찰 지출예산은 소득증가율보다 훨씬 높은 484% 증가했다. 그러나 빈국들은 경찰력을 높일 만한 경제력이 뒤따르지 못했다. 그리하여 지난 20년 동안 전 세계의 무질서와 부패가 증가한 것이다. 개발도상국의 경우 경찰에 뇌물을 주는 일은 여전하다. 앙케트 조사 결과 뇌물수수 지수의 평균은 30%에 달했는데, 이는 경찰의 청렴도가 국민 안전에도 영향을 미친다는 사실을 뜻한다.

경찰 및 군대와 사설 경호의 규모는 양호한 치안질서를 보장해 주지 못하지만, 경찰 수가 많은 국가의 대부분은 평균 점수를 상회했다. 그러므로 안전 서비스의 규모가 작으면 국내안전을 유지하는 게 힘든 것으로 예측할 수 있다. 가장 나쁜 지수를 기록한 국가는 경찰 수가 적고, 사설 경호가 충분하지 않으며, 교도소가 과밀한 경향이 있다.

10

빅맥지수로 알 수 있는 국가별 통화가치는?

키워드: 빅맥지수, 일물일가의 법칙, 구매력 평가, 버거노믹스, 물가 수준, 스타벅스지수.

1. 빅맥지수란?

'빅맥지수Big Mac index'란 맥도날드에서 판매하고 있는 햄버거 중 '빅맥Big Mac'의 가격에 기초해 전 세계 120여 개국의 물가 수준과 통화가치를 비교하는 지수를 가리킨다. 천차만별인 세계 각국의 빅맥 가격을 달러로 환산하여 미국의 빅맥 가격과 비교함으로써 국가별 물가 수준과 통화가치를 평가한다.

빅맥은 세계 어느 나라에서도 손쉽게 사 먹을 수 있고 크기·재료·품질 등이 일정하다는 점에 착안해, 1986년부터 영국 경제전문지 『이코노미스트The Economist』에서 1월과 7월에 한 번씩 발표하기 시작했다. 즉, 세계적으로 표준화되어 있어 어느 곳에서나 값이 거의 일정한 빅맥 가격을 달러로 환산해서 국가 간 물가 수준과 통화가치를 비교하고 이를 통하여 각국별 환율의 적정성을 측정하는 것이다. 햄버거 경제학이라는 의미에서 빅맥지수를 '버거노믹스Burgernomics'라고도 하다.

사진 1-3. 빅맥 햄버거

빅맥지수는 일물일가의 법칙law of one price과 구매력 평가 지수purchasing power parity 이론을 전제로 한다. 일물일가의 법칙은 모든 개별적인 상품은 세계 어느 나라에서나 고정적인 가격을 지니고 있어야 한다는 법칙이다.

2018년 1월 발표된 결과를 토대로 한국의 빅맥지수를 산출해 보자. 당시 한국 매장의 빅맥 가격은 4,420원이었다. 당시 환율인 1달러당 1,076원으로 계산하면 한국의 빅맥지수는 4.11달러(4,420÷1,076)이다.

당시 미국 매상의 빅맥 가격은 4.93달러였는데 한국의 빅맥 가격을 미국 달러로 환산하면 4.11달러이므로, 한국 지수가 미국 대비 16.8%($100-\frac{4.11}{4.93}\times100=16.8$) 정도 낮은 가격이기 때문에 한국 원화의 실제 거래 환율이 적정 환율에 비하여 그만큼 저평가되었다고 할 수 있다. 즉 시장 환율이 적정 환율보다 0.82달러 저렴하므로 원화가 달러화에 비해 저평가된 것을 알 수 있다. 환율은 시기에 따라 변동하므로 빅맥지수 역시 가변적이다.

2. 국가별 빅맥지수의 분포

빅맥지수로 세계 각국의 상대적 물가 수준과 통화가치를 비교할 수 있다. 이 지수는 처음 발표된 이래로 시장 환율과 적정 환율 간의 차이를 어느 정도 파악할 수 있다는 점에서 의미 있는 지표로 받아들여지고 있다. 일반적으로 이 지수가 낮을수록 해당 통화가 달러화보다 저평가된 것으로, 높을수록 고평가된 것으로 해석한다.

그림 1-52에서 알 수 있는 것처럼 북아메리카·서유럽·남유럽의 빅맥지수가 적정하고 안정된 상태라고 할 수 있다. 그러나 2018년 1월에 산정된 빅맥지수에 의하면 스위스가 1위로 6.76, 노르웨이가 2위로 6.24, 스웨덴이 3위로 6.12, 핀란드가 4위로 5.58로 나타나, 이들 국가들의 통화환율이 고평가된 것을 알 수 있다. 그 뒤를 미국, 캐나다, 프랑스, 이탈리아가 잇고 있다.

이와는 달리 해당국가의 통화가 달러화에 비하여 저평가된 나라는 56개국 중 1.63

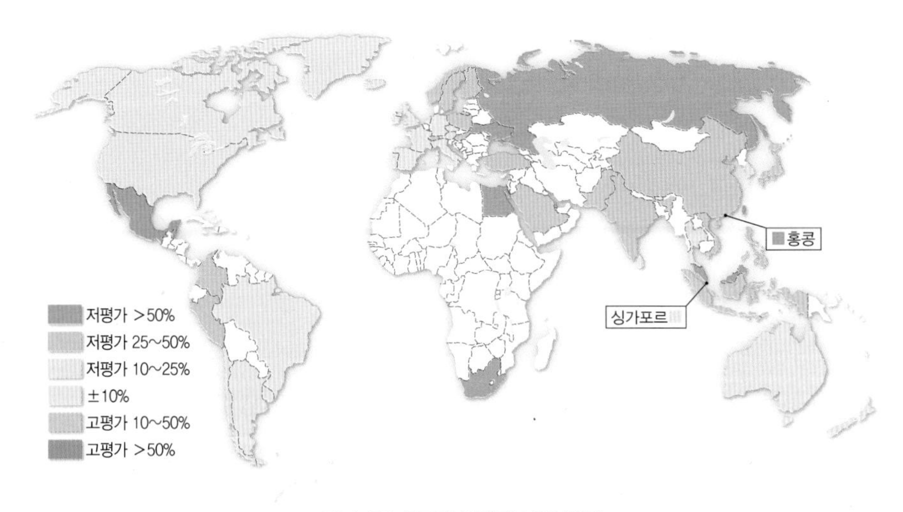

그림 1-52. 국가별 빅맥지수(2018년)

의 우크라이나가 최하위를 차지했고, 55위 이집트(1.93), 54위 말레이시아(2.27), 53위 러시아(2.29), 52위 타이완(2.33), 51위 남아프리카공화국(2.44), 50위 멕시코(2.57)가 그 뒤를 이었다.

우리나라는 24위로 4.11의 지수를 보였으므로 앞에서 설명한 것처럼 미국 대비 16.8% 저평가되어 그림 1-52에서는 10~25% 저평가 구간에 속했다. 2014년 7월에 한국의 빅맥지수는 원화의 달러당 환율 1023.75원을 기준으로 하여 4.0으로 발표되었는데, 이것을 2018년 1월의 지수와 비교하면 0.11 상승했음을 알 수 있다. 이는 한국에서 빅맥 햄버거 1개의 가격을 달러로 환산하면 4달러였다는 뜻이며, 빅맥지수가 약 3% 상승했다는 것은 달러화 대비 원화의 구매력이 그만큼 상승했다는 것을 의미한다.

일본은 3.43으로 35위였고, 중국은 3.17로 42위에 속하여 모두 저평가된 국가였다. 전체적으로 볼 때 국가별 통화가 고평가된 북유럽의 노르웨이·스웨덴·핀란드와 서유럽의 스위스를 제외하고는 모두 저평가된 것을 알 수 있다. 그림 1-52의 지도 범례 중 50% 이상의 고평가된 국가는 이 시점에서는 없었다.

이 지수의 기준이 되는 빅맥 가격은 빵·야채·고기 등의 원재료 가격으로만 결정되는 것이 아니라 인건비나 건물임대료와 같은 내수시장에서만 거래되는 비교역재non-tradable goods의 요인도 반영되기 때문에 상대적 물가 수준이 높은 북유럽 국가들의 지수는 미국보다 항상 높게 나타나기 마련이다. 가령 오스트레일리아와 독일의 햄버거 매장에서 일하는 종업원들의 최저시급은 10달러를 상회하는 데 비해 브라질·칠레의 최저시급은 3달러에 미치지 못하는 실정이다.

우리나라에는 맥도날드를 위시하여 한국자본의 롯데리아, 미국에 본사를 둔 버거킹·KFC·파파이스 등의 패스트푸드 회사가 들어와 있다. 이들 기업은 2000년대를 전후하여 환경문제와 웰빙 열풍으로 운영에 어려움을 겪기 시작했다.

표 1-10은 2017년 7월 기준의 주요 국가별 빅맥지수 대비 최저임금을 나열한 것이다. 이 비율이 높을수록 물가 대비 최저임금 수준이 높은 나라라고 판단하면 된다. 우리의 예상대로 오스트레일리아가 가장 높았고 그 뒤를 프랑스, 독일, 일본, 영국이 따르고 있다. 우리나라는 중간 수준으로 미국을 앞서고 있다. 브라질에서는 2시간 일해도 빅맥 햄버거를 사 먹을 수 없지만, 칠레는 물가가 저렴하여 최저임금이 낮음에도 불구하고 2시간 일하면 충분히 햄버거를 사 먹을 수 있다.

그리고 나라마다 식습관이 다양하고 세금 및 관세, 판매경쟁의 정도 등도 서로 다르기 때문에 빅맥지수가 항상 현실을 반영하는 것은 아니며, 그 나라의 경제상황 전반을 설명하지도 못한다. 또한 맥도날드 회사뿐만 아니라 경쟁업체가 치열한 마케팅으로 매출액에 영향을 미친다는 사실을 고려해야 한다.

그뿐만 아니라 최근 햄버거가 건강에 해로운 대표적 정크 푸드로 인식되어 전 세계적으로 소비량이 줄어드는 추세인 점도 이 지수의 효용성에 의문을 제기하게 만든다.

그림 1-53. 햄버거 회사의 로고

표 1-10. 주요 국가별 빅맥지수 대비 최저임금 (단위: 달러)

국가	빅맥지수	최저임금	최저임금/빅맥지수
오스트레일리아	4.53	11.12	2.45
프랑스	4.68	11.22	2.40
독일	4.45	10.25	2.30
일본	3.36	7.35	2.19
영국	4.11	8.44	2.05
캐나다	4.66	8.07	1.73
대한민국	3.84	5.76	1.50
미국	5.30	7.16	1.35
그리스	3.84	4.72	1.23
이스라엘	4.77	5.85	1.23
스페인	4.34	5.06	1.17
칠레	3.84	3.00	0.78
브라질	5.10	2.00	0.39

이에 따라 대안으로 2004년에 스타벅스의 카페라테 가격을 기준으로 하는 '스타벅스 지수Starbucks index', 2007년에는 애플사의 MP3 플레이어 아이팟 가격을 기준으로 하는 '아이팟지수iPod Index' 등이 나타났다. 한국에서는 신라면 지수가 개발되기도 했다.

11

노예지수를 아시나요?
국가별 노예지수

키워드: 노예지수, 노예제도, 국제반노예제연합, 워크 프리 재단.

1. 노예제도의 역사

노예해방의 영웅이라고 하면 미국의 링컨 대통령을 떠올리는 이들은 많지만, 윌버포스라는 이름은 많은 이들에게 잘 알려져 있지 않다. 영국의 양심이라 불리는 윌리엄 윌버포스William Wilberforce는 영국에서 노예제도 폐지를 주도한 정치인이다. 1562년에 시작된 영국의 노예무역은 18세기 후반에 이르러서는 국가의 기간산업으로 부상했다. 당시 세계를 주름잡던 영국은 아프리카에서 잡아온 흑인들을 신대륙으로 팔아넘기는 중개무역으로 많은 돈을 벌어들이고 있었다. 국가 재정수입의 1/3 정도가 노예무역에 의존하고 있을 정도였다.

흑인들은 노예선 화물칸에 갇혀 인간 이하의 대접을 받으며 극도로 열악하고 비위생적인 환경에 놓였다. 대서양을 건너는 도중 1/4이 넘는 흑인노예들이 사망했다. 그러나 노예무역이 비인간적이고 비윤리적이라는 지적을 하는 사람은 국익에 어긋난다는 이유로 매국노 취급을 받기 일쑤였다. 노예무역 폐지를 부르짖는 것은 정치적 자살행위나 다름없었다.

그러나 윌버포스는 포기하지 않았다. 두 차례나 암살위기를 넘겼고, 온갖 중상모략이 그를 괴롭혔다. 그는 의회에서 150여 차례나 노예제도 폐지의 필요성을 역설하는 연설을 했다. 그의 노력과 의지가 마침내 동료 의원들을 움직였다. 20년에 걸친 투쟁의 결과로 1807년 노예무역을 금지하는 법안이 의회에서 통과되었다.

윌버포스는 여기에서 그치지 않고 영국 내의 모든 노예들을 해방시키기 위한 노예제도의 완전한 폐지운동을 벌였고, 의회는 1833년 7월 26일 대영 제국 내의 모든 노예들을 1년 안에 해방시킨다는 법안을 통과시켰다. 병상에 누워 있던 윌버포스는 이 소식을 들은 지 사흘 만에 눈을 감았다. 영국은 후손들 앞에 부끄럽지 않을 명예를 선물한 윌버포스의 공로를 높이 치하하며 그를 웨스트민스터 사원에 안장했다.

노예제도 반대투쟁은 근대 복음주의 기독교인들이 교도소 재소자들의 인권 향상, 주일학교운동, 아동노동 반대 등과 더불어 실천하던 기독교사상에 따른 사회개혁 중 하나였다. 그들의 사회개혁에 대한 열정은 보수주의적 신앙을 갖게 되면서 침체되는 듯했지만, 교황 레오 13세가 노동자헌장을 반포하면서 부흥의 조짐이 나타났다. 다른 유럽 국가들도 1840~1850년대에 대부분 노예제도를 폐지했다.

미국 개신교에서도 노예제도를 둘러싸고 남부와 북부 사이에 논쟁이 일어났다. 기독교 근본주의 전통의 남부 개신교 신자들은 성서를 문자적으로 해석하여 노예제도에 찬성했고, 진보적 신학전통을 가진 북부 개신교 신자들은 성서를 역사적 상황에 맞게 재해석하는 상황적 해석을 하며 노예제도에 반대했다. 초기의 노예제도 폐지운동은 대중적 지지 기반이 없어 탄압도 적지 않았으나, 1863년 공포된 노예해방선언은 1865년 남북전쟁이 끝남과 동시에 발효되어, 미국 내의 흑인들은 해방되어 자유를 얻었다. 우리나라는 1886년 노비세습제도가 종료되었지만 사실상 1894년에 폐지되었다.

2. 현대판 노예제도

노예제도는 19세기에 폐지되었지만, 현실에서는 끝나지 않았다. 전 세계적으로

4,580만 명의 현대판 노예가 존재하고 있는 것으로 조사되었다. 그들 중에는 태어날 때부터 그렇게 취급당했거나 주변의 모든 사람이 그렇게 살아가기 때문에 스스로가 노예인 줄 모르는 이들도 있을 것이다. 다음의 네 가지 조건 중에 하나라도 속한다면 현대판 노예라고 볼 수 있다.

① 정신적·육체적 위협을 통해 노동을 강요당한다.
② 고용주에게 정신적·신체적 학대 또는 학대의 위협을 받고 소유나 통제를 당한다.
③ 인간성을 말살당하거나, 상품으로 취급되거나, 재산으로 매매 대상이 된다.
④ 신체적으로 제약을 받거나, 이동의 자유에 제약을 당한다.

그렇다면, 현대판 노예제도의 형태는 어떤 것이 있을까? 국제반노예제연합Anti-Slavery International의 기준에 따라 가장 흔하게 접할 수 있는 여섯 가지 형태를 소개하면 다음과 같다.

① 강제노동: 형벌을 가하겠다는 협박 아래 원하지 않는 노동이나 서비스를 하도록 강요당한다.
② 부채상환 혹은 담보노동: 전 세계적으로 가장 널리 퍼져 있는 노예 형태다. 이들은 빚을 갚기 위해 노동을 강요당한다.
③ 인신매매: 폭력이나 위협 등의 강압적인 방법으로 강제노동을 시키거나 사람을 운송한다.
④ 노예의 대물림: 노예 집안에서 태어나 노예로 살아간다.
⑤ 아동노예: 누군가의 이익을 위해 아동의 노동력이 착취당한다(아동노동은 아동에게 해롭고 교육과 개발을 방해하는 수준으로 아동노예와는 다르다).
⑥ 강제결혼과 조기결혼: 아동이나 여성이 개인 의사에 반해 결혼을 하고, 결혼생활을 떠날 수 없다.

3. 워크 프리 재단의 노예지수

오스트레일리아의 워크 프리 재단Walk Free Foundation은 전 세계 현대판 노예의 수와 그 관련 정보를 수집하는 한편, 노예문제에 대한 각국 정부의 대응 정도를 기준으로 국가등급을 매겼다. 이는 정치적으로 얼마나 안정되어 있는가, 국민의 재정과 건강을 얼마나 보호해 주는가, 취약계층을 얼마나 보호하는가 등에 관심을 둔 것이다.

그림 1-54에서 보는 바와 같이 국가별 노예지수를 보면 동남아시아와 남부아시아를 비롯하여 아프리카에서 높은 지수가 나타났음을 알 수 있다. 구체적으로 노예지수가 높은 국가는 동아시아의 북한, 동남아시아의 캄보디아, 남부아시아의 인도·파키스탄·아프가니스탄, 중앙아시아의 우즈베키스탄, 서남아시아의 이라크·시리아·예멘 등이다. 1위를 차지한 북한에서는 강제수용소를 이용한 정부 주도의 강제노동이 광범위하게 벌어지고 있다. 북한 여성들은 중국에서 강제결혼 및 상업적 성 착취를 당하는 경우가 허다하다.

우즈베키스탄에서는 연간 농작물 수확기에 강제노동이 관행적으로 이루어지고 있

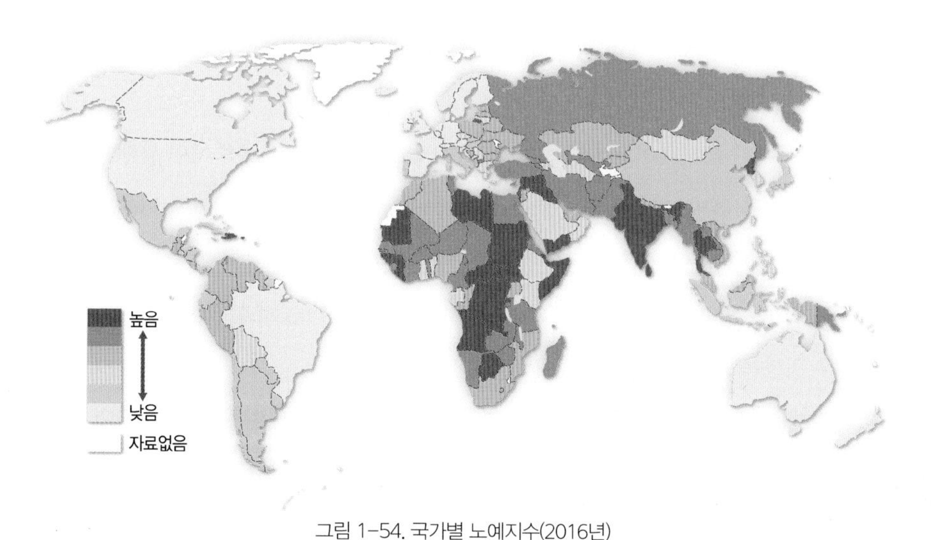

그림 1-54. 국가별 노예지수(2016년)

다. 특히 목화 수확에 아동을 포함한 국민들이 강제로 동원된다. 키르기스스탄에서는 매년 1만 1,000명의 여성이 신부 납치의 대상이 되고 있다.

아시아 태평양 지역은 세계에서 인구가 가장 많다. 4,580만 명으로 추정되는 현대판 노예 중 2/3가 이 지역에서 확인되었으며, 강제노동·아동 병사·성 착취를 포함한 모든 형태의 현대판 노예가 있다. 성인 여성들과 소녀들은 가사노동 노예로 학대당하고 있는 것으로 알려져 있다. 강제결혼도 여전히 진행 중이다. 특히 캄보디아·베트남·북한 여성들이 인신매매의 대상이다. 이들은 한 자녀 정책의 유산으로 결혼할 여성이 부족해진 중국에 팔리고 있다. 성비 불균형이 심한 인도의 농촌지역에서도 소녀들을 강제로 아내 삼아 무급 노동자로 부려 먹고 있으며, 아시아의 많은 국가에서 강간 매춘과 상업적 성 착취가 일어나고 있다.

한편 아프리카의 경우는 리비아·모리타니·수단·남수단·중앙아프리카공화국·콩고민주공화국·소말리아 등지에 현대판 노예가 많다. 사하라사막 이남에 있는 아프리카의 현대판 노예는 전 세계 노예 추정 수치의 약 13.6%를 차지한다. 사하라사막 이남 지역은 세계 아동매매의 가장 큰 부분을 차지한다. 여아는 가사노동과 성을 착취당하고, 남아는 농업 분야에서 강제노동을 하게 된다. 아동 병사와 아동 강제결혼도 큰 문제이다. 콩고민주공화국이나 중앙아프리카공화국 등에서는 아동들이 계속해서 무장단체의 모집 대상이 되고 있다.

서남아시아와 북아프리카는 내전 등의 갈등 심화로 아동들이 폭력적인 분쟁에 동원되고 있다. 자살폭탄, 인간방패 등으로 아동들이 희생당하며 암살에까지 이용당한다. 라틴아메리카에서는 아이티·도미니카공화국·과테말라 등의 노예지수가 매우 높다. 이와는 달리 유럽과 북아메리카를 비롯한 오스트레일리아 등의 선진국들은 노예지수가 낮은 경향을 보인다.

〈글로벌 노예지수 2016The Global Slavery Index 2016〉 보고서에 따르면 인구 대비 현대판 노예가 많은 국가는 북한, 우즈베키스탄, 캄보디아, 인도, 카타르 순이다. 현대판 노예의 수 자체가 많은 국가는 인도, 중국, 파키스탄, 방글라데시, 우즈베키스탄 순이었다. 이 중 일부 국가의 노예들은 서유럽을 비롯하여 일본, 북아메리카, 오스트레일리아 시장에서 소비되는 생산품을 만드는 데 노동력을 착취당하고 있다.

현대판 노예문제에 대한 정부의 대응 정도가 가장 좋았던 국가는 표 1-11에서 보는 것처럼 네덜란드다. 네덜란드는 총점이 78.43점으로 유일한 A등급 국가로 선정되었다. BBB등급에 속한 나라는 미국·영국·스웨덴·오스트리아·크로아티아 등이다. 이 국가들은 강력한 정치적 의지, 충분한 자원, 정부의 책임을 지지하는 강력한 시민사회가 형성되어 있다.

그다음 등급인 BB등급에는 독일·캐나다·브라질·폴란드·멕시코 등이 있고, 뒤를 이어 방글라데시·칠레·이스라엘·슬로바키아·나이지리아 등이 B등급을 받았다. 뒤이어 CCC등급에는 일본·중국·에스토니아·이집트·말레이시아·볼리비아 등이 속

표 1-11. 현대판 노예에 대한 각국 정부의 대응 등급

등급(총점)	국가	등급(총점)	국가
AAA (90~100) /AA (80~89.9)	-	CCC (30~39.9)	이집트, 카타르, 그리스, 캄보디아, 말레이시아, 에티오피아, 볼리비아, 레바논, 중국, 일본, 몽골, 에스토니아 등
A (70~79.9)	네덜란드	CC (20~29.9)	가봉, 탄자니아, 사우디아라비아, 한국, 러시아, 싱가포르, 우즈베키스탄, 말라위, 케냐, 모로코, 베네수엘라 등
BBB (60~69.9)	미국, 영국, 스웨덴, 포르투갈, 크로아티아, 스페인, 벨기에, 노르웨이, 오스트리아 등	C (10~19.9)	브루나이, 남수단, 콩고민주공화국, 기니, 중앙아프리카공화국, 파푸아뉴기니, 홍콩 등
BB (50~59.9)	아르헨티나, 독일, 덴마크, 캐나다, 조지아, 헝가리, 브라질, 프랑스, 스위스, 핀란드, 슬로베니아, 체코, 필리핀, 폴란드, 멕시코 등	D (0~9.9)	적도기니, 에리트레아, 이란, 북한
B (40~49.9)	아랍에미리트, 이탈리아, 방글라데시, 칠레, 이스라엘, 우루과이, 콜롬비아, 코소보, 슬로바키아, 나이지리아, 우간다, 페루, 남아프리카공화국, 스리랑카 등	자료 없음	아프가니스탄, 이라크, 리비아, 소말리아, 시리아, 예멘

했다. 우리나라는 베네수엘라·사우디아라비아·러시아 등과 함께 CC등급을 받았다. C등급에는 남수단·파푸아뉴기니·홍콩 등이 있다. 북한·이란·에리트레아·적도기니의 4개국만이 최하위의 D등급을 받았다. 아프가니스탄·이라크·소말리아·시리아·예멘 등은 자료가 없어 등급을 매기지 못했다.

4. 현대판 노예를 줄이기 위한 대책

현대판 노예의 수를 줄이려면 어떻게 해야 할까? 이는 북유럽 및 미국 등의 국가를 통해 그 답을 찾아볼 수 있다. 노르웨이·덴마크·스위스·오스트리아·스웨덴·벨기에 등의 유럽, 미국·캐나다, 오스트레일리아·뉴질랜드는 인구규모 대비 현대판 노예의 수가 적은 편이다. 이 국가들은 사회적 갈등이 적을 뿐만 아니라 경제적으로 부유하다. 또한 정치적 안정성을 바탕으로 현대판 노예를 없애려는 정부의 대응 능력이 뛰어나다.

결국, 현대판 노예의 맥을 끊는 가장 중요한 역할은 정부의 노력에 달려 있다. 표 1-11의 국가별 등급표에서도 본 것처럼 나라가 부유하고 사회가 안정적이라고 해서 현대판 노예의 수가 더 적어지는 것은 아니다. 정부가 얼마나 적극적으로 대응하느냐에 따라 현대판 노예의 수가 결정된다. 더 희망적인 지구촌이 될 수 있도록 각국 정부가 노력해야 할 것이다.

GDP를 기준으로 하면, 우리나라를 비롯한 싱가포르, 홍콩, 일본, 카타르 등의 국가는 부유하고 안정된 데 비해 현대판 노예 퇴치에 거의 아무런 조치도 취하지 못했다고 볼 수 있다.

노예를 줄이기 위해서는 정부 차원뿐 아니라 개인의 차원에서도 노력을 기울여야 한다. 아니 노력은 못하더라도 현실을 깨달아야 한다. 독자 중에는 밸런타인데이 때 할인마트의 초콜릿 코너를 전전하며 구입한 초콜릿을 사랑하는 가족과 연인을 위해 선물하는 사람이 있을 것이다. 초콜릿의 원료인 카카오를 생산하기 위해 코트디부아르를 위시한 가나·인도네시아·나이지리아·카메룬 등의 어린이들이 고된 노동에 시달리고 있음을 기억해야 한다. 카카오의 약 70%는 코트디부아르 주변의 기니만 연안에서 생산되고 있다.

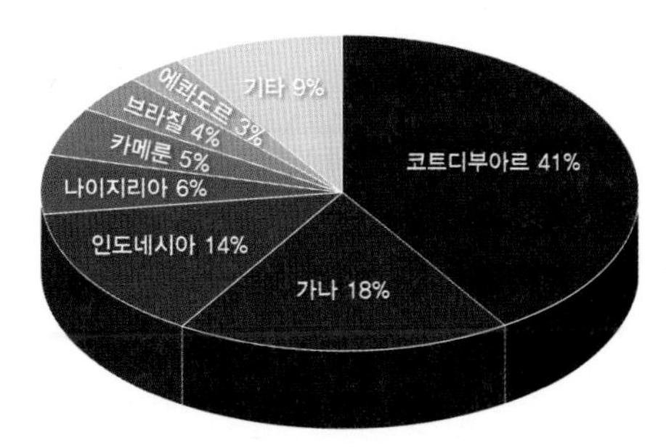

그림 1-55. 국가별 카카오 생산량(2005~2009년)

워크 프리 재단이 발표한 세계노예지수평가에서 코트디부아르는 인구 대비 노예비율이 세계 8위를 차지할 정도로 노예지수가 높은 나라다. 2010년 조사에서 약 30만 명에 달하는 코트디부아르의 어린이가 카카오 농장에서 강제노동에 시달리고 있다고 보고된 바 있다. 우리가 초콜릿을 먹을 때 적어도 그 어린이들을 생각해야 덜 미안할 것 같다. 코트디부아르에서 카카오 열매를 따는 어린이들은 카카오가 초콜릿의 원료라는 사실조차 모른단다. 왜냐하면, 그들은 초콜릿이 무엇인지조차 모르기 때문이다.

12

행복한 나라와 불행한 나라는?

행복하게 산다는 것은 무엇일까? 물질적으로 풍요로우면 행복하다고 할 수 있을까? 사람이 행복하게 살고 있다는 것을 나타낸 '행복지도'는 두둑한 주머니가 행복을 가져다주는 경향도 있지만 항상 그런 것만은 아니라는 사실을 보여 준다. 여기서는 행복한 나라와 불행한 나라가 어디인지에 대하여 알아볼 것이다.

키워드: 행복지수, 생태파괴지수, 행복지도, NEF 행복지수, OECD 행복지수.

1. 영국 신경제학재단의 국가별 행복지수

영국 레스터 대학의 심리학자인 화이트White 교수는 178개 국가를 대상으로 '행복지도'를 발표한 바 있다. 영국 신경제학재단NEF: New Economics Foundations에서 2006년 실시한 국가별 행복지수 조사에서는 기대수명, 삶의 만족도, 생태발자국Ecological Footprint 지수를 기준으로 행복지수를 산출했다. 생태발자국지수는 경제학자가 개발한 환경지수로, 수치가 높을수록 생활하는 데 토지가 많이 필요하고 자연에 부담을 주는 것이어서 '생태파괴지수'라고도 불린다. 여기서는 먼저 영국 NEF의 행복지수에 관하여 살펴보기로 하겠다.

화이트는 이 지도에서 '인구를 유지하고 에너지 소비(공해)를 감당하는 데 필요한 토지면적'을 의미하는 '생태발자국'이라는 개념을 중요하게 다뤘다. 이는 한 국가가 국민건강과 생활만족을 위해 자원을 얼마나 적절하게 쓰고 있는지를 가리키는 것이다.

그림 1-56의 행복지도에 따르면 소득이 높고 평균수명이 길더라도 에너지를 많이 소비하고 환경을 훼손한 국가는 행복지수의 순위가 낮았다. 또 국민이 자국 문화나 전

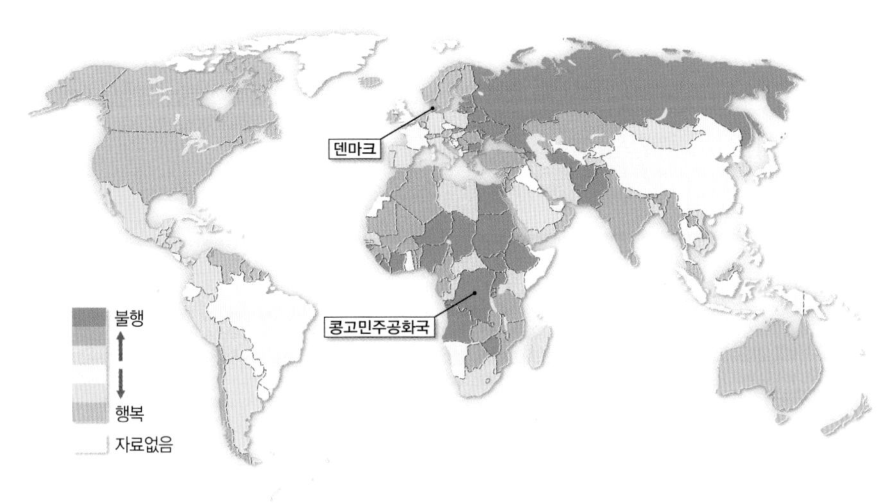

그림 1-56. 국가별 NEF 행복지수(2006년)

통에 얼마나 만족하는지도 행복의 주요 요인으로 꼽혔다. 조사 결과에 따르면 덴마크가 1위, 스위스가 2위, 오스트리아가 3위를 차지하는 등 국토면적이 비교적 작은 유럽 국가들이 상위권을 휩쓸었다.

세계 최강국 미국은 23위를 차지했고, 영국은 41위, 독일은 35위에 머물렀으며, 프랑스는 이들 국가보다 한참 떨어진 62위를 기록했다. NEF 행복지수는 국민의 생활만족도를 수명이나 소득 등과 같은 객관적인 요인들보다 중시한다. 가난하지만 낙천적인 라틴아메리카 국가들이 10위권 안에 8개국이나 포함되고, G7이라 표현되는 주요 7개 선진국이 하위권으로 밀려난 것은 이 때문이다. 특히 1인당 국민소득이 1,500달러에 불과한 가난한 나라 부탄이 8위에 올랐다.

라틴아메리카 국가들과 달리 나미비아를 제외한 아프리카의 국가들은 하위권에 머물렀다. 그림 1-56에서 보는 것처럼 불행한 국가들은 아프리카 대륙에 집중되어 있다. 최하위인 178위는 콩고민주공화국이었다.

우리나라는 하위권에 속하는 102위에 그쳤다. 경제규모는 세계 11위라지만 행복순위는 거의 바닥 수준이었다. 당시 OECD 국가 중 우리나라의 여러 지표가 좋지 않았던 것을 생각하면 행복을 운위하는 건 어불성설인지 모른다. 어려서는 입시지옥에서 벗어나지 못하고, 성년이 되어서는 취업에 시달리는 이 무한경쟁의 틀 속에서 어떻게 행복을 논할 수 있을까?

경제학자 새뮤얼슨Samuelson은 '행복은 소유를 욕구로 나눈 값'이라는 공식을 개발했다. 영국의 심리학자 로스웰Rothwell과 인생상담사 코언Cohen은 이를 좀 더 구체화했다. 행복은 인생관·적응력(개인적 특성), 건강·돈·인간관계(생존조건), 야망·기대·자존심(마음의 상태)에 의해 결정되는데, 생존조건은 개인적 특성보다 5배, 마음의 상태는 생존조건보다 3배 더 영향력이 크다고 주장했다. 행복은 개인적 자질(5%), 생존조건(25%)이 아니라 욕망·기대·자존감(70%)에 의해 결정된다는 것이다.

화이트는 "1인당 GDP가 3만 1,500달러에 달하는 경제대국 일본의 행복지수 순위가 90위인 반면 1인당 GDP가 1,500달러밖에 안 되는 히말라야의 작은 나라 부탄은 8위에 올랐다."는 사실을 근거로 "행복을 추구하기 위해서는 정부가 경제 수준만을 높이는 데 집착해서는 안 된다."고 강조했다.

2. 경제협력개발기구와 지속가능발전해법네트워크의 국가별 행복지수

이상에서 소개한 영국의 NEF 행복지수와 달리 OECD는 2012년 국가별 생활환경과 삶의 질을 측정하여 수치화한 '행복지수The Better Life Index'를 발표했다. 이 지수는 국민생활과 밀접한 관련을 맺고 있는 주거·고용·소득·교육 등의 11개 항목을 기준으로 평가되었다.

그리고 국제 연합 산하 지속가능발전해법네트워크SDSN: Sustainable Development Solutions Network에서도 〈2018 세계행복보고서〉를 발표했다. 이 조사는 2012년 처음 시작하여 150개국의 국민들을 대상으로 한 설문조사를 바탕으로 집계하는 것인데, 이 지수는 심리적 행복순위라기보다는 물리적 행복지수라고 할 수 있다. 먼저 OECD에서 조사한 행복지수를 소개해 보려고 한다.

OECD의 행복지수는 총 34개 회원국을 대상으로 1인당 방의 수, 필수시설, 국내총생산GDP, 고용률, 안전성, 국가신뢰도, 고등학교 졸업률, 기대수명, 건강, 빈곤율, 여성차별, 인생만족도 등의 매우 다양한 지표들을 이용하여 만족도에 따라 1~10점 구간으로 집계된다.

그림 1-57에서 알 수 있는 것처럼 행복지수가 높은 상위권 국가들은 2위를 차지한 오스트레일리아를 제외하고는 1위인 덴마크를 시작으로 3위 노르웨이, 4위 오스트리아, 5위 아이슬란드, 6위 스웨덴 등 대부분 유럽 국가들이다. 이 밖에도 룩셈부르크, 네덜란드, 벨기에, 핀란드, 프랑스, 독일, 아일랜드 등의 유럽 국가가 상위권에 속했다.

한편 우리나라는 OECD 평균인 6.23을 밑도는 4.2점을 획득했으며, 32위를 차지하여 멕시코와 터키에 이어 최하위권에 속했다. 이를 항목별로 살펴보면 우리나라는 교육·치안 등에서는 높은 점수를 받았지만, 공동생활·일과 생활의 조화·보건 등에서는 최하위 그룹에 속했다.

전체 항목 중 가장 높은 순위에 오른 교육 부문에서는 높은 학력 수준으로 높은 점수를 받았다. 우리나라의 24세에서 64세 인구 중 79%가 고졸 또는 이에 준하는 학력을

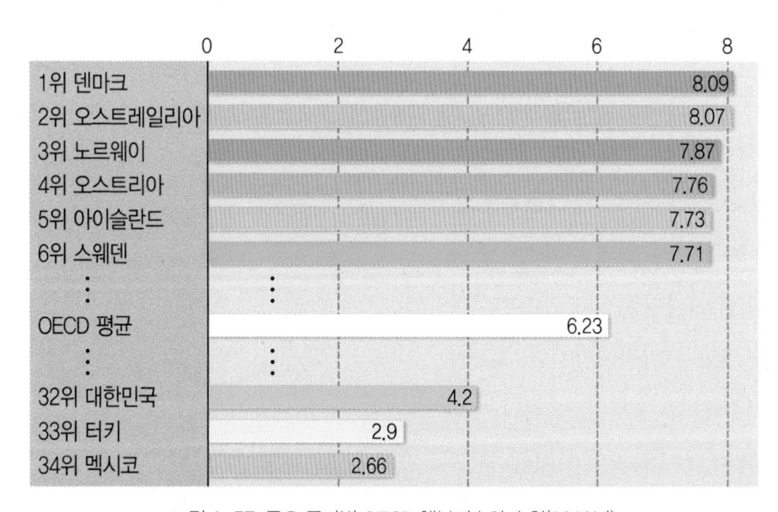

그림 1-57. 주요 국가별 OECD 행복지수와 순위(2012년)

가지고 있는 것으로 조사되었는데, 이는 OECD 평균보다 높은 수준이다.

이와는 달리 사회적 유대를 측정하는 공동생활 항목에서는 전체 항목 중 가장 낮은 순위인 34위를 차지했다. 어려움에 부닥쳤을 때 의지할 수 있는 사람이 있다고 답한 응답자는 80%로, 이는 OECD 평균인 91%에 크게 못 미쳤다.

우리나라의 OECD 행복지수가 낮은 요인은 연령별 변화에서도 찾을 수 있다. 그림 1-58은 주요 국가의 연령별 행복지수의 변화를 나타낸 것이다. 대부분의 국가는 연령이 높아질수록 행복지수가 증가하는 추세를 보이는 데 비해 우리나라는 50대를 정점으로 오히려 낮아지는 경향을 보였다.

한편 SDSN의 〈2018 세계행복보고서〉의 조사결과는 조사시점의 차이를 감안하더라도 앞에서 소개한 NEF, OECD의 행복지수와는 다른 양상을 보인다. 즉 그림 1-59에서 알 수 있는 것처럼 핀란드, 노르웨이, 덴마크, 아이슬란드, 스위스, 네덜란드와 같은 유럽 국가들이 상위권에 속한 점은 대체로 동일하지만 순위에서 차이가 난다. 그리고 러시아를 비롯한 동유럽의 행복지수 순위가 상향되었으며, 낙천적인 라틴아메리카 국가들의 행복지수 역시 동일한 경향이 나타났다.

유럽의 독일은 15위, 영국은 19위를 차지했고, 최강국 미국은 18위에 머물렀지만, NEF 행복지수와 비교해 보면 상향된 순위다. NEF 행복지수에서 상위권인 8위에 올랐던 부탄은 이 조사에서는 97위의 중위권으로 나타났다. 우리나라는 NEF 행복지수에서 105위로 하위권이었지만, SDSN 행복지수에서는 57위로 54위의 일본과 더불어 중상위권을 차지했다. 우리나라는 5.875점으로, 2014~2016

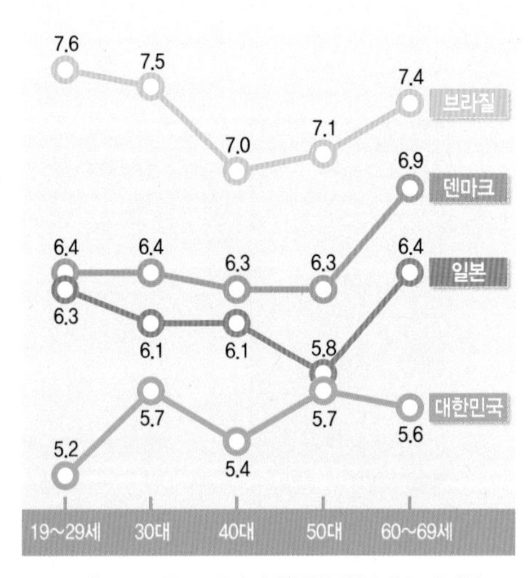

그림 1-58. 주요 국가의 연령별 행복지수의 변화

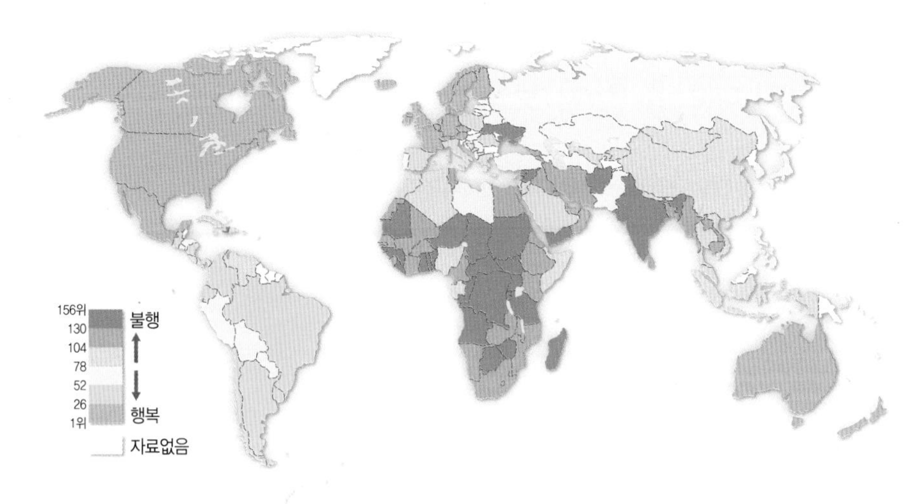

그림 1-59. 국가별 SDSN 행복지수(2018년)

년도를 평가한 2017년도 보고서에서는 55위였던 것이 2018년 보고서에서는 57위로 2계단 하락했다. 우리나라는 타이완, 타이, 말레이시아보다 경제 규모가 크지만 행복지수는 이 나라들보다 뒤처졌다.

이 보고서 역시 10점 만점으로 평가되었고, GDP, 기대수명, 국민 소득, 국가의 사회적 지원, 선택의 자유, 부패에 대한 인식, 사회의 관대함 등의 다양한 기준을 합산한 점수로 순위가 매겨졌다.

우리나라의 행복지수가 저평가된 이유는 정부에 대한 국민의 신뢰도가 떨어져 있고 부패한 사회란 인식과 사회적 관대함이 결여되어 있다는 점에서 찾을 수 있다. 사회적 관대함은 다양성을 인정하고 수용해야 생기는 것인데 그것이 부족하여 156개국 중 81위에 그치고 말았다. 우리나라가 갈등공화국이란 사실이 여지없이 드러나고 말았다. 이뿐만 아니라 우리나라 국민들이 과거 고도경제성장기의 빠른 부의 축적에 순치되어 최근 한국경제의 부진에 불만이 생긴 것에도 기인한다. 일본의 작가 무라카미 하루키村上春樹는 작지만 확실한 행복이 없는 인생은 메마른 사막에 불과하다고 일갈했다.

13
세계적인 대학을 많이 보유한 나라는?

키워드: 대학평가, QS세계대학순위, CWTS세계대학평가, 레이던랭킹.

1. 세계대학평가기관

세계대학평가란 각 국가별로 대학을 평가하고, 더 나아가 국가 간 대학교를 서로 비교하여 순위를 매기는 것을 말한다. 이 순위는 주관적으로 느끼는 질 또는 경험적인 통계에 기초를 두며, 교육자, 학자, 학생, 지망학생 등을 대상으로 한 여론조사에 따르기도 한다. 이런 순위는 종종 대학의 입학과정에 있는 지망생들이 참고자료로 이용한다. 평가는 잡지, 신문 또는 몇몇의 경우 학계가 직접 매긴다. 또한 대학평가는 각 국가와 기관마다 다르다.

우리가 알고 있는 대학평가 중 가장 잘 알려진 것은 〈QS세계대학순위〉일 것이다. 더타임스 고등교육 세계대학 랭킹의 전신인 〈QS세계대학순위〉는 영국의 대학평가기관인 QS가 1994년부터 매년 MBA에 대해 시행한 대학 평가표로, 2004년부터 전 세계 상위권 대학들의 순위를 매기고 있다. 매년 조선일보와 중앙일보가 자주 인용하고 있어 국내에서도 가장 친숙한 세계대학평가기관으로 알려져 있다. 이 회사는 1990년에 영국에 설립된 교육전문기업이다.

다음으로 〈THE〉는 더 타임스 고등교육 세계대학 순위로 전 세계 상위권 대학들의 순위를 매기며, 영국 『타임스 고등교육THE: Times Higher Education』을 통해 출판된다. 이는 2004년부터 전 세계교육순위를 매긴 출판물로, 〈THE〉는 원래의 파트너인 QS와 2010년 분리되었고, 전문가들을 위한 선도적인 지적 정보제공사인 톰슨 로이터스로부터 정보를 받아 새로운 랭킹 정보방법론을 만들었다.

그림 1-60. QS세계대학평가 로고

세계대학의 학술 순위를 평가하는 〈ARWUAcademic Ranking of World Universities〉는 중국의 상하이 자오퉁 대학이 2003년부터 매년 매기는 순위다. 이 순위는 전 세계의 500개 대학을 선정하여 그 결과를 영국의 『이코노미스트The Economist』를 통해 발표한다. 〈ARWU〉의 특징은 동료평가에 중점을 두는 〈THE〉와 달리, 있는 그대로의 연구 데이터와 수상실적만을 사용한다는 점이다. 이 순위는 동문의 노벨상과 필즈상 수상(10%), 노벨상과 필즈상 수상 직원(20%), 21개 과목 분류에서 자주 인용된 연구자(20%), 『네이처』와 『사이언스』에 출판한 논문(20%), 과학인용색인과 사회과학인용색인(20%), 개인당 학업성취도(10%)를 기준으로 전 세계 1,200개의 고등교육기관을 비교하여 정해진다.

하지만 이 순위는 양적 평가에 기반하고 있어 규모가 클수록 순위가 높아진다는 특징이 있다. 〈ARWU〉 세계대학순위는 영국 〈QS세계대학순위〉, 〈THE〉 세계대학 순위와 함께 영향력 있는 대학평가순위 가운데 하나로 알려져 있다. 2010년 『고등교육신문The Chronicle of Higher Education』은 〈ARWU〉를 가장 영향력 있는 대학교 국제순위라고 인정했다.

〈뉴스위크평가〉는 2006년 8월 미국 『뉴스위크Newsweek』가 상위 100개 세계 대학순위를 발표한 것인데, 〈ARWU〉와 〈THE〉의 평가 기준 중 일부를 취하고 이것에 대학 도서관 장서 수를 더해 만든 평가다. 이와 더불어 〈웨보메트릭스Webometrics〉는 스페인의 사이버메트릭스 실험실Cybermetrics Lab에서 만든 것인데, 이 평가는 1만 1,000개 대학과 5,000개 이상의 연구기관을 대상으로 상위 3,000개 대학이 주요 순위에 있고, 지역순위에는 더 많은 대학이 들어 있다. 지역순위는 개발도상국의 대학이 세계 수준은 아니더라도 자신들의 위치를 가늠할 수 있다는 이점이 있다.

이 밖에도 〈US 뉴스 앤 월드 리포트 베스트 글로벌 대학〉과 네덜란드의 레이던 대학교에서 매년 매기는 〈레이던랭킹The Leiden Ranking〉 등이 있으나 잘 알려져 있지 않다. 레이던 대학교에는 1989년 네덜란드의 대학 중 유일하게 한국학과가 설치되어 '한국학의 산실'로 불린다.

2. QS세계대학순위의 기준과 학문 분야

이상에서 소개한 여러 대학평가 중 가장 잘 알려진 것은 〈QS세계대학순위〉다. 이 순위를 매기고 있는 QS는 〈THE〉의 공정하지 못한 대학평가에 의문을 품은 그룹이 이탈하여 독자적으로 새롭게 조직한 평가기관으로 대학이 가진 자금력이 아니라 교수와 학생의 질적 수준에 초점을 맞춰 대학의 순위를 매기고 있다. QS의 평가 기준은 표 1-12와 같다.

표 1-12. QS의 평가 기준

평가 지표	평가 내용	가중치(%)
학계 평가	해외 학자들이 참여한 평가	40
교수/학생 비율	학생 대비 교수 수	20
교수1인당 논문 피인용 수	연구 영향력	20
졸업생 평판도	석사학위 취득자 피고용 능력	10
해외유학생 비율	학생의 다양성	5
해외출신 교수진 비율	교수의 다양성	5

다음의 대학평가 기준에서 보는 바와 같이 QS의 평가 지표에는 ① 학계 평가, ② 교수/학생 비율, ③ 교수 1인당 논문 피인용 수, ④ 졸업생 평판도, ⑤ 해외유학생 비율, ⑥ 해외출신 교수진 비율이 포함되어 있다. 이 평가에서는 학계 평가 가중치가 40%로 가장 높다.

이와 같은 평가 기준은 각 대학의 인문학 및 예술(11) · 공학 및 기술(6) · 생명과학 및 의학(9) · 자연과학(7) · 사회과학(15)의 5개 카테고리의 총 48개 학문 분과에서 각 분야별로 적용된다. 종합순위 톱 텐 가운데 스위스의 취리히 공과대학교를 제외한 모든 대학이 영어권 대학이다. 영어권 대학이 평가 지표 중 해외유학생 비율과 해외진출 교수진 비율에서 유리하기 때문일 것이다.

3. 국가별 QS세계대학순위

〈QS세계대학순위〉에서 500위 내에 진입하면 일단 우수한 대학으로 평가할 수 있다. 여기에서는 2018년 평가에서 상위권이라 할 수 있는 세계 100위권에 진입한 세계적 명문대학의 종합순위를 국가별로 분석해 보려고 한다. 결과는 그림 1-61과 같다.

국가별로 볼 때, 앞에서 지적한 바와 같이 해외로부터 유학생을 많이 받을 수 있는 영어권 국가의 대학들이 두각을 나타내고 있다. 100위권에 진입한 대학은 미국이 33개교, 영국이 18개교로 압도적으로 많으며 오스트레일리아가 7개로 그 뒤를 따르고 있다. 톱 텐 대학 중 영국의 대학이 4개가 포함된 것을 보면 〈QS세계대학순위〉의 주최국인 영국 대학의 평가가 과대평가되었다는 인상을 지울 수 없다. 인구대국인 중국은 6개이며, 영어를 사용하는 홍콩이 4개, 캐나다가 3개 포함되어 있다.

이에 비하여 종합평가 순위에서 비영어권인 독일 · 프랑스 · 러시아 등의 유럽권 국가들이 상대적으로 저평가되었는데, 이탈리아 · 스페인 · 오스트리아 · 그리스 등은 물론 동유럽 국가는 100위권에 진입한 대학이 전무하다. 또한 라틴아메리카 국가의 경우는 아르헨티나 1개를 제외하고는 100위권에 진입하지 못했다. 아프리카 역시 마찬가지

그림 1-61. 국가별 〈QS세계대학순위〉 100위권 대학의 분포

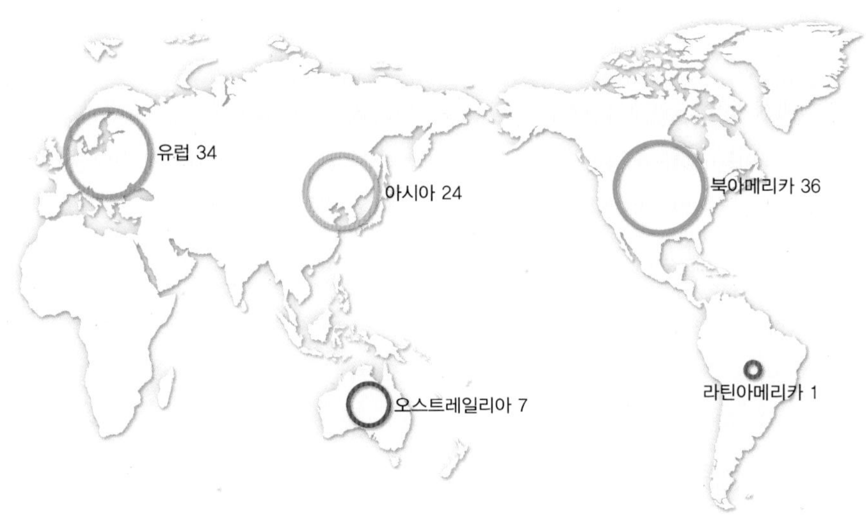

그림 1-62. 대륙별 〈QS세계대학순위〉 100위권 대학
* 동순위인 경우가 있어 더하면 100이 넘음.

다. 물론 전공별 순위는 상황이 약간 다르다.

아시아권에서는 24개 대학이 세계 100위권에 진입했지만, 대부분 교육열이 높은 중국, 일본, 홍콩, 한국에 집중되어 있다. 아시아권 중 톱 텐 대학은 한국의 2개 대학을 제외하면 모두 중국과 홍콩의 대학들이 차지하고 있으며, 일본의 대학들은 10위권을 벗어났다. 이는 학문적 수준이 높음에도 불구하고 영어강의를 하지 않는 일본의 대학들에 불리하게 작용한 결과다.

2018년 〈QS세계대학순위〉의 종합순위를 살펴보면 매사추세츠공과대학이 1위를 차지한 데 이어 스탠퍼드대학(2위)·하버드대학(3위)·캘리포니아공과대학(4위)·시카고대학(9위)의 미국대학들과 영국의 케임브리지대학(5위)·옥스퍼드대학(6위)·유니버시티 칼리지런던(7위)·임페리얼 칼리지런던(8위) 그리고 스위스의 취리히연방공과대학(10위)이 톱 텐에 진입했다(그림 1-63).

우리나라의 경우 서울대(36위), KAIST(40위), 포항공대(71위), 고려대(86위), 성균관대(100위)의 5개 대학만이 100위권에 진입하는 데 그쳤다. 국내 대학의 톱 텐에는 위에서 언급한 대학에 이어 연세대, 한양대, 경희대, 광주과학기술원(GIST), 이화여대가 진입했다(그림 1-64).

싱가포르를 제외하면 동남아시아 및 남부아시아와 서남아시아는 100위권에 진입한 대학이 전무한 상태다. 인도가 아무리 교육 인프라와 학문적 체계가 미비하더라도 이

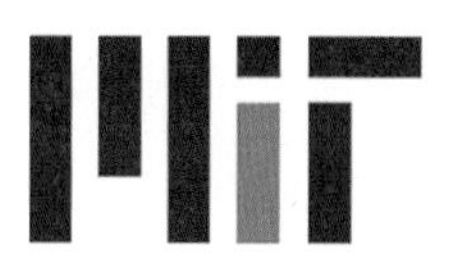
1. 매사추세츠 공과대학

2. 스탠퍼드대학

3. 하버드대학

4. 캘리포니아공과대학

5. 케임브리지대학

6. 옥스퍼드대학

7. 유니버시티 칼리지 런던

8. 임페리얼 칼리지 런던

9. 시카고대학

10. 취리히연방공과대학

그림 1-63. 2018년 〈QS세계대학순위〉의 종합순위 톱 텐(해외)

1. 서울대학교

2. 한국과학기술원(KAIST)

3. 포항공과대학교

4. 고려대학교

5. 성균관대학교

6. 연세대학교

7. 한양대학교

8. 경희대학교

9. 광주과학기술원(GIST)

10. 이화여자대학교

그림 1-64. 2018년 〈QS세계대학순위〉의 종합순위 톱 텐(국내)

에 포함되지 못한 것은 의외다.

4. 국가별 CWTS 레이던랭킹

학문 외적 부문을 제외하고 오직 교수의 연구업적만을 기준으로 평가하는 레이던랭킹이란 것이 있다. 네덜란드의 레이던 대학에서 실시하는 레이던랭킹은 매년 전 세계 대학이 발표한 논문 중 많이 인용된 상위 10% 논문 비율을 집계해 매기는 대학순위다.

CWTS The Centre for Science and Technology Studies의 레이던랭킹은 논문의 질을 평가하는 방법으로 사용되며, 논문의 수와 논문인용도의 비율을 따져 순위를 산정하는 점이 특징이다. 평가대상 대학은 그림 1-65에서 보는 바와 같이 미국이 175개로 가장 많고, 그다음이 중국 147개, 독일 50개, 일본 41개, 이탈리아 39, 한국 35개, 스페인 34개 순이다. 연구업적이 저조한 아프리카 대부분의 대학은 평가대상에서 제외되었다.

순위 산정 대상은 최근 4년간 국제논문을 1,000편 이상 발표한 대학으로 2018년의

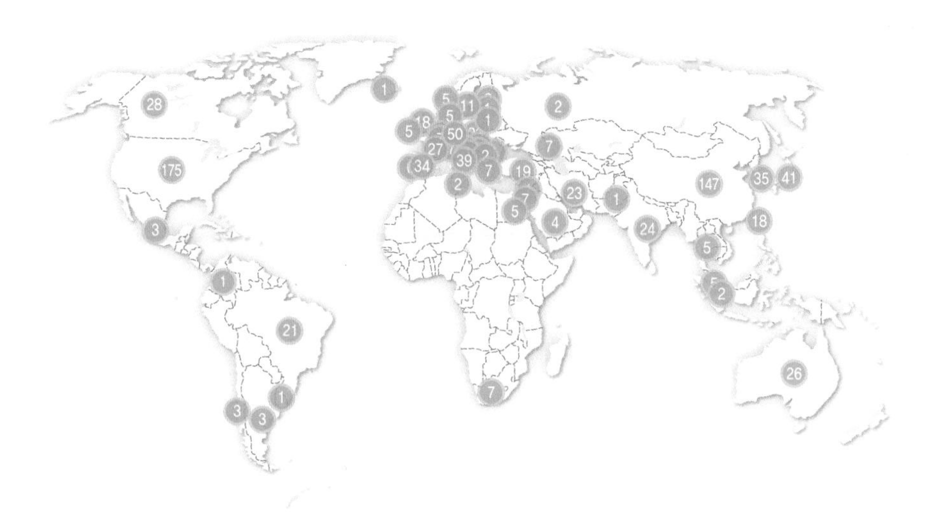

그림 1-65. 국가별 CWTS 레이던랭킹 평가대상 학교

레이던랭킹은 전 세계 938개 대학을 대상으로 했다. 우리나라는 종합평가에서 〈QS세계대학순위〉와 마찬가지로 세계 100대 대학에 포함된 대학이 4개이지만 대학별 순위에서는 서울대(9위), 연세대(52위), 성균관대(88위), 고려대(97위)로 차이가 있다.

5. 국가별 대학진학률과 등록금

세계대학평가는 국가별 대학진학률과 관련이 없는 것처럼 생각하기 쉽지만, 실상 반드시 그렇지만은 않은 것 같다. 그림 1-66은 주요 OECD 국가의 대학진학률을 나타낸 것이다.

우리나라의 대학진학률은 68%로 세계 최고 수준이지만, 대학평가순위가 영국과 미국에 뒤져 있다. 이는 평가지표가 한국 대학에 불리할 뿐만 아니라 영어 사용국이 아니기 때문이다. 그런 까닭에 해외에서 유학생이 적게 찾아오고 외국인 교수의 채용비율이 낮을 수밖에 없다. 그리하여 한국의 유수한 대학들은 영어강의를 확충하고 외국인 유학생을 유치하는 등의 노력을 기울이고 있으나 한계가 있다.

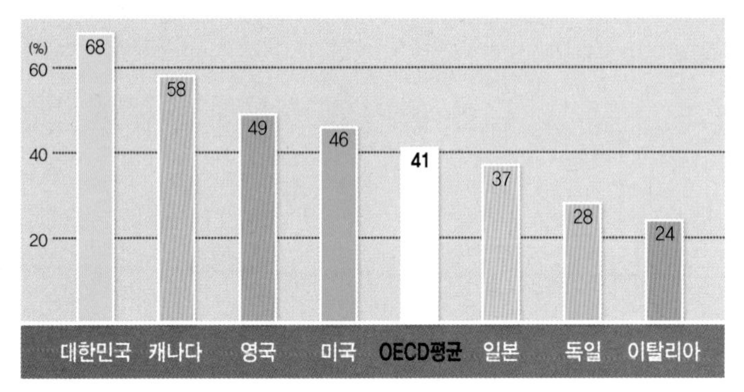

그림 1-66. 주요 OECD 국가별 대학진학률(2015년)

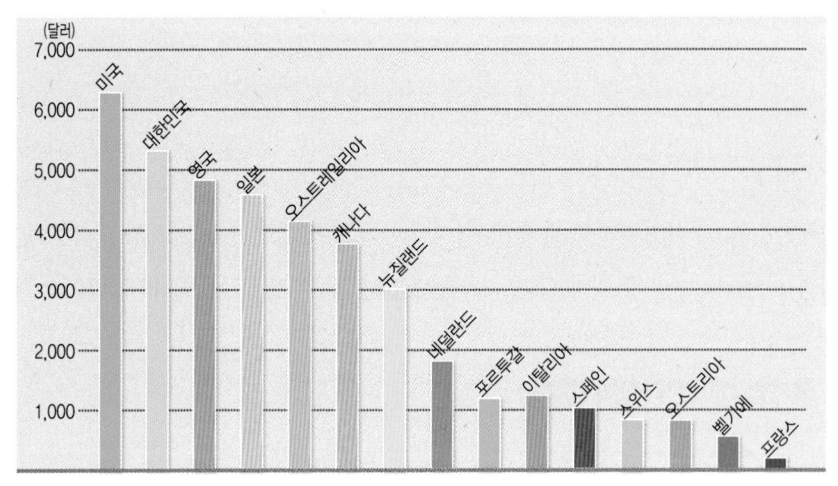

그림 1-67. 주요 OECD 국가별 대학 등록금(2015년)

주요 OECD 국가별 대학등록금의 경우, 그림 1-67에서 보는 것처럼 미국은 가장 비싸지만 해외에서 오는 유학생이 압도적으로 많은 것에 비하여 등록금이 두 번째로 비싼 우리나라는 그렇지 못하다. 덴마크·독일·스웨덴 등은 등록금이 없거나 저렴하지만 유학생과 외국인 교수가 많은 편이다. 이들 국가의 대학과 대학원 과정에서는 영어 강의가 일반화된 경우가 많다.

14
여성학자를 차별하는 나라는?

키워드: 여성학자, 여성차별, 미얀마, 버마족.

1. 유네스코 통계

유네스코 통계연구소UIS: UNESCO Institute for Statistics에 따르면 세계학자의 30% 미만이 여성인 것으로 나타났는데, 이 통계는 공립·사립 또는 학술 부문뿐만 아니라 연구 분야에서 종사하는 여성인력까지 포함한다. 그러나 성별 차이를 줄이기 위해 과학기술과 수학 분야에서 여성이 직업을 추구하는 것을 막는 질적 요인을 식별하기에는 한계가 있다.

그럼에도 불구하고 UIS는 사회적 요인에 이르는 여성의 결정을 형성하는 역학관계에 대한 일련의 새로운 지표를 개발하고 있다. 이 통계는 스웨덴 국제개발협력기구SIDA: Swedish International Development Agency가 자금을 조달한 새로운 프로젝트를 통해, 국가·지역·세계 차원에서 정책을 보다 효과적으로 수립하는 것을 목표로 하는 증거지표로 활용되기도 한다.

여성학자들이 남성학자들에 비해 관련 분야에 진출하는 데 불평등이 존재하는 것이 현실이며, 그 정도는 국가에 따라 상이하다. 그러나 이러한 불균형의 정도를 보여 주는 국제통계, 심지어 국가별 통계조차 거의 없다. 여기서 사용된 통계는 2016년 8월 유네스코 통계연구소가 작성한 것으로 콩고, 인도, 이스라엘을 제외하고 풀타임 학자를 기준으로 집계한 것이다. 중국의 통계는 연구원이 아닌 풀타임 및 파트타임으로 고용된 직원의 총계를 기준으로 하였고, 브라질 통계는 추정치를 사용했다.

2. 권역별 여성학자 비율

유네스코 통계연구소에 따르면 세계 평균 여성학자 비율은 28.8%에 지나지 않는다. 평균 이하의 비율을 보이는 권역의 경우 그림 1-68에서 알 수 있는 것처럼 남아시아가 19%로 가장 낮고, 동아시아 및 태평양권이 22.9%에 그쳤다. 이들 권역에는 학계의 여성차별이 비교적 엄격한 편에 속하는 국가들이 포함되어 있다.

중앙아시아가 47.2%, 라틴아메리카 및 카리브권이 44.7%에 달해 여성학자 비율이 상대적으로 높은 권역에 속한다. 이들 권역에는 학계의 여성차별이 비교적 없는 편에 속하는 국가들이 포함되어 있지만, 중앙아시아는 의외의 결과라 할 수 있다. 이 통계

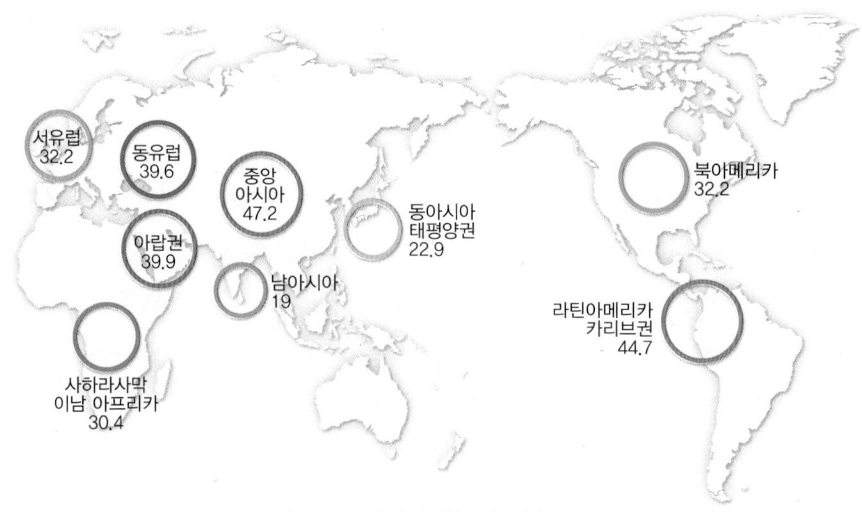

그림 1-68. 권역별 여성학자의 비율(2014년)

는 2014년을 기준으로 이용 가능한 통계치를 적용한 결과이므로 국가별로 살펴보는 것이 더 정확할 것이다.

3. 국가별 여성학자 비율

국가별 여성학자 비율은 그림 1-69와 같다. 여성학자 비율이 가장 높은 나라는 미얀마로 85.5%에 달한다. 이 나라의 학자는 대부분 여성으로 구성되어 있다는 말이다. 미얀마는 버마족이 가장 많지만 여러 민족이 섞인 다민족 국가다. 미얀마 여성은 성격이 부드럽고 온순하면서도 남성에 비해 생활력이 강한 편이다.

그러나 동양사회는 유교국가가 많은 탓에 여성의 사회진출이 쉽지 않은 편이다. 예외적으로 중국이 22.6%로 높은 편이지만, 한국은 18.5%, 일본은 14.7%에 불과하다. 파키스탄·인도·방글라데시·네팔·이란 등도 여성학자의 진출이 부진한 나라에 속한다.

이보다 여성학자의 비율이 가장 낮은 나라는 사우디아라비아로 4%에 지나지 않는

그림 1-69. 국가별 여성학자의 비율(2016년)

다. 그리고 아프리카의 기니(9.8%)와 토고(9.5%) 역시 낮은 수치를 보인다. 반면에 여성학자의 비율이 높은 나라는 미얀마를 위시하여 타이·아제르바이잔·아르메니아·조지아·카자흐스탄 등의 아시아 국가와 볼리비아·베네수엘라·트리니다드 토바고·아르헨티나·파라과이 등의 남아메리카 국가 등이 있다.

유네스코 통계에 나타나지 않은 미국·캐나다·오스트레일리아와 같은 선진국들은 남녀평등이 비교적 잘 적용되는 나라이므로 대체로 50%를 약간 상회하거나 밑도는 것으로 추정된다. 유럽의 독일·오스트리아·프랑스·네덜란드 등은 모두 30%를 밑도는 수준에 머물러 있다. 이는 선진국이니 여성학자의 진출이 활발할 것이라는 우리의 선입견을 벗어나는 결과다.

부패한 나라는? 그리고 청렴한 나라는?

대한 제국과 일제강점기의 관료이자 일제강점기와 대한민국의 기업인이며 자본가로서 수단과 방법을 가리지 않고 막대한 재산을 모았던 김갑순과 대도 조세형이 입에 달고 살았던 "민나도로보데스(みんな泥棒です)"라는 일본말은 "모두가 도둑놈"이라는 뜻이다. 부패한 사회에서 냉소적으로 사용되는 이 말은 현대까지도 유효한 것 같다.
그렇다면 다른 나라는 어떨까? 여기서는 부패한 나라와 청렴한 나라에 대하여 살펴보는 기회를 가져 보려고 한다.

키워드: 국제투명성기구, 부패지수, 부패인식지수, 국가경쟁력지수.

1. 부패인식지수

독일의 베를린에 본부를 둔 국제투명성기구TI: Transparency International라는 NGO단체는 1993년 부패 방지를 목적으로 100여 개국에 지부를 설치해 1995년부터 매년 부패인식지수CPI: Corruption Perceptions Index를 발표하고 있다. 이 지수는 대중이 느끼는 국가 청렴도에 대한 지수로, 공무원과 정치인이 얼마나 부패했다고 느끼는지를 수치화한 것이다. 구체적으로 공공·정치 부문에 존재하는 것으로 인식되는 부패 정도를 2011년까지는 0~10점의 범위 내에서 산정했다. 2012년부터는 0~100점까지의 점수로 측정해 청렴의 정도를 나타낸다.

부패인식지수는 정치적으로 선진국인지를 국가별로 비교하는 기준이 되며 영국의 『이코노미스트』가 발표하는 민주주의 지수, 프랑스의 국경 없는 기자회RSF: Reporters Without Borders가 발표하는 언론자유지수와 함께 가장 많이 사용된다.

부패인식지수는 단어 자체가 뜻하는 것처럼 부패했다고 인식하는 것을 수치화한 점수이지, 실제 부패 정도를 지수화한 것은 아니어서 국민들이 부정적이면 점수가 낮게

표 1-13. 부패지수 평가 점수의 예

부패 정도	2011년까지의 점수(점)	2012년부터의 점수(점)
완전 청렴	10	100
매우 청렴	8	80
상당히 청렴	6	60
상당히 부패	4	40
매우 부패	2	20
완전 부패	0	0

나올 수 있다는 단점이 있다. 예를 들어 이탈리아는 국민의 부정적인 인식으로 인해 50점으로 낮게 평가된 반면, 르완다는 55점으로 오히려 이탈리아보다 높게 평가되었다. 더욱이 부패가 아주 심한 국가이면 약간의 부정부패 정도는 부정부패라는 인식이 없어 상대적으로 대중의 체감이 떨어지는 역설이 발생한다.

2. 부패인식지수의 평가방법

조사대상국은 매년 변동이 있지만, 2017년 기준 180개국을 대상으로 평가한다. 부패인식지수는 국제투명성기구에서 직접 조사하지 않고, 국가경쟁력과 기업투자환경 등을 분석하는 국제평가기관의 평가자료 중에서 공공·정치 부문의 부패 정도에 대한 인식을 조사한 개별지수를 집계하여 산출한다.

연도별·국가별로 사용되는 개별지수는 상이하며, 우리나라는 8개 기관의 9개 자료가 반영되고, 개별지수는 기업인 대상 설문조사와 애널리스트의 평가자료로 구성되어 있다. 설문조사는 한국기업 및 한국 소재 외국기업인 등의 기업경영인을 대상으로 하고, 전문가 평가는 한국 전문가의 평가를 바탕으로 하는 경우도 있으나, 대부분 서구 선진국 전문가들이 수행하는 것이 보통이다.

이 조사는 객관적인 사건 데이터나 평가자의 부패경험률이 아닌 평가자의 주관적 인식을 기준으로 국가별 부패 수준을 측정한 것이며, 국제투명성기구의 다른 국가별

표 1-14. 부패인식지수에 반영되었던 우리나라 개별지수(2016년)

<table>
<tr><th colspan="2">조사기관</th><th>본부</th><th>지수명</th><th>점수</th><th>조사시기</th></tr>
<tr><td rowspan="3">기업인 설문 조사</td><td>국제경영개발원(IMD)</td><td>스위스</td><td>국가경쟁력지수</td><td>47</td><td>2016. 2.~2016. 4.</td></tr>
<tr><td>세계경제포럼(WEF)</td><td>스위스</td><td>국가경쟁력지수</td><td>49</td><td>2016. 3.~2016. 4.</td></tr>
<tr><td>정치경제위험자문공사 (PERC)</td><td>홍콩</td><td>아시아부패지수</td><td>50</td><td>2016. 1.~2016. 3.</td></tr>
<tr><td rowspan="6">전문가 평가</td><td rowspan="2">베텔스만재단(BF)</td><td rowspan="2">독일</td><td>지속가능지수</td><td>52</td><td>2014. 11.~2015. 11.</td></tr>
<tr><td>변혁지수</td><td>57</td><td>2014. 11.~2015. 11.</td></tr>
<tr><td>아이에이치에스 마킷 (IHS Markit)</td><td>영국</td><td>글로벌 인사이트 국가위험지수</td><td>47</td><td>2015. 8.</td></tr>
<tr><td>정치위기관리그룹(PRS)</td><td>미국</td><td>국가위험지수</td><td>50</td><td>2015. 8.~2016. 8.</td></tr>
<tr><td>이코노믹인텔리전스유닛(EIU)</td><td>영국</td><td>국가위험평가</td><td>54</td><td>2016. 9.</td></tr>
<tr><td>세계사법정의프로젝트(WJP)</td><td>미국</td><td>법치주의지수</td><td>69</td><td>2016. 5.~2016. 9.</td></tr>
</table>

부패 수준 측정자료인 뇌물경험률을 조사한 것이다. 가령 2016년 우리나라의 부패인식지수에 반영되었던 개별지수는 표 1-14와 같다.

3. 국가별 부패인식지수

2018년 2월에 발표된 2017년 부패인식지수를 국가별로 보았을 때 우리가 예상한 것처럼 선진국일수록 지수가 높고 개발도상국일수록 낮다. 이는 선진국일수록 청렴하다는 사실을 뜻한다. 구체적으로 2018년의 조사결과를 보면 '매우 청렴'으로 분류된 뉴질랜드가 89점으로 1위를 차지했고, 그 뒤를 덴마크(88점), 핀란드·노르웨이·스위스(85점), 싱가포르·스웨덴(84점), 캐나다·룩셈부르크·네덜란드·영국(82점), 독일(81점)이 따르고 있다. 미국(75점)과 일본(73점)은 각각 16위와 20위를 차지하여 청렴도 상위권에 포함되었다.

이와는 달리 소말리아는 9점으로 최하위였고, 남수단(12점), 시리아(14점), 아프가니스탄(15점), 예멘과 수단(16점), 리비아·북한·기니비사우·적도기니(17점), 베네

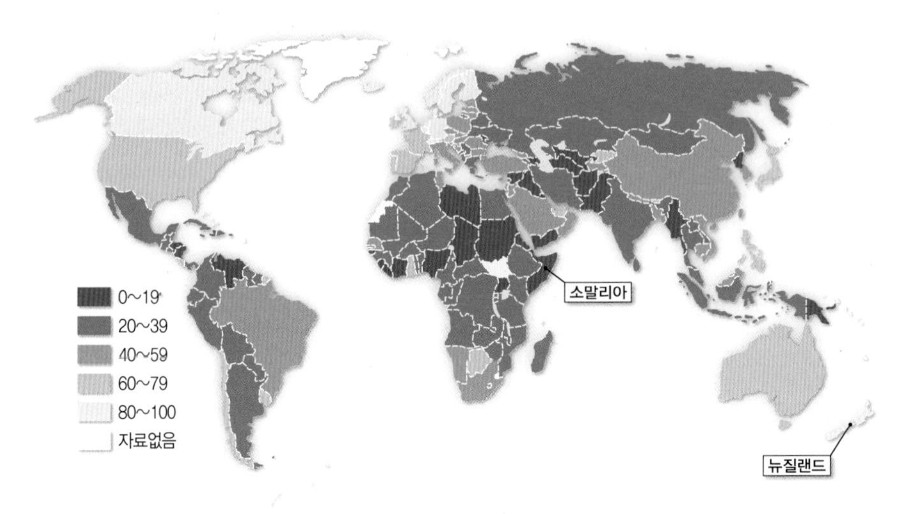

그림 1-70. 국가별 부패인식지수(2017년)

수엘라·이라크(18점)의 순으로 이 국가들은 '매우 부패'로 분류되었다. 중국(41점)은 77위로 '상당히 부패'한 등급이었고, 러시아(29점)는 135위로 '매우 부패'한 등급에 속했다.

우리나라 부패인식지수 점수는 수년간 50점대에 정체되어 있어 '상당히 청렴'과 '상당히 부패'의 중간 등급에 포함되어 있다. 우리나라는 과거 2009년과 2010년에 39위를 차지하였던 때를 제외하고는 40위대에서 50위대로 하락해 오늘에 이르렀다. 우리나라는 표 1-15에서 보는 것처럼 경제협력개발기구OECD 회원국 35개국 중 28~29위에 머물러 OECD 평균점수인 68.6점에 비하면 14.6점이 낮다.

우리나라의 부패인식지수가 낮은 요인을 파악하려면, 부패인식지수에 반영되는 개별

표 1-15. 우리나라 부패인식지수의 변동 추이(2008~2017년)

구분		2008	2009	2010	2011	2012	2013	2014	2015	2016	2017
점수		5.6	5.5	5.4	5.4	56	55	55	54	53	54
순위	전체	40/180	39/180	39/178	43/183	45/176	46/177	44/175	43/168	52/176	54/180
	OECD	22/30	26/34	26/34	27/34	27/34	27/34	27/34	28/34	29/35	28/35

* 2011년까지는 0~10점으로 측정되었다가 2012년부터는 0~100점으로 변경됨.

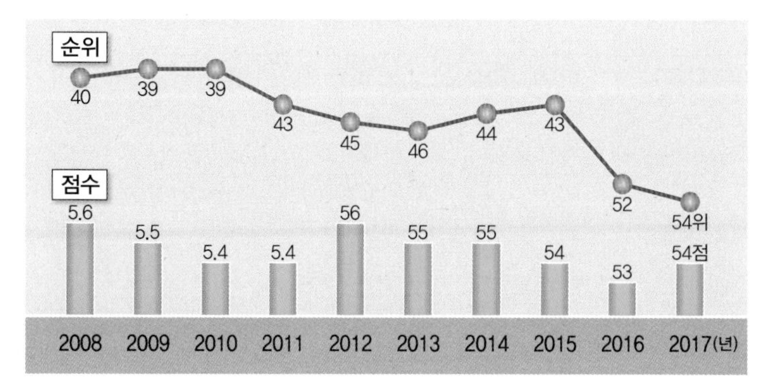

그림 1-71. 우리나라 부패인식지수와 순위 변동

지수 9개 중 현재까지 공개된 2015년 2월부터 2017년 11월까지의 조사기간의 7개 개별지수 원점수의 데이터를 분석하면 된다. 이를 통해 전년 대비 점수 또는 순위가 상승한 지수와 하락한 지수가 혼재되어 있음을 알 수 있다.

표 1-16을 보면, 우리나라는 유감스럽게도 국가경쟁력지수 중 뇌물이나 부패 존재 여부에서 순위가 6위 하락했고, 공무원의 공적 자금 유용 정도는 기업인 설문조사에서 7위나 상승했지만, 전문가 평가에서 공직자의 지위 악용 정도는 2위 하락했으며 정치시스템의 부패 수준이 제자리걸음에 머무는 등 세계경제포럼WEF과 세계사법정의 프로젝트WJP의 평가는 상승한 반면, 국제경영개발원IMD·정치경제위험자문공사PERC·베텔스만 재단BF의 지속가능지수와 변혁지수는 하락했다.

이상에서 본 것처럼 기업인 설문조사와 전문가 평가에서 조사결과가 엇갈리고, 동일한 지수에서도 일치하지 않는 것을 알 수 있다. 현재까지 공개된 결과만 놓고 볼 때, IMD와 PERC 등이 발표한 일부 하락한 지수의 경우 조사기간 중 발생한 국정혼란 사태, 대형 권력형 부패, 방산 비리 등과 같은 구조적 취약 분야들이 지수 상승의 저해요인으로 작용했을 것으로 풀이된다.

향후 이러한 구조적 부패 고리를 차단하고 명실상부한 청렴 선진국으로 도약하기 위해 우리나라 국민권익위원회는 첫째, 반부패정책협의회를 정례화하고 내실 있게 운

표 1-16. 우리나라 부패인식지수 개별지수의 원점수 현황

조사기관(해당 지수)		조사시기(발표시기)	평가항목	조사결과(2016년→2017년)
기업인 설문 조사	국제경영개발원 (국가경쟁력지수)	2017. 2.~2017. 4. (매년 5월 말)	뇌물이나 부패 존재 여부	점수(6점 만점): 3.24→3.24(동일) 순위(60개국): 34→40(6위 ↓)
	세계경제포럼 (국가경쟁력지수)	2016. 3.~2017. 4. 2017. 3.~2017. 4. (매년 9월 말)	뇌물 및 추가 비용 제공 정도	점수(7점 만점): 3.5→3.8(0.3점 ↑) 순위(137개국): 69→58(11위 ↑)
			공적자금 유용 정도 등	점수(7점 만점): 4.5→4.7(0.2점 ↑) 순위(137개국): 52→45(7위 ↑)
	정치경제위험 자문공사 (아시아부패지수)	2017. 1.~2017. 3. (매년 3월경)	국가별 부패 수준	점수(10점 만점): 6.17→6.38 (0.21점 ↓) 순위(16개국): 8→8(동일)
전문가 평가	정치위기관리그룹 (국가위험지수)	2016. 8.~2017. 8. (매월)	정치시스템 내부 부패 수준	점수(6점 만점): 3→3(동일)
	세계사법정의 프로젝트 (법치주의지수)	2017. 5.~2017. 11. (매년 하반기)	공무원의 공적 지위 악용 정도	점수(1점 만점): 0.65→0.67 (0.02점 ↑) 순위(113개국): 35→30(5위 ↑)
	베텔스만재단 (지속가능지수)	2015. 11.~2016. 11. (매년 하반기)	공직자의 지위 남용 정도 등	점수(10점 만점): 5→5(동일) 순위(41개국): 27→29(2위 ↓)
	베텔스만재단 (변혁지수)	2015. 2.~2017. 1. (짝수 연도 상반기)	부패공직자 처벌의 엄정성	점수(10점 만점): 7→7(동일)
			반부패정책의 효과성	점수(10점 만점): 7→6(1점 ↓)

영하여 범정부적 반부패 총괄·조정 기능을 강화하는 한편, 종합적 반부패대책을 마련하여 지속적으로 추진하며, 둘째, 대외 신인도 제고와 민간부패 해소를 위해 리베이트, 공공계약, 준법경영 등 기업 환경에 직접적 영향을 미치는 부패유발 요인에 대한 법령과 제도를 적극적으로 개선할 것을 적시했다.

그리고 셋째, 일반국민·전문가·기업인 등 사회 각계각층의 참여를 통해 체감할 수 있는 정책을 개발하고 정부의 반부패 의지와 노력을 다양한 매체를 통해 공유하며, 넷째, OECD와 G20 등의 국제 반부패 라운드에 적극적으로 참여해 그동안 정부가 추진한 반부패정책의 성과를 국제사회에 제대로 알리고 청렴 선진국으로서의 주도적 역할을 수행하는 데 역점을 두어 지속적으로 추진해야 할 것이다.

16

노벨상을 받은 사람은 어느 나라 출신이 많을까?

노벨상은 학자라면 누구나 받고 싶어 하는 상이다. 학자뿐만 아니라 작가와 정치인도 탐내는 영광스러운 상이라 할 수 있다. 여기서는 노벨상을 수상한 실적을 국가별로 살펴보기로 하겠다.

키워드: 노벨, 노벨상, 스웨덴크로나, 스웨덴은행경제학상.

1. 노벨상의 기원과 종류

노벨상은 신형 폭약인 다이너마이트를 개발하여 백만장자가 된 스웨덴의 화학자 알프레드 노벨Alfred B. Nobel이 1895년에 작성한 유언에 따라 1901년부터 해마다 세계 인류문명의 발달에 기여한 사람에게 수여되기 시작했다. 노벨이 작성한 유언의 일부에는 "나의 남은 재산으로 기금을 만들고, 거기에서 나오는 이자를 지난해 인류에 가장 큰 공헌을 한 사람들에게 상금으로 수여한다."라고 기록되어 있다.

처음 상을 수여했던 1901년에는 노벨 물리학상, 노벨 화학상·노벨 생리/의학상·노벨 문학상·노벨 평화상의 5가지 분야로 시작했다. 1968년에 스웨덴 국립은행이 노벨 경제학상을 제정함으로써, 1969년부터는 총 6개 부문에서 수상자를 발표하고 있다. 그러나 노벨 경제학상은 엄밀히 말하면 스웨덴의 은행에서 주는 상이다.

노벨이 유언으로 남긴 5가지 부문의 상에는 노벨상Nobel Prize이라 표기되지만, 경제학상은 그렇지 않다. 경제학상의 본래 명칭은 '알프레드 노벨을 기념하는 경제학 부문의 스웨덴 중앙은행상The Sveriges Riksbank Prize in Economic Sciences in Memory of Alfred No-

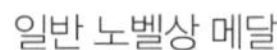
일반 노벨상 메달

노벨 경제학상 메달

사진 1-4. 일반 노벨상과 노벨 경제학상 메달

bel'이며, 공식적으로는 스웨덴은행경제학상 Sveriges Riksbank Prize으로 표기된다. 노벨 경제학상은 메달 표면에 그려진 문양도 일반 노벨상과 다르다.

시상식은 노벨의 사망일인 매년 12월 10일에 스웨덴의 스톡홀름에서 치러지며, 평화상의 시상식은 노르웨이의 오슬로에서 열린다. 평화상의 시상식이 스웨덴이 아닌 노르웨이에서 열리는 이유는 노벨상이 제정되고 난 후 국적에 상관없이 상을 주도록 한 노벨의 유언장 내용에 반대한 스웨덴이 평화상의 수상을 당시 자국의 식민지였던 노르웨이에 넘겨주었기 때문이다. 이로 인해 평화상의 수상자를 결정하는 심사와 시상식 모두 노르웨이에서 개최되기에 이르렀다.

2017년까지 수여된 각 부문별 수상자 수는 다음과 같다. 노벨 물리학상 207명, 노벨 화학상 178명, 노벨 생리/의학상 214명, 노벨 문학상 114명, 노벨 평화상 104명, 노벨 경제학상 79명 등 모두 896명이다. 1901년부터 시행되었기에 2017년까지 계산하면 각 부문별 117명의 수상자가 맞을 것이라 생각할 수도 있지만, 공동수상자가 있기 때문에 전체 수상자의 수는 늘어난다. 물론 부문별로 노벨상을 시상하지 않은 해도 여러 번 있었다. 개인뿐 아니라 단체나 기관도 상을 받을 수 있다. 특히 노벨 평화상은 지금까지 모두 27개의 기관에도 수여되었다. 대표적으로 국제 연합을 비롯한 산하기관이 7차례에 걸쳐 노벨 평화상을 수상하였고, 국경없는 의사회, 국제사면위원회, 국제평화국 등의 단체도 각각 평화상을 수상한 바 있다.

2. 미국과 영국 출신이 압도적으로 많은 수상자

2017년까지 노벨상은 받은 사람은 모두 896명이며, 이들이 속한 나라는 모두 62개국이다. 지구상에 200개 이상의 국가가 있고 노벨상의 역사가 110년을 훌쩍 넘은 것을 생각하면, 노벨상은 아무에게나 허락된 상이 아닌 듯하다. 그러다 보니, 노벨상을 차지한 사람들의 국적이 어떻게 분포하는지를 살펴보는 것도 나름 흥미롭다. 노벨상 수상자의 국적 분포에서는 미국이 그야말로 대세이고, 그 뒤를 영국과 독일이 열심히 쫓아가는 형국이다.

노벨상을 차지한 사람 중 미국인이 368명으로 전체의 41.2%에 달한다. 다음으로 영국(132명), 독일(107명), 프랑스(68명), 스웨덴(31명), 일본(26명), 러시아(26명), 캐나다(25명) 등의 순으로 노벨상 수상자가 많았다. 그림 1-72에는 노벨상을 20회 이상 수상한 나라만 포함했다. 노벨상을 수상한 사람이 단 1명인 나라가 21개국이고, 2명을 배출한 나라가 9개국이다. 10명 이상을 배출한 나라는 16개국에 불과하며, 100명 이상을 배출한 나라는 3개국뿐이다.

미국을 제외하면 노벨상을 여러 차례 수상한 나라는 대부분 유럽에 위치한 국가들이다. 상위권에 자리한 국가 가운데 미국, 일본, 러시아, 캐나다를 제외하면 모든 나라가 유럽에 포함된다. 노벨상 상금이 2017년 기준으로 900만 스웨덴크로나SEK: Svensk Krona로, 우리나라 돈으로 대략 10억 원을 훌쩍 넘는다. 상당히 많은 돈이 스웨덴에서

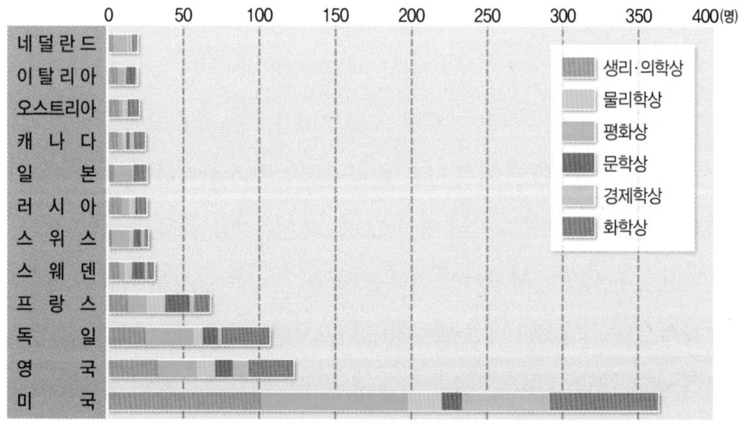

그림 1-72. 주요 노벨상 수상국과 역대 수상자 수 및 수상 부문

미국, 영국, 독일 등으로 흘러간 셈이다. 그러나 그 돈은 그냥 생긴 돈이 아니라, 각 나라의 학자들이 열심히 노력하고 연구한 값진 결과물이다. 크로나는 스웨덴, 아이슬란드 등지의 화폐단위이며, 1스웨덴크로나는 우리나라 돈으로 약 125원에 해당된다.

우리나라에서 노벨상을 받은 사람은 노벨 평화상을 받은 김대중 전 대통령이 유일하다. 그러나 노벨상위원회에 따르면 한국 태생으로 노벨상을 받은 사람이 한 명 더 있다. 그는 대한민국 국적이 아니었고 부모도 대한민국 사람이 아니었다. 1987년에 노벨 화학상을 받은 페더슨Pederson이라는 사람인데, 항해기술자였던 노르웨이 출신의 아버지가 부산에서 근무하던 1904년에 태어났다. 그의 어머니는 일본 국적을 가진 일본인이었다. 페더슨은 8살이 되던 해에 일본으로 건너갔고 노벨상을 받을 당시에는 미국에서 거주하고 있었다. 어찌 되었든 노벨상에서 국적을 따질 때 중요시하는 출생지는 대한민국이 맞지만, 페더슨에게 대한민국은 자신이 태어난 땅이라는 것을 제외하면 거의 연관이 없는 국가라 할 수 있다.

국민 1인당 노벨상 수상 횟수를 산술적으로 계산하면, 인구 대비 가장 많이 노벨상을 수상한 나라는 노벨상을 수여하는 스웨덴이다. 스웨덴의 인구는 약 1,000만 명에 달한다. 인구 대비 수상 횟수가 두 번째로 많은 나라는 스위스다. 노벨상 수상 횟수가 가장 많은 미국은 인구 대비 세계 7위이며, 일본은 11위다. 지금까지 단 한 차례 노벨상을 수상한 우리나라의 인구 대비 순위는 굳이 따져 볼 필요가 없을 것이다.

미국은 노벨상 수상 횟수에서 압도적으로 1위를 차지하지만, 그들도 1등을 차지하지 못한 부문이 있다. 6가지 부문 가운데 노벨 문학상 부문의 수상 횟수가 세계에서 2위에 머물러 있다. 프랑스에서 가장 많은 16명의 문학상 수상자를 배출했으며, 미국은 13명을 배출했다. 미국의 뒤를 이어 영국(12명), 독일(10명), 스웨덴(8명) 등의 국가에서도 상대적으로 문학상 수상자가 많이 나왔다. 이와 같은 현상은 미국의 문학가들이 유럽의 문학가들보다 실력이 다소 뒤처진 모양으로 해석할 수도 있겠지만, 절대 그런 것은 아니다. 단지 문학이 인문학적 특성을 보유하기 때문에 특정의 성과를 토대로 수상하는 과학 부문과는 다른 관점에서 바라봐야 할 것이다. 미국에서는 노벨 문학상 위원회가 유독 미국에 인색하다고 생각하는 것으로도 알려져 있다.

노벨상을 구성하는 6가지 부문에서 모두 수상자를 배출한 나라는 10개국에 불과하다. 미국, 영국, 독일, 프랑스, 스웨덴, 러시아, 캐나다, 오스트리아, 이탈리아, 인도가 여기에 포함된다. 이들 국가 가운데 인도를 제외한 나라는 모두 20명 이상의 수상자를 배출한 국가인 동시에 유럽이나 북아메리카에 위치한 국가다. 아시아에서는 일본과 중국이 인도에 비해 더 많은 노벨상 수상자를 배출했음에도, 전 부문의 수상자를 배출하지는 못했다. 일본은 26명의 수상자를 배출했지만, 노벨 경제학상을 수상한 사람이 아직까지 나오지 않았으며, 중국도 10명 이상의 수상자가 있지만 노벨 경제학상을 받은 사람은 없다.

노벨상은 상을 받는 사람의 출신국적만 따지기 때문에 어느 인종이나 계열에서 많은 수상자가 나왔는지를 정확히 계산하지는 않는다. 그러나 유대인의 비율이 높은 사실은 잘 알려져 있다. 지구상에서 유대인의 수는 약 1,400만 명으로 전 세계 인구의 0.2%에 불과하다.

지금까지 노벨상을 받은 사람의 22%가량이 유대인이거나 유대인 가문이라는 사실은 매우 놀랍다. 노벨상이 여성에게 수여된 횟수는 2017년까지 모두 49회고, 상을 받은 사람은 48명이다. 폴란드 바르샤바 출신인 마리 퀴리Marie Curie, 1867~1934 부인이 1903년에 물리학상을 받았고 1911년에 화학상을 받았기 때문이다. 놀라운 사실은 48명의 여성 가운데 절반이 유대인이라는 점이다.

3. 아시아에서 노벨상을 수상한 나라는?

노벨상 수상자를 배출한 국가의 약 60%가 유럽에 속한다. 그렇다면 우리나라가 자리한 아시아의 국가 가운데 노벨상을 한 번이라도 수상한 나라는 얼마나 될까? 모두 12개 나라에서 노벨상 수상자가 배출되었다. 아시아 국가에서 노벨상을 받은 횟수는 전체의 7%를 조금 넘는 수준이다. 그나마 일본이 월등하게 많은 수상자를 배출했고,

중국, 인도, 이스라엘에서 10명에 가까운 수상자가 나왔다. 우리나라를 비롯해서 이란, 방글라데시, 미얀마, 파키스탄, 동티모르 등의 국가에서는 한두 명의 수상자가 배출되었을 뿐이다. 물리학상을 12차례에 걸쳐 수상한 일본을 제외하면, 아시아에서 가장 많이 받은 노벨상은 평화상이다.

국가의 발전 수준을 측정하는 지표에는 여러 가지가 있다. 일반적으로는 1인당 GDP가 국가의 수준을 대변하는 지표로 인식되지만, 간혹 노벨상을 얼마나 많이 수상했는지를 고려하기도 한다. 세계적으로 1인당 GDP가 큰 나라일수록 노벨상을 다수 수상했다는 데에는 이론의 여지가 없을 것이다. 이 두 요소의 절대적인 순위에 집착하지 않고 상위권에 포진한 국가들을 살펴보더라도 대체로 1인당 GDP가 높은 국가에서 노벨상 수상자가 많이 배출된 것은 사실이다.

2017년 기준으로 1인당 GDP 순위의 상위 20위에 유럽의 13개국이 포함되었으며, 노벨상 수상자 배출의 순위에서도 상위 20위권에 역시 유럽의 13개국이 포함되었다. 물론 13개 국가가 동일하지는 않지만, 독일·프랑스·스웨덴·스위스·오스트리아·네덜란드·덴마크·노르웨이·벨기에는 두 부문에서 모두 상위 20위 안에 포함되는 국가다.

아시아의 국가 가운데 마카오와 홍콩을 제외하면 1인당 GDP가 가장 높은 국가는 일본으로 세계 23위를 기록했다. 다음으로 우리나라가 26위이고, 바레인, 타이완, 사우디아라비아 등이 뒤를 이었다. 노벨상 수상 횟수의 순위에서는 세계 40위권 안에 아시아 국가 가운데 일본, 인도, 중국, 동티모르, 이란 등이 진입했다. 유럽에서는 1인당 GDP와 노벨상 수상 사이에 나름대로 정(+)의 상관관계가 있는 것 같지만, 아시아에서는 꼭 그렇지 않은 것 같다.

일본에서 노벨상 수상자가 많이 배출된 이유는 과학 분야에 대한 연구개발비가 많이 투입되고 정부에서 적극적으로 지원하기 때문이다. 일본의 연구개발비 규모는 우리나라의 5배에 달한다. 게다가 일본에는 거대한 과학실험 장치가 많이 도입되어 과학자들이 연구와 개발에 몰두할 수 있는 여건이 조성되어 있다. 우리나라와 일본의 경제격차를 고려하면, 일본의 노벨상 수상자가 많은 것을 어느 정도 이해할 수는 있다. 그렇다고 단순히 경제적 요인으로만 노벨상 수상을 설명할 수 없다.

우리가 바라보는 일본인이나 일본사회는 상당히 보수적이고 획일적인 것처럼 보인다. 그러나 그들 사회에는 다양성이라는 무기가 내포되어 있어, 일본의 학계에서도 학문적 다양성을 인정하는 토대가 조성되어 있다. 노벨상 가운데 물리학·화학·생리/의학상 등과 같은 과학 부문의 상은 그 분야의 초석을 다진 사람에게 주어지는데, 그러한 연구는 학문적 다양성이 인정되는 풍토에서 훨씬 빛을 발하기 쉽다는 점을 우리는 잊지 말아야 할 것이다. 일본의 석학들이 모여 있고 정부의 지원을 가장 많이 받는 도쿄대학보다 자유분방한 풍토가 조성된 교토대학에서 가장 많은 노벨상 수상자가 배출되었다는 점은 시사하는 바가 크다.

17

패스포트 파워는 어느 나라가 강할까?

독자들은 혹시 패스포트 파워란 말을 아는가? 여권지수라고도 불리는 패스포트 파워(passport power)란 글자 그대로 여권이 가진 힘을 뜻한다. 세계에서 미국과 러시아, 터키와 그리스, 이스라엘과 이란을 자유롭게 다닐 수 있는 나라는 의외로 많지 않다. 여기서는 이에 대하여 알아보려고 한다.

키워드: 여권(패스포트), 여권지수, 헨리여권지수, 아턴사.

1. 해외여행의 필수품인 여권

최근 들어 외국으로 여행하는 관광객이 크게 증가했다. 외국을 여행할 때는 본인을 입증할 수 있는 신분증이 필수적으로 필요하다. 이때 사용하는 것이 국가기관에서 발급해 준 여권passport이다. 여권은 외국을 여행하는 국민에게 정부가 발급해 주는 증명서류로서, 국적과 신분을 증명하고 해외여행을 허가하며 국민의 보호를 부탁하는 문서다.

본래 여권은 영어 단어 passport가 의미하는 바와 같이 한 장소를 '통과할 수 있도록 허가해 주는 증서'였다. 외국을 여행하는 사람이 여권을 반드시 지참해야 하는 일은 20세기 들어서면서 시작되었다. 19세기까지는 여권이라는 개념이 미약했다. 각 나라마다 크기도 모양도 제각각이었으며 발급받는 것도 쉽지 않았다. 당시에는 돈만 있다면 다른 나라로 여행하는 것이 어려운 일이 아니었다. 그러나 제1차 세계대전 이후 국경을 넘나드는 사람과 물자를 엄격히 통제하기 시작했고, 국제 연맹(국제 연합의 전신)에서는 1920년 여권에 대한 규격화를 선언했다. 그럼에도 여권은 국가별로 다양하게 제작되었다. 우리나라에서는 1904년에 최초로 국외여행 허가서가 발급되었다.

사진 1-5. 대한민국과 북한의 여권

세계적으로 여권의 크기는 거의 동일하지만, 표지의 형식과 색깔은 정해진 것이 없다. 대부분 국가의 여권 표지에는 상단에 자국어로 된 국가명이 자리하고 그 아래에 영어로 국가 명칭이 기입되어 있다. 표지의 중간에는 각 나라를 상징하는 문양이나 휘장 등이 포함된다. 여권의 아래에는 자국어로 여권이라는 문구를 넣고 그 아래에 영어로 여권을 의미하는 passport란 단어가 위치한다.

표지 가운데 나라를 상징하는 문양 대신 그 나라의 지도를 삽입한 국가도 있다. 라틴아메리카의 과테말라·엘살바도르·온두라스·니카라과는 여권의 표지 중앙에 지도를 그려 넣었다(사진 1-6). 이들 4개국은 서로 인접한 국가다. 이들 국가와 코스타리카의 5개국은 1821년 스페인으로부터 독립한 후 1823년에 중앙아메리카 연방을 형성했던 나라들이다. 여권 표지의 맨 위에 적힌 CENTROAMERICA가 이를 보여 준다. 한편 엘살바도르와 온두라스는 월드컵 축구 예선 때문에 1969년 100시간 전쟁을 벌이기도 했다.

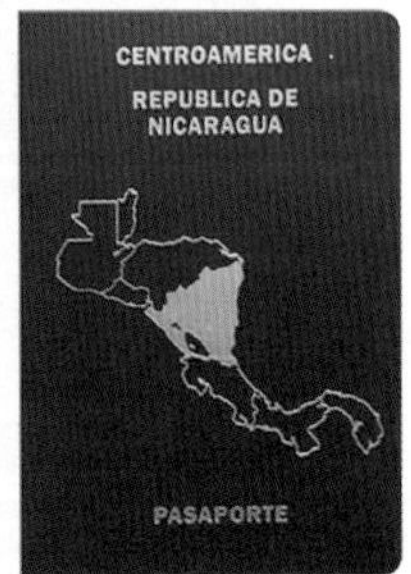

사진 1-6. 여권 표지에 지도가 그려진 중앙아메리카 연방

2. 국가의 특징을 보여 주는 여권 표지의 색깔

여권 표지의 색깔은 다양하다. 현재 이용되는 여권의 표지 색은 빨간색, 파란색, 초록색, 검정색의 네 가지로 이루어져 있다. 이들 네 가지 색깔은 원색 그대로 사용되지 않고 채도를 바꾸어서 사용이 가능하다. 세계적으로 여권 표지의 형식과 색깔에 대한 규칙은 없지만, 각 나라의 지리적·정치적·종교적 특성에 따라 표지는 다양하다. 한눈에 들어오는 표지의 색깔을 살펴보면, 파란색을 사용하는 국가가 78개로 가장 많다. 그다음 빨간색을 사용하는 국가가 68개, 초록색이 43개 , 검정색이 10개이다. 이는 관용여권이나 외교관여권을 제외한 일반 여권에 한정된 이야기다.

파란색 표지는 미국·캐나다 등의 북아메리카 국가, 브라질·아르헨티나·베네수엘라 등의 라틴아메리카 국가, 콩고민주공화국·수단·리비아·케냐 등의 아프리카 국가, 인도·아프가니스탄·예멘·이라크·라오스·북한 등의 아시아 국가 그리고 오스트레일리아에서 채택한 색깔이다. 아메리카 대륙의 국가 및 카리브해 연안의 국가들은 '새로운 세상'을 의미하는 파란색을 주로 사용한다. 미국은 빨간색과 초록색을 사용했지만, 지금은 파란색을 사용한다. 지중해 연안의 크로아티아·보스니아 헤르체고비나,

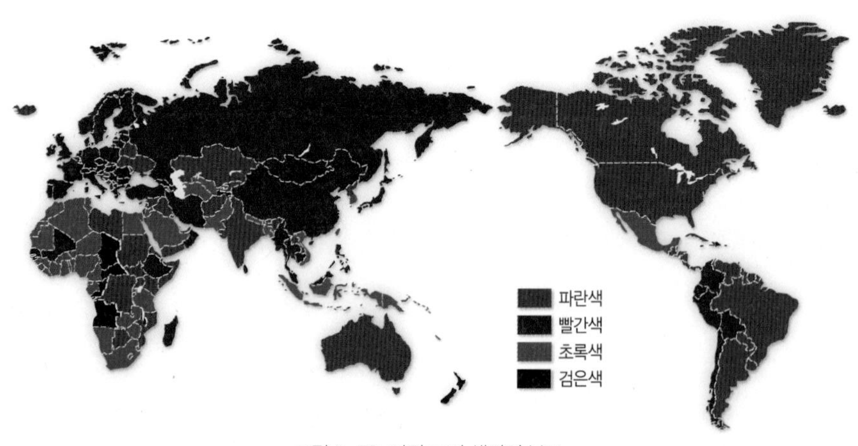

그림 1-73. 여권 표지 색깔의 분포

동유럽의 벨라루스와 우크라이나, 중앙아시아의 카자흐스탄·키르기스스탄에서 파란색 표지를 사용한다.

빨간색은 유럽을 비롯한 동아시아 국가에서 주로 채택되었다. 유럽 연합 및 러시아를 포함해 중국·일본·몽골·필리핀·말레이시아 등의 동아시아 국가, 오만·이란·터키 등의 서아시아 국가, 칠레·볼리비아·에콰도르 등의 라틴아메리카 국가, 마다가스카르·에티오피아·세네갈 등의 아프리카 국가가 빨간색 표지를 채택했다. 유럽 연합을 탈퇴한 영국의 여권 색깔이 변경될 가능성도 있다. 터키는 유럽 연합에 포함되고자 하는 염원을 담아 빨간색으로 변경했다고 한다. 러시아와 중국을 비롯한 동유럽의 국가들은 공산주의와 관련해 빨간색을 사용한다. 라틴아메리카에서는 안데스 산지의 서쪽에 자리한 국가가 빨간색을 채택한다.

초록색 표지는 멕시코, 알제리·모로코·나미비아·탄자니아·이집트 등의 아프리카 국가, 대한민국·사우디아라비아·우즈베키스탄·파키스탄·인도네시아·베트남 등의 아시아 국가에서 사용된다. 이슬람 국가들은 종교적 이유로 무함마드가 좋아한 초록색을 사용한다. 적도 북쪽의 아프리카 서부에 있는 많은 국가에서 초록색 표지가 사용되고 있으며, 남부아프리카에서는 남아프리카공화국과 그 주변 국가에서 초록색 표지를 채택했다. 대한민국은 범죄의 표적이 되지 않도록 눈에 띄지 않는 초록색을 사용한다.

검정색 표지를 사용하는 국가는 그리 많지 않다. 검정색 표지는 뉴질랜드·차드·콩고·앙골라·말라위·타지키스탄·도미니카공화국 등의 국가에서 사용된다.

3. 여권의 파워를 보여 주는 여권지수

여권지수는 여권을 가지고 해외를 여행할 때 입국하고자 하는 국가의 비자가 없어도 자유롭게 입국할 수 있는 국가의 수를 기준으로 산출된다. 그렇기 때문에 여권지수는 여권이 가지는 힘, 즉 패스포트 파워로 인정되기도 한다. 즉 여권지수는 비자가 없어도 입국이 가능한 국가visa-free와 현지에 도착하자마자 즉석에서 비자를 발급받으면 되는 국가visa on arrival의 수가 많을수록 상승한다. 각 국가별로 체결한 비자 협정이 종료되면 여권지수에도 변화가 생기기 마련이다.

여권지수는 보통 두 기구에서 측정된다. 하나는 '헨리여권지수Henley Passport Index'이고 다른 하나는 '여권지수Passport Index'다. 원래 헨리여권지수는 2006년 HVRIHenley & Partners Visa Restrictions Index로 출발해 2018년 1월에 그 이름이 지금과 같이 변경되었다. 199개국을 대상으로 국제항공운송협회IATA: International Air Transport Association와 협력하여, 2006년 이후 세계 모든 국가의 여권지수를 산출해 오고 있다. 여권지수는 글로벌 금융 자문기업인 아턴 캐피털Arton Capital이 2014년부터 측정했다.

헨리여권지수는 아턴사社의 여권지수와 약간 차이가 있다. 헨리여권지수는 비자 없이 자유롭게 여행할 수 있고 원하는 국가에 취업할 수 있는 혜택을 가진 여권일수록 지수가 상승한다. 그리고 자국 내에서의 안정적이고 수준 높은 삶의 질도 고려한다. 즉 국내외적 여건을 모두 고려해서 지수를 산정하므로 유럽 연합에 속한 국가들이 대체로 상위권이다. 2018년 7월에 발표된 자료에 따르면, 아시아의 일본과 싱가포르가 1위 그룹에 포함되었고 대한민국은 3위 그룹에 속했다.

여기에서는 아턴사에서 2018년에 199개국을 대상으로 측정한 여권지수를 통해 각 국가의 여권 파워를 살펴본다. 2018년에 발표된 결과에 따르면, 비자 없이 입국이 가능한 나라의 수가 가장 많은 국가는 싱가포르이고, 가장 적은 국가는 아프가니스탄이다(표 1-17).

싱가포르는 166개국을 비자 없이 입국할 수 있지만, 아프가니스탄 국민은 비자 없이 입국할 수 있는 국가 수가 고작 30개에 불과하다. 대한민국 국민은 165개국을 무비자로 여행할 수 있고, 현지에서 비자를 발급받아 입국할 수 있는 국가가 44개에 달한다. 북한은 11개국을 무비자로 여행 가능하고 35개국에서는 현지에서 비자를 발급받을 수 있어 81위 그룹에 포함되었다. 아시아에서는 대한민국의 순위가 가장 높다.

여권지수 2위에 자리한 국가는 대한민국을 비롯해서 모두 9개국이다. 대부분 유럽

표 1-17. 여권지수의 순위(2018년)

순위	국가
1	싱가포르 (166)
2	독일, 덴마크, 스웨덴, 핀란드, 룩셈부르크, 노르웨이, 네덜란드, 대한민국, 미국 (165)
3	이탈리아, 프랑스, 스페인, 그리스, 포르투갈, 일본, 아일랜드, 캐나다 (164)
4	스위스, 벨기에, 오스트리아, 헝가리, 영국 (163)
5	체코, 몰타, 말레이시아, 뉴질랜드, 오스트레일리아 (162)
6	슬로베니아, 아이슬란드, 리투아니아, 슬로바키아 (161)
7	에스토니아, 폴란드, 라트비아 (160)
⋮	⋮
84	리비아 (43)
85	소말리아 (38)
86	시리아 (37)
87	파키스탄 (36)
88	이라크 (33)
89	아프가니스탄 (30)

* ( ) 안의 숫자는 비자 없이 입국이 가능한 국가의 수.

연합에 속하는 국가들로 구성되었다. 3위에 포함된 국가는 이탈리아·프랑스 등 8개 국가이며, 이들 국가의 국민은 비자 없이 164개국에 입국할 수 있다. 각 순위 그룹에서 무비자 입국이 가능한 나라가 많은 국가가 앞에 위치한다. 즉 그룹 내에서 뒤로 갈수록 온전한 무비자 입국이 아닌 현지에 도착해 비자를 발급받아야 하는 국가의 수가 늘어난다.

2018년에 발표된 자료를 기준으로 여권지수가 160을 상회하는 국가는 전체 199개국 가운데 35개에 불과하다. 이들 국가는 대부분 유럽에 있다. 유럽에 포함되지 않은 나라는 대한민국, 일본, 말레이시아, 싱가포르, 미국, 캐나다, 오스트레일리아, 뉴질랜드 등이다. 라틴아메리카 국가들의 여권지수는 대체로 130~159의 범위에 속해 있다. 서아시아와 남아시아의 국가, 아프리카의 대부분 국가는 여권지수가 69 이하에 불과했다. 아프리카에서는 남부에 자리한 남아프리카공화국, 나미비아, 케냐의 여권지수가 조금 높았을 뿐이다.

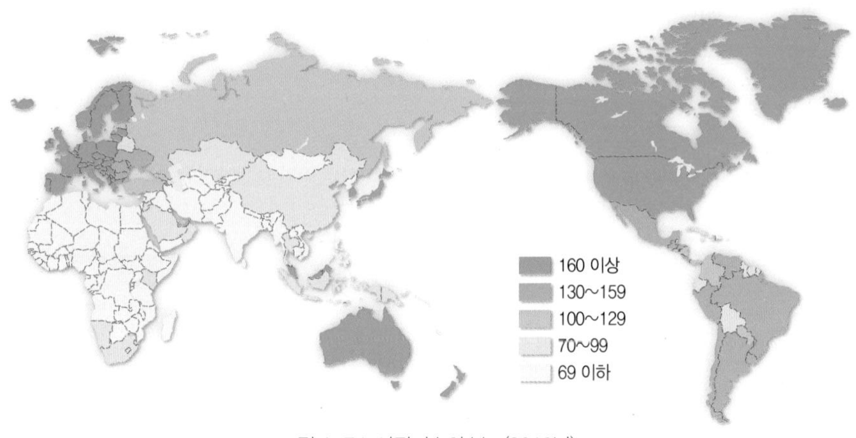

그림 1-74. 여권지수의 분포(2018년)

대부분의 국가에서 여권지수가 상승했지만, 아시아의 이란·이라크·예멘과 라틴아메리카의 수리남·베네수엘라 등 5개국에서는 오히려 여권지수가 하락했다. 여권지수가 가장 크게 상승한 국가인 조지아는 38개국 증가했으며, 그 뒤를 이어 우크라이나에서는 34개국이 많아졌다.

여권지수는 세계 여러 나라를 얼마나 자유롭게 여행할 수 있는지를 보여 주는 하나의 지표다. 모든 국가의 여권이 동일한 가치를 가지지 않는다는 뜻이다. 어느 나라의 여권을 가지고 여행을 하느냐에 따라 여행이 자유로울 수도 있고 자유롭지 못할 수도 있다. 대한민국의 여권지수가 높다는 것은 우리나라 여권이 전 세계적으로 인기가 있다는 것을 의미하기도 한다. 해외에서 한국인 여권을 훔치려 눈독 들이는 이유다.

여기서 한 가지 독자들에게 문제를 제시해 본다. 남한 국민이 북한을 여행할 경우 여권이 필요할까?

18
세계적인 탐험가는 콜럼버스일까? 정화일까?

키워드: 탐험가, 콜럼버스, 정화, 삼보태감, 정화문화관, 일대일로.

1. 콜럼버스 선단

"신대륙 발견을 위해 떠난 세계적인 탐험가 또는 항해사는 누구일까?"라고 물으면 거의 많은 사람들이 콜럼버스라고 대답할 것이다. 정화 혹은 마삼보라고 답하는 사람은 거의 없다. 그림 1-75는 정화의 남해 원정 때 사용한 선박과 콜럼버스가 이용한 산타마리아호의 크기를 비교한 것이다. 어느 것이 산타마리아호일까?

그림 속 원 안의 작은 배가 산타마리아호이다. 두 선박은 비교가 되지 않을 정도로 큰 차이가 난다. 산타마리아호는 길이가 약 25m, 무게는 약 200톤 정도에 불과한 것으로 추정되고 있다. 그림 속 뒤쪽의 큰 배는 정화의 선박으로 배의 길이가 무려 125m, 무게는 3,000톤 정도에 달한다. 이 두 배는 거의 동시대에 먼바다를 항해한 선박이다. 배의 크기로만 모든 것을 설명할 수는 없지만, 그 선단의 규모만큼은 이 그림으로 비교해 볼 수 있다.

크리스토퍼 콜럼버스의 항해일지를 간략히 정리해 보면 이렇다. 그는 이탈리아 제노바 출신의 탐험가이자 항해사이다. 그는 1492년 대서양을 건너 지금의 아메리카 대

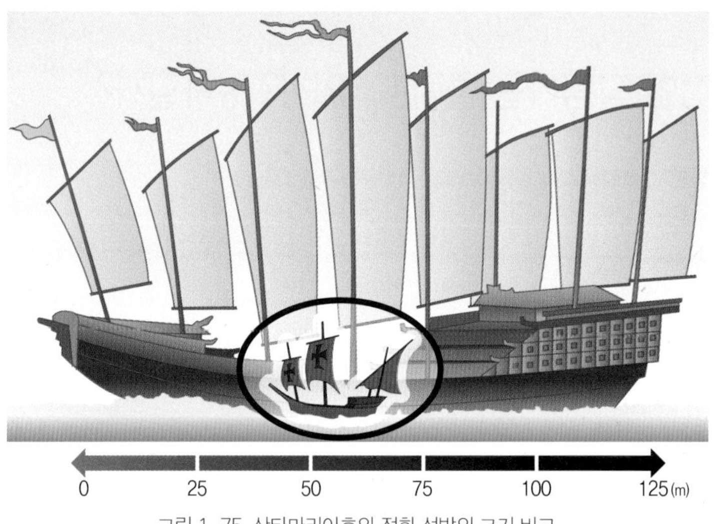

그림 1-75. 산타마리아호와 정화 선박의 크기 비교

륙에 당도했다. '신대륙 발견'으로 명명된 역사적 사건은 콜럼버스를 최고의 탐험가 또는 대항해사의 반열에 올려놓았다.

그는 포르투갈 주앙 2세에게 대서양 탐험을 제안했으나 거절당한 후, 스페인 이사벨 여왕과 페르난도 왕의 지원을 받아 동양으로 가는 새로운 항로를 개척하기 위해 떠났다. 당대 유럽인은 동양을 비단과 향료, 황금과 보물이 넘쳐나는 곳으로 동경하고 있었다. 콜럼버스 또한 실크로드같이 험한 육로보다는 동양으로 향하는 바닷길을 개척해서 큰 이익을 얻고자 했다.

콜럼버스는 스페인과 인도가 대서양을 사이에 두고 가깝게 위치해 있다고 믿었으며, 1492년 8월 3일 산타마리아호, 핀타호, 니냐호 등 세 척의 배를 타고 스페인을 출발하여 같은 해 10월 12일에 현재의 바하마제도에서 와틀링섬으로 추정되는 육지를 발견했다. 그 후 지금의 아이티 부근에 도달하여 그곳을 인도의 동쪽 일부라고 생각하고 그곳에 있던 아메리카 원주민들을 인도인, 즉 '인디언'이라고 불렀다.

그의 신대륙 발견은 유럽의 문명과 상품시장의 확대를 가져왔지만, 아메리카 대륙의 원주민들에게는 끔찍한 침탈의 식민지 역사가 개막되었다. 사실 아메리카 대륙의

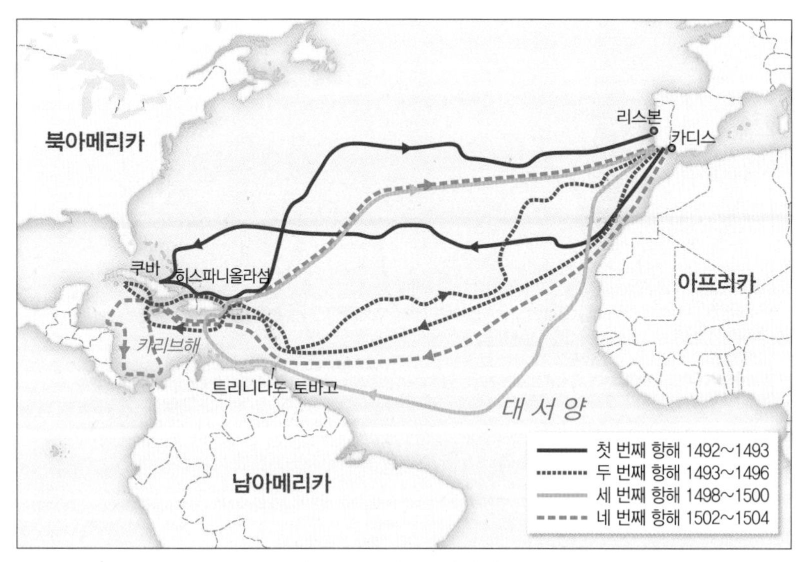

그림 1-76. 콜럼버스의 항해 경로

발견자는 아메리칸 인디언들이다. 따라서 요즘 학교 교육에서 지리시간에 콜럼버스가 신대륙을 발견했다고 가르치는 지리교사는 거의 없을 것이다.

그가 1차 항해 때 사용했던 산타마리아호는 선체 위에 돛을 세우고 바람을 받게 하여 풍력을 이용해 항해하는 범선이었다. 산타마리아호는 같은 해 크리스마스이브, 아이티 앞바다에서 좌초되어 원형을 알아볼 수 있는 자료가 남아 있지 않다. 2차 항해 때는 소와 양을 가지고 가서 신대륙에 가축들을 퍼뜨렸다.

2. 정화 선단

정화鄭和, 1371~1433는 콜럼버스보다 약 100년 먼저 태어났다. 그는 명나라시대의 장군이자 환관으로, 영락제의 명령에 따라 남해로 7차례의 대원정을 떠난 것으로 유명하다. 그의 본명은 마삼보馬三保이다. 환관의 최고위직인 태감太監까지 올라갔기 때문에 중국에서는 삼보태감三保太監 혹은 三寶太監이란 이름으로 알려져 있다. 그는 엄밀하게

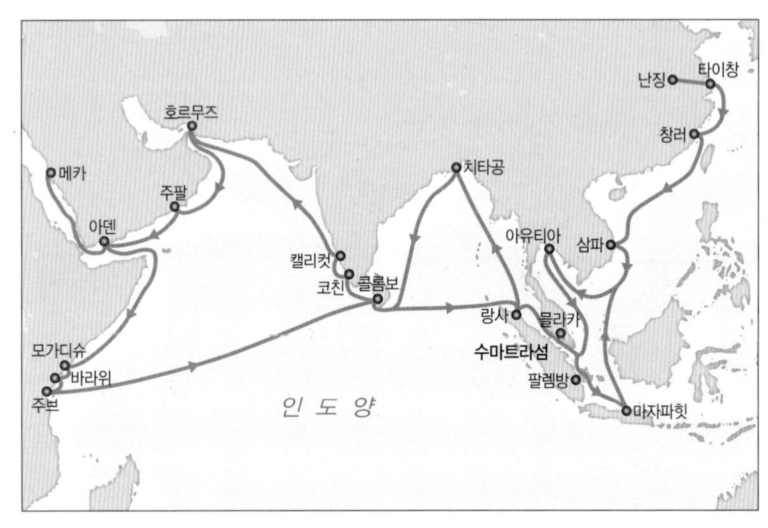

그림 1-77. 정화 선단의 7차 대원정 주요 경로

말하면 한족이 아니었으므로 마馬씨라 칭한 것은 이슬람의 예언자 마호메트의 중국식 한자에서 유래했다. 여러 민족으로 구성된 중국의 규모로 보았을 때, 정화는 소수민족인 회족回族이라고 할 수 있다.

그는 어떻게 환관이 되었을까? 주원장朱元璋이 명나라를 건국한 후 원나라의 세력 아래 있던 윈난성을 공격할 때 소년이었던 정화는 붙잡혀 거세된 뒤 환관이 되었고, 그 후 많은 공을 세워 영락제로부터 정씨란 성을 하사받고 환관의 최고위직인 태감에 오른 것이다. 정화는 1405년부터 1433년까지 영락제의 명을 받아 7회에 걸쳐 대규모 선단을 이끌고 동남아시아에서 서남아시아로 그리고 아프리카까지 약 30여 국을 원정하여 명나라의 국위를 선양하고 무역상의 실리를 획득했다.

정화의 함대는 '보물을 찾으러 떠나는 배'라는 의미에서 '보선寶船'으로 불렸다. 그의 선박 중 큰 것은 길이 150m, 폭이 60m가 넘었다. 1,000~1,500톤급으로 한 척에 1,000명 가까이 승선했던 것으로 전해진다. 한 번 출항할 때 보통 보선 60여 척에, 지원 선박 40척 등 100척가량이 동원되었고 승무원은 2만 7,000명 정도였다. 아메리카

스페인 그라나다의 이사벨 여왕과 콜럼버스의 동상

말레이시아 믈라카의 정화 동상

사진 1-7. 콜럼버스와 정화 동상

신대륙을 발견했다는 콜럼버스가 산타마리아호 150톤급 3척, 승무원 약 100명을 이끌었던 것과 비교하면 엄청난 규모라고 할 수 있다.

정화 선단은 어디까지 갔었을까? 중국병법서인 『무비지武備志』에 명나라의 수도 난징을 떠난 정화함대의 항해도가 실려 있다. 지도에 따르면 정화의 함대는 페르시아만의 호르무즈와 아프리카 동부의 모가디슈까지 갔던 것으로 추정된다. 이 대항해 기록은 제4차 원정과 제7차 원정 때 동행했던 마환의 『영애승람』을 비롯하여 여러 견문록으로 현재까지 남아 있다.

자바섬과 수마트라섬, 타이 등 정화 선단이 머물렀던 세계의 여러 주요 항구도시에서도 정화에 대한 평판이 높아 이곳에 삼보묘가 건립되어 그에 대한 제사가 치러지기도 한다. 또한 정화는 당초부터 믈라카 해협에 건국된 믈라카 왕국을 인도양 항해를 위한 근거지로 중시하여 믈라카 국왕을 우대했다. 그 때문에 믈라카 왕국은 정화 선단의 보호 아래 성장하여 중국함대의 항해가 단절된 뒤에도 동서교역의 중계항으로서

사진 1-8. 믈라카의 존커 스트리트 입구의 정화 선박 모형

번영을 누렸다.

현재 쿠알라룸푸르 남쪽에 위치한 믈라카의 중심지 존커 스트리트 입구에는 정화의 선박 모형이 랜드마크로 자리잡고 있어(사진 1-8) 지나가는 관광객들의 이목을 끌고 있다. 또한 정화문화관이 있어 정화의 먼바다 원정을 상세하게 전시해 놓고 있으니 이 도시에 가게 된다면 지나는 길에 한번쯤 들려 볼 것을 권하고 싶다.

콜럼버스의 신대륙 발견보다 70년이나 앞서 아프리카까지 항해한 정화의 원정은 콜럼버스의 항해와 비교했을 때 조선기술이나 선단부터 유럽을 능가한 규모였다. 그동안 중국 내 권력투쟁과 갈등 속에서 정화의 항해기록이 소실되고 역사 속에 묻혀 버렸으나, 중국은 개혁개방에 힘을 불어넣기 위해 뒤늦게 정화를 되살려 냈다.

중국인들은 콜럼버스나 마젤란 등이 식민지 개척을 통한 돈벌이에 혈안이 되었던 장사꾼에 지나지 않지만, 정화는 왕명을 받은 관리로 조공무역이라는 외교업무를 평화적으로 수행했다고 주장하고 있다.

지금까지 우리는 서양의 콜럼버스와 동양의 정화를 비교해 보았다. 독자들은 누가 더 훌륭한 탐험가라고 생각하는가? 역사에서는 가정법이 성립되지 않는다고 하지만, 만약 중국이 정화 선단과 같은 해외교류를 자원외교와 같은 경제적 교역으로 지속했더라면 서양 중심의 문명사가 바뀌었을지도 모를 일이다. 『총, 균, 쇠』의 저자 다이아몬드Diamond 교수가 지적한 것처럼 중국은 두고두고 이 일을 후회해야 할 것 같다. 최근 중국이 야심차게 추진하고 있는 이른바 '일대일로一帶一路'는 육상과 해상의 신新실크로드 경제권정책을 일컫는데, 이것이야말로 바로 과거 명나라시대에 못 이룬 정화 선단의 재추진이 아닐까?

19

세계인구 75억 명을 모두 집결시키려면 얼마나 넓은 공간이 필요할까?

"세계인구가 너무 많다고? 그건 천만의 말씀이다."
여기서는 이런 역설적인 이야기를 하려고 한다.

키워드: 세계인구, 밀접거리, 개체거리, 사회거리, 공중거리, 인류거주불능지역, 인류거주가능지역.

2017년 국제 연합 연례 보고서에 따르면 지구상에는 약 75억 명에 달하는 엄청난 인구가 살고 있다. 75억을 숫자로 표기하면 7,500,000,000이다. 이 숫자는 우리가 평소 접해 보지 못해 피부에 와닿지 않을 정도로 천문학적으로 크다. 그런 까닭에 우리는 막연히 여러 학자가 인류가 인구폭발에 의해 자멸할지 모른다는 경고를 무심코 수용하고 있다.

독자들은 만약 75억이란 세계인구를 같은 날, 같은 장소에 총집결시킨다면 얼마나 넓은 면적의 공간이 필요할지 상상할 수 있겠는가? 여러 사람이 모일 때는 흔히 30㎝ 간격의 밀접거리와 1m 간격의 개체거리를 비롯하여 1~2m 간격의 사회거리와 5~7m 간격의 공중거리의 네 종류 간격 중 일정 거리를 유지하는 것이 보통이다.

밀접거리는 부부나 부모 자식 간에, 개체거리는 연인이나 친구 간에 유지되는 거리이며, 사회거리는 조직원 간에, 공중거리는 타인 간에 유지되는 거리이다. 이들 중 1m 간격의 개체거리를 유지하여 좌우전후 1m 간격으로 75억 인구를 집결시킨다고 가정하면 어느 정도의 공간이 필요할까?

이 문제는 독자들의 상상력을 필요로 하지만, 너무 막연할 것 같아 구체적인 보기를 제시해 보고자 한다. ① 아시아 대륙, ② 호주 대륙, ③ 한반도, ④ 충청남도, ⑤ 모르겠음이다.

그래도 감이 잡히지 않는 독자들은 몇해 전 일어난 광화문 촛불집회를 머리에 떠올려 보길 바란다. 당시 광화문 일대에는 대략 50~60만 명에 달하는 군중이 간격 없이 빽빽이 운집했었다. 독자들은 그 장면을 떠올리면서 75억 명의 군중을 추론해 상상해 보기 바란다.

저자가 대학생들을 대상으로 강의 중에 이와 동일한 질문을 했을 때, 위에서 예시된 5개 답 가운데 ⑤번은 적었고 ①번과 ②번이 항상 가장 많았다. 독자들은 몇 번이라고 생각하는가? 정답은 여러분의 상상을 초월한 ④번이다. 충청남도가 정답이라니 독자들은 의외의 사실에 당황할 것이다. 그 이유를 설명하면 다음과 같다.

그림 1-78과 같이 25명의 사람들을 바둑판에 바둑알을 놓는 것처럼 좌우전후 1m 간격으로 집결시킨다고 가정하자. 그러면 이들이 차지하는 면적은 가로와 세로가 각각 5m이므로 5×5=25㎡란 계산이 나온다.

이처럼 세계 75억 인구를 좌우전후 1m 간격으로 정렬시키려면 75억㎡의 면적이 필요하다. 이를 ㎢로 환산하면 7,500㎢가 된다. 충청남도 면적이 약 8,200㎢이니 여기에 75억 명의 인구를 수용하고도 700㎢ 정도 남는다는 계산이 나온다. 그러니 그동안 독자들은 인구폭발로 인류가 자멸할 것이라는 경고가 과장된 것이었음에 허탈해졌을는지도 모르겠다.

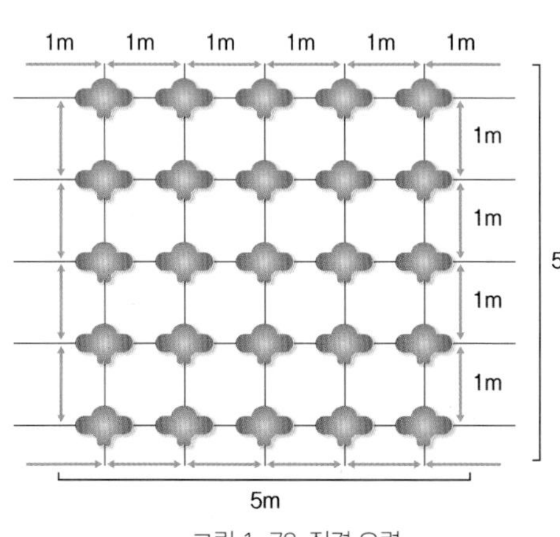

그림 1-78. 집결 요령

사실 단순히 세계인구가 너무 많아서 문제라기보다는 지구상에 바다·빙하·호소·늪·정글·사막 등과 같은 인류거주불능지역anőkumene이 87%를 차지하고 인류거주가능지역őkumene조차 특정한 지역에 편재되어 있어 문제다. 즉 세계인구의 절반이 지구면적의 1%에 불과한 도시지역에 집중적으로 분포하고 있는 것이 현실이다. 그러므로 인구가 골고루 분포한다면 인구증가를 두려워할 필요가 없을 것이다.

옥스퍼드대학의 인구학자 데이비드 콜먼David Coleman 명예교수는 2006년 인구포럼에서 저출산으로 인한 '인구소멸 국가 1호'가 대한민국이 될 것이라는 충격적인 발표를 했다. 실제로 출산율 하락을 이대로 방치한다면 2100년 한국의 인구는 지금의 절반도 안 되는 2,000만 명으로 줄어들고, 2300년이 되면 사실상 소멸난계에 들어가세 될 것이라는 무서운 경고다. 외세의 침략도 아니고 백두산 폭발과 같은 자연재앙도 아닌데 우리 스스로 자멸할 것이라니 도저히 믿고 싶지 않은 불편한 진실이다.

우리는 2300년이 되면 한민족이 멸족할 것이라는 경고 앞에 인구증가를 두려워하면 안 된다. 한국은 합계출산율이 세계 최하위인 0.97명으로 심각한 최악의 출산율을 기록하고도 이렇게 아무런 위기의식도, 대책도 없다. 이런 나라는 정말 흔치 않다. 우리의 위정자들은 무엇이 중요한 문제이고 국가적 과제인지 모르고 있는 것 같아 안타깝다.

20

인류의 야만적 행위 제노사이드에 대하여

키워드: 제노사이드, 집단학살, CPPCG, 국제형사재판소.

1. 제노사이드란?

제노사이드genocide는 그리스어로 종족·인종을 뜻하는 geno와 라틴어의 살인을 뜻하는 cide를 합친 단어로 집단학살이라는 의미이며, 고의적으로 혹은 제도적으로 민족, 종족, 인종, 종교 집단의 전체나 일부를 제거하는 것으로서 학살의 한 형태다.

가령 인종의 경우 오스트레일리아 백인에 의한 태즈메이니아인 학살, 국가의 경우 러시아인의 폴란드 장교 살해, 민족의 경우 르완다와 부룬디에서 발생한 후투족과 투치족 학살, 종교의 경우 레바논에서 지속되어 온 이슬람교도와 기독교도 간의 살육, 정치의 경우 캄보디아 혁명 세력의 동족 살해 등 여러 경우가 있다.

제노사이드의 본질은 집단학살인데, 정확한 정의를 둘러싸고 학자들 사이에 이견이 있으나, 법적인 집단학살의 정의는 1948년에 채택된 국제 연합 '집단살해죄의 방지와 처벌에 관한 협약CPPCG: Convention on the Prevention and Punishment of the Crime of Genocide'에 근거를 두고 있다. 이 협정 제2조를 보면 집단학살에 대한 정의에 대해 "민족, 종족, 인종, 종교 집단의 전체 혹은 일부를 파괴할 의도로 한 모든 행위를 일컫는다. 구체적으로 집단의 일원을 살해하거나 심각한 육체적·정신적 위해를 가하는 것, 고의적으로 육체적 파멸을 의도한 생활 조건을 강제하는 것, 집단 내 출생을 막는 것, 집단의 아동을 다른 집단으로 강제 이주하는 것"이라고 규정되어 있다.

CPPCG의 전문에는 역대 집단학살의 사례가 실려 있다. 그러나 국제 연합은 유대계 폴란드 변호사 라파엘 렘킨Raphael Lemkin이 이 용어를 만들고 뉘른베르크 재판에서 열린 홀로코스트 심판 이후에야 집단학살을 국제법에서 규정하는 CPPCG에 동의했다. CPPCG가 발효하여 처음으로 해당 조항을 시행하기까지는 40년의 세월이 길렸다. 지금까지 집단학살로 국제적으로 기소된 르완다 집단학살, 스레브레니차 집단학살을 임시국제재판소에서 맡은 바 있다. 2002년 국제형사재판소가 생겨 이 조약을 체결한 모든 국가에서 개인에게 권한을 행사할 수 있게 되었으나 아직 기소한 사례가 없다.

2002년 발효된 로마규정에 따르면, 국제형사재판소의 관할범죄는 집단학살죄, 인도에 반한 죄, 전쟁범죄, 침략범죄에 한정되며(제5조 1항), 개인을 처벌하며 국가 책임은 묻지 않는다(제25조). 국제형사재판소의 관할범죄에 대해서는 어떠한 시효도 적용되지 아니하며(제29조), 로마규정이 발효하기 전의 행위에 대해 이 규정에 따른 형사책임을 지지 않는다(제24조 1항).

2. 제노사이드의 역사

인류의 역사를 문명사로만 볼 수 없을 정도로 인간에 의해 저질러진 야만적 학살을 도처에서 찾아볼 수 있다. 여러 역사서는 물론 『구약성서』에서도 이스라엘인의 예리코인 집단학살에 대한 내용을 찾아볼 수 있다. 그림 1-79는 다이아몬드가 『제3의 침팬지』에서 밝힌, 1745~1770년에 알류샨열도에서 러시아인들이 자행한 일레우트족 학살부터 최근에 이르기까지 제노사이드 사례를 지도화한 것이다.

15세기에 이르러 유럽에서 아메리카와 오스트레일리아 대륙으로 건너간 백인들은 원주민인 인디언들을 무참히 살육한 것을 비롯하여 아프리카에서도 만행을 자행했

그림 1-79. 제노사이드의 시기별 발생지 분포

다. 학살 규모에만 초점을 두고 제노사이드를 논할 수는 없지만, 다이아몬드는 인류역사에서 10만 명 이상을 학살한 적이 8회, 100만 명 이상을 학살한 적이 8회 있었음을 지적했다. 1,000만 명 이상을 집단학살한 경우로는 1939년부터 1945년까지 나치에 의해 유럽에서 벌어진 학살과 1929년부터 1939년까지 러시아에서 스탈린에 의해 반체제인사들을 대상으로 자행된 학살이 있다.

제노사이드의 규모가 상대적으로 작을지라도 그것은 어디까지나 자의적인 문제에 불과하다. 영국에서 이주한 오스트레일리아인은 1800~1876년간 태즈메이니아인 약 5,000명을 모두 살해했으며, 아메리카 이주민은 1763년 북아메리카 동부에 마지막 남아 있는 서스퀴해나Susquehanna 종족을 멸족시켰다. 아메리카 원주민을 살해한 것은 시민과 미국 군대 양쪽이었고, 아프리카에서 아메리카로 이송되던 흑인들은 노예선 속에서 이동 중 사망했다. 1923년 관동 대지진이 발생했을 때 일본인이 저지른 조선인 학살도 마찬가지다.

특히 태즈메이니아의 제노사이드는 원주민과 영국인 이주자 간의 갈등에서 비롯된 레벤스라움lebensraum에 초점이 맞춰져 있었다. '레벤스라움'이란 1890년대부터 1940

년대까지 독일에 팽배했던 이주 정책의 개념으로, 나치가 대량학살을 정당화하려고 내걸었던 구호에서 연유한 용어인데, 이것은 인류역사에서 가장 보편적인 집단학살의 근거가 되었다. 두 민족 간의 갈등은 결국 복수가 복수를 낳아 원주민들이 멸족하고 말았다.

이와 같이 정부차원이든 민간차원이든 또는 규모가 크든 작든 모든 학살을 제노사이드로 포함시킬 수 있을까? 미국의 사회학자 호로비츠Horowitz는 제노사이드를 개인적 행위인 암살과 구별하여 국가기관의 힘으로 무고한 사람의 생명을 체계적으로 살상하는 것이라 정의했다. 소련이 저지른 6,600만 명에 달하는 정적政敵의 숙청처럼 정부기관이 저지르는 살해와 브라질 개발업자가 원주민 살인 청부업자를 고용하여 저지른 개인적 살해를 같은 맥락으로 볼 수 있음에도 불구하고 호로비츠의 정의에 따르면 후자는 제노사이드가 아닌 셈이다.

나치가 유대인과 집시를 살해한 것처럼 집단학살 중에는 도발적 행위 없이 자행되는 사례가 있다. 1945년 알제리에서 제2차 세계대전 종전을 축하하는 행사가 인종폭동으로 번져 알제리인이 프랑스인 103명을 살해하자 프랑스는 전투기와 순양함을 동원하여 마을을 폭격해 5만 명(알제리 측 발표)에 달하는 사망자를 냈다. 이 경우, 프랑스의 입장에서는 진압이었고, 알제리의 입장에서는 대학살이었다.

제노사이드는 군사적으로 강한 국가가 그보다 약한 나라를 점령하려 할 경우 발생하지만, 민족이나 종족 간에도 발생한다. 예를 들면, 1962~1963년과 1972~1973년 르완다와 부룬디에서 벌어진 후투족과 투치족 간의 살육, 제2차 세계대전을 전후하여 일어난 크로아티아인과 세르비아인 간의 살육, 1964년 잔지바르에서 발생한 흑인의 아랍인 살육 등이 있다. 근래에 발생한 최대 규모의 제노사이드는 1970년대 캄보디아 혁명 세력이 수백만 명에 달하는 그들의 동포에게 자행한 숙청이었다.

대량의 제노사이드는 종교에서도 역시 자유로울 수 없다. 1099년 제1차 십자군이 예루살렘을 함락시키며 유대인과 이슬람을 학살했고, 프랑스 가톨릭은 개신교도를 학살한 바 있다. 1915년 이슬람 국가인 오스만Osman 제국의 영토에 살던 기독교도였던

터키의 아르메니아인 학살

나치의 유대인 학살

관동 대지진의 조선인 학살

캄보디아의 킬링 필드

사진 1-9. 제노사이드의 사례

아르메니아의 남자들은 터키 군대로 끌려가 죽임을 당하고 부녀자들은 사막으로 추방되어 처참히 굶어 죽었다. 학살을 자행한 이들은 제노사이드를 합리화하는 데 크게 기여했다.

3. 인종차별문제로부터 자유롭지 못한 위인들

독자들이 평소 어느 위인을 존경하는지 모르겠지만, 우리가 존경하는 위인 가운데 인종차별 문제에서 자유롭지 못한 인물도 더러 있다. 고대 그리스의 아리스토텔레스는 제자였던 알렉산더에게 아시아인을 동물처럼 취급하라고 가르쳤고, 그리스 이오니아학파에 뿌리를 둔 스트라본, 히포크라테스를 비롯한 헤겔, 마르크스, 랑케, 헌팅턴,

셈플 등의 철학자들은 동양인을 비하했다. 그리고 중세의 선교사들은 "자연으로 돌아가라!"라고 외쳤던 루소의 옹호에도 불구하고 아메리카 인디언을 멸시했다.

프랑스의 사상가 몽테스키외Montesquieu는 그의 저서 『법의 정신』에서 종족들의 품성을 결정짓는 동인動因이 주로 지리적 요인에 있다고 보고 "인도인은 자연적으로 용기가 부족하고, 인도에서 태어난 유럽인 아이들조차도 자신들 풍토의 용기를 상실했다. 유럽인이 인디오들을 절멸시켰으므로 그 넓은 땅을 개척하기 위해서는 아프리카인을 노예 상태로 묶어 둘 수밖에 없다."라고 수상했다. 우리는 이 내목에서 세계주의자 몽테스키외가 결코 순수한 박애주의자가 아니라 인종적 편견을 가진 환경결정론자였음을 엿볼 수 있다.

미국 정치인 중에도 인디언들을 멸시하는 정책을 편 사람이 많았다. 조지 워싱턴을 비롯하여 토머스 제퍼슨, 시어도어 루스벨트 대통령뿐 아니라 벤저민 프랭클린, 존 마셜 대법관과 필립 셰리든 장군 등은 많은 예 중 하나일 뿐이다. 워싱턴은 미국의 당면 목표가 인디언 마을의 전면 파괴에 있다고 했으며, 프랭클린은 문명인을 위해 인디언을 근절해야 한다고 주장했고, 제퍼슨은 야만성을 버리지 못한 인디언의 운명이 우리의 손에 달려 있다고 역설했다. 루스벨트는 아메리카 대륙의 이주자들은 나름대로의 정당성을 가지고 있으므로 더러운 야만인을 위해 보호구역으로 남겨 둘 수 없다고 생각했다.

천재적 대법원장이며 미국 법조계의 상징적 인물인 마셜 대법관은 인디언과 같은 야만인에게는 법을 적용할 수 없으며 그들의 토지점유권을 소멸시킬 수 있는 독점권이 백인에게 있다고 생각했다. 그리고 미국 남북전쟁에서 남군의 리Lee 장군을 항복시켜 영웅으로 추앙받는 북군의 셰리든Sheridan 장군은 "내가 지금껏 보아 온 인디언 중 선량한 자라고는 죽은 인디언뿐이었다."라고 원주민들을 비하했다.

2017년 11월 24일 트뤼도Trudeau 캐나다 총리가 130여 년 전부터 정부 주도로 자행된 원주민 학생에 대한 차별과 학대, 문화 말살정책에 대해 눈물을 흘리며 공식 사과했다. 트뤼도 총리는 그때를 캐나다 역사에서 어둡고 수치스러운 시기라며 고개를 숙였다. 그는 "우리가 지금 미안하다 말하는 것은 충분하지 않다. 당신들에게 끼친 손해를 되돌리지 못할 것이다. 당신들이 잃어버린 언어와 전통을 다시 불러올 수도 없다. 가족과 공동체, 문화로부터 고립됐을 때 느낀 외로움을 거둘 순 없을 것이다."라며 사죄했다. 그러나 미국 대통령은 누구도 사죄한 적이 없다.

인종차별은 동양인이나 아메리카 인디언뿐 아니라 흑인의 경우도 심하다. 제3장의 아프리카 흑인에 관한 설명에서 다시 언급하겠지만, 흑인 차별은 미국뿐 아니라 지구 도처에 만연해 있다. 특히 아프리카에서 아메리카로 팔려 온 노예의 후손인 아프리카계 미국인의 경우가 그렇다. 흑인 지도자였던 마틴 루터 킹 목사는 "나에게는 꿈이 있습니다. 나의 네 자식들이 이 나라에 살면서 피부색으로 평가되지 않고 인격으로 평가받게 되는 날이 오는 꿈입니다."라고 부르짖었다.

인종차별은 스포츠 분야에서도 금지되어 있다. 국제올림픽위원회IOC 헌장에서는 "올림픽 정신에 있어서 인종차별은 있어서는 안 될 행위이며, 모든 국가의 선수들은 서로를 존중하고 이해하며 선의의 경쟁을 통해 나라와 민족 간의 우정을 다지도록 해야 한다."라고 규정하고 있으며, 국제 연합 헌장에도 "모든 세계의 인종은 누구나 평등하고 자유로운 권리를 가질 자격이 있다. 모든 세계의 인종은 특정 인종을 향해서 차별적인 행위를 삼가야 하며 서로 간의 이해를 통해서 화합해 나가야 한다."라는 조항이 있다.

우리는 인간이 환경의 지배를 받는다는 환경결정론을 경계해야 하지만 그렇다고 인간과 환경이 완전히 무관하지도 않다. 그러므로 인간은 환경의 '지배'가 아니라 '영향'을 받아 왔다고 표현해야 적절할 것이다.

환경 가운데 특히 자연환경은 인문환경에 지대한 영향을 미친다. 그래서 저널리스트 팀 마샬은 "역사는 지리의 포로"라고 주장한 것이다. 자연환경에서 지형과 기후적 요소가 가장 중요한데, 인류는 지금까지 주어진 지형과 기후에 적응하는 지혜를 터득해 왔다. 우리는 그것을 지형순화(地形順化) 혹은 기후순화(氣候順化)라 부른다. 그러나 이제는 인간과 자연 간의 관계가 상호작용하는 관계로 바뀌고 있다.

다이아몬드는 그의 저서 『총, 균, 쇠』에서 인류의 이동과정과 행동은 물론 환경변화에 관한 지식을 우리에게 제공해 준 바 있다. 그러나 인간과 자연환경 간의 인과관계를 복잡한 환경에 적용하여 도식화하려는 경향은 여전하다. 여기서는 별로 중요하지 않을 것 같은 환경현상들이 어떻게 인문환경에 영향을 미쳤는지 알 수 있는 계기를 제공해 줄 것이다.

제2장

환경적 차원: 다양한 자연환경의 이해

21 풍수적으로 독일·프랑스와 영남·호남을 비교할 수 있을까?

22 하천은 문명발달의 필수 조건인가?

23 최초로 술을 만든 나라는 어디일까?

24 앙코르와트가 덥고 습한 기후에서도 살아남은 까닭은?

25 아프리카 사파리 여행은 언제 가는 것이 좋을까?

26 힌두교에서는 왜 수소가 아니라 암소를 숭배할까?

27 북회귀선과 남회귀선에 유난히 사막이 많은 이유는?

28 스페인 사람은 감정적이고 독일 사람은 이성적인가?

29 왜 문명은 동서 방향으로 확산되었나?

30 하루키와 비틀즈가 노래한 노르웨이 숲으로 가자!

31 뭉크의 '절규'에 나타난 불안과 우울의 원천은?

32 툰드라지역에서도 지구온난화가 재앙인 이유는?

33 히말라야의 구르카족이 세계적 용병인 까닭은?

34 쿠르드족에게 바빌론의 공중정원이 갖는 의미는?

21

풍수적으로 독일·프랑스와 영남·호남을 비교할 수 있을까?

키워드: 독일, 프랑스, 영남, 호남, 토리, 프랙털 이론.

1. 독일과 프랑스의 비교

독일과 프랑스는 국경을 접하고 있는 인접국가이지만 민족성에서 커다란 차이를 보인다. 프랑스의 역사학자이자 정치가인 기조Guizot는 그의 유명한 〈프랑스 문명사〉 강의에서 유럽 문명사의 중심은 영국이 아니라 프랑스에 있다고 주장하는 가운데, 독일은 개인의 발전이 앞서 있으나 사회발전이 뒤떨어져 있는 데 비해 프랑스는 사회와 개인의 발전이 동시에 이루어졌기 때문에 프랑스를 유럽 문명사의 중심에 놓아야 한다고 말했다.

프랑스의 지리학자 비달 드 라 블라슈Vidal de la Blache는 프랑스와 동일한 면적을 가진 어느 나라도 프랑스만큼 커다란 지역차를 보이는 나라는 없을 것이라고 주장했다. 프랑스는 이베리아반도처럼 다양한 땅의 조화로 성립된 국가다. 프랑스 작가이자 비평가인 폴 발레리 역시 "프랑스는 서로 보완하는 지역적 다양성이 교묘하게 밸런스를 맞추는 국가이다."라고 지적한 바 있다.

그런 이유로 프랑스의 역사가들은 기본적으로 지역구조를 중요한 문제로 생각해 루아르강을 경계로 북부와 남부로 구분하여 설명하는 경향이 있다. 프랑스 왕권이 국토를 통일하여 지배하고자 했을 때, 관습법(게르만 법)의 북부와 성문법(로마 법)의 남부 사이의 통합이 커다란 과제였을 정도다.

흔히 프랑스는 풍토와 문화 측면에서 독일과 대비되어 설명된다. 일반적으로 문화권은 하천유역권과 일치하는 경우가 대부분인데, 프랑스는 그림 2-1에서 보는 것처럼 센강·루아르강·가론강·론강·뫼즈강 등의 여러 하천이 다양한 문화권을 형성하고 있다. 프랑스 최대도시이며 수도인 파리는 영국해협으로 흘러드는 센강에 입지해 있고, 제2의 도시 마르세유는 지중해로 유입되는 론강에 위치해 있다.

이에 비해 독일은 그림 2-2에서 보는 것처럼 국토의 대부분이 라인강 유역권에 걸쳐 있다. 라인강이란 이름은 '흐른다'란 뜻의 켈트어의 레노스Renos에서 유래했다. 라인강 유역에는 프랑크푸르트를 위시하여 도르트문트, 쾰른, 슈투트가르트 등의 대도시가 입지해 있는 데 비해, 엘베강 유역에는 함부르크가 입지해 있을 뿐이다. 라인강 유역에 비해 엘베강 유역은 루르 공업지대로부터 벗어나 있는 까닭에 인구가 상대적으로 적은 편이다.

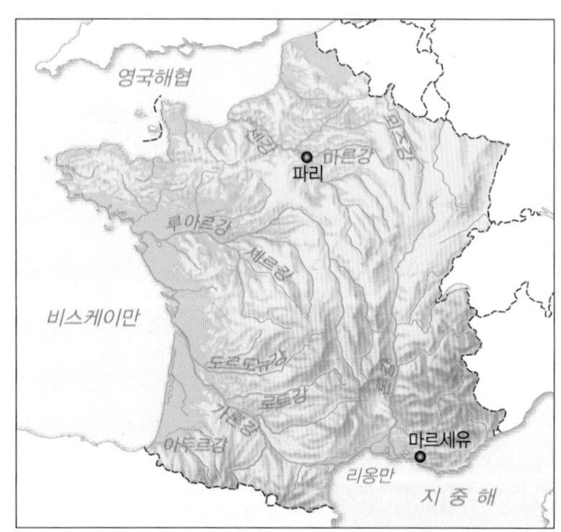

그림 2-1. 프랑스의 하천망

그림 2-2. 독일의 하천망

프랑스의 문화적 성격은 화려하고 사치스러우며 조용하고 섬세하지만, 독일 문화의 기질은 담백하고 검소하며 다이내믹하고 철저하지 않은가? 이러한 독일인의 성격은 '정돈'과 '조직'으로 구현되어 독일이 근대과학을 발전시킨 원동력이 되었다.

독일인에 비해 프랑스인은 섬세한 감정을 가진 편이다. 이러한 프랑스인의 성향으로 프랑스 요리는 여러 맛을 내는 풍미를 지니게 되었고, 이것이 세계인이 프랑스 요리를 선호하는 이유다. 이러한 음식문화 역시 환경의 산물이라고 볼 수 있다. 프랑스의 온유한 사계절의 변화에 따라 형성된 계절적 감정도 매우 섬세하여 프랑스혁명 이후 1월부터 12월까지 각각 별개의 월 명칭이 생겨난 것은 우연이 아닐 것이다.

오늘날에도 남북으로 흐르는 엘베강을 경계로 어느 정도 북독일 평원을 동부와 서부로 구분할 수 있다. 사실 '엘베Elbe'란 단어 자체가 게르만의 고어古語로 '강'이란 뜻이다. 서부지역에는 개방된 사회 형태를 향해 서서히 발전을 거둔 나라가 있었지만, 동부지역에는 농노제에 기초한 권위주의적 사회가 존재했다.

독일인의 얼굴 표정은 서유럽인이나 남유럽인에 비해 무표정한 편인데, 특히 엘베강 동쪽의 사람들 표정은 더 어둡고 우울해 보인다. 이는 혹독한 자연조건을 극복하기 위해 생겨난 강한 인내심과 용맹성은 물론 불굴의 의지에서 비롯된 것이리라. 고대 로마의 역사가인 타키투스Tacitus는 『게르마니아』에서 게르만 민족은 발트해 남쪽 연안 지역의 악천후 땅에서 형성된 것이 틀림없다고 설명했다. 그 땅은 여름에는 강우전선 때문에 비가 계속 내리고 겨울은 안개가 많이 껴서 게르만 민족의 얼굴에 밝은 표정이 생길 수 없었을 것이다.

2. 영남과 호남의 비교

위에서 설명한 것처럼 풍수지리적으로 프랑스와 독일은 한국의 호남지방과 영남지방에 비견될 수 있다. 호남은 금강·만경강·영산강·보성강·섬진강 등의 여러 하천유역의 다양한 문화가 교류하여 분열되고 다극화된 데 비해, 영남은 대부분 낙동강을 중심으로 통합과 일원화의 단일문화권을 형성했다.

일반적으로 하천 유역권에 따라 동일한 문화권이 형성되지만, 자세히 살펴보면 하천의 상류와 하류의 문화권에는 차이가 발생할 수 있다. 그림 2-3에서 보는 것과 같이 호남지방은 유역권이 다양한 데 비해 영남지방은 낙동강 유역권이 전역을 압도한다. 알기 쉽게 표현하자면, 경상도 사람들은 대부분 낙동강 물을 마시고 살지만, 전라도 사람들은 다양한 강물을 마시고 살아왔다는 것이다.

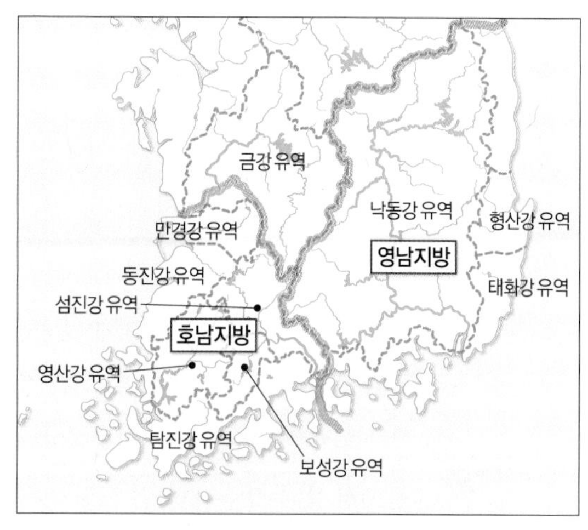

그림 2-3. 영호남 지방의 하천 유역권 비교

하천 유역의 영향으로 독일 국민은 결속력이 강하지만, 프랑스 국민은 타인과의 차이를 용인하여 다양한 민족을 하나로 묶는 이른바 톨레랑스tolerance를 자랑한다. 이는 관용의 미덕을 뜻한다. 이와 마찬가지로 우리나라 영남지방의 주민들은 전통적으로 결속력이 강한 데 비해 호남지방은 친해질 때까지 상대방에 대한 경계심을 늦추지 않는 편이다. 언어의 경우 호남방언은 사교적인 데 비해 영남방언은 무뚝뚝하다. 이 역시 프랑스어와 독일어의 차이와 매우 유사하다.

다극화된 문화일수록 섬세하고 화려하며 통합된 문화일수록 굵직하고 담백한 측면이 있다. 음식문화를 보더라도 호남지방의 음식은 미각이 섬세하여 한상차림이 20찬을 넘는 경우가 많은 데 비해, 영남지방의 음식은 멋을 내거나 사치하지 않으며 간은 몹시 맵고 센 편이지만 종류는 결코 적지 않다.

음악문화의 경우, 전라도 민요는 육자배기토리권에 속한다. '토리'는 한 지역의 민요가 다른 지역과 구별되는 음악적 특징을 가리켜 부르는 순수한 우리말이다. 우리나라에서는 이 토리라는 순수 한국어로 민요권을 구분해 왔다. 육자배기토리권은 전라도 이외에도 인접한 충청도 서부와 경기도 남부, 경상도 남서부 지역까지 영향을 미쳤다.

이에 비해 경상도 민요는 전라도와 달리 메나리토리권에 속한다. 메나리토리권은 경상도 이외에 강원도 남부 지역에 영향을 미쳤다. '메나리'라는 말은 강원도와 경상도에서 김매기할 때 부르는 노래 이름인데, 메나리조라는 명칭은 바로 이 노래의 이름에서 따온 말이다. 즉 메나리 노래 같은 음악어법으로 된 민요를 메나리조 민요라고 부른다.

전라도 민요의 경우, 같은 남도 민요라 할지라도 농부가·육자배기·진도아리랑·새타령 등에서 볼 수 있는 것처럼 느린 가락은 슬픈 느낌을 주고, 빠른 가락은 구성지고 멋스런 느낌을 준다. 이에 비해 경상도 민요는 성주풀이·밀양아리랑·쾌지나칭칭나네 등에서 볼 수 있는 것처럼 느린 가락으로 부르면 매우 슬프게 들리지만, 빠른 가락으로 된 것은 꿋꿋하고 씩씩한 느낌을 준다. 경상도 민요 특유의 쿡쿡 찌르는 듯한 강한 억양을 보인다.

여기서는 유럽의 프랑스와 독일을 한국의 영호남 지방과 비교하여 설명했는데, 이처럼 개념은 동일하지만 공간적 스케일이나 위치가 다를 경우 적용되는 것이 프랙털 이론fractal theory이다. '프랙털'은 일부 작은 조각이 전체와 비슷한 기하학적 형태를 취하는 것을 가리킨다. 이런 특징을 자기유사성이라고 하는데, 이 특징을 갖는 기하학적 구조를 프랙털 구조라 하며, 동일한 구조는 동일한 기능을 갖게 된다. 그러므로 우리가 흔히 이탈리아와 한반도의 반도적 성격과 영국과 일본의 섬나라 성격을 대비시켜 설명하듯이 프랑스와 독일을 영호남과 대비시켜 설명하는 것은 프랙털 이론에 근거한 것이다. 풍수지리학에서는 이런 이론을 적용하여 땅을 해석한다.

22
하천은 문명발달의 필수 조건인가?

키워드: 문명, 고대도시, 문명발생의 메커니즘, 메소포타미아, 하천.

1. 하천으로 몰려든 고대인류

우리는 세계 4대 문명의 발상지를 놓고 문명발생의 메커니즘을 '하천→취락→문명'이란 패러다임으로 설명한다. 그러나 우리가 지도를 보면 인류문명이 처음 발생한 메소포타미아의 수메르 고대도시의 위치가 하천변에 입지하지 않은 경우를 종종 볼 수 있다. 그렇다면 위에서 말한 패러다임이 틀린 것일까?

지금으로부터 약 1만 년 전 마지막 빙하기가 끝나기 전에 4차례에 걸친 빙하기와 간빙기가 반복되어 일어났다. 그 후, 약 5,000년 전에는 적도편서풍이 북상해 기후최적기가 도래함에 따라 사하라사막은 습윤한 땅이 되어 '녹색사하라'라 불리기도 했다. 시리아사막도 마찬가지였다. 그 당시만 하더라도 사하라사막에는 오늘날과 달리 초원 위에 동물들이 서식하여 수렵생활을 영위하는 사람들이 살고 있었다. 그러나 기후최적기가 끝나면서 건조화와 함께 평원에 거주하던 사람들이 물을 찾아 하천변으로 몰려들었다.

인구압을 흡수하기 위해 강물을 이용한 관개시설이 필요하게 되었다. 인구압이란 식량에 비해 인구가 많아지면 생기는 현상을 뜻한다. 하천변의 인구밀도가 증가하면서 메소포타미아 문명과 나일 문명이 탄생한 것이다. 그러므로 당시의 문명은 처음부터 각각 독립적으로 발생한 것이 아니라 환경의 변화가 발생한 지역 간에 관개시설을 중심으로 한 기술들이 교류되면서 문명이라는 시스템으로 결합되어 전파된 것으로 이해해야 한다.

2. 취락의 출발은 대하천이 아니라 소하천이었다

본래 모든 도시는 자연하천이나 인공수로에 면하여 입지했으며, 상인들의 교역로 역시 수로를 따라 열려 있었다. 수로는 주민들에게 농업용수와 생활용수만 제공한 것이 아니라 교류의 채널이 되었다. 처음부터 유프라테스강이나 티그리스강과 같은 대하천에 마을이 생긴 것이 아니라 그 하천의 지류인 소하천에서부터 마을이 발생하기 시작했다. 이리하여 이 지역에서는 '소하천 주변의 마을→인구증가→식량 증산의 필요성→농경지 확대의 필요성→대하천으로 이동→관개시설→노동력의 필요성→도시형성'이란 알고리즘이 생겨나게 되었다. 각 도시와 마을은 수로로 연결되어 있었고, 사막과 늪지대가 도시와 마을을 분할하는 장애물이었다.

하천은 생활용수로 필요할 뿐만 아니라 농업용수로도 반드시 필요했다. 그리고 타 지역과 교류하기 위해서도 필요했다. 바퀴 달린 마차가 발명되어도 육상교통은 수상교통만큼 편리하지 않았다. 우리는 수상교통이 육상교통에 비해 75배 정도 편리하다는 사실을 염두에 둘 필요가 있다.

3. 메소포타미아 남부 수메르의 고대도시 입지

먼저 그림 2-4에 주목해 보자. 그림 2-4는 메소포타미아 남부의 수메르를 흐르고 있는 현재 하천 유로와 기원전 3000년경의 고대도시 분포를 대비시킨 지도이다. 현재

유로를 보면 우르·우르크·니푸르 등의 고대 도시가 하천과 아무런 관련 없이 입지한 것으로 보인다. 그러나 편평한 평지를 흐르는 하천은 수시로 유로를 변경하기 마련이다. 그림 2-4의 (b)에서 보는 것처럼 기원전 3000년 전의 유로는 오늘날과 많이 달랐다.

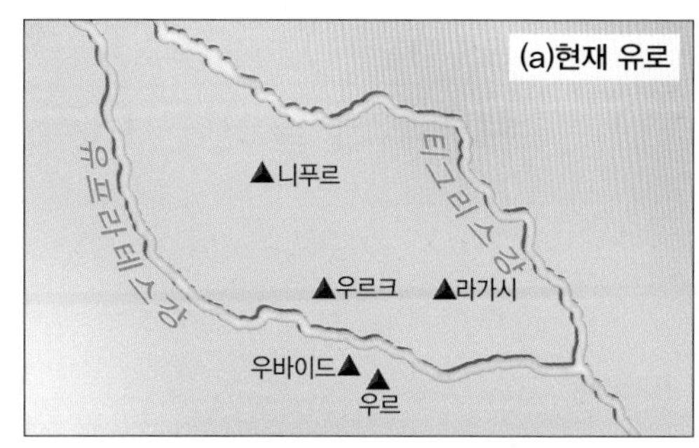

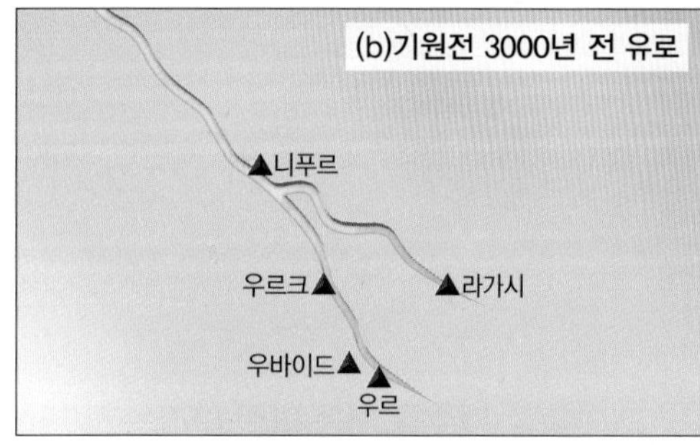

그림 2-4. 수메르지방의 하천과 고대도시의 입지

우르와 우르크는 에리두와 더불어 인류문명이 최초로 창출된 고대도시들이다. 그럼에도 불구하고 이들 유적지는 오늘날 하천과 멀리 떨어져 위치해 있다. 하천은 지형적 여건과 유량, 유속에 따라 평형작용을 하면서 유로를 바꾸게 된다. 하천의 유로 변경은 유프라테스강과 티그리스강뿐만 아니라 나일강을 비롯하여 인더스강, 황허강 등의 모든 하천에서 볼 수 있는 현상이다. 그러므로 오늘날의 고대도시 유적지 위치를 보고 도시입지가 하천과 무관하다고 판단하면 큰 오류를 범하기 쉽다.

물론 문명의 중심이 에게해 연안으로 옮겨 가면서 하천의 중요성은 상대적으로 미약해졌다. 크레타 문명과 미케네 문명이 그러했고 로마 문명 역시 마찬가지였다. 그렇다고 하여 하천의 중요성이 없어진 것은 물론 아니었다. 하천이나 호수를 끼지 않는 도시입지는 상상하기 힘들다.

23
최초로 술을 만든 나라는 어디일까?

독자들은 맥주와 와인 중 어느 술을 좋아하는가? 한국인이라면 소주와 막걸리를 마시는 애주가가 많을지 모르겠지만, 여기서는 세계인이 즐기는 술인 맥주와 와인에 관한 이야기를 하려고 한다. 아랍에서 최초로 알코올 증류를 발견했으며, 중국 원나라 때 소주 양조법이 창안된 것으로 알려져 있다. 이후 중국인이 아랍인으로부터 알코올 증류방법을 배워서 원나라 때 소주의 제조법이 창안되어 한반도에 전해졌다. 그러나 인류 최초의 술은 와인이다.

키워드: 맥주, 수메르 왕국, 레반트, 퍼타일 크레슨트 문명, 와인, 캅카스.

1. 맥주를 처음 마신 나라는?

먼저 맥주에 관한 이야기다. 인류역사상 맥주를 처음 마신 나라는 메소포타미아의 수메르 왕국이었다. 맥주는 인류가 유목생활에서 정착생활로 전환해 농경생활을 하면서부터 만들어진 음료다. 수메르인은 당시의 어두운 사회적 분위기 탓에 비관적 운명론이 팽배해진 것을 반영하듯 또는 인간의 운명에 저항이라도 하듯 길가메시의 서사시에 "인생의 기쁨, 그 이름은 맥주"라는 속담을 남겨 놓았다. 이것이 인류역사에서 최초로 등장하는 맥주에 관한 기록이다.

수메르 왕국의 수도였던 우르의 주민들은 술통에 빨대를 꽂아 맥주를 마시는 여유로운 생활을 영위하며 만족스러운 일상을 보낸 것으로 추정된다. 빨대로 술을 마시면 더 취할 텐데도 말이다. 물론 그들에게도 토기의 술잔이 있었다. 그들은 양털 옷을 입고 집 안이나 옥상에서 맥주를 마셨다. 주민들이 입었던 양털 옷은 당시로서는 최첨단 패션이었다. 이러한 풍요로운 생활은 잉여식량에 기초한 빼어난 문명 덕분이었다. 우리는 이것을 수메르 문명이라 부르고, 더 크게는 메소포타미아 문명, 나아가 퍼타일 크레슨트 문명이라 부른다.

수메르에서 발명된 맥주는 기원전 3000년경 레반트를 거쳐 나일강 유역으로 전파되었고, 크레타섬을 경유해 그리스로도 확산되어 플라톤 역시 맥주 맛을 볼 수 있게 되었다. 이후 맥주는 그리스인과 로마인에 의해 유럽으로 건너가 중세시대에는 수도

그림 2-5. 빨대로 맥주를 마시는 우르 사람

원에서 맥주의 양조를 담당했다. 수도사들이 금식기간에 기분 좋은 맛을 내는 음료를 마시기 원했기 때문이었다. 기원전 3세기 아테네의 플라톤은 "맥주를 발명한 사람은 현자賢者다."라고 칭송한 바 있다.

오늘날 수메르인의 후손이라 할 수 있는 이라크 국민들은 이슬람이 되어 술을 마시지 않지만, 맥주를 처음 만든 이들이 그들의 조상이었다니 아이러니한 이야기가 아닐 수 없다.

맥주를 만들려면 밀 또는 보리가 있어야 하는데, 메소포타미아 지방에는 그림 2-6

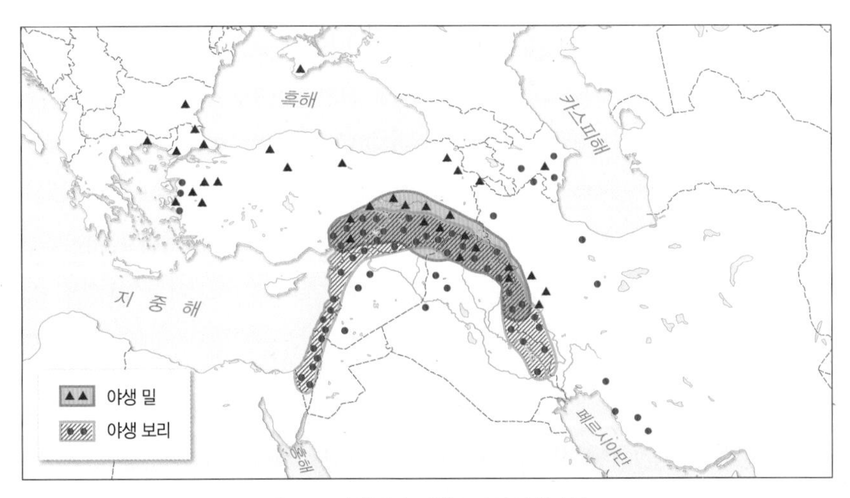

그림 2-6. 야생 밀과 야생 보리의 서식지 분포

에서 보는 바와 같이 도처에 야생 밀과 야생 보리가 서식하고 있었다. 수메르인은 이들 야생 식물을 작물화하여 잉여식량을 산출할 수 있었다. 야생 밀과 야생 보리는 서식지가 대체로 일치했다. 수메르인은 이미 기원전 4000년에 유기화합물인 알코올 성분이 들어간 술을 만들 수 있는 지혜를 터득한 것이다. 수메르인은 곡물로 만든 빵을 분쇄한 다음 맥아를 넣고 물을 부은 뒤 발효시키는 방법으로 맥주를 제조한 것으로 추정된다.

참고로 우리나라에 처음 맥주가 들어온 것은 1883년이며 맥수를 '우아友兒'로 표기하였는데, 이는 비어beer의 영어발음을 한자로 표기한 것으로 추측된다.

2. 와인을 처음 마신 나라는?

맥주 다음으로 와인에 관한 이야기를 해 보자. 와인의 원료가 포도라는 사실은 모두 알고 있을 것이다. 그래서 동양에서는 와인을 포도주라 부른다. 최근 와인 바에서 우아하게 와인 잔을 기울이며 여유롭게 즐거운 대화를 나누는 모습을 흔히 볼 수 있게 되었다.

와인을 처음 만든 나라는 분명 포도가 생산되는 지역일 것이다. 포도를 위시하여 올리브·오렌지·레몬 등과 같은 수목작물은 주로 쾨펜 기후구분의 지중해성기후에서 다량 생산된다. 지중해성기후란 여름철은 고온건조하며 겨울철은 온난다습한 기후를 가리킨다.

세계에서 지중해성기후에 속하는 지역은 그림 2-7에서 보는 것처럼 스페인·프랑스·이탈리아·그리스 등의 지중해 연안을 비롯하여 남아프리카공화국, 미국과 칠레, 오스트레일리아 등이다. 위도 30°~45°에 위치한 이 국가들은 모두 와인 생산으로 유명하다. 미국의 경우 지중해성기후지역은 캘리포니아주 주변지역뿐이다.

인류문명의 하나인 맥주가 메소포타미아에서 만들어졌지만, 와인은 그보다 약 2,000년이나 빠른 기원전 6000년에 흑해와 카스피해 사이에 위치한 캅카스지방에서

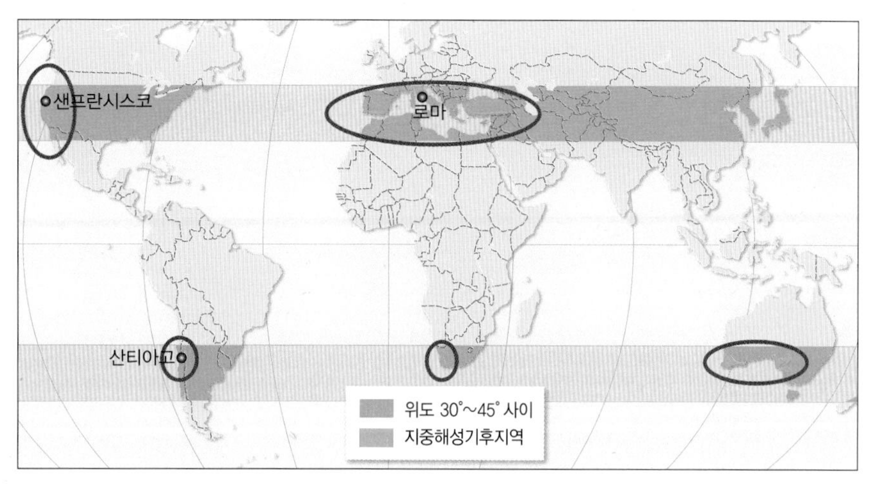

그림 2-7. 지중해성기후지역의 분포

최초로 만들어졌다. 이 사실은 2017년 미국과 조지아 등의 여러 학자들의 공동발굴에 의해 밝혀졌다. 이곳에서 처음 만들어졌다는 사실은 조지아 수도 트빌리시 남쪽의 유적지를 가 보면 알 수 있다.

우리나라의 와인 수입국을 보면 2010년 부동의 1위였던 프랑스를 밀어내고 칠레가 1위로 도약했고, 프랑스, 이탈리아, 미국, 스페인의 순이다. 이는 한국과 칠레가 FTA 협정을 맺으면서 와인 가격이 싸졌기 때문일 것이다.

24

앙코르와트가 덥고 습한 기후에서도 살아남은 까닭은?

키워드: 앙코르와트, 열대우림지역, 라테라이트토.

위도 0°인 적도를 뜻하는 Equator는 스페인어로 '남북을 같게equ=same 하는ate=do 것or=thing'이라는 뜻이다. 즉 북극점과 남극점에서 같은 거리에 있는 곳이라는 용어다. 한자어 赤道는 고대 중국의 천문학에서 태양이 바로 위를 통과하는 지점을 천구 그림으로 표현할 때 빨간 선을 이용한 것에서 유래한다. 적도의 전체 원둘레는 약 4만㎞에 달한다. 적도는 세계 유일의 태양이 천정에서 천저까지 똑바로 지는 장소다. 그리고 그런 장소는 이론적으로 낮의 길이와 밤의 길이가 연중 12시간씩으로 같다. 그러나 실제로 대기권이 태양광을 굴절시키기 때문에, 2~3분 정도 차이는 난다.

적도는 북동무역풍대와 남동무역풍대 사이에 끼어 있어 이곳에는 바람이 없거나 매우 약한 무풍대가 형성된다. 옛날에 항해하는 배의 선원들은 바람이 없어 배가 멈춰서는 적도무풍대를 두려워했다. 적도무풍대에서 북동무역풍과 남동무역풍이 충돌하여 형성된 상승기류는 격렬한 소용돌이 기류를 동반한 열대성 저기압이 되어 열대 폭풍을 발생시키기도 한다.

적도가 지나는 나라는 가봉, 콩고, 콩고민주공화국, 우간다, 케냐, 소말리아, 몰디브, 인도네시아, 에콰도르, 콜롬비아, 브라질 등이다. 적도가 통과하는 국가 중 많은 나라가 아프리카 대륙에 위치한다. 적도기니는 이름에 적도가 들어 있지만, 영토나 영해로 적도가 지나가지 않는다.

적도 자체를 국가 이름으로 사용하는 나라는 남아메리카 서북부에 위치한 에콰도르이다. 에콰도르의 수도인 키토 시내에서 2시간쯤 버스를 타고 가면 국가 상징인 '적도 기념비La Mitad del Mundo'를 볼 수 있다. 그러나 이곳은 1700년에 잘못된 측정기록에 따라 세운 것으로 정확하게 위도 0°선은 아니다. 독일의 세계적인 탐험가이자 지질학자인 알렉산더 폰 훔볼트는 "에콰도르 여행은 마치 적도에서 남극까지 여행하는 것 같다."라고 표현했다. 에콰도르는 적도에 걸쳐 있기 때문에 수도인 키토 날씨가 매우 덥고 습할 것으로 생각하기 쉽지만 해발 3,000m의 안데스 고산지역에 위치해 있어 1년 내내 봄 날씨로 사람이 살기 좋은 곳이다.

적도는 지구에서 일사량이 가장 많기 때문에 연중 덥다. 태양열도 많이 받아 대량의 수증기가 형성되어 상승기류가 생긴다. 그래서 저기압대가 발달하여 비가 많이 내려 연평균 강수량이 2,000㎜가 넘는다(우리나라는 1,200㎜). 이러한 기후를 가리켜 열대우림기후라고 한다. 열대우림기후는 적도를 중심으로 남북위 5~10° 사이에 전형적으로 분포한다. 열대우림기후의 특징은 높은 기온보다는 단조로운 날씨가 계속된다는 데 있다. 연중 기온이 높고 비가 많이 내려서 겨울도 없고 건조한 날씨도 없다. 기온의 일교차는 8~10℃로 연교차보다 훨씬 크다.

열대우림지역은 연중 기온이 높고 강수량이 풍부하여 식물의 성장이 지구상에서 가장 활발하다. 아마존강 유역의 우림지역이 전형적이다. 포르투갈어로 숲이란 뜻의 셀바selva라 불리는데, 이곳은 광활하고 무성한 숲으로 유명하다. SBS의 〈정글의 법칙〉을 보면 열대우림기후지역에는 식생이 풍부하여 먹을 것이 많을 것이라는 생각이 잘못되었다는 것을 알 수 있다. 일반적으로 열대우림에서 나무들은 햇빛을 받기 위하여 경쟁적으로 30~45m 정도로 크게 자란다. 거대한 나무에 각종 덩굴 식물들이 나무를 타고 자라는 것도 쉽게 볼 수 있다. 그런데 나무가 높게 자라다 보니 산림 밑은 햇빛이 들지 않아 사람 손이 닿을 만한 키 작은 식생은 자라기 어렵다.

또한 토양도 비옥하지 못하다. 강수량이 많다 보니 식물의 영양분인 칼슘, 마그네슘, 나트륨, 칼륨 등 토양 성분이 빗물에 씻겨 내려가고, 잘 씻겨 내려가지 않은 철·알루미늄·망간 등의 산화물만 토양 표면에 남는다. 그래서 열대우림지역의 토양은 대체로 딱딱하고 산성이 강한 붉은색의 라테라이트laterite토라고 불린다. 열대우림지역의 토양은 이처럼 영양분이 씻겨 내려갈 뿐만 아니라 박테리아의 활동도 워낙 왕성하여 부식물이 지표면에 집적되지 않기 때문에 매우 척박하다. 그래서 그 지역 사람들은 이동식 농업을 하며 살아간다. 쉽게 농사지을 땅을 만들 수 있는 이유는 키 큰 나무 아래 작은 식생들이 자라지 않아 큰 나무만 대충 제거하면 농경지를 마련할 수 있기 때문이다.

라테라이트토가 붉은색을 띠는 이유는 지표면에 남은 철분이 산화되어 산화제2철 Fe_2O_3이 많기 때문이다. '라테라이트'라는 용어는 영국의 지질학자 뷰캐넌Buchanan이 라틴어의 벽돌later이라는 단어를 사용하여 열대우림의 적색토에 붙인 이름이다. 라테라이트 토양은 열대우림기후뿐만 아니라 덥고 습한 지역에서도 발달한다. 그래서 열대사바나기후지역이나 열대몬순기후지역에서도 쉽게 볼 수 있다.

라테라이트 토양은 농사에는 적합하지 않지만 풍부한 건축 자재로 사용된다. 캄보디아 시엠레아프의 앙코르와트를 비롯한 많은 신전과 사원은 라테라이트를 이용해 건설되었다. 딱딱한 라테라이트를 이용하여 사원을 지었기 때문에 썩고 부서지기 쉬운 덥고 습한 기후환경에서도 여전히 남아 있을 수 있었던 것이다.

영화배우 안젤리나 졸리가 출연한 영화 〈툼레이더〉에 나오는 시엠레아프의 타프롬 Ta Prohm 사원은 너무나 빠르게 자라는 스퐁spong에 의해 무자비하게 파괴되고 있는 모습으로 유명하다. 스퐁이란 사진 2-1에서 보는 것과 같은 벵골보리수 나무뿌리를 가리킨다. 그러나 라테라이트로 건축되었기 때문에 그나마 유지되고 있다. 건조기후지역은 건축물을 유지하기 쉬운 반면 습윤한 지역에서는 부식되거나 훼손되기 쉽다.

건조한 이집트에 있던 오벨리스크obelisk를 프랑스 콩코르드 광장으로 가져가자 부식되 버린 것도 이러한 관계를 잘 보여 주는 사례다. 오벨리스크는 하나의 거대한 석

사진 2-1. 캄보디아의 타프롬 사원

재로 만들어진 길이 18~30m에 달하는 사각뿔 탑이다. 고대 이집트인들이 그들이 숭배한 태양신 라Ra에게 바쳤던 기념비다.

이것은 본래 이집트의 신전 앞에 쌍으로 세워졌는데, 고대 이집트 오벨리스크의 대부분이 열강 제국에게 약탈당했다. 프랑스 파리 콩코르드 광장에 1개, 영국 런던에 1개, 미국 워싱턴에 1개, 터키 이스탄불에도 1개가 있으며 이탈리아 로마에는 무려 13개가 있다.

25

아프리카 사파리 여행은 언제 가는 것이 좋을까?

키워드: 아프리카, 열대우림기후, 사바나기후, 마사이 마라, 세렝게티.

열대우림기후는 대체로 열대사바나기후로 둘러싸여 있는데, 열대우림과 열대사바나는 가장 건조한 달의 강수량을 기준으로 구분한다. 가장 건조한 달에도 강수량이 60㎜ 이상이면 열대우림기후, 60㎜ 이하이면 열대사바나기후가 된다.

사바나기후는 열대우림기후처럼 연중 기온이 높지만, 일 년 내내 비가 많이 내리지 않고 건기와 우기가 뚜렷하다. 건기와 우기가 반복되기 때문에 열대사바나기후지역에서는 '사바나savanna'라고 불리는 독특한 식물경관이 발달한다. 전형적인 사바나는 초본식물이 우세하게 펼쳐지는 한편 가뭄에 잘 견디는 관목 등이 드문드문 자라 사방이 확 트인 것이 특징이다. 그래서 누wildebeest·가젤·물소·코뿔소·얼룩말·기린·코끼리 등과 같은 많은 종류의 초식동물과 사자·치타·자칼·하이에나와 같은 육식동물의 낙원이다. 그야말로 동물의 왕국을 이룬다.

사바나기후를 가장 잘 볼 수 있는 여행지는 사파리 여행으로 유명한 아프리카의 케냐와 탄자니아일 것이다. 케냐는 사파리와 동의어로 인식될 정도로 사파리의 천국이다. 우리가 즐겨 보던 〈동물의 왕국〉은 케냐 마사이 마라Masai Mara의 사바나에서 살아가는 야생동물들의 생태와 장엄한 모습들을 담은 다큐멘터리이다. 마사이 마라라는

사진 2-2. 케냐의 마사이 마라

이름은 오랫동안 이곳에서 살아온 마사이족과 마사이강에서 유래한다.

우기에는 비가 많이 내려 물웅덩이가 생기며 풀이 잘 자라기 때문에 이를 찾아 동물들이 이동해 온다. 건기에는 비가 내리지 않아 풀이 타들어 가고 웅덩이의 물이 마르기 때문에 건기가 오기 전에 많은 동물이 무리 지어 물을 찾아 떠난다.

일반적으로 아프리카의 적도 북쪽에서는 5월에서 10월까지만 비가 내린다. 더 북쪽으로 갈수록 비는 점점 적게 내리고 건기가 길어진다. 적도 남쪽에서는 10월에서 5월까지 우기이고 남쪽으로 갈수록 비가 적게 내려 건기가 길어진다.

케냐는 적도에 의해 남북이 나뉘는 나라다. 케냐 남서부에 있는 마사이 마라와 케냐의 남쪽에 있는 탄자니아의 세렝게티Serengeti 국립공원은 대체로 5~10월까지가 건기이다(그림 2-8). 그래서 케냐와 탄자니아 사파리 여행을 이 기간에 한다면 누, 얼룩말, 톰슨가젤 무리가 탄자니아의 세렝게티 초원과 케냐의 마사이 마라에서 물과 풀을 찾아 집단적으로 이동하는 모습을 볼 수 있을 것이다. '세렝게티'란 마사이어로 '끝없는 초원'이라는 뜻이다. 만약 건기를 피해 사파리 여행을 한다면 TV에서 보았던 〈동물의

그림 2-8. 케냐의 마사이 마라와 탄자니아의 세렝게티 공원

왕국〉과 같은 광경을 보지 못해 실망이 클 것이다.

동물들이 만들어 내는 이러한 장관은 석유나 천연가스가 나지 않는 케냐의 주요 수입원이 되고 있다. 탄자니아나 케냐의 사바나 평원은 오랜 세월 침식을 받아 광활한 평야가 형성되었는데 곳곳에 침식을 덜 받은 낮고 고립된 화강암 암석이 있다. 이런 화강암 노두를 현지에서는 '카피'라고 부르는데 많은 동식물에게 안전한 서식지를 제공해 준다.

26
힌두교에서는 왜 수소가 아니라 암소를 숭배할까?

키워드: 몬순, 계절풍, 인도, 몬순경제, 수소.

열대몬순기후는 열대우림기후처럼 덥고 비가 많이 오지만 계절적 편차가 심하고 기온의 연교차가 7~8℃ 정도로 열대우림기후보다 크다. '몬순monsoon'이라는 용어는 계절을 뜻하는 아랍어인 'mausim'에서 비롯되었다. 몬순은 광범위한 지역에 걸쳐 여름과 겨울에 방향이 정반대로 부는 바람으로 계절풍이라고도 한다.

인도는 세 계절로 구분된다. 11~2월은 거의 비가 내리지 않아 건조하고 온화하면서도 때로는 한랭하다. 3~6월은 기온이 매우 높으나 강수량이 적다. 6월경부터 10월까지는 남서계절풍이 불어와 비가 많이 내리고 기온도 높아서 매우 습하고 무덥다. 인도인은 6월에서 10월까지를 '우기몬순기간'이라고 부른다. 이 기간에 인도 전체 강수량의 70~80%가 내린다.

인도에는 '몬순경제'라는 말이 있을 정도로 몬순이 경제에 미치는 영향이 매우 크다. 2017년 기준 인도 전체 산업에서 농업이 차지하는 비율은 15%에 불과했지만 인구의 66% 정도가 농촌지역에 거주하고 있었다.

인도는 농업의 기계화 및 근대화 작업 속도가 더디고 개간 및 전력시설이 부족해 많은 농지가 몬순기간에 내린 비에 의존한다. 그래서 인도의 강수량과 농업 부문 성장률

간의 상관관계는 매우 높다. 2009년 비가 적게 내려 곡물생산량이 7%나 감소한 반면, 2010년에는 평균 수준의 몬순을 기록하면서 곡물생산이 늘어나 6.6%의 농업성장률을 달성했다.

산업화 이전에 몬순의 영향력은 지금보다 훨씬 절대적이었다. 땅을 부드럽게 하는 쟁기질은 우기몬순 때 해야 하며, 한 농가가 쟁기질을 끝냈을 때는 이미 쟁기질의 최적기가 지나가 다른 농가는 쟁기질 시기를 놓쳐 버릴 수 있다. 지형과 몬순(남서계절풍)의 도착시기에 따라 지역 간에 기온·강수량 등의 차이가 크다.

몬순은 6월 초에 남쪽의 인도양에서 북동쪽을 향해 불어와, 인도 남서쪽에 비를 내리기 시작한다. 이 비는 서고츠산맥과 서해안 지대에 집중되어, 인도에서는 이 지역들이 최다우지로 손꼽힌다. 이후 몬순이 서고츠산맥을 넘어서 북동쪽으로 갈수록 강수량은 줄어든다. 인더스 문명의 중심지인 펀자브 평원은 연평균 강수량이 750㎜ 정도이고 타르사막에서는 100㎜에 불과하다.

건조한 인도 북부지역은 강수량이 많은 남부지역에 비하여 토지가 단단하다. 그래서 수소의 도움을 받지 않고 땅을 가는 일은 매우 어렵다. 수소는 쟁기를 끌고 짐을 운반한다. 인도의 농부에게 수소는 생계를 유지하기 위해 반드시 필요한 중요한 자산이다. 쟁기 끄는 수소를 이웃 간에 공동으로 사용하면 크게 부족하지 않을 수 있지만 인도의 몬순이라는 기후환경에서는 가축을 공동으로 사용하는 것이 거의 불가능에 가깝다.

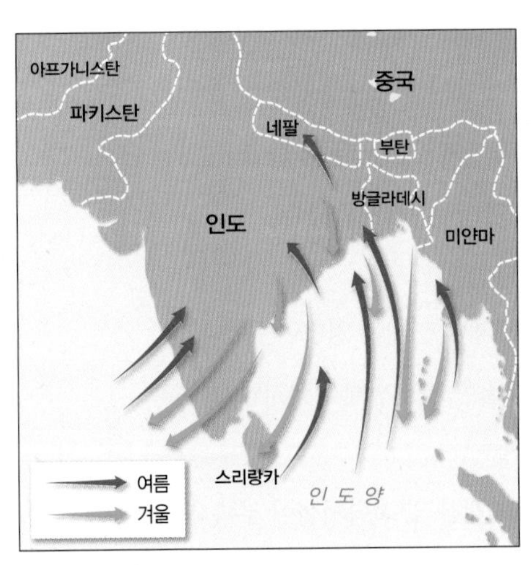

그림 2-9. 인도의 몬순(계절풍)

쟁기질을 하거나 짐을 운반하는 것은 수소이지만, 인도인은 모든 살아 있는 것의 모체로서 암소를 숭배했다. 인도에서 암소 숭배는 지금까지 계속된다. 왜 수소가 아닌 암소를 숭배할까? 암소는 수소를 생산하는 공장의 역할을 하기 때문이다. 수소가 병들거나 죽었을 때 건강한 수소로 대체하지 못한다면 농부는 땅을 떠나 도시빈민으로 전락할 가능성이 높다.

수소는 미국의 트랙터처럼 공장에서 만들어 내지 못하며 암소가 낳는다. 암소를 소유한 농부는 수소를 생산하는 공장을 갖는 셈이다. 인도인들이 암소를 숭배한 까닭은 그들이 불합리해서라기보다는 트랙터를 살 여유가 없었기 때문이다.

암소 숭배는 소규모의 농업경제와 어울리는 풍습이다. 또한 암소는 기아를 이겨 나가는 사람들에게 소량이지만 우유를 제공한다. 그리고 소똥은 비료, 연료, 건축자재 등으로 활용된다.

인도인의 전통음식인 기ghee를 요리하는 데는 소똥 연료가 가장 적합하다. 소똥을 태운 불꽃은 깨끗하고 장시간 서서히 타오르며 연기가 나지 않아 음식이 그을리지도 않기 때문이다. '기'란 물소 젖으로 만든 일종의 정제 버터다. 죽은 소는 인도의 신분제도인 카스트의 가장 밑바닥 계층의 몫이다. 그들은 불가촉천민으로 소가죽 제품을 생산하고 죽은 고기를 먹는다.

한발과 기아를 겪는 동안 농부들은 자기 가축을 잡아먹거나 팔고 싶은 유혹을 버리기 어려울 것이다. 그와 같은 유혹에 넘어가 소를 없앤 농부는 비가 내려도 토지를 경작할 수단이 없기 때문에 농사를 지을 수가 없다. 순간적인 욕구와 장기적인 생존조건 사이의 괴로운 갈등은 상상 이상일 것이다. 따라서 이 지역에서는 암소를 신성한 숭배 대상으로 상징화하고 힌두교의 교리로 통제함으로써 그러한 갈등을 최소화시키려고 시도했을 것이다.

27
북회귀선과 남회귀선에 유난히 사막이 많은 이유는?

키워드: 사막, 북회귀선, 남회귀선, 사헬.

사막은 연평균 강수량이 250㎜ 이하인 지역을 말한다. 세계에서 가장 넓은 사하라사막의 대부분은 연평균 강수량이 120㎜ 정도밖에 되지 않는다. '사하라Sahara'라는 이름은 사막을 뜻하는 아랍어 '사라ṣaḥrā'에서 유래되었다. 사하라사막은 대서양의 모리타니 해안으로부터 수단의 홍해 연안까지 펼쳐져 있으며 미국과 거의 맞먹는 크기다. 사하라사막이 처음부터 사막은 아니었던 듯하다. 사하라는 기원전 4000년경부터 사막화되기 시작한 것으로 추정된다. 아프리카 북부에서 유라시아의 내륙에 이르는 사막지대는 몹시 건조하여 인구밀도가 낮다. 오스트레일리아의 내륙 중앙부는 극단적으로 건조하고 더워서 '죽은 심장'으로 불릴 정도로 사람이 살기 어려운 환경이다.

사막의 하늘은 맑고 습도가 낮아서 사막의 밤하늘은 별들이 쏟아져 내릴 듯하다. 연교차는 크지 않지만 일교차가 크기 때문에 여행할 때는 반드시 큰 일교차에 대비해야 한다. 일교차가 보통은 20℃ 전후지만 30℃를 넘을 때도 종종 있다. 사막의 한낮은 40℃ 이상을 훌쩍 넘겨 50℃ 가까이 기온이 오른다. 한낮의 사막은 적도지역보다 더 덥다. 숲이나 초지로 덮여 있지 않고 습지나 호수도 없어 쉽게 달궈지기 때문이다. 반면 사막의 밤은 영하까지 떨어질 때가 있을 정도로 춥다. 낮 동안 사막의 지표면을 뜨겁게 달구었던 열을 저장하지 못하고 기온이 급강하하기 때문이다.

메마른 사막에도 식생이 자란다. 다만 밀도가 낮고 잎이 부실하여 지표면이 황량하게 보일 뿐이다. 사막의 식물들은 건조한 환경에서 살아남기 위하여 선인장처럼 수분을 오래 저장하거나 수분의 증발을 막기 위하여 잎이 가시처럼 변한다. 메마른 사막에서 선인장의 키가 1m 정도 자라는 데 100년 이상 걸린다고 한다.

사막에서도 가끔 해양성 열대기단이 침투할 때 대류성 소나기가 내린다. 사막은 비가 오면 갑자기 꽃밭으로 변한다. 비가 내릴 때 활짝 폈다가 빠르게 지는 꽃들은 그 생이 너무나 짧기 때문에 더욱 화려하고 아름답게 꽃을 피운다.

북위 23°27'(23.5°)와 남위 23°27'(23.5°)를 가리켜 북회귀선과 남회귀선이라고 한다. 이들 회귀선은 북반구와 남반구의 열대와 온대를 구분하는 경계선이기도 하다. 북회귀선과 남회귀선은 지구상의 적도와 태양이 지나는 길인 황도가 이루는 최대 경사각과 일치한다. 하지(북반구의 경우)에 태양이 바로 북회귀선 위에 있기 때문에 북회귀선을 하지선이라고 부른다. 동지(북반구의 경우)에 태양이 바로 남회귀선 위에 있기 때문에 남회귀선은 동지선이라고 부른다.

아열대 고기압이 발달한 남북회귀선 근처는 지구상에서 강수량이 가장 적은 지역이다. 남북회귀선 근처에서 비가 적게 내리는 이유는 적도에서 발달한 저기압이 비를 내린 후 이동하여 남북회귀선 근처에서는 건조한 고기압으로 변하여 비가 내리지 않고 건조한 날씨가 계속되기 때문이다.

세계지도를 펼쳐보면 그림 2-10에서 보는 것처럼 북회귀선과 남회귀선에 유난히 사막이 많다는 사실을 알 수 있다. 북회귀선에는 아프리카의 사하라사막, 아라비아반도의 네푸드사막·룹알할리사막 등이 있고, 남회귀선에는 남아메리카의 아타카마사막·칼라하리사막, 오스트레일리아의 그레이트샌디사막·그레이트빅토리아사막 등의 여러 사막이 펼쳐져 있다.

사하라사막 한가운데에 해발고도 1,200m의 타실리 고원이 있다. 알제리·리비아·니제르가 만나는 세 나라 국경 부근에 있는 타실리 고원은 곳곳에 바위산이 솟아 있으

그림 2-10. 남북회귀선과 사막의 분포

며, 사막에서 불어오는 열풍과 뜨겁게 내리쬐는 햇빛으로 사람이 생존하기 어려운 몹시 황량한 땅이다. 그곳에 있는 타실리나제르는 현지어로 '물이 흐르는 땅'이라는 뜻이지만, 현재는 완전히 메마른 험난한 산맥이다.

아득히 먼 옛날에는 이 땅에도 녹음이 우거져 있었다는 사실을 증명하는 강의 침식 흔적이 곳곳에 남아 있다. 그리고 동굴과 계곡에는 당시 이 지역에 살았던 주민들이 남긴 약 2만 점에 이르는 암벽화가 남아 있다. 주민들은 당시 자신들의 생활상을 여러 가지 색깔로 사실감 있게 묘사해 놓았는데, 그중에는 수렵 중인 사람과 소를 방목하고 있는 모습을 그린 것도 있다. 기원전 1500년에 마지막으로 이곳에 살았던 기린의 모습이 암각화로 새겨져 있다. 사하라사막은 지금도 사하라의 동쪽과 남쪽으로 확장되고 있다. 사헬Sahel은 사하라사막의 남쪽 초원지역인데, 가뭄이 길어지면서 점점 사막화되고 있어 세계적인 관심을 모으는 곳이다.

28

스페인 사람은 감정적이고 독일 사람은 이성적인가?

키워드: 스페인, 에스파냐, 독일, 서안해양성기후, 대륙성기후.

온대기후 중 지중해성기후지역은 남·북위 30~40°의 대륙 서안에 분포하고 전체 육지의 1.7%에 불과하다. 지중해성기후는 연중 해가 내리쬐는데 여름에는 덥고 건조하며 겨울은 편서풍의 영향을 받아 5~10℃ 정도로 따뜻하고 습하다. 지중해성기후는 사람이 살기 좋은 기후이다. 햇빛 좋고 날씨도 따뜻해서 지중해성기후지역 중 많은 곳이 사람들이 가장 가고 싶어 하는 세계적인 여행지다.

유럽에서는 스페인에서 그리스에 이르는 남유럽이 지중해성기후에 속한다. 스페인을 여름에 여행할 사람이라면 20~27℃로 우리나라보다 덥지도 않고 습하지도 않지만 작열하는 태양만은 각오해야 한다. 스페인 남부지역인 안달루시아를 겨울에 여행한다면 거리에 줄지어 심어진 나무에 오렌지가 주렁주렁 열려 있는 풍경을 볼 수 있다. 또한 땅에 떨어진 오렌지를 밟게 된다면 발끝에서 코끝으로 퍼진 향기에 지중해지역을 여행하고 있다는 것을 실감할 수 있다. 여행에서 돌아와 맡게 되는 오렌지 향기는 어느새 안달루시아의 하얀 마을로 데려갈 것이다.

스페인Spain이란 이름은 영어식 표기이며 스페인어로는 España라고 적고, 에스파냐라고 발음한다. 우리나라는 미국의 영향을 받아 영어식 표기인 스페인이 일찍 정착했

사진 2-3. 그리스의 산토리니

다. 한국의 대스페인 외교 관련 문서에서 공식적으로 스페인으로 지칭하는 것은 물론, 한국주재 대사관에서조차 '주한 스페인 대사관'을 공식적으로 사용할 정도다.

포카리스웨트 등 각종 CF 광고 배경으로 나왔던 그리스의 산토리니를 비롯하여 스페인의 몬테프리오, 아르코스 데 라 프론테라, 베헤르 데 라 프론테라, 세테닐, 카사레스 등과 같은 지중해지역에는 유난히 하얀색 벽의 주택으로 구성된 마을이 많다. 이는 쏟아지는 빛을 반사시켜 여름에 덜 덥게 하기 위해서다.

지중해식 음식 스타일이 건강을 유지하고 장수에 도움이 된다고 하여 지중해식 식사에 관심이 높다. 전통적인 지중해식 식사는 그리스 크레타섬 주민들의 시골 밥상을 말하는데, 주로 올리브오일을 듬뿍 곁들인 샐러드와 파스타를 즐겨 먹고 항상 과일로 식사를 끝내며 포도주 1~2잔을 식사와 함께 즐긴다.

지중해연안의 고온 건조한 여름은 포도나무와 올리브나무 재배에 매우 좋은 환경이다. 이처럼 고온 건조한 여름에 포도나무나 올리브나무 같은 과수를 지배하는 것을 수목농업이라고 한다. 여름이 지나고 가을이 되면 포도와 올리브를 수확하여 포도주와 올리브유를 만든다. 과일 수확이 끝난 겨울이면 비가 촉촉하게 내리고 기후가 온화하므로 밀과 같은 곡물 농사를 짓는다.

온대기후에 해당되는 서안해양성기후지역은 남·북위 40~60°의 대륙 서안에 분포한다. 유럽의 기후에 가장 큰 영향을 미치는 것은 대서양이다. 대서양의 수분을 잔뜩 머금은 편서풍이 영국, 프랑스는 물론 서쪽 내륙의 독일에까지 영향을 끼쳐 온화한 해양성기후를 형성한다. 미국 오리건주 등 태평양연안지역이나 오스트레일리아 동남부, 뉴질랜드, 아프리카 남동부지역 등도 서안해양성기후가 나타나는 대표적인 지역이다.

이들 지역은 바다에서 불어오는 편서풍의 영향을 받아 같은 위도에 있는 다른 지역보다 여름에는 덜 덥고, 겨울에는 덜 추워 기온의 연교차도 작다. 여름에도 대체로 날씨가 흐리고 구름으로 덮여 있으며 보슬비가 자주 내린다. 여러 주 동안 해가 나지 않을 때도 자주 있어 햇빛이 쨍쨍하게 비추는 날이면 이 지역 사람들은 옷을 훌훌 벗어 던지고 주변의 잔디밭 등에 누워 일광욕을 한다. 겨울에는 차가운 비, 진눈깨비가 자주 내리고 심심치 않게 눈보라도 친다. 겨울 기온은 영하로 떨어지지 않지만 습기를 머금은 추위가 사람들 뼛속으로 슬금슬금 파고들어 체감 기온은 매우 낮게 느껴진다.

태양이 내리쬐는 지중해성기후지역인 이탈리아나 스페인 사람들은 밖에서 놀기를 즐기고 정열적이며 감성이 풍부한 반면, 비가 자주 내리는 서안해양성기후지역인 독일 사람들은 집 안에 머물며 책을 읽고 사색하기를 좋아하고 성격이 차갑고 이성적이어서 철학자가 많다.

같은 위도에 있는 대륙성기후는 서안해양성기후에 비해 여름에 더 덥고 겨울에 더 춥다. 즉 대륙성기후는 기온의 연교차가 해양성기후에 비하여 더 크기 때문에 사계절이 뚜렷하다. 해양성기후지역인 서유럽에 비하여 대륙성기후지역인 동유럽의 루마니아, 불가리아, 헝가리 등은 여름에 더 덥고 습하며, 겨울에 더 춥고 더 건조하다.

이상에서 설명한 것처럼 스페인 사람들은 감정적이고 독일 사람들은 이성적이라고 평가하는 것은 환경결정론에 입각한 판단일 수도 있겠지만, 그러한 평가가 일반적인 것은 사실이다.

29

왜 문명은 동서 방향으로 확산되었나?

키워드: 온대지역, 엘즈워스 헌팅턴, 재러드 다이아몬드, 작물화, 퍼타일 크레슨트.

지중해성기후나 서안해양성기후 등과 같은 온대기후는 너무 덥지도, 너무 춥지도 않아 사람이 살기에 적합하고 습기도 충분하여 식생이 성장하기도 좋은 환경이다. 그러므로 온대기후지역은 문명의 중심지 역할을 톡톡히 했다. 지리학자 엘즈워스 헌팅턴Ellsworth Huntington은 『문명과 기후』에서 월평균 기온 3.3~18.3℃, 습도 70% 이하, 연간 20회 내외로 저기압이 통과하는 지역에 사는 사람들의 신체활동과 두뇌활동이 가장 활발하기 때문에 이곳에서 문명이 발달한다고 주장했다. 그는 인간의 생활양식이 기후·지형·수계·식생 등의 자연환경에 의해 결정된다고 보는 대표적인 환경결정론자로, 인간을 자연환경에 적응하여 사는 수동적 역할로 국한시켰다고 비판받고 있다. 독자들은 문명충돌론을 제기한 정치학자 새뮤얼 헌팅턴Samuel Huntington과 혼동하지 말 것을 부탁한다.

기후와 문명발달의 관계에 대한 헌팅턴의 주장, 즉 메소포타미아지역이 지중해성기후대에 인접했기 때문에 작물화·가축화가 가장 빠르게 이루어졌다는 주장은 일견 타당해 보인다. 헌팅턴은 작물화에 따라 먹을거리가 좀 더 안정적으로 공급될 때 문명의 척도인 청동기 및 철기의 제작과 문자의 발명 그리고 도시의 탄생이 가능하다고 주장했다. 즉 기후조건이 식물의 생장에 알맞고 생활하기에 쾌적해야만 인간이 문명을 창조할 수 있다는 것이다.

반면, 기후가 너무 덥거나 추운 곳에서는 농업생산성이 떨어질 뿐 아니라, 열악한 환경에 적응하여 살아가는 데 많은 시간과 에너지를 할애해야 하므로 그만큼 문명의 형성이 더디다고 지적했다. 실제로 태양이 가장 높은 고도에서 이글거리는 적도 부근의 열대기후지역이나 눈과 얼음으로 뒤덮인 극지방에서 고대문명이 발생하지 않았다는 사실은 이러한 주장을 뒷받침한다.

재러드 다이아몬드는 그의 대표작 『총, 균, 쇠』에서 위도상의 위치가 작물화와 가축화의 전파에 지대한 영향을 미쳤다고 강조했다. 약 기원전 8000년에 서남아시아 메소포타미아의 퍼타일 크레슨트에서 식량생산이 처음 시작된 후 얼마 안 가서 동쪽이나 서쪽으로 빠르게 확산되어 북아프리카의 이집트로 퍼져 나갔다.

퍼타일 크레슨트의 농작물이 그렇게 빠르게 전파될 수 있었던 이유는 같은 위도의 동서에 위치한 지역들의 기후가 유사했기 때문이다. 같은 위도에 위치한 지역들은 낮의 길이와 계절의 변화도 유사하다. 그리고 약간의 차이는 있지만 기온, 강수량, 생물군, 질병을 유발하는 균 등이 유사하다. 예를 들면 우리나라, 이탈리아 남부, 이란 북부 등은 동서방향으로 약 6,500㎞까지 멀리 떨어져 있지만 위도상의 위치는 같아서 기후는 남북방향으로 1,500㎞ 떨어진 지역보다 유사하다.

식물의 발아·성장·질병에 대한 저항력 등은 기후의 특성에 적응한다. 계절마다 달라지는 낮의 길이·기온·강수량 등은 종자가 발아하여 성장하고 열매를 맺도록 자극하는 신호가 된다. 농작물은 기후에 따라 선택적으로 적응하면서 진화된 것이기 때문에 위도가 달라지면, 즉 기후가 달라지면 재배하기 어렵다.

이는 동물들도 마찬가지다. 어느 날 갑자기 한반도에서 살아가던 우리가 아마존 정글에서 지내야 한다면 수많은 벌레와 병원균 등으로 목숨을 잃을 수 있다. 또한 아마존 유역에 거주하는 사람도 우리나라에서 살아야 한다면 항체가 형성되지 못한 병원균으로 목숨이 위태로울 수 있다. 이것은 퍼타일 크레슨트에서 가축화된 동물이 동쪽과 서쪽으로 빨리 전파된 이유다. 퍼타일 크레슨트에 적응한 가축들이 유사한 기후환경에 잘 적응할 수 있었기 때문이다.

유럽과 아시아에서 작물과 가축이 동서 방향으로 전파되기 쉬웠던 것에 비하여 아프리카나 아메리카와 같이 남북 축으로 긴 대륙에서는 작물화와 가축화 기술의 확산이 매우 어려웠을 것이다. 퍼타일 크레슨트에서 이집트로 작물과 가축이 쉽게 전파되었어도, 고대 이집트에서 적응한 기술이 에티오피아의 서늘한 고원지대 너머로는 오랫동안 전파되지 못했다. 남아프리카공화국의 지중해성기후는 그러한 작물과 가축이 자라기 적합한 환경이었지만 에티오피아에서 남아프리카공화국까지 3,200㎞에 이르는 열대기후나 사막기후 그리고 체체파리가 옮기는 트리파노소마성 질병 등은 농작물이나 가축들이 도저히 넘기 어려운 장애물이었다.

중앙아메리카와 남아메리카 간의 거리는 불과 1,900㎞에 불과하다. 그런데 이 거리는 남북 간의 거리로 위도가 달라지기 때문에 기후가 달라지는 거리다. 유라시아의 발칸반도와 메소포타미아 사이의 거리와 대충 비슷하다. 메소포타미아에서 작물화되거나 가축화된 작물과 가축을 2,000년 이내에 발칸반도에서 재배하고 길렀다. 그런데

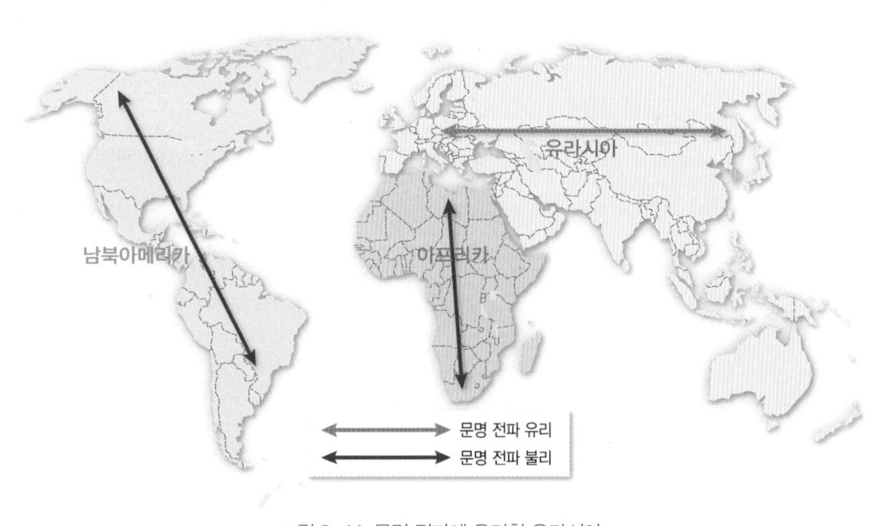

그림 2-11. 문명 전파에 유리한 유라시아

안데스에서 가축화된 라마는 5,000년이 지나서도 다른 지역에서 가축으로 기르지 못했다.

이처럼 위도는 기후, 식생의 성장 조건, 문명의 전파 난이도를 결정하는 중요한 요소다. 물론 같은 위도라고 기후가 같지는 않다. 바다, 험준한 산악과 사막 등의 지형적 장애물에 의해 기후는 달라진다. 그러나 메소포타미아의 퍼타일 크레슨트에서 적응한 작물이나 가축들은 동쪽으로는 인더스강 유역까지, 서쪽으로는 대서양까지 별다른 장애물 없이 신속하게 전파되었다. 유라시아 동서 방향의 축은 작물과 가축 확산뿐만 아니라 다른 기술이나 발명품의 확산에도 영향을 미쳤다. 기원전 3000년에 서남아시아에서 발명되었던 바퀴는 불과 수 세기 동안 신속하게 동서로 전파된 반면, 선사시대에 아스테카왕국(멕시코)에서 독자적으로 발명되었던 바퀴는 남아메리카의 안데스까지 남하하지 못했다.

30

하루키와 비틀즈가 노래한 노르웨이 숲으로 가자!

키워드: 무라카미 하루키, 비틀즈, 타이가, 포드졸.

혹시 독자들은 무라카미 하루키村上春樹의 소설 『상실의 시대』를 읽어 보았는가? 원제는 『노르웨이의 숲』인데, 다음은 그의 소설 속에 나오는 한 구절이다.

> 나는 한때 한 여자를 알았지. 아니, 그녀가 한때 나를 알았다고 얘기해야 할지도 몰라. 그녀는 내게 자신의 방을 보여 주며 말했네. '좋지 않아요?'라고. 그녀는 내게 그곳에 머물러 달라고 청하면서 어디에든 앉으라고 말했네. 그래서 난 주위를 돌아보았지만 거기에는 의자가 하나도 없다는 것을 알게 되었어. …… 내가 깨어났을 때 나는 홀로였고, 새는 날아가 버렸다네. 그래서 난 불을 지폈지. 좋지 않아? 노르웨이 숲에서.

비틀즈의 '노르웨이 숲'을 들을 때면 쌀쌀한 노르웨이의 키 큰 전나무 숲길을 혼자 걷는 느낌을 받는다. 다양한 식생이 복잡하게 얽혀 자라고 투쟁하는 아마존의 정글과는 달리 하늘을 찌를 듯 솟아 있는 전나무 숲은 뺨을 스쳐 가는 투명한 바람만큼이나 쓸쓸하고 차분하며 순수한 침묵의 공간이다.

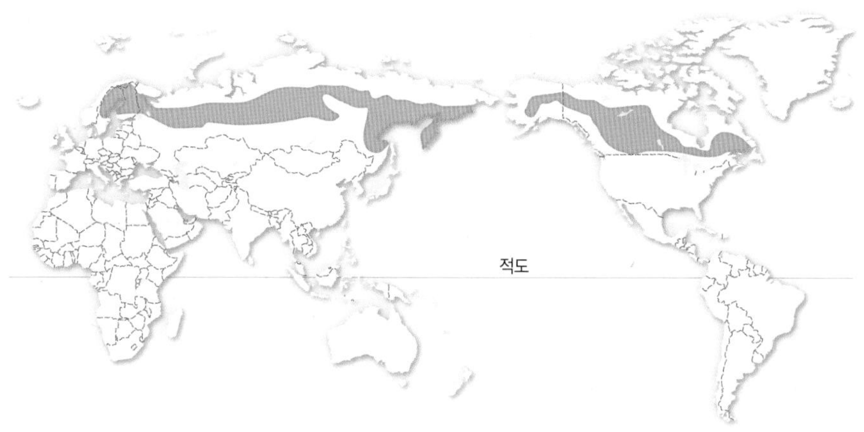

그림 2-12. 타이가기후지역의 분포

노르웨이의 전나무 숲과 같이 단일 수종의 침엽수림으로 이루어진 숲을 타이가taiga라고 한다. '타이가'는 원래 시베리아에 발달한 광대한 침엽수림을 가리키는 러시아어인데, 현재는 북반구의 냉대기후를 지칭하여 아예 타이가기후라고 부른다.

타이가기후는 남반구에는 없고 주로 북위 50~60°에 위치한 덴마크·노르웨이·스웨덴·핀란드·캐나다 북부·시베리아 저지대 등에서 나타난다. 노르웨이의 오슬로 공항의 복도와 천장, 벽면의 마감재는 타이가지역답게 연갈색 목재로 만들어졌다. 스웨덴을 대표하는 '이케아' 가구는 타이가지대의 침엽수림에서 제공되는 풍부한 원목을 사용하여 그다지 비싸지 않으면서도 단순하고 엄격한 스칸디나비안 이미지로 디자인함으로써 마케팅에 성공했다.

타이가기후는 삼림의 북한계선과 일치하는데, 최난월 기온 10℃의 등온선이 북쪽 경계가 된다. 타이가기후는 겨울이 긴 대신에 여름이 짧고 기온의 연교차가 어떤 기후보다도 크다는 특징을 지닌다. 8월 하순에 서리가 내리고 9월이면 늪과 호수가 얼기 시작한다. 이들 지역의 겨울은 춥기로 유명하다. 영하 40℃ 이하로 떨어지는 날도 빈번하다. 이 지역은 연간강수량이 400~500㎜ 이하로 적은 편이지만 지하에 얼어 있는 땅인 영구동토층이 있어 물이 침투하지 못하기 때문에 지표면이 항상 축축하다.

박테리아의 활동을 억제할 정도로 기온이 낮고 산림이 우거질 수 있을 정도로 수분이 있는 지역에서는 포드졸 토양이 발달한다. '포드졸podzol'이란 러시아어로 '잿빛 흙'을 뜻한다. 날씨가 너무 추워 박테리아 활동이 억제되기 때문에 지표면에 유기물이 두껍게 쌓인다. 그 상태에서 유기물이 분해되면서 유기산이 나오기 때문에 토양이 산성을 띠게 된다. 이러한 산성 토양수는 칼슘·칼륨·마그네슘·나트륨 등의 염기를 제거하는데, 이것을 포드졸화 작용이라고 한다. 염기가 결핍된 포드졸토는 비옥도가 낮아 농업에 적합하지 않지만 전나무나 소나무와 같은 침엽수는 잘 자란다.

농사를 짓기 위해서는 땅에 석회와 비료를 많이 뿌려 주고 감자와 같이 생육기간이 짧은 작물을 재배해야 한다. 그래서 비료기술이 발달하지 못하고 감자와 같은 작물이 유럽 대륙에 들어오기 이전에는 사람이 살기에 척박한 기후이자 토양이었다.

이 지역에 사는 사람들을 바이킹의 후손이라고 부른다. 바이킹은 750~1050년까지 약 300년에 걸쳐 해상을 통해 유럽 각지로 침입하여 탐험·약탈·정복·식민·교역 등의 다양한 활동을 전개한 덴마크·노르웨이·스웨덴 등의 스칸디나비아반도 사람들을 가리킨다. 노르만족이라고도 한다. 이들은 노략질을 할 때 아이들을 죽여서 머리를 자르고 그것을 창끝에 꽂고 다녔을 정도로 야만적이었다. 그래서 프랑스나 영국 사람들은 이들을 말세에 내려오는 악마 떼로 보았다.

이들은 9세기에 접어들자 약탈 후 도망가는 것이 아니라 땅을 차지하고 눌러앉기도 했다. 노르망디 상륙작전으로 유명한 프랑스의 노르망디가 대표적이다. 노르망디 지방은 원래 켈트족의 거주지였고 5세기 후반에는 프랑크족 메로빙거 왕조의 지배를 받다가 8세기부터 바이킹의 침략과 약탈이 심해지자, 911년 프랑크 왕 샤를 3세가 루앙과 센강 어귀를 바이킹의 수장에게 넘겨주었다. 그래서 이 지역은 노르만 사람들이 사는 지역이라는 의미에서 노르망디로 불리게 되었다.

바이킹이 유럽 여러 지역을 침입하여 약탈한 이유에 대해서 여러 해석이 있지만, 인구가 증가하는데 그들이 거주하는 지역의 경작지가 척박하여 좀 더 비옥한 지역으로 이동할 필요가 있었다는 것도 중요한 원인 중 하나로 꼽힌다.

『상실의 시대』라 번역된 무라카미 하루키의 소설 『노르웨이의 숲』을 읽으면서, 또 비틀스의 '노르웨이 숲'을 들으면서 타이가의 나무와 숲을 떠올리면 더 실감나게 감상할 수 있을 것이다. 저자는 독자들에게 타이가기후지역을 여행하기 전이나 여행할 때 이 책을 읽어 보거나 이 음악을 들어 보라고 권하고 싶다.

31

뭉크의 '절규'에 나타난 불안과 우울의 원천은?

키워드: 노르웨이, 뭉크, 백야, 극야, 인썸니아.

고위도 지역의 낮은 여름에 길고 겨울에 짧다. 매년 여름이면 세계 각지에서 수많은 여행객이 백야白夜, white night의 아름다움을 감상하기 위해 북유럽이나 알래스카 등을 찾는다. 백야는 태양빛이 반사되면서 완전히 어두워지지 않아 생기는 현상이다.

북위 60°에 위치한 노르웨이 오슬로에서는 하지 때 일조 시간이 18.8시간이나 되지만 동지 때는 5.7시간에 불과하다. 반대로 남반구에 있는 세종기지는 남위 62° 정도에 있는데, 하지 때는 밤이 길어 오전 10시경 밝아지며 오후 2시경 어두워지고 동지 때 낮이 가장 길어 오전 3시경에 밝아지고 오후 11시경에 어두워진다.

태양이 뜨지 않는 경우를 극야極夜라고 한다. 극야현상은 위도 66.5°보다 고위도로 갈 때 뚜렷하게 나타난다. 이 위도부터 하루 24시간이 낮이거나 밤인 날이 생기며, 고위도로 갈수록 그런 현상은 심해져, 극점에서는 여섯 달이 낮이고 여섯 달이 밤이다. 백야가 나타나는 계절에 여행객들은 신기하기도 하고 낭만적이기도 하여 밤이 깊은 줄도 모르고 백야를 즐기지만 현지인들은 암막 커튼을 내리고 잠들기 위해 노력한다. 밖이 밝으면 잠을 이루지 못하는 불면증에 걸리기 쉽고 불면증에 걸리면 정신분열 등의 증세를 일으키기 쉽기 때문이다.

2002년 개봉한 크리스토퍼 놀란 감독의 〈인썸니아〉는 백야현상을 잘 보여 주는 영화다. 인썸니아insomnia는 불면증이란 뜻이다. 영화의 배경은 해가 지지 않는 백야가 계속 되고 있는 알래스카의 외딴 마을이다. 베테랑 형사인 주인공 도머(알파치노)는 동료인 햅, 앨리와 함께 이곳에서 일어난 살인사건을 수사하다가 백야 때문에 불면증에 시달리고, 그로 인해 실수로 햅을 죽인다. 이렇듯 밤낮의 구분이 없는 백야와 이로 인한 불면증은 극 중에서 선과 악, 정상과 비정상의 경계가 모호한 혼돈과 분열 증세를 일으킨다.

그림 2-13. 영화 〈인썸니아〉 포스터

이러한 백야현상이 정신적 불안에 미친 영향은 북유럽의 예술작품에서도 엿볼 수 있다. 대표적으로 러시아 작가인 도스토옙스키의 소설이나 노르웨이 화가인 뭉크의 작품은 백야와 불면증 그리고 이로 인한 분열증이 주요 모티브다.

뭉크의 '절규'는 인간의 돌연한 공포감을 가장 잘 나타낸 작품으로 평가받는다. 불타는 듯 회오리치는 하늘, 녹아내릴 듯한 공기, 긴 다리 끝에서 절규하며 서 있는 인간의 모습에서 공포를 넘어 섬뜩함을 느낄 수 있다. 뭉크의 그림에는 독특한 색채가 쓰였다. 색은 작가의 의도적인 기호를 상징한다. '절규'에서 붉은색과 노란색으로 이루어진 파도 같은 구름, 어두운 노란색으로 그려진 남자의 얼굴 등 노란색이 두드러진다. 비평가 세르베스F. Servaes는 '절규'에 대해 다음과 같이 묘사했다.

> … 광인의 집이다. 핏빛 하늘과 저주의 노란색을 배경으로 미친 듯한 색조가 비명을 지르고 있다. 소용돌이치는 줄무늬 속에 드러나는 하늘은 마치 흔들리는 거적때기처럼 보인다. 땅도 떨고 있고 가로등이 움직이고, 사람들은 그저 의미 없는 그림자로 변해가고 있다. 끝없는 두려움 속에 나 혼자 존재하고, 이제 나의 몸에는 구역질나는 벌

레 같은 형체만 남아 있을 뿐이다. 지금 느껴지는 것이라고는 휘둥그레진 나의 눈과 비명, 비명과 놀란 눈, 속이 뒤틀리는 느낌뿐이다.

그림 2-14. 뭉크의 작품 '절규'

도스토옙스키가 저술한 『죄와 벌』의 주인공인 라스콜니코프에게서도 절규하는 인간을 발견할 수 있다. 그는 자신의 이상과 사상에 따라 전당포 노파와 리자베타를 살해한 후 불안과 공포에 떨며 네바강 다리 위를 배회한다.

『죄와 벌』에서 가장 많이 언급된 색 또한 노란색이다. 전당포 노파의 방의 노란 벽지, 노란색 나무로 된 가구, 노란색 액자 속에 든 그림, 꿈속에서 노파의 방에 있던 노란색 소파, 꿈에서 노파가 입고 있던 노란색 재킷 등 여기저기서 노란색이 등장한다. 라스콜니코프의 방은 노란 벽지로 도배되어 있고, 경찰서에서 건네주는 물은 노란 물이 든 노란색 잔이다. 아프고 난 후 주인공의 얼굴색이 창백한 노란색으로 변한다.

노란색은 불안과 우울, 광기의 색이다. 파스투로Pastoureau는 그의 저서 『색의 비밀』에서 노란색을 '병색과 광기의 색'이라고 지적했다. 뭉크는 도스토옙스키의 『백야』의 몽상가나, 『죄와 벌』의 라스콜니코프, 『백치』의 미시킨 공작처럼 몽상가로 살았다. 그는 실제 지독한 불면증에 시달리고 늘 상념에 싸여 있었다. 죽음을 응시하는 자세는 내향적이었으며, 이와 같은 안으로의 응시는 줄곧 죽음을 향한 불안에 근거했다. 뭉크나 도스토옙스키 등과 같은 북유럽의 비극적 작품은 고위도에 위치한 불면의 백야를 상상할 때 더 쉽게 읽을 수 있다.

이와 같이 문학작품을 읽을 때 지리를 알면 작품 속의 배경이 연상되어 더 실감나게 감상할 수 있다. 영화도 마찬가지다.

32

툰드라지역에서도 지구온난화가 재앙인 이유는?

키워드: 툰드라, 오로라, 영구동토층, 알래스카.

2010년 SBS 창사 20주년 기념으로 제작된 다큐멘터리 〈최후의 툰드라〉가 새삼 툰드라tundra에 대한 관심을 불러일으켰다. 그 어디에서도 볼 수 없는 흰 눈밭에 수천 마리 순록이 대이동하는 장면은 대자연의 스펙터클함을 그대로 보여 주는 명장면이었다. 그리고 툰드라 밤하늘을 가득 메운 신비로운 초록 빛깔의 오로라aurora 장면은 스크린에서 눈을 뗄 수 없게 만들었다.

8월 말부터 이듬해 4월까지 툰드라지역을 여행하는 사람 중 운이 좋다면 맑고 캄캄한 밤하늘에서 황록색, 붉은색, 혹은 녹색의 커튼이 출렁거리는 듯한 오로라를 볼 수 있다. 오로라는 주로 남·북위 65~70° 사이에서 나타나는데 남극은 여행자의 발길이 닿지 않기 때문에 주로 시베리아나 그린란드, 아이슬란드 등의 북반구 고위도지역의 오로라에 대해 이야기한다.

오로라는 태양에서 방출된 플라스마의 일부가 지구 자기장magnetic field에 이끌려 대기로 진입하면서 공기 분자와 반응하여 빛을 내는 현상이다. 하늘은 늘 태양풍에 노출되어 있는데, 지구를 둘러싸고 있는 자기장으로 인하여 대부분의 태양풍은 자기권 밖으로 흩어진다. 그런데 지구의 자기권은 극지방으로 갈수록 층이 엷어져서 이 엷은 층

그림 2-15. 툰드라지역의 분포

에 태양풍이 스며들게 된다. 이때 태양풍 입자들과 대기 속의 공기 분자가 충돌하면서 오로라가 생기게 되는 것이다.

알래스카의 에스키모나 시베리아 북서쪽의 사모예드족과 같은 툰드라의 원주민은 척박한 환경에서 순록을 키우며 살아간다. 툰드라기후는 최난월 기온 10℃을 기준으로 타이가기후와 구분된다. 툰드라기후는 최난월 기온이 10℃를 넘지 않기 때문에 2~4개월 정도만 월평균 기온이 0℃를 웃돌아 식물의 생육기간이 약 60일 이하다.

5월에 들어서야 눈이 녹기 시작하고 호소의 얼음은 6월이나 되어야 녹기 시작한다. 여름이 짧지만 낮이 24시간 계속되고 땅 표면에 수분이 풍부하다는 점은 식물 성장에 유리한 조건이 된다. 짧은 여름 동안 개화와 결실을 마친다. 꽃이 피어나는 툰드라가 하루하루 변화해 가는 경관은 역동적이다. 이때 툰드라는 사방으로 끝없이 펼쳐지는 지평선의 풍경 속에서 강과 호수 위로 햇빛이 반짝이고 납작 엎드려 피는 키 작은 보라색, 노란색의 꽃들이 흐드러진 자유의 땅이 된다.

여름은 우리나라 중부지방의 봄과 같은데, 땅 표면이 녹기 시작하지만 항상 얼어 있는 땅인 영구동토층 때문에 눈 녹은 물이 땅속으로 스며들지 못해 늪지도 많고 걸을 때 질척질척하다. 그래서인지 여름철에는 모기가 살인적일 정도로 들끓는다.

툰드라의 겨울에는 밤이 계속되기 때문에 일교차도 없고 기온은 영하 30~60℃까지 떨어진다. 연간 강수량은 250~300㎜로 적다. 사막의 기준이 연간 강수량 250㎜라는 것을 상기시킨다면 얼마나 적게 내리는지 알 수 있을 것이다. 워낙 추운 데다 절대습도도 낮아 비가 많이 내릴 수 없다.

영하 30~60℃를 오르내리는 툰드라에서 순록들이 살아남을 수 있는 이유는 척박한 환경 속에서 자라는 이끼 덕분이다. 여름 한 철 이끼를 먹는 순록들은 일주일에 한 번 꼴로 이끼를 찾아서 이동을 한다. 순록들은 여름에 이끼를 먹어 지방을 10kg 정도 축적하여 겨울을 난다.

툰드라 지역은 북위 70° 정도로 삼림한계보다 북쪽의 극지이지만 토양의 유기물이 잘 분해되지 않아 지표면에 풍부하기 때문에 이끼와 각종 초본 식물 등이 자랄 수 있다. 툰드라의 식생들이 모두 최대한 낮게 자라는데 그 이유는 강한 추위와 바람을 이겨내기 위해서다. 하천 주변에는 지구상에서 가장 생명력이 질기기로 소문난 버드나무가 자라기도 한다. 이곳의 버드나무는 위로 곧게 자라지 않고 옆으로 퍼져 자란다.

툰드라 지역에서는 건물이나 도로를 바위처럼 단단한 영구동토층 위에 짓는다. 영구동토층이 녹으면 무너지기 쉽기 때문에 보호의 대상이다. 가옥의 경우 열대습윤기후지역에서처럼 고상 가옥과 비슷하게 기둥을 많이 박고 땅에서 1m 정도 떨어지도록 짓는다.

사람이 마을을 이뤄 사는 곳 가운데 가장 북극에 가깝다는 스발바르 제도는 여름이 되어도 땅 표면만 겨우 녹는 영구동토층이기 때문에 상하수도를 땅속에 묻을 수가 없어 비포장도로를 따라 상수도와 하수도 파이프가 나란히 있는 것을 볼 수 있다. 스발바르 제도의 스피츠베르겐섬에는 우리나라의 북극다산과학기지가 설치되어 있다.

툰드라지역에 많이 매장된 석유를 운송하기 위한 송유관도 기둥을 많이 박고 땅에서 떨어지도록 설치한다. 그런데 지구온난화에 따른 영구동토층의 해빙은 건물과 도로·파이프라인·철도·송전선 등에 심각한 피해를 주고 있다. 러시아 보제이Vozei 일대의 송유관 유출사고는 16만 톤의 기름을 유출시킨 최악의 환경재난으로 유명하다. 영

사진 2-4. 영구동토층 위에 지어진 주택

사진 2-5. 툰드라의 송유관

구동토층의 해빙에 대응하기 위하여 미국 알래스카주는 2030년까지 최대 61억 달러를 공공 인프라 비용으로 책정해 놓았다.

영구동토층의 해빙은 그 위에 세워진 건축물을 무너뜨리고 수리비용을 증가시키는데 그치지 않고 지구의 미래도 무너뜨릴 수 있는 매우 심각한 문제다. 국제 연합 환경 계획UNEP은 스발바르 제도, 아이슬란드, 캐나다 북극권, 시베리아, 알래스카의 영구동토층이 서서히 녹아 두께가 얇아지고 면적도 줄어들고 있다고 경고했다.

영구동토층이 녹게 되면 그 속에 들어 있는 동식물의 사체 등으로 다양한 유기물들이 부패하게 되는데, 그 과정을 통해 이산화탄소는 물론 그보다 20배 이상 강력한 온실효과를 지닌 메탄이 대량으로 대기 중으로 빠져나온다. 어마어마한 양의 이산화탄소와 메탄이 배출된다면 지구온난화는 가속화되어 그 결과는 걷잡을 수 없게 될 것이다.

히말라야의 구르카족이 세계적 용병인 까닭은?

키워드: 히말라야산맥, 에베레스트, 구르카족, 용병.

히말라야산맥은 총길이 2,400㎞에 달하는 산맥으로 인도반도와 티베트고원을 나누는 아시아에 위치한다. 히말라야는 고대 산스크리트어로 눈雪을 뜻하는 히마hima와 거처를 뜻하는 알라야alaya의 두 개 낱말이 결합된 복합어다.

히말라야산맥은 북서쪽에서 남동 방향으로 활 모양을 그리며 파키스탄과 인도 북부, 네팔, 시킴, 부탄, 티베트 남부를 뻗어 내리면서 서쪽의 남부아시아와 동쪽의 동남아시아를 분리시킨다. 히말라야산맥은 에베레스트산을 포함하여 해발 8,000m가 넘는 봉우리들이 14개나 있는 매우 험준하고 높은 산맥으로 세계의 지붕이라 할 수 있다. 히말라야산맥은 인구를 부양하기에는 너무 험준하고 고도가 높다. 주요 인구밀집 지역은 해발고도 1,340m에 위치한 네팔의 카트만두 계곡과 1,580m에 위치한 인도 북부의 카슈미르 계곡에 집중되어 있다.

히말라야에서 가장 높은 산은 네팔 영토 안에 있는 에베레스트산으로 그 높이는 8,848m에 달한다. 에베레스트산은 세계에서 가장 높은 산이기도 하다. 과학자들이 정교한 위성기술을 이용하여 산봉우리를 측정한 결과 해마다 18㎝씩 높아지고 있다. 이런 속도라면 6,300년 뒤에는 산 높이가 1만m에 이를 수도 있다. 세계에서 높은 산 상

그림 2-16. 위성사진으로 본 히말라야산맥

위 10개 중 9개가 모두 히말라야산맥에 있다.

세계에서 가장 높은 산인 에베레스트산은 네팔에서는 '사가르마타', 티베트에서는 '초모랑마'로 불린다. 네팔어로 사가르마타는 '우주의 어머니'라는 뜻이고, 티베트어로 초모랑마는 '세계의 어머니 신'이라는 뜻이다. 티베트인은 초모랑마를 나라를 지켜주는 여신(체링마)으로 숭배해 왔다.

우리가 알고 있는 '에베레스트'라는 이름은 1852년 인도에 있던 영국의 대삼각측량국에서 이 봉우리가 세계에서 가장 높다는 것을 발견한 후 1865년 영국왕립지리학회가 전임 측량국장이었던 조지 에베레스트에게 경의를 표하기 위하여 명명한 것이다. 이 장엄한 산을 영국 측량국장의 이름인 에베레스트라고 부르는 것이 세계의 어머니 신, 혹은 우주의 어머니를 모독하는 것 같아 내심 불편하다.

티베트인이 히말라야의 수많은 산 중에서 에베레스트산을 구별해 내는 가장 좋은 방법은 '기도 깃발'을 찾는 것이다. 기도 깃발이란 거의 1년 내내 에베레스트산 정상을 감고 도는 빙정氷晶 베일을 일컫는 말인데, 빙정은 고도가 높은 곳에서 기온이 영하로 떨어지면 수증기가 얼어서 만들어지는 얼음구름이다. 빙정 베일이 없으면 네팔과 티베트 땅의 경계에 있는 수많은 봉우리 중에서 에베레스트산을 알아보기는 어려울 것이다.

히말라야산맥에는 에베레스트산 말고도 유명한 산이 여럿 있다. 안나푸르나도 그중 하나다. 안나푸르나는 '수확의 여신'이라는 뜻으로 이름대로 자신의 품에 다랑논과 비탈밭을 두고 그 안에 온갖 곡식과 생명을 키우고 있다. 안나푸르나 트레킹은 포카라에서 출발한다. 포카라는 네팔의 수도 카트만두에서 서쪽으로 약 200㎞ 떨어진 곳에 있는데 네팔에서 여행자가 가장 많이 찾는 곳이다.

포카라에서는 유럽의 알프스를 상징하는 마터호른과 비교하여 '네팔의 마터호른Matterhorn'이라고 불리는 피라미드형의 고봉인 마차푸차레Machapuchare를 볼 수 있다. 마터호른은 〈인디아나 존스〉, 〈쿵푸팬더〉 등을 제작한 파라마운트 영화사의 상징으로 영화가 시작될 때 자주 볼 수 있다. 안나푸르나히말의 남쪽으로 갈라져 나온 끝자락에 위치한 봉우리인 마차푸차레는 네팔 사람들이 신성시하여 히말라야산맥의 여러 산 중에서 유일하게 인간의 접근을 허용하지 않는 신神의 산이다.

마터호른이나 마차푸차레와 같이 정상이 피라미드처럼 생긴 호른horn이라 불리는 봉우리는 산지에 쌓인 엄청난 양의 빙하가 깎여 만들어진다. 거대한 빙하는 그 무게를 이기지 못하고 낮은 곳으로 천천히 미끄러져 흐르게 되는데, 이때 땅이나 주변의 암석

표 2-1. 세계 최고봉 톱 텐

순위	이름	높이(m)	산맥
1	에베레스트	8,848	히말라야
2	K2	8,611	카라코람
3	칸첸중가	8,586	히말라야
4	로체	8,516	히말라야
5	마칼루	8,463	히말라야
6	초오유	8,201	히말라야
7	다울라기리 제1봉	8,167	히말라야
8	마나슬루	8,163	히말라야
9	낭가 파르바트	8,126	히말라야
10	안나푸르나 제1봉	8,091	히말라야

사진 2-6. 히말라야산맥의 마차푸차레

을 깎아 낸다. 그러면서 3개 혹은 그 이상의 빙하가 만나는 곳에서 삼각뿔과 같은 호른이 생기는 것이다. 호른은 거의 수직에 가까울 정도로 가파르다. 빙하는 산, 평지, 해안에 멋진 경관을 만들어 준다. 빙하는 크기에 따라 빙상과 산악빙하로 구분된다. 빙상은 남극과 그린란드처럼 대륙 전체를 뒤덮은 빙하로 두께가 3,000m를 넘으며, 지구 전체 빙하의 95%를 차지한다. 이에 비해 산악빙하는 눈이 쌓이기 쉬운 골짜기나 요지(오목하게 들어간 곳)에 발달한 빙하로, 그 길이가 짧게는 수십 킬로미터, 길게는 수백 킬로미터에 이른다.

히말라야산맥처럼 높은 산맥에서도 사람들은 살아간다. 영화 〈버킷리스트〉에서 에드워드의 멋진 비서는 에드워드와 카터가 죽은 후 그들의 뼛가루가 든 커피 깡통을 히말라야산맥의 최고봉에 납골해 둔다. 비서는 두 차례나 커피 깡통을 들고 지친 기색도 없이 최고봉에 오른다. 그러나 그것은 영화니까 가능한 일이다. 히말라야의 최고봉인 에베레스트산은 일반인에게 쉽게 문을 열어 주지 않는다.

에베레스트산처럼 높은 곳에 올라가기 위해서는 고산병을 견뎌 내고, 언제 어떻게 변할지 모르는 고산지대의 기후 변화에 대응할 수 있는 능력이 필요하다. 고산병은 고도가 높은 해발 2,000~3,000m 이상의 고지대로 이동했을 때 산소가 희박해지면서 나타나는 신체의 급성반응이다. 대기 중 평균 산소 농도는 21%인데 이보다 낮아지면 우리 신체는 상대적으로 숨을 많이 쉬어 산소부족량을 보충하고, 산소함유량이 저하된 혈액을 많이 순환시키며, 뇌의 혈관을 확장하여 뇌에 많은 혈액이 흐르도록 한다. 그러나 이러한 생리적 적응한계는 산소농도 16% 정도까지며, 이보다 낮은 농도에서는 신체 적응이 가능하지 못해 산소결핍증상이 나타난다.

에베레스트산처럼 8,000m가 넘는 산을 오를 때 고산병을 견디지 못하면 금방 탈진하게 되고, 악천후에도 등반을 강행한다면 언제 길을 잃고 조난당할지 모른다. 이런 높은 봉우리에 오르기 위해서는 체력과 의지력, 판단력, 지력뿐만 아니라 셰르파의 도움도 절대적으로 필요하다.

셰르파Sherpa는 원정을 돕는 사람들이라는 보통명사로 사용되고 있지만, 사실은 히말라야의 고원에서 살아가는 부족으로 일반인보다 심폐기능이 발달했다. 셰르파족은 히말라야의 고산지대에 거주하여 높은 곳에 대한 적응능력이 뛰어나기 때문에 약 100년 전부터는 히말라야의 고봉을 오르는 산악 원정대의 안내자와 짐꾼으로 활약하고 있다.

그들은 제대로 된 장비나 신발도 없이 20kg이 넘는 짐을 지고 세계에서 가장 험한 산맥에 오른다. 히말라야에 오는 원정대는 정상에 오르겠다는 강한 의지와 열정으로 산을 오르지만 셰르파는 돈을 위해서 그들의 짐을 대신 짊어지고 산을 오른다. 열정적인 등반대원의 과욕으로 사고가 잦아지면서 셰르파는 짐꾼의 역할보다는 등반 자체를 안내하고 통제하는 전문가 역할로 점차 변화하고 있다.

2018년 10월 12일 김창호 대장이 이끄는 한국 등반대 5명과 셰르파 4명이 안타깝게 사망한 곳이 다울라기리산의 구르자히말이었다. 김 대장은 국내 최초로 무산소 히말라야 14좌 완등에 성공한 베테랑 산악인이었다. 그럼에도 불구하고 강력한 폭풍우로 인한 눈사태가 베이스캠프를 엄습하여 파묻혔다.

히말라야에서 살아가는 부족 중 셰르파 못지않게 강한 심폐기능으로 알려진 부족은 네팔의 구르카Gurkha족이다. 험준한 산악지대에서 태어나 자란 구르카족은 심폐기능이 뛰어난 것은 물론이고 체력, 강인함을 천부적으로 타고나 매우 용맹스러웠다.

1814년 영국은 네팔을 통일한 구르카 왕국을 침공하지만 쿠크리kukri만으로 대항한 구르카족에게 고전을 면치 못했다(사진 2-7). 쿠크리는 구부러진 전통 도검으로, 이 칼은 16세기 네팔 왕국의 성립에 기여한 이래 세계에서 가장 강한 군대로 알려진 구르카군의 필수 장비로 알려지면서 유명해졌다. 영국군은 1816년 전쟁이 끝난 후 이들을 동인도회사의 사병으로 편입시키는데, 이들이 바로 세계에서 스위스 용병에 필적할 만큼 용맹스럽다는 구르카 용병이다.

이들은 1857~1858년 인도의 세포이 항쟁Sepoy Mutiny을 진압하는 데 동원되었고, 제 1·2차 세계대전을 비롯하여 한국전, 포클랜드 전쟁, 걸프전 등에 참전해 최전방에서 용맹스럽게 싸웠다. 그들의 무시무시한 전투력에 대한 소문이 자자하여 1982년 포클랜드 전쟁 당시 영국군이 구르카 군대를 투입한다고 하자 아르헨티나군이 곧바로 항복했다는 일화도 있다. 지금도 영국 왕실의 근위병으로 근무하고 이라크, 아프가니스탄 등지에서 복무하고 있다. 구르카 부대는 2018년 싱가포르에서 열린 미국과 북한의

사진 2-7. 구르카 용병과 쿠크리 도검

정상회담 경비를 맡은 적이 있어 화제가 되기도 했다.

매년 가을 히말라야 자락에서 펼쳐지는 구르카 용병의 선발과정은 혹독하기로 유명하다. 산악지대에서 25kg의 모래나 돌무더기를 매고 6km의 산을 50분 이내에 주파해야 하는 등의 철저한 신체검사를 거쳐 영어·수학 등의 필기시험과 면접 등 15일 동안 치러지는 까다로운 시험을 통과해야 한다. 230명 정도를 선발하는데 지원자만 1만 8,000여 명에 달하고 경쟁률도 500대 1이 넘는다. 네팔의 젊은이가 구르카 용병이 되려는 이유는 네팔에서는 일자리를 찾기 힘든 데다, 구르카 용병은 연봉이 높고 군을 떠난 후에도 영국에서 살 수 있기 때문이다. 구르카 용병이 되면 영국 정부로부터 영국군과 동일한 연봉을 받는다. 이는 네팔인 평균 연봉보다 50배 이상 많은 액수다.

34
쿠르드족에게 바빌론의 공중정원이 갖는 의미는?

키워드: 쿠르드족, 바빌론, 바벨탑, 지구라트, 공중정원.

기원전 600년경에 만들어진 고대 바빌로니아의 세계지도가 발굴되었다. 고대 바빌로니아에서는 지도의 재료로 파피루스 대신 점토판이 사용되었으며, 그 이유는 점토판이 파피루스와 같이 부식되지 않기 때문이다. 이것은 현존하는 오래된 세계지도 중 하나다.

사진 2-8. 바빌로니아 점토판 지도

사진 2-8의 점토지도를 보면 바빌로니아인은 지구를 고리 모양의 물길로 둘러싸인 조그만 원반으로 생각했다. 또한 원반 중심의 조그만 점이 수도 바빌론으로 그들은 자신들이 살고 있는 바빌론이 세계의 중심이라고 생각했다. 점 옆에 있는 두 개의 평행선은 당시 고대도시 바빌론에 흐르던 유프라테스강이다. 바빌론 이외의 도시는 작은 원이나 타원으로 표시했으며, 바빌로니아인이 바다 저쪽에 존재한다고 가상한 섬들은 바다 외곽으로 돌출된 삼각형으로 상징적으로 나타냈

다. 이 점토판에는 8개의 삼각형 중 4개만 남아 있다.

이와 같이 바빌론의 세계지도는 도저히 지도라고는 생각할 수 없는 형태를 띠고 있지만, 이 지도를 통하여 메소포타미아를 중심으로 한 바빌로니아인의 지리적 세계관을 엿볼 수 있다. 현재는 영국의 런던 대영박물관에 소장되어 있다.

바빌론의 건축물 중에서 가장 잘 알려져 있는 건물은 바벨탑과 공중정원이다. 『구약성서』에 나오는 바빌론의 도시 중앙에 건설된 바벨탑은 가장 웅장하고 화려했다고 전해지는 하늘과 땅의 집이라는 뜻의 '에테메난키Etemenanki'라 불린 지구라트를 가리킨다. 지구라트는 고대의 성탑을 의미한다.

우리나라 EBS방송국에서 방영한 〈위대한 바빌론〉이라는 다큐멘터리를 보면 바벨탑은 구운 벽돌에 역청을 발라 쌓아 올려 만들어졌는데, 이 지구라트의 크기는 1층의 한 변이 90m, 높이도 90m로 이루어져 있었다고 추정된다. 지구라트 가장 위층에 있는 신성한 장소에는 아무도 가까이 갈 수가 없었다.

성역 중앙에 가로와 세로가 모두 1스타디온(약 177m)이나 되는 튼튼한 탑이 세워져 있다. 이 탑 위에 제2의 탑이 서 있고, 다시 그 위에 또 탑이 서 있는 식으로 해서 7층에 이르는 것으로 짐작된다. 탑에 오르기 위해서는 탑 바깥쪽으로 모든 층을 둘러싸듯이 나 있는 나선형의 통로를 이용해야 한다. 계단으로 탑의 중간 정도까지 오르면 층계참層階站이 있고, 휴식을 취하기 위한 의자가 놓여 있다. 계단을 오르는 사람은 여기에 앉아서 잠시 숨을 돌릴 수 있다. 꼭대기의 탑에는 커다란 신전이 있는데, 이 신전 속에는 아름다운 천으로 덮인 커다랗고 긴 의자가 있으며 그 옆에 황금 탁자가 놓여 있다. 신상神像과 같은 것은 이곳에 일절 안치되어 있지 않다.

바빌론 유적지에는 바벨탑과 더불어 세상에 잘 알려진 또 하나의 건축물이 있다. 그것은 피라미드 등과 함께 세계 7대 불가사의로 손꼽히는 '공중정원'이다. 하늘에 걸쳐 있는 정원이라는 의미인 '가공정원架空庭園'이라고도 부른다. 그 존재는 오랜 세월 동안 전설로 전해져 왔는데, 19세기 말부터 이루어진 발굴조사에 의해 실재했다는 사실이 확인되었다.

조사에 의하면 왕궁 유적지의 북동쪽에 둥근 천장으로 덮여 있었을 것으로 생각되며 사방이 약 40m 되는 건물의 잔재가 있다고 한다. 이것을 공중정원의 토대 부분이라고 판단한 고고학자들이 잃어버린 상부구조에 대하여 여러 방면으로 검토한 결과 바빌론의 공중정원도 지구라트와 닮은 계단상의 건물이었을 것이라고 추론된다.

기초는 불규칙한 사다리 모양이며 각 측면에는 폭이 3m나 되는 아케이드가 7개 늘어서 있다. 내부는 가늘고 긴 둥근 천장이 있는 14개의 방이 동서로 나뉘어서 배치되어 있다. 4층 건물로 추정되므로 건물 전체의 높이는 40m 정도라고 생각된다. 고대 그리스의 역사가 헤로도토스는 높이가 100m에 달한다고 기록했지만, 이는 과장일 것이다.

당시에 이 건축물을 직접 본 사람에게는 마치 '녹색의 피라미드'처럼 보였을 것이다. 단의 바깥쪽을 따라서 야자, 레바논의 백향목·수목·풀꽃들이 건물 표면의 벽돌을 감추듯이 파릇파릇하게 자랐을 것이다. 놀랍게도 이 기초 부분에는 유프라테스강에서부터 수로를 통하여 일종의 양수기가 설치되었고, 각 부분에 급수관을 설치하여 그 관을

그림 2-17. 바빌론의 공중정원 상상도

흐르는 물이 식물들을 키우고 아름다운 분수로도 뿜어져 나왔을 것이라 상상할 수 있다. 독자들은 그림 2-17의 상상도로 만족해야 할 것 같다.

전설에 의하면 공중정원은 기원전 605~562년에 재위하였던 네부카드네자르Nebuchadnezzar 2세가 그의 아내를 위해 건설했다고 한다. 네부카드네자르 1세는 페르시아 북방의 산악지대에 위치한 메디아와 동맹을 맺고 그의 아들인 네부카드네자르 2세와 메디아 공주인 아미티스를 결혼시켰다. 네부카드네자르 2세는 평야에 있는 바빌론의 환경에 적응하지 못하는 왕비를 위로하기 위해 그녀의 고향과 닮은 이 공중정원을 만들어 준 것이다.

2011년에 개봉된 영화 〈바빌론의 아들Son Of Babylon〉은 사담 후세인 정권이 무너진 이후 이라크의 국내 상황, 아랍족과 쿠르드족 간의 갈등을 소재로 한 영화다. 쿠르드족은 아미티스의 고향인 메디아 왕국의 후손들이다. 쿠르드족은 메디아 왕국이 페르시아에 패망한 이후 영토를 잃었다.

제1차 세계대전 이후 현재 인구 3,000~3,500만 명에 달하는 쿠르드족은 터키·이란·이라크·시리아의 인접 4개국으로 분할된 쿠르디스탄에 흩어져 살아가는 세계 최대의 소수민족이다. 쿠르드족은 터키·이라크·이란의 3개국을 중심으로 독립운동을 펼치고 있는데, 그 과정에서 많은 사상자와 난민이 발생했다. 2003년 3월 미국이 이라크를 침공하고 점령할 당시, 이라크의 쿠르드족은 자치권 확보를 위해 미군을 도와 후세인 정권과 싸웠고 이후 이라크 북부를 사실상 관할해 오고 있다.

영화는 어느 날 남부지역에 끌려갔던 전쟁 포로들이 생존해 있다는 소식이 전해지자, 12살 꼬마 아흐메드가 할머니의 손에 이끌려 12년 전 실종된 아빠를 찾아 나서는 이야기다.

그림 2-18. 영화 〈바빌론의 아들〉 포스터

단 한 번도 만나 본 적 없는 아빠를 찾는 여정이 아이에게는 힘들기만 하지만 쿠르드족의 신화로 전해지는 바빌론의 공중정원을 볼 수 있다는 유일한 기대 때문에 여정을 계속할 수 있었다. 바빌론 왕과 쿠르드 왕녀의 사랑을 상징하는 '바빌론의 공중정원'은 쿠르드족에게 자기 정체성을 확인하도록 하는 표상인 동시에 아랍족과 쿠르드족의 화합을 상징한다.

인류의 탄생 후 지리학은 학문 가운데 가장 일찍 생겨난 학문 분야인 동시에 넓은 우산과 같아 여러 분야에 걸쳐 발전한 학문이다. 지표면에서 일어나는 현상이라면 모두 지리학의 연구대상이 되니 당연한 이야기일지도 모르겠다. 그 가운데 큰 비중을 차지하는 것 중 하나가 문화적 현상이라고 볼 수 있다.

독자들은 해외여행 시에 처음 본 현상을 보고 문화충격을 받은 경험이 있을 것이다. 지표상에 전개되는 문화경관은 지리학의 핵심적 지위를 차지하고 있다. 문화경관에는 그것을 창출하고 유지해 온 사람들이 표현한 상징적 의미와 이데올로기가 담겨져 있기 때문이다.

그뿐만 아니라 문화경관 속에는 그것이 무엇이든 인간이 생각하는 자연과의 관계에 부여한 의미가 그대로 반영되어 있다. 설혹 그것이 화장실이 되었건 종교와 의상 혹은 음식이나 화장품이 되었건 마찬가지일 것이다.

제3장

문화적 차원: 문화적 다양성의 이해

35

화장실의 형태가 지역마다 다른 이유는?

키워드: 화장실, 변소, 에티켓, 볼타르, 뒷간, 똥지게, 똥장군.

1. 화장실의 기원

선사시대에는 인구가 적어 배설물 처리가 별로 문제 되지 않았기 때문에 특별한 시설이 설치된 화장실이 없었다. 인구가 특정지역에 밀집되는 도시문명이 탄생하면서 배설물 처리는 적지 않은 고민이었을 것이다. 우리나라를 비롯한 아시아의 많은 국가는 배설물을 하나의 자원으로 생각했기 때문에 퇴비 등으로 재활용했지만, 서양은 달랐다.

역사적으로 볼 때 유럽의 화장실 문화는 고대 로마 제국까지 거슬러 올라간다. 로마는 기원전 27년경에 제국의 기틀을 확립하고 하수도와 상수도 시설을 분리하여 발전시키면서 가정에서 흐르는 물을 이용한 수세식 화장실을 사용하기 시작했다. 그리고 기원후 70년경 베스파시아누스 황제 때에는 대리석 소변기들이 설치된 건물 하나를 지었는데, 이것이 바로 최초의 공중화장실이었다. 자연 수세식으로 변기 아래 물이 흐르도록 하여 오물을 씻어 내는 방식이었다.

로마의 유적지에서 화장실을 흔히 볼 수 있다. 서기 5세기경에 이르러 서로마 제국

사진 3-1. 로마시대의 수세식 화장실

이 멸망하고 로마의 문명이 유럽 전체로 확산된 초기에는 로마와 같은 방식으로 배설물을 처리했을 것이다.

공동주택에 거주하던 로마 시민들은 대부분 세입자들이었다. 그들은 거리에 설치된 공동 분수나 샘에서 운반한 물을 생활용수와 음료수로 사용했고, 용변 역시 공중화장실에서 해결하거나 실내에서 볼일을 보고 창문 바깥으로 던져 버리는 방법을 취할 수밖에 없었다. 그 때문에 아래층에 사는 사람들은 위층 창문에서 불시에 쏟아져 내리는 분뇨에 시달려야만 했다. 로마시대 사람들의 생각으로는 오물을 한군데에 모아서 처리한다는 것이 불필요한 일이었다.

이러한 불결한 환경은 수도 로마와 같은 대도시에서 볼 수 있는 현상이었다. 이탈리아의 폼페이와 크로아티아의 두브로브니크의 경우는 상수도시설이 일찍 발달하여 예외였다. 제정로마시대에 광장에 지어진 공중화장실은 한꺼번에 60명을 수용할 수 있는 규모였다. 이 화장실은 남자들만 이용할 수 있었으며 용변뿐만 아니라 정치에 대해 이야기를 나누는 장소였다.

고대 로마의 수세식 화장실을 인구가 조밀했던 대도시에 설치하기는 곤란했던 모양이다. 그로부터 1,000년이 지난 시기에도 유럽에서는 여전히 화장실 문제가 해결되지 못한 것이다. 오히려 화장실 문화가 로마시대보다 퇴보했다고 볼 수 있다. 교황의 힘이 강대해지고 종교적 신념이 지배하는 중세의 암흑시대로 접어들면서 위생적인 화장실 문화는 퇴보한 것으로 보인다. 인더스 문명이 꽃피었던 하라파에서는 기원전 8세기에 사용된 화장실 유적이 발굴되었다. 하라파의 변기에는 배설물을 분뇨구덩이로 보낼 수 있는 수직 낙하장치가 도시 전역에 걸쳐 하수도시설과 결합되어 있었다.

2. 근대의 화장실

유럽의 도시에서 1589년 현대적 수세식 변기가 발명되면서 주택에서 위생적 측면이 강조되기 시작했지만, 그리 빨리 확산되지는 못했다. 프랑스와 영국에 위생적 변소가 등장한 것은 18세기의 일이었으므로, 베르사유 궁전에서도 변소가 없어 바퀴 달린 휴대용 요강을 사용했다. 변소에서 화장지가 비치된 것은 19세기에 들어와서의 일이다.

루이 14세가 베르사유에 호화스러운 궁전을 짓고 이를 바탕으로 화려한 문화를 꽃피운 일화는 너무나 유명하다. 베르사유 궁전이 완성되어 루이 14세가 이 궁전으로 옮겨 살게 된 것은 1682년의 일이었다. 루이 14세가 각 지방의 영주들을 불러 이 궁전 안에서 살게 하면서 이 궁전에는 약 5,000명에 달하는 많은 사람이 살게 되었다. 당시 궁전을 출입했던 수많은 귀족들이 배설물을 어떻게 처리했는지를 상상하면 그저 아찔해질 뿐이다. 그들은 사람들의 눈을 피해 건물의 구석에 있는 벽이나 바닥 또는 정원의 풀숲이나 나무 밑을 이용했다고 한다. 이와 같은 일이 비단 베르사유 궁전에서만 일어난 것은 아니었다. 파리의 유명한 오페라 하우스도 마찬가지였다.

당시 베르사유 궁전의 스코틀랜드 출신 정원사는 정원 손질을 할 때마다 고민에 빠졌다고 한다. 정원사가 아무리 정성 들여 정원 손질을 해도 사람들이 용변을 보기 위해 정원으로 들어가는 바람에 점점 황폐해지고 있었기 때문이다. 정성 들여 작업을 끝낸 정원사는 정원 주변에 "화단에 들어가지 말라"는 표지판을 세웠다. 그 푯말이 바로 에티켓이란 것인데, 이 말의 어원은 게시판 또는 설명서를 의미하는 프랑스어인

사진 3-2. 화장실이 없는 베르사유 궁전

étiquette에서 나온 것으로, 후에 '에티켓'으로 바뀌게 되었다.

"푯말(에티켓)에 쓰여 있는 대로 들어가지 말 것"이라는 루이 14세의 명령이 있자, 누구든지 그 푯말에 쓰인 지시를 따를 수밖에 없게 되었고, 궁전 출입을 위한 티켓ticket이란 의미로도 사용하기에 이르렀다. 그 후, '에티켓'이라는 말이 '올바르게 행동하는 것', 혹은 '예절 바르게 행동하는 것'이라는 뜻으로 사용되었다.

근대시대의 도시에는 길거리 아무 곳에서나 용변을 보는 관행이 있어서 오물통을 들고 다니는 직업이 존재했다고 하니 돈을 받고 변소를 이용하는 역사는 유럽인에게는 제법 오래된 모양이다. 그들은 통을 들고 길거리를 누비면서 손님들의 대소변을 받아 냈다. 용변이 급한 사람에게 자신이 들고 다니던 통을 제공하고 고객의 볼일이 끝나면 돈을 받는 것이다. 이들이 프랑스혁명이 일어나기 전날 밤에도 거리를 누비면서 장사를 했다는 기록이 전해지고 있다. 이런 관행은 농촌에서는 별 문제가 없었으나, 인구가 조밀한 도시에서는 문제였다.

도시에 사는 자유민들은 오물이 가득한 요강을 창밖으로 버리는 일이 허다했다. 프로방스 스타일의 아름다운 아치 모양으로 장식된 나무 창문으로 빨간 머리 앤이 턱을 괴고 웃고 있을 그런 곳에서 요강에 담긴 똥오줌을 밖으로 그냥 버렸다고 생각하니 어이없다. 길을 지나던 행인들은 언제 쏟아질지 모르는 분뇨세례를 염려해야만 했다.

길거리는 오물이 넘쳐났고 여름철에는 악취가 심했을 것이다. 당시의 배설물 처리방식은 '볼타르'라 불리는 요강에 볼일을 본 후 그것을 길가에 버리는 식이었으므로 여자들은 양산과 하이힐을 신고 폭넓은 치마를 입어야만 했다. 양산은 건물 위에서 쏟아내는 오물을 막기 위해 쓴 것이었고, 치마는 아무 곳에서나 선 채로 소변을 보기 위해 입은 것이었다. 굽 높은 하이힐은 배설물을 밟지 않기 위한 용도였다.

독자들은 실화를 바탕으로 한 제임스 클라벨 원작의 『쇼군將軍』이라는 영화나 소설을 본 적이 있는가? 이 작품을 보면 평생 목욕이라고는 해 본 적이 없는 주인공인 네덜란드 항해사가 폭풍우로 일본에 표류해 생활하면서 일본의 목욕문화에 심취하는 장면이 등장한다. 그가 접한 동아시아의 목욕문화는 그야말로 천국이었다. 이처럼 서양인은 동양의 목욕문화를 전혀 모르고 있었다.

서양의 배설물 처리방식은 르네상스를 거쳐 근대에 이르기까지 별다른 변화를 보이지 않았다. 물론 그 이전에 영국 런던에서는 1847년 하수도시설이 만들어지면서 모든 분뇨를 하수도에 방류해야 한다는 법령이 내려지기는 했다. 로마시대 이후, 유럽 도시의 공중변소는 1851년 파리 박람회가 열렸을 때 처음 등장했다. 변기는 터키식이었다고 하니 동양식이었던 셈이다. 유럽은 비교적 동아시아보다 훨씬 늦은 근세에 들어와서야 잃어버렸던 로마의 화장실 문화유산을 이어받기 시작했다.

사진 3-3. 근대 유럽의 실내용 변기인 볼타르

유럽의 도시여성들은 패션 감각에 투철했고 화장도 화려하게 치장했다. 화장은 고대 이집트에서 발달하여, 로마시대를 거쳐 르네상스 이후에는 유럽에 수입된 각종 향료와 화장품이 대중화되기 시작했다. 특히 프랑스에서는 이상하게도 왕권의 확대와 더불어 화장법이 발달했는데, 프랑스의 화장품이 각지에서 인기를 얻게 된 것은 이미 17세기 말부터의 일이다. 파리가 화장품 생산은 물론 패션의 중심지가 된 것 역시 그때의 일이었다. 그럼에도 불구하고 화장실 문화는 이상하리만큼 정체되어 있었던 것이다.

3. 과거 남녀가 용변을 보던 자세

독일의 야콥 블루메Jacob Blume가 저술한 『화장실의 역사』에 따르면, 용변을 보는 남녀의 자세 역시 오늘날과 달랐다고 한다. 이에 관한 재미있는 기록이 있다. 그리스의 헤로도토스가 쓴 『역사』의 이집트 여행기에 따르면, 이집트인은 여자가 서서 소변을 보고, 남자가 앉아서 소변을 봤다고 한다. 그가 신기하게 여겼던 것처럼, 고대 이집트는 그리스, 로마와 소변을 보는 풍속이 달랐던 것이다. 그래서 여자는 선 자세로, 남자는 앉은 자세로 소변을 보는 모습이 그리스 사람인 헤로도토스 눈에는 이상하게 보였을 것이다.

헤로도토스는 선 자세라고 생각했지만, 아마 한국인과 일본인처럼 구부정한 자세였을 것이다. 아메리카 대륙의 아파치 인디언을 비롯하여 중세 아일랜드 사람들과 수도사들도 마찬가지였다. 이런 모습은 19세기 후반기에 들어설 때까지 유럽 어느 나라에서든 흔히 볼 수 있던 당시의 사회 풍습이었다. 동아시아 사람들도 19세기까지 선 채로 용변을 보는 여자들이 많았던 것 같다. 한국과 일본도 마찬가지였다.

일본의 지리학자의 연구에 따르면 과거 일본 여인들은 그림 3-1에서 보는 것처럼 상체를 구부리고 양 다리를 벌린 자세로 용변을 보았다. 또한 의복의 종류에 따라 소변 자세가 약간 상이했는데, 일본의 전통복장인 기모노着物를 입을 때와 '몸뻬雪袴'라 불리는 헐렁한 바지를 입을 때 자세가 약간 달랐다. 즉 기모노를 입었을 때는 허리를 펴고 손으로 허리춤과 소매를 잡은 자세를 취하고, 몸뻬를 입었을 때는 허리를 거의

보편적 자세

치마를 착용한 자세

그림 3-1. 일본 여성이 용변을 보던 자세

직각으로 구부리고 양손으로 무릎을 잡는 자세를 취했다. 한국의 여인들은 치마 속에 고쟁이를 입었으므로 그 중간 형태의 자세로 소변을 보았다. 일제강점기 때 일본은 노동에 편리하다며 한국 여인들에게 몸뻬 착용을 강요했었다.

4. 화장실 명칭의 유래

변소를 뜻하는 영어 toilet은 400여 년 전 망토라는 뜻의 프랑스어 toile 또는 작은 천 조각이라는 의미인 toilette에서 나왔으며, 영어에서도 처음에는 옷을 싸는 보자기를 뜻하는 단어였다. 이동식 변소에서는 오물통에 앉아 용변을 보는 사람을 가려 주기 위한 큰 천이 사용되었다.

서양에서는 변소를 뜻하는 단어가 toilet을 비롯하여 lavatory, loo, potty, bath-room, W.C., restroom, powder room 등으로 다양하다. 이는 화장실 문화의 지역적 차이를 나타낸다. 한민족은 고대부터 화장실문화를 향유했는데, 변소를 비롯해 뒷간·헛간·측간이라는 용어를 사용하다가 최근에는 일본의 영향으로 '화장실'이란 용어를 사용하고 있다.

중국의 처쒀厕所 또는 시쉬졘洗手间과 달리 일본에서는 전통적으로 한국의 측간厠間을 뜻하는 '가와야厠屋'를 비롯하여 더러운 곳이라는 뜻의 '고후죠御不淨'나 용변을 보는 장소란 의미의 '벤죠便所' 등의 명칭을 사용했다. '가와야'란 일본어인 가와야川屋의 의미를 갖는데, 이는 흐르는 물에서 용변을 보았기 때문에 붙여진 이름이다.

제2차 세계대전 후, 일본인의 생활양식이 서구화되면서 종래의 은밀하고 더러운 곳이라는 이미지가 불식되어 거리낌 없이 toilet의 일본식 발음인 '토이레トイレ'란 명칭이 가장 많이 사용되었고, 그다음으로 '손을 씻는다'는 의미의 '오테아라이お手洗い'가 많이 쓰였다. 일본에서 사용되고 있는 '오테아라이'란 단어는 패전 후에 중국의 시쉬洗手, 즉 테아라이手洗에서 따온 것으로 보인다.

한반도의 경우는 2003년에 들어와서야 익산 왕궁리 유적지에서 처음으로 화장실 유적을 발굴했다. 처음에는 곡식이나 과일을 저장한 구덩이라 생각했으나, 유구의 형태가 일본의 고대 화장실과 유사하여 유기물층에서 토양을 채취한 후 생물학적 분석을 한 결과 다량의 기생충이 발견되어 삼국시대의 공중화장실 유구임을 확인하게 되었다. 이 유적은 발을 올릴 수 있도록 웅덩이에 목재 기둥을 박고 내부 벽을 점토로 발라 오물이 새지 않도록 설계되고, 화장실 벽에 수로를 뚫어 경사를 이용해 용변을 석축의 배수구로 빠지도록 고안된 일종의 수세식 화장실이라는 것이 입증되었다. 로마시대의 화장실을 떠올리게 하는 화장실이다.

한국에서는 변소를 흔히 용도에 따라 내측內厠·외측外厠·중측中厠·뒷간·북수北水·목방沐房·세답방洗踏房 등으로 불렀다. 이것들은 대부분 실외에 위치했다. 왕은 소변을 요강에 보았고, 대변은 '매우 틀'이라는 휴대용 변기를 이용했다. 매우 틀은 임금의 편전과 왕대비의 침전에만 있던 이동식 화장실이다. 매우梅雨의 '매'는 대변을 뜻하고 '우'는 소변을 가리키는 향기로운 말이다. 매우 틀은 나무로 만들어졌고, 그 안에 사기나 놋그릇을 넣어 서랍처럼 넣고 뺄 수 있도록 고안되었다.

우리나라에서 가장 흔히 사용되는 '뒷간'이란 말은 1459년 세조가 저술한 『월인석보』에서 처음으로 등장한다. 『월인석보』는 1459년에 세조가 세종의 『월인천강지곡

月印千江之曲』을 본문으로 하고 자신이 지은 『석보상절釋譜詳節』을 설명부분으로 합편해 저술한 책이다.

일본에서는 교토의 도후쿠지東福寺에서 14세기 무로마치 시대室町時代의 '도스東司'라 불리는 화장실이 발굴된 바 있다. 불교에서는 뒷간을 '동사' 또는 근심을 풀고 번뇌가 사라지는 곳이라는 의미에서 '해우소解憂所'라 부른다.

이에 비해 미국에서는 오늘날 화장실이 대부분 restroom이라 불리지만, 그 이전에는 화장실을 상류층에서는 toilet으로, 중·하류층에서는 lavatory라 불렀다. 이것은 단지 명칭이 다른 것뿐만 아니라 내부의 설비도 달랐기 때문이다. 미국 역시 화장실이 주택설비의 하나로서 사회적 지위에 따라 그 규모와 형태가 달랐다. 일본의 경우, 화장실 변기의 크기가 사회적 지위가 높을수록 좁고, 사회적 지위가 낮을수록 넓었다. 이는 신분의 고하에 따라 섭취하는 음식이 달라 대변의 굵기가 달랐기 때문이다.

화장실 문화는 도시문명에서 차지하는 중요한 요소 중 하나다. 프랑스의 대문호 빅토르 위고는 "인간의 역사는 곧 화장실의 역사"라고 말하기도 했다. 이는 그만큼 인류 생활에서 화장실 문화가 차지하는 비중이 크다는 것을 뜻한다. 오늘날에도 세계인구 중 1/3 정도는 변변한 화장실을 이용하지 못하고 있다. 아직도 전 세계 24억 명의 인류는 위생적인 화장실을 사용하지 못하고, 이들 중 10억 명의 사람들은 노상 배변을 하고 있는 실정이다. 인도, 인도네시아, 파키스탄, 에티오피아, 나이지리아 등과 같은 나라는 노상 배변을 하는 사람들의 비율이 높은 편이다.

최근 블룸버그 통신에 따르면 세계인구 1위 국가인 중국에 이어 인구 2위 국가인 인도 역시 대대적인 화장실 혁명을 추진하고 있다. 세계인구의 37%에 해당하는 27억 인구의 배설환경을 개선하는 인류사적 변화가 진행되고 있는 것이다. 특히 인도에서는 향후 5년간 1억 1,100만 개의 화장실을 새로 짓는 인류역사상 최대 규모의 화장실 건설이 추진될 예정이다. 모디 총리가 인도의 열악한 위생환경을 개선하기 위해 추진하고 있는 이른바 '클린 인디아' 캠페인은 화장실 사업이 핵심이다.

한국에서는 화장실 이용이 무료지만, 유럽에서는 화장실 관리에 필요한 인건비와 수도료를 충당하기 위해 대부분 유료다. 유럽의 화장실이 관리에 신경을 많이 쓰는 이유는 유럽 물 속에 녹아 있는 석회성분 때문이다. 석회성분 때문에 화장실 배관이 막히는 일이 자주 발생한다. 독자들도 해외여행을 할 경우 화장실 때문에 곤욕을 치른 경험이 있을 것이다. 유럽을 여행할 때 화장실을 찾기가 어려운 이유는 대부분의 건물들이 화장실 문화가 정착되지 않던 중세와 근세에 만들어져서 오늘날의 구석진 곳에 설치되었기 때문이다.

5. 화장실의 종류

화장실에는 지역적 차이가 존재한다. 동양식은 앉는 식·재래식·푸세식 등이고, 서양식은 발판식·좌변식·수세식 등이다. 사막지대에는 풍세식風洗式이란 것도 있다. 화장실의 변기는 지중해를 중심으로 서북쪽은 좌변기식, 동남쪽은 쪼그려 앉는 식의 두 형태로 나뉜다. 이것을 기독교 문화권과 이슬람 문화권의 차이에서 오는 것이라고 보는 사람이 많지만, 사실은 동양과의 교류의 산물인 것 같다. 원래 한국·중국·일본 등의 재래식 화장실 변기는 종교에 관계없이 쪼그리고 앉는 식이었다. 동양에서는 재래식 변기를 '화변기和便器'라 부르기도 하는데, 그 이유는 개화기 일본에서 처음 변기를 대량생산했기 때문이다. 화和는 일본을 상징하는 한자이다.

중세 동양에서는 화장실을 대변소와 소변소로 구분하여 설치하는 경향이 있었다. 대변과 소변을 한곳에 배설하지 않기 위해서였는데, 한곳에 용변이 섞이면 묽어져 비료로서의 가치가 떨어지기 때문이었다. 이러한 구분은 농촌뿐만 아니라 도시도 마찬가지였다. 동아시아의 경우는 분뇨를 도시의 근교농업에 비료로 이용하여 오물처리가 비교적 용이했으나, 근대 유럽은 사정이 달랐다. 그러므로 과거 동아시아 도시의 근교는 비료로 사용되는 분뇨가 공급되는 범위였다고 볼 수 있다. 당시에는 도시의 화장실에서 퍼낸 분뇨를 '똥장군'이라 불리는 농기구에 담아 근교의 경작지까지 운반했다(사진 3-4).

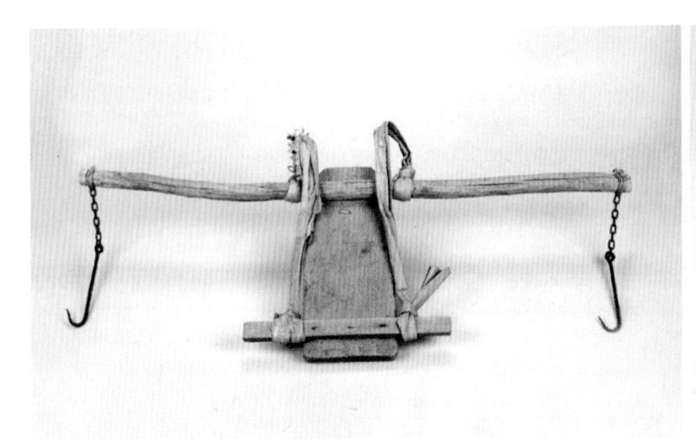

사진 3-4. 똥지게와 똥장군

그러나 도시인구가 증가하고 근교의 농업지대가 감소하면서 분뇨의 수급 균형이 깨져 분뇨 처리는 도시문제로 부상했고, 인간의 분뇨를 더 이상 비료로 사용하지 않게 되었다. 결과적으로 분뇨의 비료 사용이 동아시아 화장실 문화를 지체시킨 요인으로 작용한 것이다.

용변 후의 뒤처리 문제도 지역에 따라 다양하다. 오늘날 화장실에 비치된 두루마리 화장지는 미국에서 개발된 것이다. 휴지가 없거나 종이가 귀하던 시절에는 주로 새끼줄을 이용하기도 했으며, 개가 닦아 주는 망측한 경우도 있었고, 양반가의 경우에는 천 종류를 이용했다. 독자들도 기억하고 있겠지만, 우리는 두루마리 화장지가 보급되기 전에는 신문지를 주로 이용했다.

인도의 시골을 여행해 본 사람이라면 화장실에 화장지가 비치되어 있지 않아 당황한 경험이 있을 것이다. 그 대신 변기 옆에 물통이 비치되어 있는데, 용변 후 뒤처리는 왼손으로 해야만 한다. 오른손은 신성시되기 때문이다. 인도인들에 의하면 배변 처리를 손과 물로 하는 덕분에 인도에는 치질 환자가 없다고 한다. 이것이 사실인지 확인하는 것은 독자들의 몫이다.

36

이슬람교가 전파된 지역은?

키워드: 이슬람교, 시아파, 수니파, 히잡, 차도르, 니캅, 부르카.

1. 이슬람교란?

이슬람교는 기독교 및 불교와 더불어 세계 3대 종교 중 하나다. 570년경 마호메트가 메카에서 탄생하기 이전까지만 하더라도 메카는 다신교의 도시였다. 610년, 마호메트는 신의 모습을 만나 신으로부터 직접 계시를 받고, 유일신인 알라의 가르침을 아랍의 백성들에게 전하는 것이 자신의 사명임을 깨달았다. 그러나 메카의 지배자들은 그들의 권위를 무시하는 새로운 종교를 박해했다. 마호메트는 박해를 피하여 622년에 메디나로 옮겨 갔다. 이것은 '헤지라Hegira'라 불리는 사건으로 이슬람교는 이곳에서부터 크게 발전했다.

이슬람은 알라 이외에 다른 신은 없다고 믿는 유일신 종교다. '이슬람Islam'은 아랍어의 '순종'과 '평화'에서 유래했다. 이슬람의 성전인 코란에서는 순종과 평화의 뜻을 유지하기 위해 '이슬람'이라 부를 것을 규정해 놓았다. 그러므로 이슬람을 마호메트(무함마드)교 혹은 회교回教라 부르는 것은 오류다. 알라는 스스로 샘의 화신이며, 천국이 뜻하는 것에는 항상 청결한 물이 흐르고 과일나무가 자라는 세계였다.

독자들은 영어나 한국어로 번역된 코란을 본 적이 있겠지만 종교적 의도로는 사용할 수 없다. 이는 성스러운 언어를 소리의 울림과 운율적 리듬으로 전달할 수 있는 아랍어의 특성 때문에 코란을 타 언어로 번역할 경우 의미가 왜곡되어 해석상의 논란이 일어날 것을 방지하기 위한 조처에서 비롯되었을 것이다.

2. 이슬람교의 교리와 종파

이슬람 교리는 매우 단순하게 여겨질 만큼 명료하게 정립되어 있다. 이슬람 교리는 6가지 종교적 신앙인 '이만Iman'과 5가지 종교적 의무를 가리키는 '이슬람의 다섯 기둥'을 기본으로 하며, 6신信 5행行이라 부르기도 한다. 이만(6신)이란 알라·천사들·경전들·예언자들·마지막 심판·운명론에 대한 여섯 믿음을 가리킨다.

이 가운데 제1기둥 '샤하다(신앙고백)'는 알라 이외에 다른 신은 없으며 마호메트는 알라의 예언자라는 선언이고, 제2의 기둥 '살라트(기도)'는 하루에 5번 알라에 기도해야 하므로 여행을 하다가도 일정한 시간이 되면 장소를 가리지 않고 예배를 드려야 한다는 것이다. 제3기둥은 '자카드'로 자선의 의무를 가리킨다. 제4의 기둥 '사움(단식)'은 이슬람력曆으로 9월의 라마단 기간 중에는 일출부터 일몰까지 음식 및 음료의 섭취와 어떠한 성행위도 허용되지 않는다는 것을 의미하고, 마지막 제5기둥은 '하즈'로 성지순례의 의무를 가리킨다. 마호메트가 메디나로 이주한 것은 메카 귀족층의 탄압 때문이었지만, 그는 메디나에서 세력을 키워 아라비아반도 대부분을 장악했다.

이슬람은 수니파와 시아파로 대별되는데, 수니Sunni파는 이슬람의 최대 종파로 전체 이슬람의 80~90%가 속해 있다. 수니파는 무슬림 공동체의 관행을 뜻하는 순나sunnah를 추종하는 사람들이라는 뜻이다. 시아Shia파는 이슬람에서 수니파 다음으로 두 번째로 큰 종파로 전체 무슬림의 10~20%가 속해 있다. 시아파는 빼앗긴 칼리파 자리를 살해당한 알리 가문에 되돌려 주려는 운동으로 시작되었다. '시아'는 '알리를 따르는 사람들'에서 유래된 명칭이다. 오늘날에는 사우디아라비아가 수니파, 이란이 시아파의 종주국으로 남아 있다.

3. 이슬람교의 확산

아라비아반도의 중앙부에서 시작된 이슬람은 급속한 속도로 전파되었다. 그림 3-2에서 보는 바와 같이 이슬람은 7세기 메디나로부터 서아시아 전역과 서쪽 북아프리카로, 동쪽 인도 방향으로 확산되어 갔다.

이슬람 신앙은 사막적 일신교이기 때문에 사막에 사는 주민들에게 전파되어 이슬람교의 분포 범위는 건조지역과 일치한다. 사막적이라 함은 신의 유일성을 가리키는 의미다. 코란에 반복적으로 등장하는 "쉬지 않고 흐르는 시냇물 속에 몸을 푹 담그고 늙지 않는 미녀에 둘러싸여 있다."라고 묘사된 천국의 모습 역시 물에 대한 동경심이 포함되어 있어 사막적이다. 불교의 세계에서 진흙 속을 뚫고 피어난 연꽃을 극락의 상징으로 묘사하는 것과 사뭇 대조적이다.

이슬람의 확산이 여타 종교와 다른 점은 사제나 전도사가 아니라 군인과 상인에 의해 전파되었다는 것이다. 사막 한가운데 집단을 이루어 이동하는 이슬람 군대의 세력은 승승장구하여 주민들을 개종시키는 데 성공했다. 사막의 전법은 삼림지대에서는

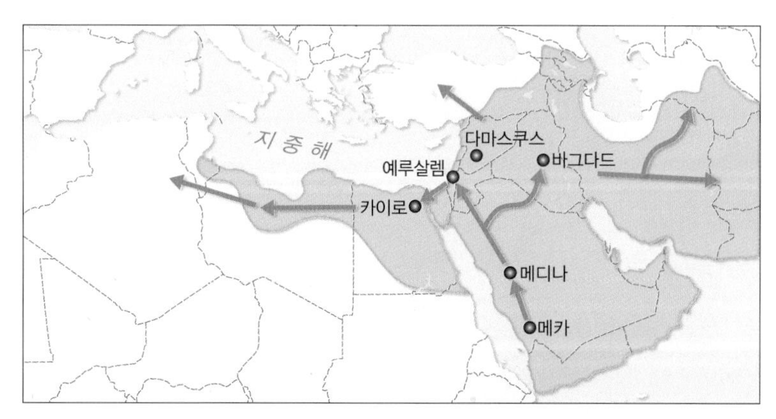

그림 3-2. 7세기 이슬람교의 확산

통용되지 않는다. 사막은 바로 이슬람 확산과 범위와 대상을 결정짓는 요소가 되었다.

코란 속에는 상업과 관련된 생활용어가 자주 나타난다. 도시를 거점으로 삼은 상인은 사막의 유목민을 상대로 교역했다. 사막 속의 유목민은 끊임없이 이슬람으로 개종하여 그들의 생활공간인 사막으로 자신들의 신앙을 전파했다.

그림 3-3는 오늘날 이슬람교 신자의 분포를 나타낸 지도다. 이것으로 알 수 있는 것은 이슬람교가 서아시아와 북아프리카를 중심으로 확산되었지만, 사막지대가 아닌 동남아시아에도 이슬람이 분포하고 있다는 점이다. 이는 종교의 확산과 전파를 논함에 있어서 지역성만으로 설명할 수 없다는 것을 의미한다. 즉 정치적·경제적 요인도 고려해 보아야 한다. 이슬람으로 구성된 아랍 상인들은 동남아시아와 교역했다. 그 결과, 교역에 수반된 경제력을 바탕으로 이슬람은 삼림지대인 동남아시아까지 진출할 수 있었다.

이슬람 계율에서는 돼지고기의 섭취가 금지되어 있지만, 이슬람의 동남아시아 전파는 사막적 성격과 삼림적 성격이 충돌하게 만들었다. 아랍 상인들이 드나든 지역은 해안지대였으므로, 동남아시아의 내륙지방에서는 이슬람 교리가 충실하게 이행되지 않

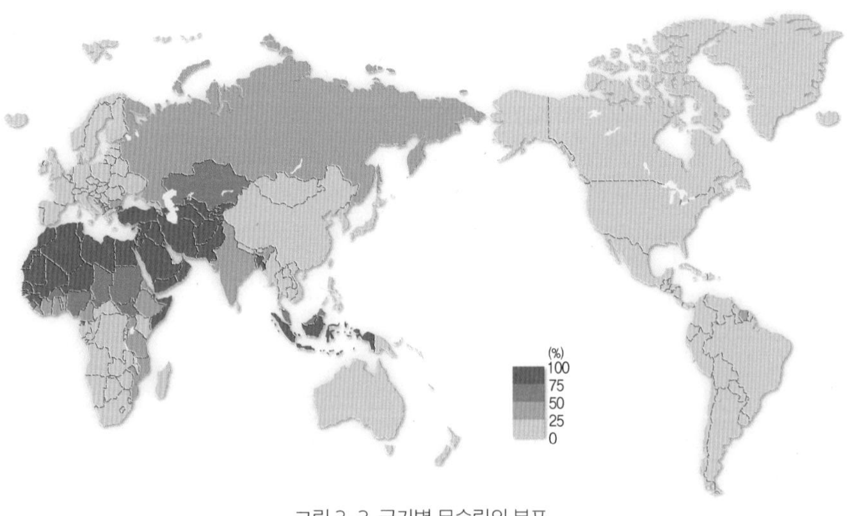

그림 3-3. 국가별 무슬림의 분포

고 있다.

중국인의 일부도 이슬람으로 개종했지만, 그들에게 돼지고기는 중요한 음식이었기 때문에 식용을 하지 못하게 하는 것은 고역이었을 것이다. 중국인 이슬람이 두 명 이상 여행하면 마르지만 홀로 여행하면 살이 찐다는 말은 무엇을 의미하는 것일까?

4. 이슬람 여성의 베일

이슬람권 국가를 여행하면 많은 이슬람 여성을 만날 수 있다. 그들은 지역에 따라 변형된 다양한 베일을 쓰는데, 베일은 여성들의 신체를 가리는 독특한 의상으로 남편이나 가족이 아닌 다른 남성에게 유혹하기 쉬운 몸을 노출해서는 안 된다는 관습에서 비롯되었다(이에 관해서는 37절에서 더 소상히 설명하고 있다).

이슬람 여성이 착용하는 베일에는 부르카 이외에도 히잡과 니캅, 차도르 등이 있다. 히잡Hijab은 머리카락을 가리는 두건인데, 얼굴은 전부 드러낼 수 있으며 스카프처럼 감아 머리와 목과 가슴을 가린다. 히잡은 착용이 간편한 것이 특징으로 동남아시아에서는 화려한 색상이나 무늬의 히잡을 착용한다. 차도르Chador는 온몸에 두를 수 있을 정도의 큰 외투이며, 니캅Niqab은 눈 아래 얼굴을 가릴 수 있는 베일로 히잡과 함께 착용해 부르카와 유사하다.

가장 보수적인 부르카Burka는 눈 이외의 얼굴 부위를 노출할 수 없으며, 큰 베일을

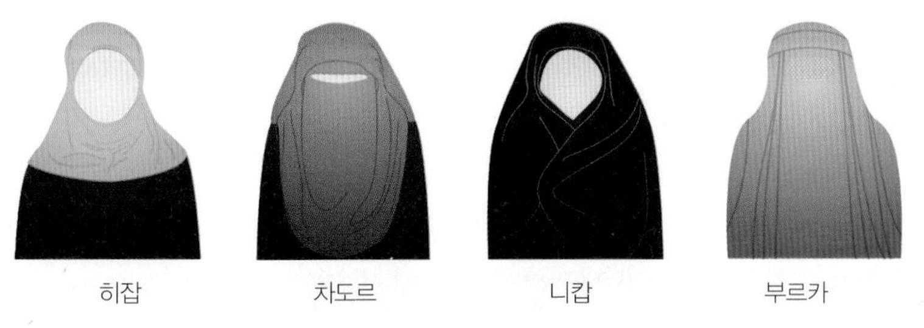

그림 3-4. 이슬람권 여성의 의상

뒤집어쓴 형태로 색상이나 세밀한 부분은 국가와 지역마다 차이가 있다. 아프가니스탄의 부르카는 머리부터 발목 부분까지 전신이 가려지는 형태다. 손에는 장갑을 끼고 눈 부위에는 망사를 씌워 시야만 확보하는 방식으로 신체 노출을 최소화하기 때문에 시력에 문제가 생긴다.

아프가니스탄에서는 1990년대 중반 극단적 보수주의 계열인 탈레반 정권이 들어서면서 전신 부르카의 착용이 강제되었다. 탈레반은 아프가니스탄 남부를 중심으로 거주하는 파슈툰Pashtun족에 바탕을 둔 부족 단체에서 출발한 조직이다. 이와 달리 인도나 파키스탄의 부르카는 눈 부위가 개방된 형태가 많다.

이슬람 문화권에서 부르카는 신앙과 겸손의 의미로 여겨지지만, 여성에게만 강제된 복장이라는 점에서 비판의 대상이 되기도 한다. 보통 부르카·니캅·차도르는 남편에게 신체의 처분권을 완전히 넘기는 보수적인 여성상의 억압적인 표출로 여겨진다. 흔히 여성 자신이 다양한 베일 중 하나를 선택하는 것으로 알고 있는데, 사실은 결혼 전에는 아버지가, 결혼 후에는 남편이 선택한다. 특히 부르카는 신체 전부를 베일로 가

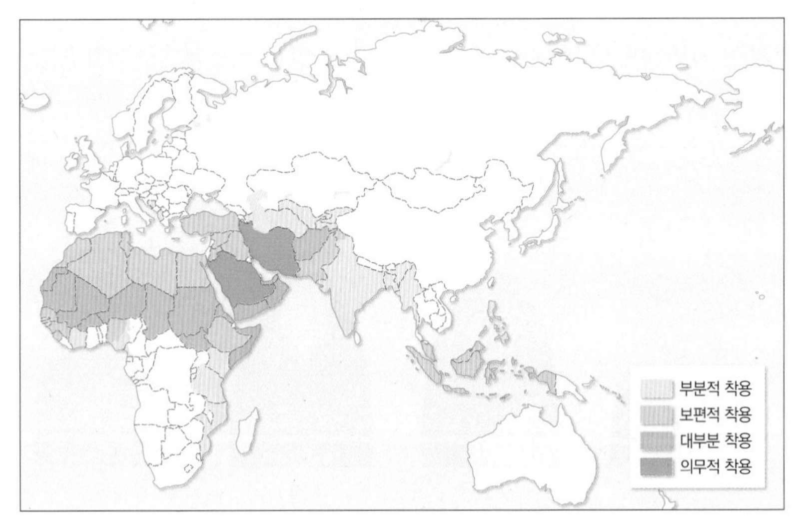

그림 3-5. 이슬람 여성의 국가별 베일 착용

리는 매우 보수적인 의상으로 인도 일부와 파키스탄, 아프가니스탄 등지의 일부지역에서 착용한다.

과거 봉건시대의 베일은 사실 이슬람권뿐만 아니라 동서양에서도 처녀는 얌전한 규수임을, 기혼녀는 남편에게 순종함을 나타내기 위한 것이었으므로 여성을 종속적 존재로 숨겨 두기 위해 고안된 복장이었다. 근대화에 따라 도시여성들이 개인의 선택에 따라 베일의 색상을 화려한 것으로 바꾸거나 아예 베일을 벗는 경우가 많아지고 있다.

한편, 이런 의상은 아프가니스탄 파슈툰족의 문화적·종교적 전통에서 비롯된 의복문화이므로 함부로 비난해서는 안 된다는 견해도 있다. 그렇다 하더라도 이슬람 여성들도 미장원에 가서 헤어스타일을 가꾸고 염색을 하고 싶은 욕망이 있을 것 같다. 그 대신 무슬림 여성들은 눈만 드러내는 니캅이나 부르카를 착용할 경우 눈 화장에 공을 많이 들이는 것으로 알려져 있다.

이슬람은 건조한 사막지대에서 생겨난 오아시스 종교다. 이슬람은 건조한 공기와 강렬한 햇볕으로부터 피부를 보호해 줄 수 있는 기능의 의상이 필요했을 것이다. 무슬림들은 연약한 여성을 보호하기 위해 고안한 것이므로 하등 비난 받을 이유가 없다고 주장한다. 그들이 주로 검정색을 기초로 한 의상을 입는 것은 사막의 흰색과 대비되게 하여 식별하기 위해서였다. 이런 입장에서 본다면 이슬람 여성들이 베일을 착용하는 것은 종교가 아니라 기후에 대응해 고안된 의상이므로 비난받을 이유는 없을 것이다. 이슬람 여성은 의상이 단순한 대신에 많은 장식품으로 치장한다.

사진 3-5. 이슬람 여성의 눈 화장

음식문화가 기후환경의 산물이듯 의복문화도 기후의 산물로 이해할 수 있다. 그러나 시대의 변천에 따라 근세 유럽인이 양복을, 한국인이 한복을 더 이상 고집하지 않는 것처럼, 지구촌화된 현대 사회에서 시대에 맞지 않는 불편한 의복을 고집할 이유는 없다. 세계화된 지구촌에서 너무 이질적인 의상은 거부감과 저항감을 불러일으키기 때문이다. 프랑스를 비롯한 유럽의 몇몇 국가들이 베일 착용 금지법을 제정했거나 고려 중이다.

37

이슬람 국가를 여행할 때 알아 두면 좋은 몇 가지 상식

키워드: 이슬람교, 무슬림, 메카, 성지순례, 라마단, 이슬람 국가.

세계 3대 종교 중 하나인 이슬람교를 믿는 서남아시아 국가를 여행하고자 하는 사람이 알아 둬야 할 상식 몇 가지는 피와 살이 될 것이다. 심지어 목숨도 보전할 수 있지 않을까 싶다.

우선 중동의 이슬람 국가는 과연 호전적일가? 전 세계 이슬람 인구는 16억 명으로 추산되고 있으며, 신도 수는 더 늘어나고 있다. 2015년을 기준으로 세계 인구가 75억 명일 때 무슬림은 21.3%에 달했다. 지구상에 거주하는 사람 10명 중 2명은 이슬람교를 믿는 것이다. 뉴스에서 연일 보도되는 시리아 내전과 난민문제로 이슬람권의 무슬림이 호전적이라는 선입견으로 적대감을 가진 한국인이 많은 것 같다. 또한 제주도의 예멘 난민문제를 접해 본다면 무슬림 난민에 대한 선입견이 얼마나 큰지 알 수 있다.

이슬람은 크게 이란으로 대표되는 시아파와 사우디아라비아로 대표되는 수니파로 나뉜다. 왜 같은 무슬림인데 종파에 따라 서로 적대적일까? 시아파와 수니파가 적대감을 드러내며 전쟁에 직면해 있다는 사실은 아주 단순한 조직적 문제에서 출발한다. '선지자 마호메트의 후계자를 한 명으로 할 것인가? 아니면 여러 명으로 할 것인가?'라는 아주 단순한 문제에서 분쟁의 씨앗이 태동했다. 수니파는 다수체제를 선호하고

시아파는 한 명의 후계자를 선호한다. 후계문제로 종파가 나뉘었고 결국 단순한 조직의 문제가 첨예하게 대립되는 분쟁의 씨앗이 되어 현재에도 사우디아라비아와 이란이 적대적으로 대립하고 있다.

그렇다면 무슬림은 모두 적대적이고 호전적인가? 정답은 그렇지 않다는 것이다. 이슬람 국가IS: Islamic State라 불리는 이슬람 수니파 근본주의자는 약 1,600만 명으로 전 세계 무슬림의 10%에도 미치지 못한다. 대부분의 무슬림은 호전적이지 않고 사교적인 네 비해 소수의 근본주의자들이 그들의 신념을 이루기 위해 폭력을 행시하는 것이다.

이슬람권 국가에서는 술을 마실 수 없는가? 원칙적으로는 마실 수 없다. 코란에서 허용되지 않는 것을 의미하는 '하람' 중 하나가 술이기 때문이다. 하지만 외국인에 한정하여 개방화가 이루어진 아부다비나 두바이에서는 호텔에서만 음주가 허용된다. 또한 술을 마시기 위해서는 주류 라이센스가 있어야만 한다. 당연히 수니파의 머리인 사우디아라비아에서는 음주가 불가능하며, 심지어 여성의 운전도 2018년 6월 24일 전까지는 불가능했다.

이슬람 문화에 대한 이해가 없는 사람들이 종종 곤욕을 치르는 사례가 있다. 술을 마시고 택시를 타는 것이다. 택시를 운전하는 사람이 무슬림이면 술 마신 탑승객은 감옥행을 감당해야 한다. 술 냄새가 풍기는 승객이 택시에 타면 무슬림 택시기사는 무조건 경찰서로 직행할 수 있다. 경찰서에 들어서면 이슬람 율법을 어겼기에 오렌지 죄수복을 입히고 머리를 박박 깎아 감옥에 가두고 15일 감치 후 추방명령을 받게 될 것이다. 이는 우리나라 건설노동자들이 종종 경험하는 일화이기도 하다. 사막기후로 숙취해소도 잘 안 되는 데도 불구하고 하지 말라는 음주를 하여 감옥에 가거나 생명의 위협을 당하는 어리석은 행동은 하지 말길 바란다.

이슬람 여행의 일정은 어떻게 짜는 게 좋을까? 우선 이슬람의 주말을 알아 두는 것이 좋은 팁이 될 수 있다. 이슬람의 휴일은 토요일과 일요일이 아니라 금요일과 토요일이다. 특히 사우디아라비아의 금요일은 이슬람교의 예배일로 우리의 일요일에 해당

된다. 금요일과 토요일에 이슬람 국가를 방문한다면 휴일이기에 아무것도 할 수 없어 낭패를 당할 수 있다.

그렇다면 왜 우리나라와 휴일이 다른 것일까? 답은 간단하다. 이슬람 국가는 기독교 국가가 아니며, 이슬람 달력을 기본으로 사용하기 때문이다. 이슬람 국가별로 휴일이 다르므로 요일을 확인 후 여행계획을 짜는 것이 좋다. 우리나라는 기독교에서 사용하는 달력을 사용하고 있다.

남성이 무슬림 여성을 길에서 마주치면 어떻게 해야 할까? 눈을 마주치지 않고 떨어져서 걷는 것이 가장 좋다. 여성과 남성이 눈을 마주치면 간음한 것으로 인식하기 때문이다. 무슬림 여성이 두르고 있는 히잡이나 부르카와 같은 베일은 남성과 마주치는 것을 금하기 위한 의복문화의 일종이다. 남성과 여성이 엄격히 분리되는 문화이므로 말을 건다든지 쳐다보면 낭패를 당하기 쉽다. 저자가 아부다비에 파견 근무를 갔을 때 지방행정부 차관이 당부한 첫 번째가 여성과 눈을 마주치지 말라는 것이었고, 두 번째는 술을 먹고 택시 타지 말라는 것이었다.

이슬람교는 평화의 종교다. 이 종교는 우리에게 인식되어 있는 전쟁과 폭력의 종교가 아니다. "알라는 유일신이다!allah hu allah alwahidu!"라는 이슬람 주기도문을 외어 둔다면 혹시나 이슬람 근본주의자에게 납치당할 위기에 빠졌을 때 목숨을 구할 수 있지 않을까 싶다. 무슬림은 무슬림을 존중하기 때문이다.

이슬람교 하면 먼저 떠오르는 것이 라마단일 것이다. 이슬람력으로 9번째 달에 해당하는 라마단은 성스럽고 고난을 함께하는 달이다. 이 라마단의 시작과 끝 날짜는 매년 나라마다 조금씩 다르다. 달의 형상을 보고 이슬람의 종교부에 소속된 종교지도자가 공표하기 때문이다.

라마단 기간에는 해가 떠 있을 때 아무것도 마시거나 먹을 수 없다. 물은 물론이거니와 껌도 씹을 수 없고 담배도 피울 수 없다. 혹시 낮에 담배를 피우거나 껌을 씹는다면 종교경찰에게 잡혀갈 수도 있다. 하지만 해가 지면 먹을 수 있다. 라마단은 무슬림이 고통을 감내하는 달이기에 여행객도 무슬림의 고통에 동참해야 한다.

이슬람교는 메카의 성지를 일생에 한 번 이상 순례하는 것이 의무다. 성지순례 기간에는 전 세계에서 200~300만 명의 신도들이 집결해 세계 최대의 종교행사를 이룬다. 성지순례는 이슬람교의 창시자인 마호메트의 마지막 일정을 재현하는 이슬람 최대 행사로, 순례의 달이라 불리는 이슬람력 12월의 8~12일에 치러진다. 성지순례 의식을 치르는 순서는 그림 3-6과 같다.

구체적으로 몸을 정결히 하는 이흐람ihram을 행한 후 입장하여 카바 주위로 가서 반시계 방향으로 일곱 바퀴 돈다. 카바를 돌고 나서는 카바 동쪽 근처의 아브라함의 발자국이 있다는 곳에서 두 번 기도를 하고 남쪽에 있는 성천인 잠잠 샘에 가서 물을 마신다. 이후 메카 동쪽으로 7㎞ 지점에 있는 미나 평원에 가서 숙영한다.

둘째 날 해가 뜨면 메카 동쪽으로 25㎞ 떨어진 성산 아라파트산에 가서 각종 행사를 치른다. 이곳은 632년 마호메트가 사망하기 석 달 전 마지막 설교를 했던 곳으로 정오에서 황혼이 질 때까지 기도한다. '최후 심판의 날' 신 앞에 나서는 것을 상징하는 것으로 순례행사의 절정이다. 해가 지면 메카에서 12㎞ 떨어진 무즈달리파사막으로 이동해 하룻밤을 묵는다.

다음날 해가 뜨기 전 미나 평원으로 출발하는데, 무즈달리파사막에서 자그마한 조약돌 49개를 줍는다. 미나 평원 부근에 있는 세 개의 마귀 돌기둥으로 가 주워 온 조약돌을 7개씩 던지며 "악마야 물러가라!"라고 외친다. 이후 '이드 알아드하'라 불리는 희생제를 치른다. 희생제는 아브라함이 아들 이스마엘을 알라의 제물로 바치려 했으나 대천사 가브리엘의 중재로 양을 대신 바쳤다는 전설에서 유래한 행사다.

희생제는 이슬람권 최대 명절로, 순례에 참가하지 못하는 사람은 가정에서 양, 낙타, 소 등을 잡아 제를 올린 뒤 가족과 이웃, 가난한 사람과 나눠 먹는다. 이슬람권 국가들은 통상 메카 순례의 마지막 날부터 3~4일간을 공휴일로 지정해 희생제를 기념한다.

이슬람 경전인 코란은 돈과 건강이 허락하는 한 메카의 성지를 일생에 한 번 이상 순례하는 것을 의무로 정하고 있다. 순례기간에는 머리카락을 자른다든가 손발톱을 깎을 수 없고 향수를 뿌리거나 보석으로 치장할 수 없으며 성관계나 언쟁, 험담을 해서

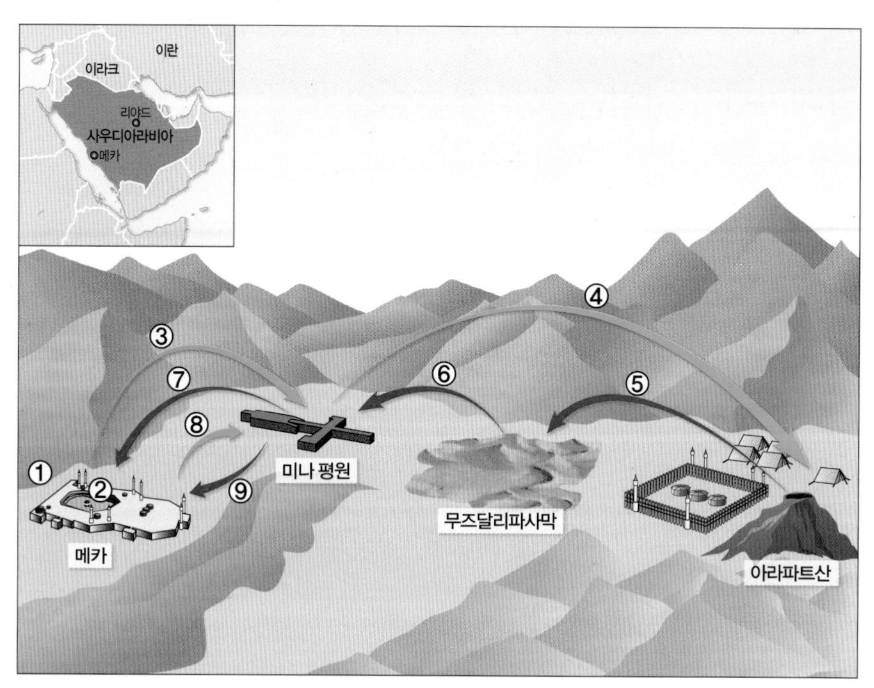

그림 3-6. 메카 성지순례 순서

도 안 된다. 풀 한 포기, 나무 한 그루도 다치게 해서는 안 되며 희생물을 제외한 어떠한 생명체도 죽일 수 없다.

우리가 이슬람 문화에 대한 사소한 편견을 갖기보다는 서로 다르다는 점을 인정하는 상호문화주의를 갖고 여행한다면 이국적인 이슬람문화를 체험할 수 있고 세계관도 더욱 넓어질 것이다.

38
말레이시아 사람은 모두 무슬림일까?
부미푸트라와 비非부미푸트라

키워드: 말레이시아, 부미푸트라, 비부미푸트라, 페라나칸.

말레이시아를 여행하고 온 사람들이 한결같이 이야기 하는 것 중 하나는 중국인과 인도인이 너무나 많다는 것이다. 그렇다면 그들이 만난 중국인과 인도인은 어느 나라 사람들일까? 그들은 대부분 말레이시아 국적을 갖고 있는 말레이시아 국민들이다.

말레이시아는 아시아의 대표적인 다문화국가로 다인종·다종교·다언어로 이루어져 있어 아시아의 뉴욕이라고 불린다. 말레이시아 관광청은 자국을 'Truly Asia', 즉 '진정한 아시아'라고 홍보하고 있다(그림 3-7). 그 이유는 말레이 인종뿐만 아니라 아시아의 가장 많은 인구수를 자랑하는 중국계와 인도계가 주요 종족 그룹을 이루고 있기 때문이다. 각 종족은 서로 다른 문화·축제·전통·관습을 갖고 생활하고 있다.

말레이시아가 본국의 다문화적 특성을 관광 브랜드화하여 홍보하고 있지만, 실제로 말레이시아가 현재와 같은 다민족국가가 된 것은 100년이 되지 않는다. 19세기 후반 영국 식민지정책에 따라 중국인과 인도인 노동자가 말레이시아로 이동한 것이 그 시작이라고 할 수 있으며, 서로 다른 역사와 지리적 위치에 있었던 종족이 인구이동을 통해 하나의 공간에 모이면서 각각의 고유성을 유지하고, 문화적 동화나 변용의 과정을 거치면서 새로운 다문화사회를 만들어 가고 있다.

그림 3-7. 말레이시아 관광청의 홍보 자료

말레이시아 인구는 2015년 인구조사통계에 따르면 약 3,000만 명으로 말레이계가 62%, 중국계 23%, 인도계 7%, 기타 1%, 그리고 외국인 7%로 구성되어 있다. 이러한 종족 분포와 종족 간의 관계는 오늘날 말레이시아의 정치·경제·사회·문화변동을 이해하는 데 매우 중요한 요소가 되었다.

말레이시아 원주민과 이주민을 각각 부미푸트라Bumiputra와 비부미푸트라Non-Bumiputra로 구분한다. 부미푸트라는 '흙의 자손'이라는 뜻으로 말레이시아 토착주민을 가리키며, 비부미푸트라는 이주민으로 주로 중국계와 인도계, 그 이외의 이주민을 가리킨다. 비부미푸트라에서는 중국계 비율이 가장 높고, 현재 말레이시아는 동남아시아 국가 중에서 싱가포르를 제외하고는 중국계 비율이 가장 높은 나라다.

'경제는 중국계, 정치는 말레이계'라는 것은 말레이시아 사회를 간명하게 설명하기 좋은 표현이다. 중국계는 전 인구의 20% 정도에 불과하지만 말레이시아 부의 70% 이상을 차지하고 있고, 동남아시아 화교 및 중국·타이완과의 비즈니스 네트워크가 강력한 상황에서 중국계는 자신들의 기득권인 경제력을 인정받는 대가로 말레이계의 정치권력 유지를 묵인하고 있다.

중국인이 처음 말레이반도에 들어온 기록은 15세기 말라카 왕국(믈라카의 옛 지명)에 들어온 푸젠성福建省 출신 호키엔Hokkien 무역가로부터 시작되었다. 말라카지역에 정착한 중국인들은 페라나칸Peranakan이라는 공동체를 형성했다. 이들은 중국 각 지

사진 3-6. 쿠알라룸푸르 차이나타운의 패루(중국식 대문)

방의 방언과 말레이어를 섞은 페라나칸의 방언을 만들어 냈으며, 음식과 의복에서도 중국식에 말레이식 특성을 가미한 새로운 문화를 만들어 냈다. 중국인들이 대거 말레이시아로 이동하는 시기는 영국 식민지시대인 1860~1930년대 사이이다.

제1차 세계대전의 전후 복구와 미국과 유럽 각국에서 본격화된 자동차산업은 말레이산 고무와 주석에 대한 폭발적인 수요를 가져왔다. 주석의 다양한 쓰임새를 알게 된 영국인들은 말레이반도에서 많은 양의 주석을 생산하기 위해서 말레이인 등 토착 원주민들을 동원했으나 소기의 생산목표를 달성할 수 없었다. 이에 영국 식민당국은 청나라 말기 아편전쟁의 여파로 최악의 경제상황에 처해 있던 중국인을 손쉽게 광산노동자로 끌어들이는 일에 착수하게 되었다.

중국계 말레이시아인은 내부적인 단결력과 영국의 식민정책에 협조하면서 승승장구했고, 특유의 근면성과 상술로 주석광산의 본격적인 개발에 참여했다. 사진 3-7은 말레이시아의 유명한 주석 가공업체인 로얄 셀랑고르Royal Selangor 회사 박물관의 대표적 상징물이다. 1885년 중국에서 건너온 공예가 용쿤Yong Koon에 의해 설립되었고, 중국계 말레이시아인의 협력으로 성공한 대표적인 회사라고 할 수 있다.

인도인의 본격적인 말레이반도 이주는 1786년 영국이 북부 믈라카 해협에 위치한 페낭섬을 점령하고 말레이반도를 식민지화하면서부터 전면적으로 이루어졌다. 20세기 초 말레이반도의 주석생산은 전 세계 생산량의 절반 이상을 차지했다. 주석으로 높은 이익을 얻는 동안 고무는 서서히 주석을 대체할 말라야의 주요 특산물로서 주목을 받게 되었다. 말라야는 페낭과 9개의 토호국 등이 통합한 연방국가로 1963년 말레이시아에 편입되었다.

사진 3-7. 로얄 셀랑고르의 대표적 상징물

고무농장이 늘어나고 노동수요가 증가함에 따라 인도인의 말라야 이주가 본격화되기 시작했다. 인도인 가운데서도 동남부지역 출신이 품성이 온순하고 지시에 잘 따라서 관리감독이 용이하며, 북부 출신과는 달리 종교와 음식에 대한 터부가 적고, 인도 남부지역의 풍토가 말레이반도와 유사했기 때문에 기후 적응에도 별다른 어려움이 없어 고무 채취 작업의 특성에 잘 맞는 것으로 인식되었다. 이로 인해 말레이시아에 이주한 인도인 중 남부 인도의 타밀Tamil인이 가장 많았고 말라얄람Malayalam, 텔루구Telugu 사람들이 주류를 이루었다.

오늘날 말레이시아에 거주하는 인도인은 과거처럼 고무농장의 노동자가 아니라, 말레이시아 사회의 정당한 구성원으로 자리 잡았다. 쿠알라룸푸르 거리에서 그들이 모

사진 3-8. 쿠알라룸푸르의 리틀 인디아

여 사는 '리틀 인디아'를 볼 수 있다. 순수한 개인 자격의 이민자 비중이 증가하면서 정치·경제·사회·문화 등 제반 영역에 걸쳐 말레이인과 중국계 이민자에 이어 3위의 주요 종족으로 자리매김하고 있다.

중국인이 생활필수품의 유통업 분야를 비롯한 상업 일반과 국제무역에 걸쳐 폭넓은 분야에서 절대적인 영향력을 행사했던 것과 달리 인도인은 의사·회계사·법률자문가·전문 기술자 등과 같은 전문직이나 전문 직능 분야에 한정되었다. 그러나 이러한 분야는 사회발전에 따라 필수적이고, 복합 종족사회에서 어느 종족과도 경쟁하지 않고 타 종족에게 손해를 끼치지 않아 독립적으로 생존할 수 있는 분야다. 이들의 뛰어난 능력은 때때로 실력자들의 보호를 받아 정치적 변동 속에서도 건재한 경우가 많았다.

말레이시아의 인도인 사회에서는 힌두교의 카스트 제도가 인도에서처럼 엄격하게 통용되지는 않지만, 브라만Brahman의 후예들에 의해서 종교의식이 거행될 때 인도인은 최고의 경의를 표한다. 그들은 힌두교의 많은 신 중에서 무르간을 가장 숭배한다. 무르간Murugan은 타밀인이 전통적으로 가장 숭배하는 신이며 전쟁과 풍요를 상징한다.

사진 3-9. 바투동굴과 무르간

쿠알라룸푸르의 석회함 동굴인 바투 동굴은 힌두교의 최대 성지인데, 동굴로 올라가는 272개의 계단 입구에는 약 40m가 넘는 황금색 무르간 신의 동상과 힌두사원이 있다. 무르간을 경배하며 벌이는 '타이푸삼' 축제는 참회와 속죄의 고행을 체험하는 축제로, 타밀족이 많이 살고 있는 싱가포르에서도 타이푸삼 축제가 열린다.

말레이시아의 원래 주민이었던 부미푸트라의 관점에서 보면, 말레이시아의 경제를 주도하고 풍요로운 도시생활을 누리는 중국인이 남의 나라에 와서 많은 혜택을 받고 자신의 것을 가져가는 것으로 보일 수도 있다. 또한 경제적으로는 부유하지만 정치적으로 영향력을 거의 행사할 수 없는 중국계 입장에서 보면, 말레이시아 국민이기를 원하지만 영원한 이방인으로 살아가야만 하는 것을 받아들이는 것이 쉽지 않을 것이다.

인도계 역시 정치적으로나 경제적으로 다른 종족에게 밀리면서, 그 사이에서 살아가는 것이 쉽지 않을 것이다. 그러나 말레이시아는 '다양성 속의 통일성'을 성공적으로 이루고 있는 나라로 평가받고 있다. 이제 우리나라도 점점 다문화사회가 되어 가고 있기 때문에, 말레이시아의 다문화사회나 정부정책 등으로부터 많은 시사점을 얻을 수 있다.

39

이슬람 국가에서는 샴푸 광고를 어떻게 할까?

키워드: 이슬람, 샴푸 광고, 머리카락, 히잡, 차도르, 이드리시.

사진 3-10은 이슬람 국가의 도로변에 있는 대형 광고간판을 촬영한 것이다. 무엇을 광고하려는 것일까? 바로 샴푸 광고이다. 우리에게 샴푸 광고라고 하면 아름다운 여배우의 길고 빛나는 머릿결이 화면에 흐르는 모습이 떠오른다. 그런데 이 광고는 머리카락이 전혀 나오지 않고, 오히려 그녀가 머리에 쓰고 있는 히잡이 머릿결을 대신한다. 처음에는 이 광고가 너무 어색하게 다가왔지만, 이 지역에 오래 머물면서 이와 유사한 TV 광고와 잡지 광고에 익숙해지다 보니 흐르는 듯 부드러운 히잡을 머리카락으로 느끼는 것이 자연스러워졌다.

사진 3-10. 이슬람 국가의 샴푸 광고

그렇다면 이슬람 여성은 왜 이렇게 머리카락조차 외부에 노출되는 것을 꺼리는 것일까? 이에 관해서는 앞서 36절에서 설명했지만 다시 한 번 설명하자면, 원래 이슬람의 의상은 사막의 모래바람과 열기를 막기 위해 자연환경에 최적화된 것으로, 오래전부터 내려오는 전통의상이었다. 그러다가 이슬람 경전인 코란에서 베일을 언급하면서 모든 이슬람 여성이 지켜야 할 의무가 되었고, 종교적인 의미를 가장 많이 담고 있는 대표적 의상이 되었다.

> 밖으로 나타내는 것 이외에는 유혹하는 어떤 것도 보여서는 아니 되니라. 즉 가슴을 가리는 수건을 써서 남편과 그의 부모, 자기 부모, 자기 자식, 자기의 형제, 형제의 자식, 소유하고 있는 하녀, 성욕을 갖지 못하는 하인 그리고 성에 대해 부끄러움을 알지 못하는 어린이 이외의 자에게는 아름다운 곳을 드러내지 않도록 해야 되니라. (코란 24장 31절)

이로 인해 베일은 전통의상이라기보다는 오히려 무슬림의 정체성을 표시하고 남편이 아닌 다른 남성의 접촉을 차단하기 위한 것으로 받아들여졌다. 이슬람에서 종교적인 임무와 수행에 있어 남녀가 평등하지만, 남성에게는 경제적인 의무가 있고, 여성에게는 자녀를 교육하고 가정을 유지해야 하는 의무가 있다. 특히 부인이 될 여성의 순결을 굉장히 중시하는데, 히잡이 순결성과 처녀성을 상징하는 수단으로 쓰이면서 이슬람 남성은 베일을 입은 여성을 더 선호하게 되었고, 점차 베일이 여성의 처녀성을 보장하며 가문의 명예를 지키는 보호장치로 사용되기에 이르렀다. 그러나 코란에 어디를 어떻게 가려야 할지에 관해서는 구체적으로 명시되지 않은 관계로 각 나라와 종교적인 해석, 계층, 연령, 취향에 따라 다양한 종류의 의상이 나타나게 되었다.

과거 우리나라 전통의상에도 '쓰개 문화'가 발달했었으며, 가까운 곳으로 외출할 때도 여성들은 쓰개치마와 장옷 등으로 얼굴을 가리고 다녔다. 이러한 관점에서 본다면 낯설었던 이슬람 여성의 히잡과 같은 베일이 멀게만 느껴지지는 않을 것이다.

최근 무슬림의 패션 시장은 계속 성장하고 있다. 2016년 유니클로Uniqlo, 돌체 앤 가바나Dolce & Gabana와 같은 글로벌 브랜드가 무슬림을 공략한 새로운 의류 라인을 발표해 이슬람 율법에 맞게 노출을 최소화한 모디스트 패션에 관심이 집중되었다. 히잡을 착용한 소말리아계 미국인 무슬림 여성 모델이 패션잡지 『보그Vogue』와 『엘르Elle』의 표지 화보를 장식하고, 밀라노 패션 위크의 막스 마라Max Mara 컬렉션 모델로 워킹을 하는 등 히잡이 패션 주류에 합류하는 움직임을 보이고 있다.

사진 3-11. 패션잡지 『보그』

2015년 세계적인 의류업체 H&M 모델인 영국 무슬림 마리아 이드리시Mariah Idrissi는 히잡을 쓰고 화보 촬영을 했다. 그녀는 히잡이 이상하거나 여성에 대한 제약 또는 억압이라는 편견이 틀렸다는 것을 증명하고 싶었고, 히잡도 다른 옷과 잘 어울리는 패션 스타일이 될 수 있다는 점도 보여주고자 광고에 참여했다고 주장했다. 더 나아가 차도르와 니캅처럼 몸을 가리는 무슬림 여성의 복식이 오히려 여성에게 성적 매력을 강요하지 않아 성적 억압에서 벗어날 수 있도록 한다는 게 그녀의 주장이다.

이슬람 여성의 몸을 가리는 형태의 의상에 대해 찬반양론이 팽배하다. 그러나 종교·국가·남성에 의한 것이 아니라 이슬람 여성 스스로 착용 여부를 결정하고 아름다움을 추구하는 인간의 또 다른 표현방법으로 받아들여진다면, 더 이상 억압과 편견의 상징이 되지 않을 것으로 기대해 본다.

사진 3-12. 베일을 착용한 여성의 광고판

40

가장 인기 있는 향수는?

키워드: 향수, 오데코롱, 샤넬 No. 5, 크리스챤 디올, 향수산업.

1. 향수의 유래

원래 향수는 고대에 종교적 의식용으로 사용되기 시작하였다. 향수의 어원은 라틴어의 '연기를 통한다.'라는 의미인 perfumare에서 유래했다. 향수의 역사는 메소포타미아 문명과 고대 이집트 문명이 발생한 약 5,000년 전으로 거슬러 올라간다. 그 후 향수는 이집트 문명권을 거쳐 그리스와 로마 등지로 퍼져 나가 귀족계급의 기호품이 되었다. 그러나 당시에는 향수가 대중화되지 못했다.

향수 하면 떠오르는 것은 단연 프랑스제 향수일 것이다. 향수를 애용하는 사람이라면 프랑스 브랜드 두세 개 정도는 기억하고 있을 것이다. 그러나 사실상 향수의 원조는 프랑스가 아닌 독일이었다. 세계 향수시장에서 판매되고 있는 제품은 96% 농도의 에칠알코올로 향료를 15~20% 용해하여 유리병에 밀봉한 것이 대부분이다. 상품으로서의 향수의 원형은 현재 '코롱'이라 불리는 것으로 향료를 3% 농도로 제조한 것이었다.

코롱이란 독일 서부의 쾰른시를 프랑스식 발음으로 표기한 것인데, 오데코롱Eau de

퀼른제 오데코롱　　　프랑스제 로제 에 갈레

사진 3-13. 향수의 원형이었던 코롱

cologne은 '퀼른의 물'이란 뜻이다. 18세기 초 독일의 퀼른에서 제조된 향수는 나폴레옹 원정 때 파리에 전해지면서 유행하기 시작했다. 우리나라 소비자들이 많이 애용하는 '4711'이 퀼른의 오데코롱 향수라는 것은 널리 알려져 있다.

향수가 프랑스 귀족들 사이에서 사용되기 시작한 것은 1770년대였지만, 상품으로 등장한 것은 1806년경이다. 이탈리아인이 프랑스 파리에서 개점한 화장품 가게의 코롱이 그것이다. 이 코롱을 1862년 로제 에 갈레사가 매수하여 판매한 것이 오늘날 프랑스 향수의 원조라 전해지고 있다. 로제 에 갈레Roger & Gallet는 국내에서는 큰 인기가 없는 브랜드이지만 프랑스에서는 최고의 인기를 누리고 있다. 당시 향수는 남녀공용이었다.

2. 향수의 세계화

향수 중 지명도가 가장 높은 것은 '샤넬 No. 5'일 것이다. 이 브랜드의 등장으로 프랑스의 향수가 세계에 알려지기 시작했다. 1924년 발매된 이 향수는 20세기 최고의 디자이너였던 코코 샤넬의 이름을 딴 것이다. 왜 하필이면 'No. 5'였을까? 이 독특한 이름은 5란 숫자가 행운을 뜻한다는 일종의 미신에 대한 샤넬의 믿음에서 생겨났다.

이 제품이 프랑스 향수의 혁명을 이룬 이유는 과연 무엇이었을까? 천연식물의 꽃에서 채취한 고가의 알데히드가 포함되어 있어 향기가 퍼져 나가는 데 매우 효과적이란 사실이 화학분석 결과 처음으로 입증되었다. 과거 제1차 세계대전 중에 북유럽에서 어느 병사가 경험한 꽃향기를 실험실에서 재현하는 데 성공했다. 그것 중 하나가 샤넬이 상품화한 No. 5였다.

향수의 보급은 그 나라 문화의 척도가 되는 것으로 알려져 있으나, 주로 서양을 중심

사진 3-14. 프랑스 향수를 대표하는 샤넬 No.5

으로 백인 사이에서 가장 많이 보급되었다. 제2차 세계대전 전까지만 하더라도 향수 시장에서 프랑스가 중심에 있었지만, 그 후에는 미국이 최대 시장이 되었다. 1950년까지만 하더라도 프랑스 향수가 미국시장에서 차지하는 비율은 85%에 달했다.

미국의 에이본Avon사가 프랑스 제품에 도전장을 내밀었지만 품질이 뒤따르지 못했다. 그러나 에이본사는 넓은 판매망과 가격경쟁력을 동원하여 지방도시의 여인들을 타깃으로 한 마케팅 전략으로 프랑스 향수에 대항했다. 프랑스의 향수 메이커들은 제품에 대한 프라이드만 믿고 별도의 대책을 수립하지 않았다. 그리하여 향수시장에서 미국이 역전승을 거두게 되었다.

전 세계 향수시장 규모는 2015년 기준으로 394억 달러(한화 약 44조 531억 원)로 전체 화장품·생활용품 시장의 9.2%를 차지한다. 국가별 향수시장의 규모를 보면 그림 3-8에서 보는 것과 같이 미국시장이 세계 향수시장의 20% 이상을 점유하고 있으며 브라질, 프랑스, 중국, 한국, 일본의 순이다. 그러나 프랑스인의 예술적 센스와 창조정신, 전통을 지키려는 국민성 등으로 프랑스 향수가 질적으로 우수한 것이 사실이다.

한국업계가 세계 화장품시장에 뛰어든 시기는 늦었지만 최근 한류 붐에 힘입어 그 성장률이 주목할 만하다. 근래에 들어와서는 한국에서 향수 사용이 일반화된 경향을 띤다. 우리나라 향수시장은 약 4,500억 원 규모로 기초화장품 시장의 1/13, 색조화장품 시장의 1/5 수준이다.

이처럼 국내시장은 세계시장에 비해 규모는 작은 편이지만 향후 발전가능성은 큰

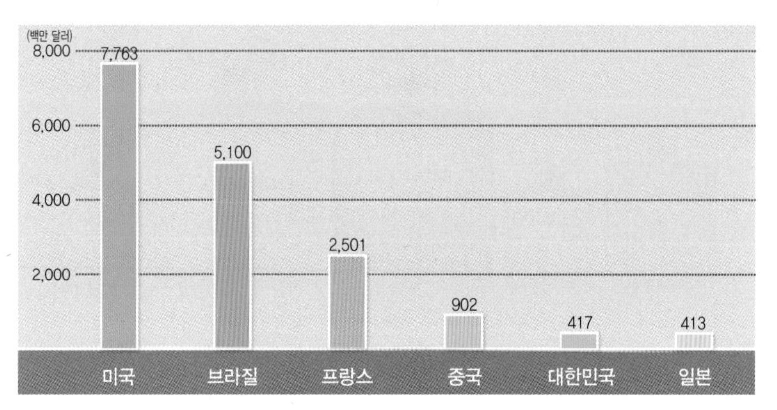

그림 3-8. 주요 국가별 향수시장 규모

것으로 보인다. 최근 3년간 국내 향수시장은 평균 5%대의 성장률을 보이고 있지만, 가격대가 높은 고급향수만을 분리해서 보면 시장성장률은 훨씬 가파른 것으로 나타났다. 국내 향수시장의 33%는 수입제품이며 이 중 절반이 프랑스산이다.

주요 향수의 브랜드별 점유율 보면, 크리스찬 디올의 쟈도르J'adore가 2.7% 점유율로 1위를 차지했고, 겔랑의 라 쁘띠 로브 느와르La Petite Robe Noire가 점유율 2.5%로 2위, 랑콤의 라비에벨La Vie est Belle이 점유율 2.4%로 3위를 차지했다. 상위권을 차지한

표 3-1. 주요 향수별 톱 텐의 점유율

순위	브랜드	회사	점유율(%)
1	쟈도르	크리스찬 디올 SA	2.7
2	라 쁘띠 로브 느와르	겔랑 SA	2.5
3	라비에벨	랑콤 퍼퓸	2.4
4	샤넬 No. 5	샤넬 SA	2.1
5	파코라반 원밀리언	파코라반	2.0
6	엔젤	클라란스	1.8
7	코코 마드모아젤	샤넬 SA	1.7
8	장 폴 고티에	보떼 프레스티지 인터내셔널	1.7
9	미스 디올	크리스찬 디올 SA	1.5
10	샬리마	겔랑 SA	1.5

쟈도르 (크리스찬 디올) 라 쁘띠 로브 느와르 (겔랑) 라비에벨 (랑콤)

사진 3-15. 가장 인기 있는 프랑스산 향수 브랜드

향수는 모두 프리미엄 향수 브랜드로, 프리미엄 향수시장은 전체 향수시장에서 15억 3,340만 유로로 82%를 차지하고 있다. 그중에서도 프리미엄 여성용 향수 부문은 10억 410만 달러로 전체 향수시장의 절반 이상을 차지한다. 이렇게 볼 때 향수산업을 결코 가볍게 볼 수 없다는 것을 알 수 있다.

41

음식 맛은 어느 나라가 좋나?

키워드: 포크, 향신료, 비프스테이크, 피시 앤 칩스, 프랑스 요리, 미슐랭 가이드, 미슐랭 스타.

1. 맛없는 음식을 먹었던 유럽인

유럽인은 밥을 주식으로 하는 동양인과 달리 빵을 주식으로 삼으며 육식을 많이 한다. 밥은 반찬이 뒤따르지만 빵과 고기는 반찬이 필요 없고 스프만 있으면 된다. 동양식은 숟가락과 젓가락이 필요하지만, 서양식은 칼과 나이프를 사용한다. 이는 섭취하는 음식물의 차이에서 비롯된 것이다.

중세까지만 하더라도 유럽인은 손 대신에 나이프 하나로 모든 것을 해결했다. 중세 때 식사도구였던 나이프는 식탁에서 없어서는 안 될 중요한 도구였는데, 남의 집을 방문하는 식객들은 언제나 자신들이 사용할 나이프를 들고 다녔다. 나이프가 없을 경우에 손으로 음식물을 집는 것은 자연스러운 행위였다. 그래서 식사 중에 여러 형태의 대야나 손잡이 달린 물병이 식탁을 빙 돌면 식탁에 둘러앉은 사람들은 자연스레 손을 헹구어야 했다.

유럽인은 칼로 짐승을 잡고 고기를 찢거나 찍어 먹었다. 그런데 칼로 음식을 먹다 보니 입을 다치는 경우가 있어 칼날을 두 개, 세 개, 네 개 이렇게 늘려 가며 사용하게 된 것이 바로 포크의 유래다. 당시 포크는 냅킨과 마찬가지로 사치품으로 대접받았다. 오늘날 서양에서 쓰이는 개인 식기로서의 포크는 비잔티움 제국에서 유래하여 베네치아를 통해 유럽 세계로 전파된 것에서 기원한다.

11세기 이탈리아에서 식사도구로 처음 포크를 사용하기 시작했는데, 당시에는 포크가 신이 내린 인간의 손을 모방했다고 하여 불경스러운 물건으로 간주하고 사용을 금지하기도 했다. 포크는 18세기에 이르러 프랑스의 귀족들이 권위와 부의 상징으로 사용하여 유행하면서 대중화되기 시작했다. 한국인의 식성이 서양화되면서 숟가락과 포크가 동시에 필요해짐에 따라 개발된 '포카락'은 순전히 한국 고유의 식사도구가 되었다.

중세 유럽인이 해외무역으로 경제적 번영을 이룩한 이유 중 하나는 그들에게 강한 동기부여가 있었기 때문이다. 대항해시대에는 아시아와 더 직접적인 무역을 하려는 욕구가 높았다. 아시아에는 그들이 탐내는 향신료와 도자기 등의 그릇과 같은 수많은 진귀한 물품이 있었기 때문이다. 특히 육식을 주로 하는 유럽인은 고기 맛을 돋우기 위해 아시아 방면에서 생산되는 향신료가 필요했다.

중세 유럽에서는 후추가 매우 귀해서 건조시킨 후추 열매 1파운드(약 453g) 정도면 영주의 땅에 귀속된 농노農奴 한 명이 자유인으로 풀려날 수 있을 정도의 가치였다고 하니 그 가치를 짐작할 만하다. 당시에는 후추뿐 아니라 계피·생강·정향과 같은 향신료는 극소수의 식탁에만 오를 수 있었다. 귀족들은 손님을 초대해 부의 상징인 향신료를 내놓아 자신의 품격을 뽐냈을 정도였다.

향신료를 맛본 유럽인은 향신료의 포로가 되어 있었고, 향신료는 권력과 신분의 상징이 되었다. 중세 유럽인의 미각은 투박하여 감각적으로 발달하지 못했었다. 그러나 아시아에서 수입한 향신료 덕분에 비로소 섬세한 맛을 즐길 줄 아는 미식가가 될 수 있었다. 그들은 더 많은 향신료가 필요했지만, 유럽은 그와 같은 물품과 교환할 만한 것을 전혀 갖고 있지 못했다. 문화적 수준이 유럽에 비해 아시아가 부분적으로 더 높았던 것이다.

그러나 두 대륙 가운데 오스만 제국이 육로를 장악하고 있었기 때문에 직접적인 교역이 불가능했다. 수에즈 운하가 없었던 당시에는 아프리카 대륙을 돌아 아시아로 갈 수밖에 없었다. 유럽인이 더 맛있는 향신료를 수중에 넣기 위해 전 세계를 탐험했다고 해도 과언이 아니다. 서양인의 향신료에 대한 욕구가 서서히 유럽을 깨우기 시작한 것이다. 유럽인의 식욕이 신대륙을 발견하게 하고 근대의 개막에 지대한 영향을 미쳤다고 한다면 독자들은 믿을 수 있을까?

인도 항로를 개척한 바스쿠 다가마가 인도 남서부의 어느 왕에게 헌상하기 위해 지참한 물건을 보여 주었을 때, 이미 인도에서 흔한 물건이어서 인도 사람들이 그것을 보고 웃었다고 한다. 15세기의 아시아와 유럽 간의 문명에는 커다란 격차가 없었던 것이다. 음식문화는 동양이 앞서 있었다. 16~17세기는 아시아의 찬란한 문화적 융성기였다고 볼 수 있다.

유럽은 아시아와의 무역에서 막대한 이익을 거둘 수 있었으므로 아무리 먼 거리 무역이라도 그 노고를 충분히 보상받을 수 있었다. 바로 이러한 유혹 때문에 탐험항해와 항로 개척이 더욱 빈번해졌고 지리학이 발달하게 되었다.

2. 영국 음식이 맛없는 이유는?

영국인의 식탁에는 항상 소고기가 빠지지 않는다. 그들은 "No meat, no life."라 할 정도로 비프스테이크를 즐겨 먹지만, 채소는 잘 먹지 않는다. 영국은 과거 빙하의 침식을 받아 토양 중에 부식층이 적기 때문에 척박한 땅이 대부분이어서 감자 수확은 가능하지만 채소 재배는 어려운 편이다. 특히 겨울철에 심각하게 채소가 부족한 편이다. 영국이 아일랜드를 농작물의 공급지로 삼기 위해 식민통치를 한 이유이기도 하다.

오늘날 영국은 입헌군주제 국가지만, 영국역사상 유일하게 공화제를 채택한 시대가 있었다. 크롬웰이 청교도혁명으로 집권하면서 귀족 아래 지주층이었던 젠트리 계급이 지배계층으로 부상했다. 10세기경부터 요새화된 성을 중심으로 부르bourg, 즉 마을이 형성되자 그 도시에 사는 주민을 '부르주아'라 불렀던 것처럼 젠트리 계급은 '젠틀맨gentleman'이란 호칭을 갖게 되었다.

젠트리 계급은 젠틀맨이라는 높은 긍지를 가지고 복장, 매너, 음식 등의 분야에서 독자적인 생활방식을 영위했다. 젠틀맨은 폭음과 폭식을 하지 않고 소박한 식사를 해야 한다는 철학을 가지고 있었다. 요리의 종류를 최소화하고 고기는 어떤 첨가물도 없이 구워 먹을 뿐이었다. 젠틀맨의 대부분은 거의 400년에 걸쳐 지배계급으로 군림하면서 요리에 별 관심을 기울이지 않았다. 또한 프랑스혁명 이후 프랑스와 대립한 영국은 음식문화가 발달한 프랑스문화를 멀리했다. 이것이 영국 음식이 맛없어진 직접적 계기가 되었다. 영국 음식은 혀에 대한 테러라는 혹평까지 들을 정도였다.

3. 영국을 대표하는 피시 앤 칩스

18세기 후반에 영국에서 산업혁명이 일어나자 인구가 폭발적으로 도시에 집중되면서 도시의 저소득계층은 식량 부족에 허덕이게 되었다. 19세기 중엽에 이르러 어획량이 증가함에 따라 도시에 생선이 공급되어 생선구이와 튀긴 감자를 세트로 하는 요리가 널리 퍼지게 되었다. 오늘날의 패스트푸드라 할 수 있는 피시 앤 칩스fish and chips는 당시의 저소득층에게는 감지덕지할 음식이었다. 젠틀맨들 역시 여전히 소박한 음식을 고수하고 있었다.

별다른 특징이 없는 피시 앤 칩스가 어떻게 영국을 대표하는 음식이 되었을까? 이 음식을 먹어 본 독자들은 잘 알고 있겠지만 피시 앤 칩스는 단순히 생선에 밀가루 반죽을 입혀 튀겨 낸 생선튀김과 감자튀김을 함께 먹는 평범한 음식에 불과하다.

사진 3-16. 영국의 피시 앤 칩스

사실 피시 앤 칩스는 원래 포르투갈에 살고 있던 유대인 음식에서 비롯되었다. 유대인은 안식일에는 고기를 먹지 않았고 불을 피워 요리하는 것이 금지되었던 탓에 금요일 저녁에 생선을 튀겨서 일요일에 먹었다. 17세기 포르투갈 유대인들이 종교탄압을 받던 끝에 이베리아반도에서 쫓겨나자 종교의 자유가 있는 영국으로 이주했다. 그로부터 영국에서 생선튀김 요리가 전파되기에 이르렀다. 그리고 감자튀김은 벨기에로부터 전해졌다. 당시 유럽에서 감자는 빈민들의 음식이었다. 강물이 얼어 생선을 잡을 수 없는 겨울철에는 감자튀김인 프렌치프라이로 생선튀김을 대신했다.

영국에서는 밀농사가 흉년이 들어 빵값이 폭등하자 감자튀김으로 대신했다. 이때부터 피시 앤 칩스 조합이 만들어졌다. 이와 같이 피시 앤 칩스는 가난과 종교박해를 피해 영국으로 온 이민자들의 음식이었다. 1860년 무렵에 런던에서 유행한 이 음식은 영국 전역으로 퍼져 나갔다.

그 후, 피시 앤 칩스는 파김치가 되도록 고달픈 노동에 시달리는 공장 노동자에게 특별한 음식이 되었다. 또한 제1·2차 세계대전 중에 영국인을 구해 준 것이 피시 앤 칩스였다고 해도 과언이 아니다. 그들은 이 음식을 먹으면서 전쟁의 고통을 이겨 낼 수 있었다. 독일군의 봉쇄로 해외로부터 식량 수입이 차단되자 대부분의 식료품이 배급제로 바뀌었지만, 생선과 감자는 배급품목에서 제외되지 않은 몇 안 되는 식품이었다. 국민들의 사기를 고려한 조치였다. 끝이 보이지 않는 전쟁의 어두운 터널에서 버틸 수 있게 해 준 것이 바로 피시 앤 칩스였다. 따라서 이 음식은 적어도 영국인에게는 단순한 생선과 감자튀김이 아니라 시련을 극복하게 해 준, 훈장을 수여할 만한 일등공신이었다.

당시 영국의 처칠 수상은 피시 앤 칩스에 대하여 전쟁을 승리로 이끈 훌륭한 전우라는 말을 남겼다. 영국은 전쟁 후에도 강대국에 어울리지 않는 이 음식을 여전히 사랑하고 있다. 이 음식은 영국 국민들의 검소하고 절약하는 정신에 부합하는 음식문화라 할 수 있다. 음식문화뿐만 아니라 모든 문화는 위에서 아래로 전달되는 것이 보통이다. 그러나 영국에서는 지배계층이었던 젠틀맨이 검소한 식사를 고집하는 바람에 영국 음식이 발전할 수 없었다. 영국인은 어머니가 정성 들여 만든 집밥의 맛을 모른 채

살아온 것이다.

4. 미슐랭 맛집의 분포

미슐랭 가이드는 세계 각국의 음식 맛을 객관적으로 평가하기 위해서 프랑스의 미슐랭Michelin사가 매년 발행하는 식당 및 여행 정보 안내서이다. 이 안내서는 전 세계 90여 개국에서 연간 1,700만 부가량 판매되고 있다. 레스토랑의 가치에 따라 별을 매기는 '미슐랭 스타Michelin Stars'로 유명하다. 높은 평가를 받은 레스토랑일수록 미슐랭 스타를 여러 개 받는다.

미슐랭 가이드는 공기주입식 타이어를 개발한 앙드레 미슐랭이 설립한 회사에서 1900년에 타이어를 구매하는 고객에게 무료로 나누어 주던 '레드 가이드Red guide'라는 안내책자에서 출발했다. 발행 초기에는 타이어 정보, 교통법규, 자동차 정비요령, 주유소 위치 안내와 같은 정보가 대부분이었으며 레스토랑 안내정보는 구색을 맞추는 정도에 불과했다.

1930년대 초에는 단계별 미슐랭 스타가 처음 도입되었으며 1936년에는 별의 개수에 따른 평가 기준이 마련되었다. 미슐랭사는 엄격성과 신뢰를 바탕으로 가이드를 마련하여 레스토랑 안내서로서의 권위를 갖추기 시작했으며, 오늘날에는 미식가들의 바이블로 일컬어지고 있다.

미슐랭 가이드는 레스토랑을 세 등급으로 판정한다. 미슐랭 스타라고 하는 별의 숫자가 기준이 된다. 별 하나는 해당 분야에서 특히 맛있는 음식을 제공하는 레스토랑을 의미하며, 별 2개는 먼 거리에 위치한 레스토랑이라고 하더라도 방문할 가치가 있는 곳을 뜻한다. 별 3개는 일부러 찾아갈 만한 가치가 있는 탁월한 레스토랑이라는 의미이다.

그림 3-9는 미슐랭 스타를 1개 이상 부여받은 레스토랑 개수를 국가별로 지도화한 것이다. 이 지도 한 장으로 어느 나라에 맛집이 많이 분포하는가를 알 수 있다. 미슐랭

그림 3-9. 미슐랭 스타 레스토랑의 국가별 분포(2017년)

스타 레스토랑은 프랑스가 616개소로 압도적으로 많고 그 뒤를 이어 일본, 이탈리아, 독일, 스페인 순이다. 특히 독일·네덜란드·벨기에·룩셈부르크 등과 같은 유럽 각국에 집중되어 있다. 일본에 맛집이 많은 이유는 개화기부터 유럽 요리를 적극적으로 받아들인 덕으로 보인다.

5. 프랑스의 음식문화가 발달한 이유는?

원래 프랑스 요리는 이탈리아 사람들이 전해 준 노하우 덕분에 유명해졌다. 이탈리아 르네상스 시대에 메디치가家의 공주가 프랑스의 앙리 2세와 결혼할 때 그녀의 요리사를 데리고 프랑스에 가서 프랑스인에게 이탈리아 요리를 전해 줬다고 한다. 그때까지 프랑스는 음식을 아무런 도구 없이 손으로 먹는 등 음식문화가 별로 발전하지 못했다. 그렇다면 도대체 왜 일찍이 이탈리아에서 요리가 발전했는데 지금은 프랑스 요리가 더 유명할까?

17세기에 프랑스 식습관의 형식과 내용이 크게 변했는데, 그 이유는 루이 14세가 탄생한 데 있다. 루이 14세는 섬세하고 맛있는 것보다 식욕을 만족시키는 요리를 좋아해 섭정시대에 이르러 프랑스 요리는 완성기에 도달했고, 루이 15세의 친정시대에도 미식을 좋아해 왕이나 귀족들 스스로 요리를 만들기도 하자 요리에 귀족들의 이름이 붙여지기도 했다.

그 이유는 바로 마케팅 전략에 있었다. 와인을 예로 들면 이탈리아인은 맛있는 와인은 자국 국민이 먹고 맛없는 와인을 수출하는 데 비해, 프랑스인은 그 반대였다. 그러니까 이탈리아는 자국에서 즐기는 편이고, 프랑스는 음식을 세계화하는 데 주력했다는 것이다. 즉 프랑스인은 음식을 팔려고만 한 것이 아니라 세계인들과도 자국의 음식을 함께 나누며 즐긴 것이다.

이탈리아 요리들은 피자와 파스타처럼 대중적이고 누구나 좋아하는 요리인 데 비해, 프랑스 요리는 접근하기 어렵지만 화려하고 이상적인 요리들이라는 점에서 높이 평가된다. 프랑스 요리는 고도로 발달된 조리법과 세련된 맛을 지닌 서양의 대표적 요리로 세계에 널리 퍼져 있다. 프랑스는 대서양과 지중해에 면하여 기후가 온화하고 토지가 기름져 농산물·수산물·축산물이 모두 풍부해 요리하기 좋은 식재료가 넉넉하다.

프랑스 요리의 특징은 재료의 맛을 살리는 조리법으로 섬세한 맛을 내는 데 있다. 전통적으로 맛을 내는 데 와인·향신료·소스가 많은 역할을 한다. 프랑스 제일의 특산물인 와인은 마시는 목적 이외에 요리 맛을 돋우기 위한 조미료 역할도 하며, 다양한 향신료와 수백 종류에 이르는 소스를 요리에 사용해 미묘한 맛과 풍부한 변화를 창출해 낸다. 또한 음식에 탐욕스러울 만큼 왕성한 호기심을 가진 프랑스인은 단순히 맛있는 음식을 먹는다기보단 요리를 돋보이게 하는 식기, 서비스, 식사예절까지 포함하는 풍요로운 식사를 추구함으로써 음식을 문화차원으로 끌어올렸다.

6. 한국 음식의 인기는?

그렇다면 외국인들은 한국 음식에 대하여 어떻게 생각하고 있을지 궁금하다. 한국 음식은 전통적으로 손이 많이 가는 음식으로 알려져 있다. 한국에서는 삭히고, 절이고, 굽고, 지지고, 볶고, 끓이고, 튀기는 등 다양하게 조리한다. 음식의 종류도 다양하여 서양과 달리 식탁 위에는 음식을 다양한 형태의 반찬그릇이 여러 개 필요하다. 한국의 전통 음식으로 꼽히는 김치문화·나물문화·비빔밥문화·찌개문화 등은 현대인이 선호하는 건강식이라 할 수 있다.

일부 외국인은 한국의 나물문화를 『구약성서』의 구절에 입각해 비문명의 미개한 음식이라고 비하하는 경우도 있지만, 나물은 맛뿐만 아니라 여러 영양소가 들어 있어 건강에도 매우 유익하다. 『구약성서』에는 미개인을 가리켜 "심지 않은 데서 거두고 뿌리지 않은 데서 모으는 사람들"이라고 불렀다.

그러나 이는 봄나물의 맛을 제대로 알지 못하고 무심코 하는 말일 뿐이다. 한민족은 예로부터 김치가 바닥나는 봄이 오면 산과 들에 나가 봄나물을 채취하여 반찬거리나 국거리로 이용했다. 우리가 주로 먹는 봄나물은 참나물·냉이·달래를 비롯해 두릅·씀바귀·곰취·쑥·고들빼기·질경이·기름나물·엉겅퀴 등 매우 다양하다. 한국인이라면 외국인에게 주저 없이 김치문화와 더불어 나물문화를 자랑해도 무방하다.

우리나라 농림축산식품부에서 조사한 결과를 보면, 한국 음식의 인기를 어느 정도 가늠할 수 있다. 표 3-2에서 보는 바와 같이 미국을 비롯한 중국, 일본, 베트남 국민이 선호하는 음식 랭킹 10위 안에 들어가 있다. 특히 중국인은 한국 음식을 가장 좋아하며, 일본인은 이탈리아, 중국 음식 다음으로 한국 음식을 선호한다. 그리고 중국문화의 영향을 많이 받은 베트남인은 중국 음식 다음으로 한국 음식을 좋아한다. 외국인이 좋아하는 한국 음식 톱 텐은 불고기, 비빔밥, 삼계탕, 순두부찌개, 김밥, 잡채, 양념치킨, 김치, 라면, 부침개의 순인데, 조사기관에 따라 조금씩 다르다. 특히 외국인들은 라면, 잡채, 초코파이를 좋아한다.

표 3-2. 외국인의 한국 음식 선호도

미국인	중국인	일본인	베트남인
1. 이탈리아	1. 한국	1. 이탈리아	1. 중국
2. 멕시코	2. 일본	2. 중국	2. 한국
3. 일본	3. 이탈리아	3. 한국	3. 타이
4. 중국	4. 타이	4. 프랑스	4. 일본
5. 타이	5. 프랑스	5. 타이	5. 이탈리아
6. 인도	6. 베트남	6. 인도	6. 프랑스
7. 프랑스	7. 인도	7. 베트남	7. 인도
8. 한국	8. 독일	8. 멕시코	8. 독일
9. 베트남	9. 멕시코	9. 네덜란드	9. 네덜란드
10. 독일	10. 기타	10. 독일	10. 멕시코

42

권력, 범람원 개간과 청주의 삼각관계

키워드: 일본, 정종, 마사무네, 기쿠마사무네, 다테 마사무네.

하천이 범람하는 저습지인 범람원은 사람이 살기에 그다지 좋은 지형은 아니다. 그러나 농업이 산록의 고원이나 스텝지역에서 시작되었다고 할지라도 많은 사람을 부양하고 도시문명을 발달시킨 지역은 대하천이 범람해 만든 평야지대가 대부분이었다는 것은 분명하다. 대하천 유역에서의 농업발달은 안정적인 식량공급에 기여했으며, 이에 따라 세계인구는 급속도로 증가했고 따라서 대하천의 범람원에서 고대문명은 탄생할 수 있었다.

전라북도 김제시 청하면 동지산리의 패총貝塚을 보면 사람들이 산록에서 살다가 평야에 내려와 살았다는 사실을 알 수 있다. 김제평야 주변의 오래된 촌락들은 대부분 산록에 응집되어 분포하는 괴촌塊村 형태로 발달했고, 백제시대 제방인 벽골제碧骨堤처럼 수리시설이 발달하면서 하천 주변의 평야 곳곳에도 괴촌이 들어섰다. 괴촌이란 가옥이 특정한 장소에 덩어리처럼 뭉쳐 있는 형태를 이루고 있는 촌락을 가리킨다.

현재 우리나라에서 유일하게 지평선을 볼 수 있는 최대 곡창지대인 김제평야는 범람원으로 형성되었으며 삼국시대부터 관개수리시설을 갖춰 농경지로 이용되었다. 김제평야는 우리나라에서 가장 먼저 근대적 수리시설을 갖춘 곳이기도 하다.

일본 북동부에 위치한 센다이仙臺시는 정갈한 도심 풍경과 앞바다에 점점이 박혀 있는 섬들이 인상적인 아름다운 도시다. 센다이 범람원의 개간과정에서 재미있는 역사를 엿볼 수 있다. 센다이의 건설자는 다테 마사무네伊達政宗, 1567~1636로 알려져 있다.

센다이번藩의 다이묘였던 애꾸눈 다테 마사무네는 냉정하고 욕심 많은 야심가였다. '다이묘大名'는 지배계층인 무사 중에서 특히 '번'이라고 불린 영지를 가진 우두머리를 가리킨다. 그가 애꾸눈을 가리기 위해 썼던 투구는 높이가 60㎝나 되는 원추형 금색 칠기의 초승달 모양으로 영화 〈스타워즈〉의 다스 베이더가 쓴 가면 디자인의 모티브가 되었다고 한다.

그리고 2002년 월드컵 축구경기가 열렸던 센다이의 미야기宮城 스타디움 지붕의 모양 또한 다테 마사무네 투구의 초승달 장식에서 디자인을 따온 것이라고 한다(사진 3-17). 그는 임진왜란 때 조선을 침략했는데, 강항姜沆, 1567-1618의 『간양록』에 "왜장倭將 중 가장 음흉하고 사악한 자"로 기록되어 있다.

그는 도쿠가와 이에야스德川家康의 통일전쟁 때 뒤늦게 참전했고, 도쿠가와 이에야스에게 협력하면서도 그가 의도하는 대로 행동하지 않고 스스로 봉지封地를 획득하려고

사진 3-17. 일본 센다이의 미야기 스타디움

무리하게 군대를 일으켜 결국 도쿠가와 이에야스가 약속했던 영지 100만 석(1석은 쌀 두 가마니)을 받지 못하고 습지인 센다이 일대를 받는 데 그쳤다. 그러나 그는 100만 명에 가까운 인원을 동원하여 습지를 대대적으로 개간했고, 실제로 100만 석 가까운 이익을 얻었다.

우리가 차례를 지낼 때 이용하는 정종은 일본 마사무네正宗 가문에서 국화로 빚었던 청주清酒를 일컫는 상표를 말한다. 당시 술맛이 너무 좋아 일본 사람들이 이를 가리켜 국정종菊正宗, 즉 '기쿠마사무네'라고 불렀다. 이 정종이 일제강점기에 우리나라에 들어왔고, 청주를 대표하는 이름으로 지금까지도 사용되고 있으니 이것 역시 일제의 잔재라 할 수 있다.

여기서 한국의 김제평야와 일본의 센다이를 대비시켜 언급한 이유는 하천의 범람원이 개간 전에는 그다지 매력적인 정주지역이 아닐지라도 개간을 하면 어느 지역보다도 많은 인구를 부양할 수 있는 농토로 변화할 수 있다는 것을 보여 주기 위해서였다. 그리고 개간과 농경지 유지를 위한 지속적인 관리는 소규모의 취락 공동체가 할 수 있는 일이 아니라 많은 인구가 있어야 하고, 그들을 동원할 수 있는 권력이 있어야 한다는 것을 말하고 싶어 유사한 사례를 들었다.

사진 3-18. 일본의 정종 기쿠마사무네

43

짬뽕을 먹으려거든 나가사키로 가라?

키워드: 일본, 나가사키, 짬뽕, 도진야시키, 샤뽕.

1. 짬뽕의 기원은 일본인가, 중국인가?

얼마 전 우리나라의 상점에서 쉽게 볼 수 있었던 인스턴트 라면 가운데 '나가사키 짬뽕'이라는 상품이 있었다. 짬뽕은 우리나라 사람들에게는 술 먹은 다음 날 해장을 하려고 찾는 중국 음식의 대명사이기도 하다. 빨간 국물에 매콤한 맛을 추가해서 만든 짬뽕은 얼큰하고 매운맛을 좋아하는 우리나라 사람들의 입맛에 잘 맞는 음식이다.

그런데 우리가 흔히 사용하는 짬뽕이라는 말이 한국어도 아니고 중국어도 아니라는 사실을 아는 이는 그리 많지 않다. 짬뽕이라는 말은 일본어 '잔폰ちゃんぽん'이라는 단어에서 유래한 것으로 엄격히 따지면 일본어다. 그러니 짬뽕의 기원은 일본이라 하는 게 타당할 것이다.

일본에서 짬뽕이라는 용어가 만들어진 이유는 그 음식이 일본에서 처음으로 만들어졌기 때문이다. 짬뽕이라는 음식이 일본에서 초기에 발달했던 곳은 한때 일본의 대외무역항으로 기능하면서 외국인의 출입이 잦았던 규슈의 나가사키長崎다. 나가사키는 일본 규슈의 북서쪽에 위치한 항구도시다.

그러나 나가사키에서 짬뽕이 처음으로 만들어진 것이 아니라는 시각도 존재한다. 중국의 산둥성에 살던 사람들이 즐겨 먹던 차오마멘炒馬麵이 나가사키로 유입되어 일본식으로 변형된 것이 나가사키 짬뽕의 원조라는 것이다. 어쨌든 흔히 말하는 짬뽕에는 나가사키라는 의미가 포함되어 있다. 일본인들이 만들어 먹던 '잔폰'은 진한 육수 맛을 내어 일본식 라멘과 비슷하게 흰색의 국물을 가진 음식으로 일본에서 현지화한 로컬 음식이고, 우리나라에서 먹는 빨간색의 국물을 가진 짬뽕은 우리 입맛에 맞게 변형되어 고춧가루나 고추기름을 사용하여 매콤한 맛을 내도록 반도에서 현지화한 음식이다. 짬뽕이란 말은 일본어에서 유래되었지만 우리나라에서 먹는 짬뽕이나 일본인이 먹던 잔폰(지금의 나가사키 짬뽕) 모두 그 시작은 중국이라 할 수 있다. 중국인들이 먹던 '차오마멘'은 고춧가루를 사용하지 않고 후춧가루만 넣어 만든 것이다.

2. 외국과의 교역이 이루어졌던 나가사키

나가사키는 일본 규슈의 나가사키현 현청이 소재한 도시다. 만입부에 자리한 지리적 특성상 나가사키는 선박의 진출입이 용이할 뿐만 아니라 선박을 정박하기에도 유리한 조건을 가진 곳이다. 이러한 장점으로 인해 나가사키는 오래전부터 항해를 해 온 외국인들이 드나드는 관문인 항구도시로 성장했다. 에도시대에는 일본에서 유일하게 다른 나라와 교역을 할 수 있는 도시로 지정되어, 네덜란드와 중국에 한해서는 교역을 허가해 주었다.

근대에 들어서면서 네덜란드는 일본의 유일한 서양 친교국이었다. 일본은 이미 16세기부터 포르투갈과 가깝게 지내면서 포르투갈의 영향을 받았지만, 종교적인 이유로 대립관계에 있던 두 나라 가운데 상업과 종교를 분리해야 한다는 일본의 방침을 수긍한 네덜란드와 더 가까운 사이로 진전된 것이다. 당시 일본의 막부는 네덜란드 상인들이 포교를 할지 모른다는 생각에 수도였던 에도(지금의 도쿄)에서 멀리 떨어진 나가사키를 통해서만 교역하는 것을 허락했다.

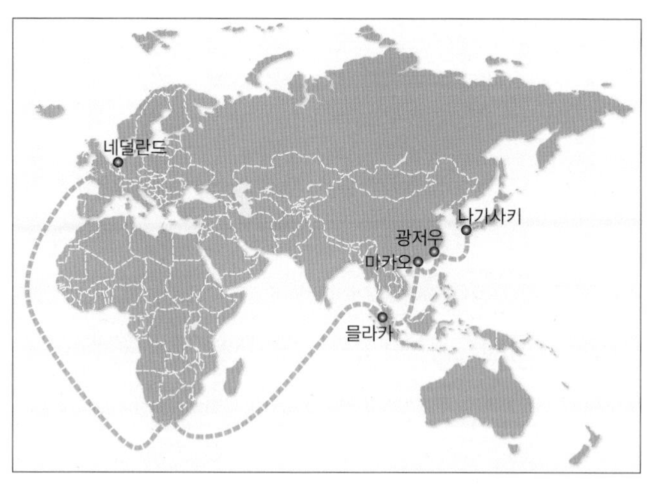

그림 3-10. 16세기 네덜란드와 나가사키의 교역 루트

이렇게 해서 일본은 서양 세력 가운데 유일하게 네덜란드와 교류를 하게 되었으며, 나가사키로 이주해 온 네덜란드 사람들은 무역기지인 '데지마出島'에서 집단적으로 거주하기 시작했다. 지금도 데지마는 나가사키의 유명한 관광명소로 남아 있다. 네덜란드의 풍속을 재현해 놓은 것으로는 네덜란드어로 '숲속의 집'을 의미하는 하우스텐보스Huis Ten Bosch가 유명하다.

한편 중국과의 교역이 증가하자 중국으로부터 들어오는 교역품을 저장할 창고를 건설하면서 나가사키의 일부 해면이 매립되었다. 매립된 땅에는 남북으로 약 250m에 달하는 십자로를 중심으로 차이나타운이 조성되었다. 이곳은 요코하마 및 고베와 더불어 일본에 있는 3대 차이나타운 가운데 하나다. 현재 나가사키의 차이나타운에는 중화요리를 파는 가게를 비롯해서 중국의 과자 및 잡화를 취급하는 점포 40여 개가 들어서 있다.

일본은 1547년 명나라로 간 마지막 조공무역선을 끝으로 명나라와 교역을 단절했다. 그러나 17세기 일본 시마네현의 이와미石見 은광에서 은이 대량으로 채굴되었고, 일본은 조선에서 도입한 은 정련법을 통해 정련 가공된 조긴丁銀을 생산했다. 조긴은 네덜란드와의 교역에 이용되었거나 다양한 경로를 통해 중국으로 유입되었다. 일본은 화폐를 정비함에 따라 국내경제를 원활하게 할 수 있는 은을 확보하는 일이 매우 중요했다.

네덜란드의 무역을 나가사키에서 가능하게 해 주었던 일본은 이후 중국과의 공식 교류는 추진하지 않았지만 사적인 무역을 가능하게 해 주었다. 중국과의 사적 무역이 가능한 곳 역시 네덜란드 상인들이 모여 있던 나가사키였다. 즉 나가사키는 네덜란드와 중국의 무역선이 드나들던 유일한 통로가 된 셈이다. 특히 중국과의 무역은 민간에 의한 무역이었지만, 본질적으로는 중국과 일본 정부의 간섭에서 완전히 자유로울 수는 없었다.

3. 나가사키에 살던 화교들에게 가성비價性比가 좋았던 국수

1635년부터 중국 상선이 나가사키에 들어올 수 있게 되면서 기독교를 신봉하지 않았던 중국인들은 나가사키에서 그들의 주거공간을 마음대로 선정할 수 있었고 일본인과 함께 어울리면서 같은 동네에 살 수도 있었다. 이는 국적에 따른 주거지 설정을 이야기할 때 '잡거雜居'라는 단어로 표현된다. 그러나 밀무역이 증가하면서 중국인들의 주거공간도 제한될 수밖에 없었고, 일본에서는 당시 나가사키 교외에 있던 막부의 땅에 중국인의 집단주거지를 조성하기로 했다. 일본은 지금의 나가사키시 간나이쵸關內町에 중국인이 모여 살 수 있도록 1689년 4월 도진야시키唐人屋敷를 건설했다.

당나라 사람들이 거주하던 도진야시키는 당나라 사람들이 모여 살던 주택지이므로 오늘날의 명칭으로는 일종의 차이나타운이다. 사방을 담과 수로로 둘러치고 출입문의 옆에 초소를 설치하여 사람들의 출입을 감시했다(그림 3-11). 중국인에 대한 감시는 네덜란드 사람에 대한 감시에 비해 아주 엄격하지는 않았다고 한다.

1698년에 발생한 대규모 화재로 중국의 상선이 사용하던 창고가 소실되면서, 창고를 쉽게 바라다볼 수 있도록 당인 저택의 앞에 있던 바다를 매립해 중국 상선의 전용

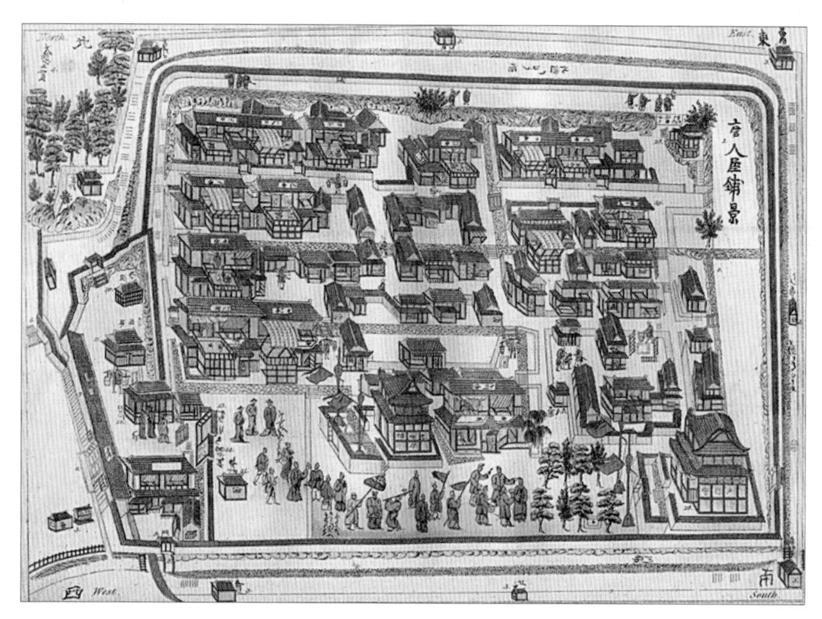

그림 3-11. 나가사키에 조성된 도진야시키

창고를 만들었다. 이 지역은 새롭게 조성된 땅이라는 의미에서 '신치新地'라고 불렸다. 1870년에 당인 저택이 소실되면서 나가사키항 주변에 거주하던 중국인들은 지금의 나가사키시 신치정町에 차이나타운을 조성했다. 이곳이 나가사키 차이나타운이 되었다(사진 3-19).

나가사키에 진출한 중국인은 그들의 고향 동네에서 자주 먹었던 면으로 된 음식을 즐겼다. 그러던 가운데 나가사키에 거주하던 화교인 천핑순陳平順이 당시 일본에서 공부하던 중국 유학생과 항구에서 일하던 쿨리라 불리던 중국 출신의 노동자들에게 저렴한 식사를 제공하기 위해 중국 푸젠성福建省 사람들이 즐겨먹는 탕육사면湯肉絲麵을 응용해 주방에서 요리하다 남은 여러 채소와 해산물을 섞어 음식을 만들었다(사진 3-20). 이 음식이 나가사키에서 만들어진 짬뽕의 시초가 되었다는 설이 있다.

고기 국물에 쇠고기·돼지고기·닭고기 등을 가늘게 찢어 넣고 국수를 말아 먹는 중국식 음식에 항구도시인 나가사키에서 쉽게 구할 수 있는 문어와 새우 등의 저렴한 해

사진 3-19. 나가사키 신치에 있는 차이나타운

천핑순

쿨리

사진 3-20. 짬뽕의 아버지인 천핑순과 짬뽕을 먹는 쿨리

산물과 양배추 등을 넣어 끓여 낸 국수가 이곳에서 판매되었다. 이 국수는 경제적으로 사정이 여유롭지 않았던 중국 화교들에게 대단한 인기를 얻었고 가격 대비 음식 맛이 좋다는 소문이 퍼지면서 일본인까지 찾아와 먹기 시작했다. 중국인이 만든 음식이 지금은 일본을 대표하는 향토음식이 되어 버린 것이다. 요즘 말로 표현하면 나가사키에서 중국인이 만든 국수는 가성비가 아주 훌륭한 대박 상품이었다.

중국에서 "밥 먹었니?"라는 말은 한자로는 "吸飯흡반?"이라 쓰고 읽을 때에는 "츠판?"이라 한다. 중국에서 건너 온 화교들이 서로 만나서 가볍게 인사를 건네던 말 가운데 밥 먹었는지를 묻는 '츠판?'을 산둥성에서는 그 지방 방언으로 '샤뽕?'이라 했다고 전해진다.

나가사키에서 중국식 음식을 만들던 천핑순이 유학생과 항구노동자들에게 '샤뽕?'이라고 묻는 말을 일본 사람들은 중국식 국수를 가리키는 표현으로 받아들였다. 따라서 인사말인 샤뽕이 중국식 국수를 의미하는 것으로 오해한 일본인들은 그들의 말로 '잔폰'이라 부르게 되었고, 이 말은 다시 우리나라로 전래되면서 지금의 '짬뽕'이라는 말로 변형되었다는 것이다. 짬뽕이라는 말은 우리나라에서 단지 음식 이름을 일컬을 뿐만 아니라 '여러 가지가 다양하게 혼합되어 있는 경우'를 의미하는 용어로도 쓰이고 있다.

4. 각기 다른 3국의 짬뽕

중국, 한국, 일본에서 만들어진 짬뽕은 각기 다른 특색이 있다. 먼저 나가사키에서 짬뽕을 처음 만들었던 중국인들이 먹었던 차오마몐은 주로 돼지고기를 여러 가지 채소와 섞어 기름에 볶은 후 육수를 넣은 다음 끓여 먹는다. 국수에서는 매콤한 맛이 난다. 해산물이 들어가지 않는 특징이 있기 때문에 우리나라의 짬뽕과는 다른 음식이라는 의견이 있기도 하다. 그러나 재료를 이용해 음식을 만드는 방법은 우리나라의 짬뽕과 흡사하다.

나가사키 짬뽕은 국물의 색깔이 뽀얗거나 탁한 색을 띠며, 우리나라의 짬뽕처럼 붉은색이 아니다. 우리나라에서 볼 수 있는 짬뽕은 붉은색 국물을 바탕으로 맵다는 것이 특징이다. 우리가 먹는 붉은색 짬뽕은 일제강점기에 우리나라에 전파되면서 한국인들의 입맛에 맞게 고추기름이 가미된 것이다. 그러나 지금처럼 선홍색의 빨간색은 아니었다. 1970년대까지만 해도 회색빛을 띠는 국물이었으나 사람들이 점차 매운맛을 찾으면서 붉은색의 국물이 등장하게 되었다.

중국인은 나가사키뿐만 아니라 우리나라 인천의 제물포에도 이주해 왔다. 나가사키와 제물포에 중국인들이 대규모로 이주한 시기는 1880년대 초반이다. 나가사키에서 부산을 연결하는 뱃길이 열리면서 한중일의 음식문화도 서서히 혼합되기 시작했을 것이다. 제물포에 정착한 중국인들은 짜장면을 중심으로 중국 음식을 먹기 시작했지만, 부산을 통해 나가사키의 짬뽕문화가 한반도로 전파되면서 궁극적으로는 한반도의 짬뽕이 탄생하게 되었다. 그러니까 우리나라의 짬뽕이 완전히 우리 고유의 음식은 아니다. 중국의 이민자들이 한반도와 일본에 정착하면서 각기의 음식이 탄생했고, 이후 서로 교류하면서 지금과 같은 고유의 음식으로 재탄생한 것이다.

요컨대 중국의 음식문화가 일본으로 전파되어 일본에서 새로운 음식이 탄생하게 되었고, 중국의 음식문화와 일본에서 탄생한 음식문화가 다시 한반도에서 결합되어 우리만의 음식으로 재탄생한 것이다. 따라서 세 나라의 짬뽕은 각기 다르다. 음식에 들어가는 재료뿐만 아니라 조리법과 맛도 서로 다르다. 문화라고 하는 것은 새롭게 전래되어 온 요소를 완강하게 배척하는 문화민족주의의 속성을 지니기도 하고, 이와는 반대로 전래된 문화가 토착문화를 대체하는 문화제국주의의 속성도 보인다.

그러나 근대 이후 세계적으로 토착문화와 전래된 문화가 적절하게 조화를 이루는 문화혼합주의cultural hybridization가 일반적인 현상이 되었다. 문화혼합주의는 다문화의 관점으로 이해할 수 있는 현상으로, 일각에서는 이를 문화적 짬뽕이라 표현하기도 한다. 우리가 먹는 짬뽕이 진정한 문화적 짬뽕이라 할 수 있다.

44

중앙아메리카와 남아메리카의 커피 생산 배경이 다른 이유는?

키워드: 커피, 테라로사해, 카리브해, 플랜테이션.

세계 최대의 커피 생산국으로 알려진 브라질 남쪽에 위치한 파라나 현무암 고원지역은 테라로사terra rossa토로 구성되어 있다. 테라로사는 토양의 붉은색 때문에 라틴어의 terra(땅)와 rossa(장밋빛)가 결합한 '붉은 장밋빛 토양'이란 뜻이다. 이 토양은 고온건조한 기후환경에서 부식이 거의 없이 석회암의 풍화결과로 형성된 토양이기 때문에 철·알루미늄 등의 성분이 산화되고 집적되어 붉은빛을 띠고 영양분이 많다. 그리고 배수도 좋아 커피 재배에 매우 유리하다.

브라질을 비롯하여 콜롬비아 등 라틴아메리카는 대부분 과거에 유럽의 식민지였으며, 유럽인이 경영하는 커피 플랜테이션에서 원주민과 노예노동에 의해 커피를 대량생산했다. 전 세계인이 커피를 많이 마실 수 있는 것도 브라질의 커피 농장이 없었다면 가능하지 않았을 것이다.

황금 콩이라 불렸던 커피는 18세기 초 브라질과 카리브해의 섬나라에 이식된 이래 세계경제와 연결되었고 황금 이상의 부를 창출했다. 그러나 금·사탕수수·고무 등이 그러했듯이 커피 재배도 유럽인의 자본에 의해 또 유럽인을 위해 이루어진 것으로 커피를 통해 파생되는 부 또한 대부분 유럽으로 유출되었고, 이들 지역의 커피 생산은

그림 3-12. 라틴아메리카의 여러 국가들과 중앙아메리카의 커피 재배 국가들

외부의 소비에 철저히 종속되었다.

중앙아메리카의 다섯 나라인 과테말라, 엘살바도르, 온두라스, 니카라과, 코스타리카의 커피 재배의 역사적 배경은 이들 나라보다 이른 시기에 커피가 도입되었던 카리브해 연안지역이나 브라질과 다른 특성을 지닌다. 가장 큰 차이는 카리브해 섬나라나 브라질은 커피가 도입되기 이전에 이미 금이나 사탕수수 등을 매개로 유럽 중심의 세계경제와 탄탄한 관계망을 구축해 왔던 반면, 중앙아메리카의 국가들은 커피를 매개로 세계경제에 처음으로 진입했다는 점이다.

그리고 브라질과 카리브해 연안지역이 아프리카의 노예 노동력에 의존하여 대규모 플랜테이션 방식으로 커피를 재배한 반면, 이들 나라는 노예제도가 폐지된 이후 자유이민자 혹은 원주민 노동력에 의존하여 소규모 자급자족농에 의해 커피가 생산되었다. 이는 노예 노동력을 확보할 수 없었던 이유 외에도 대서양 건너 유럽 중심의 세계경제와 상호작용할 수 있는 도로망이나 운송시스템이 갖춰져 있지 않았기 때문이기도 했다.

유럽인이 중앙아메리카에서 커피를 재배하지 않았던 이유는 이곳에서 대규모 금광이 발견되지 않았고, 카리브해 섬나라나 브라질에 비해 세계경제의 중심이던 유럽으로부터 상대적으로 멀었으며, 일부 지역에서는 원주민이 부족했고 내륙운송시스템이 없었기 때문이다. 그래서 중앙아메리카는 독립 이전에 다양한 형태의 농업상품 생산시스템을 구축하지 못하다 독립 이후에야 커피를 매개로 본격적으로 세계경제와 상호작용하게 되었다.

1773년 4월 영국의회가 차 조례를 통과시켜 대중음료인 차에 세금을 부과하자 당시 영국의 식민지였던 미국의 국민들이 강력히 저항한 '보스턴 차 사건'이 일어났다. 이후 미국인들은 영국으로부터 독립했다는 상징으로 차 대신 커피를 마셨다. 이처럼 보스턴 차 사건은 오늘날 '아메리카노americano'로 상징되는 미국인이 커피를 선호하는 계기가 되었다. 미국인이 차 대신 커피를 마시면서 커피 소비가 급증했다. 또한 당시 세계경제의 중심이 미국에서 유럽으로 이동하고 있었다. 이러한 상황 덕분에 미국과 가까운 지리적 이점을 가진 중앙아메리카는 커피 생산에 더욱 박차를 가할 수 있게 되었다. 참고로 에스프레소에 뜨거운 물을 더한 커피를 가리키는 아메리카노는 본래 이탈리아의 칵테일 메뉴 중 하나인데, 미국인들이 좋아하는 칵테일이라 하여 아메리카노라고 불렀다.

45

커피가 독일에서는 여성의 음료로, 영국과 프랑스에서는 남성의 음료로 수용된 까닭은?

키워드: 커피, 커피하우스, 커피 칸타타, 바흐.

17~18세기 영국과 프랑스에서는 부르주아 계급이 성장했다. 그들은 경제활동에 대한 지나친 통제와 귀족들의 신분적 특권을 옹호하는 절대왕정에 반기를 들었다. 초콜릿은 앙시앵레짐의 절대왕정과 귀족 신분을 상징하는 음료였고, 이성을 자극하는 커피는 점점 더 강력하게 성장해 가는 부르주아를 상징하는 음료였다.

반면 부르주아 계급이 성장하지 못한 후발국인 독일에서 일반적으로 커피는 가정에서 마시는 음료로 간주되었고 주 소비층은 여성이었다. 커피가 가정으로 들어가 아침 식사 때나 오후의 음료가 되자 피동적이고 목가적인 경향을 띄게 되었다.

영국이나 프랑스에서 커피하우스는 여성의 출입이 제한된 남성만의 배타적인 사회 공간이었고 초기 부르주아적인 사회·정치·문학·사업활동의 역동적인 영역을 상징했다. 그리고 부르주아의 증권거래소나 상업해운거래소, 새로운 뉴스를 전파하거나 철학이나 문학 등을 논하는 공간으로 인식되었다. 커피하우스를 '1페니짜리 대학'이라는 별칭으로, 부르주아를 '카페계급'이라는 별칭으로 부르기도 했다.

이처럼 당시 커피는 유럽의 부르주아 계급의 '근대'라는 이미지를 상징하는 음료였다. 16~17세기 유럽은 근대로 들어서는 변혁의 시기였다. 커피가 유럽의 근대적 이데올로기와 결합하면서 커피를 둘러싼 담론이 형성되었다. 부르주아와 지식인의 정신을 맑게 하고 이성의 활동을 자극하는 커피는 청교도적 윤리와 합리주의 사상을 표방했다. 머리를 맑게 해 주는 탁월한 각성제인 커피는 그 시대에서 추구하는 이성·명석함·자유로운 사고·우아함을 상징하는 이미지로 표상되었다.

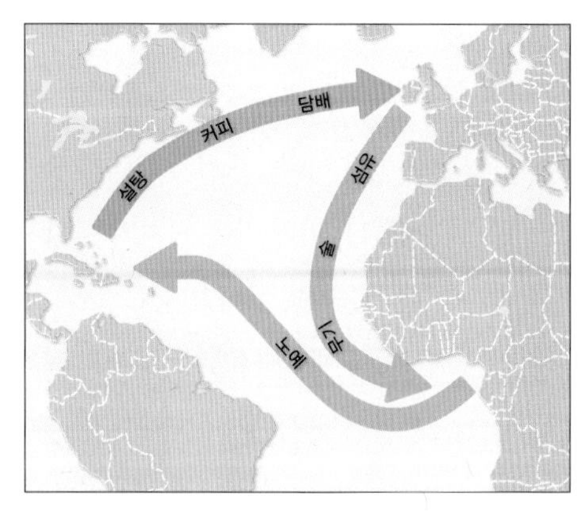

그림 3-13. 삼각무역 구조

커피는 부르주아 계층 아이덴티티의 상징이었을 뿐만 아니라 실제로 식민지 상업자본과 신흥부르주아의 계급적 이익에도 봉사했다. 17~18세기에 걸쳐 유럽에서는 아프리카·카리브해·자국의 노예시장을 잇는 삼각무역구조가 형성되었다.

삼각무역 구조는 그림 3-13에서 보는 바와 같이 아프리카에서 노예를 사냥해 카리브해 연안의 유럽 식민지로 수출하고, 그 지역의 유럽 식민지에서는 이들 노예노동을 이용해 설탕을 생산하며, 이 설탕을 유럽으로 수입하여 소비자에게 판매하는 구조를 말한다. 이 삼각무역구조를 주도한 것은 상업자본가 세력으로서 이들이 최종적으로 이익을 구현하기 위해서는 시장을 창출하고 확대해야만 했다. 1690년대 네덜란드의 동인도회사가 인도네시아 자바섬의 바타비아(지금의 자카르타)에서, 1723년 프랑스가 마르티니크에서 커피 재배에 성공하여 대량 생산을 시작하면서 이러한 삼각무역구조에 커피가 편입되었다.

산업혁명 이후 노동의 강도와 효율성을 높이기 위한 자본가 계급의 의도로 인해 노동자도 커피를 즐기게 되었다. 이윤 창출을 목표로 공장을 경영하는 초기 산업자본가는 커피를 이용해 노동자의 정신을 자극하고 인위적으로 깨어 있게 함으로써 노동시간을 연장하고 노동강도를 높였다. 이에 따라 커피는 그때까지 노동자들이 주요 마시던 맥주와 와인을 대체할 음료로 환영받았다.

상업자본은 커피의 유럽시장을 확대하기 위한 상품 이미지를 만들고 소비자층을 창출했다. 그러기 위해 유럽인의 공감을 불러일으키는 이미지를 만들어 내야만 했다. 이러한 사회경제적 배경 아래서 커피에 얽힌 관념은 유럽 각국에서 기존의 혹은 성립 중이었던 이데올로기와 급속하게 결합해서 근대·이성·합리성이라는 상품 이미지를 완성했다. 이와 같은 커피의 이미지는 합리적이고 깨인 종교로서의 청교도주의와 아주 잘 어울리는 것이었다.

이와 대조적으로 독일에서 커피를 마시는 장소는 아늑함을 연상시키는 프라이버시 공간이었다. 영국이나 프랑스에 비해 부르주아 계급 형성의 역사가 빈약했던 독일에서는 커피하우스가 많이 발달하지 못했고 그곳에서 근대적 시민문화를 소비하는 것이 어려웠다. 그래서 독일에서는 커피가 부르주아 남성의 음료가 아니라 귀족 부인이나 딸이 즐기는 여성의 음료로 인식되었다. 독일의 작곡가 바흐가 1734년에 작곡한 '커피 칸타타'에서는 커피 중독에 빠진 딸이 다음과 같이 노래한다.

아, 커피가 얼마나 맛있는지, 천 번의 키스보다 사랑스럽고 맛 좋은 포도주보다 부드러워요. 커피, 난 커피를 마셔야 해요. 누가 나에게 즐거움을 주려거든 아, 내게 커피 한 잔 따라 주세요. 결혼서약으로 내가 원할 때마다 커피를 만들어 마실 수 있도록 허용한다고 맹세하지 않는다면, 그 어떤 신랑감도 내 집에 올 수 없어요.

바흐가 독일인이 아니고 영국인이나 프랑스인이었으면 아버지가 딸에게 커피를 마시지 말라고 하는 가사 대신 아내가 남편에게 날마다 커피하우스에 그만 들락거리라는 가사를 썼을지도 모르겠다.

우리나라 역시 고종 임금이 커피를 즐겨 마시기 시작하면서부터 커피 소비량이 증가하여 오늘날에는 커피 소비량이 김치 소비량을 앞질렀다. 우리나라 커피의 시장규모는 2018년 기준 무려 약 11조 원에 달했다. 스타벅스의 매장 수만 1,000개를 넘어섰다고 하니 너무 많다고 느끼는 것은 저자만의 생각일까?

46
유럽과 아시아의 정체성은 어떻게 형성되었을까?

키워드: 아시아, 유럽, 헤로도토스, 에우로페, 야만인.

헤로도토스의 『역사』에 의하면 아시아Asia라는 지명은 제1절에서 설명한 바와 같이 기원전 440년경 그리스에 대비되는 지역 개념으로 페르시아 제국을 가리키거나 혹은 현재 터키의 아나톨리아지역(소아시아)을 뜻하는 말로 사용되었다. 그러나 현재 아시아는 그보다 훨씬 넓은 지역을 의미한다.

광범위한 면적에 수많은 인구가 조밀하게 사는 아시아는 그야말로 다양성의 바다라 할 만하다. 아마 아시아가 하나의 지역으로서 통일성을 갖추고 있다면, 그것은 바로 다양성이라는 것, 그것 하나뿐일 것이다. 따라서 아시아는 단일의 실체로 파악할 수 없다. 아시아는 다양한 민족과 문화가 다원적으로 존재하는 콜라주라고 할 수 있다.

사람들은 아시아에 속해 있는 수많은 민족과 문화를 관통하는 공통의 속성이 있을 것이라는 신념을 갖는다. 아시아에 부여된 이미지는 산만할 정도로 다양한 아시아를 하나의 실체로 파악하고 이해하려는 결과로 해석될 수 있다. 유럽인은 아시아의 무한한 다양성을 언제나 법칙·숫자·관습·기질·심성으로 완벽하게 요약·압축하고 유형화함으로써 '아시아에는 예언자가 있고 유럽에는 의사가 있다.'와 같은 방식으로 유럽과 대비되는 총체적 이미지를 만들어 내고자 했다.

헤시오도스의 『신통기』와 호메로스의 『일리아드』를 보면, 유럽이라는 이름은 지중해 동쪽 페니키아에 위치한 티레 왕국의 에우로페 공주의 이름으로부터 유래했다. 그리스의 에우로페 신화는 당시 유럽이 아시아에서 유래된 문명이라는 지리적·문화적 암시를 제공한다.

어느 날 밤 에우로페는 두 여인이 자신을 서로 차지하겠다고 싸우는 꿈을 꾸었다. 한 여인은 아시아의 여인으로 공주를 낳아 기른 어머니라고 하면서 자신을 떠나지 말라고 소리쳤다. 다른 여인은 낯선 이로, 공주를 어머니로부터 낚아채더니 "나와 함께 가자꾸나, 내 너를 제우스께 노획물로 데려가겠다. 이것은 너의 운명이다."라고 말하면서 공주를 데리고 떠났다.

다음날 에우로페가 바닷가 초원에서 여러 소녀들과 꽃을 꺾으며 놀고 있을 때 헤르메스를 데리고 이곳을 지나던 제우스 눈에 띄었다. 제우스는 에우로페의 미모에 한눈에 반해 버렸다. 제우스는 헤라의 질투가 두려워 헤르메스를 따돌릴 생각으로 몰래 흰 소로 둔갑한 후 소 떼 속으로 몸을 숨겨 에우로페를 자신의 등에 태우고 크레타섬으로 데려갔다.

헤로도토스는 유명한 저서 『역사』에서 유럽이 오리엔트의 여자 에우로페에서 유래했다는 것을 부정하면서 아시아나 아프리카의 리비아와 대비되는 영토로서 지중해 동

그림 3-14. 신화 속의 에우로페

쪽의 그리스 영토를 지칭하기 위해 사용된 것이라고 지적했다. 그에 따르면 아시아(페르시아)와는 다른 그리스인 공통의 문화적 특징이 드러나면서 유럽이라는 지명이 쓰이기 시작했다고 한다. 페르시아가 성장하면서 언어, 관습, 정치체제 등의 측면에서 그리스와 페르시아의 차이가 부각되었다.

유럽과 아시아의 자연환경과 사람들의 인성 등에 대한 차이가 강조되기 시작하면서 유럽이라는 지리적 정체성은 공고화되었다. 자아와 타자를 비교하는 관점에서 유럽의 정체성은 형성되기 시작했다. 히포크라테스의 저서 『공기, 물, 장소에 관하여』에 의하면 기후가 혹독한 지역에 사는 유럽인은 호전적이지만 자유롭고 독립적인 반면, 기후가 온화한 지역에 사는 아시아인은 유순한 성품을 지녔으면서 기술발달에 소질이 있다고 한다. 이 저서는 최초로 쓰여진 환경결정론적 책이라 할 수 있다.

유럽과 아시아를 자유와 부자유로 구별하는 이분법은 아리스토텔레스의 『정치학』에서도 확인할 수 있는데, 아리스토텔레스는 자유와 부자유라는 이분법을 문명과 야만이라는 이분법으로 변화시켰다. 원래 야만인barbarian은 '바바'라는 의성어로 낯선 언어를 사용하는 이방인의 개념으로 사용되었다. 아리스토텔레스는 야만인을 이방인 이상의 의미로 사용한 것이다. 그는 왕정이 폭군과 같은 권력을 가지면서도 세습될 수 있는 이유를 설명하면서 다음과 같이 언급했다.

> 야만인이 본성적으로 더 복종적(노예적)이기 때문이다. 아시아인은 유럽인보다 더 복종적이어서 불평 없이 독재(전제) 통치를 용납한다.

여기서 야만인의 척도는 언어가 아니라 자유의 능력에 있다. 아리스토텔레스는 알렉산더의 스승이었는데, 알렉산더에게 "그리스인에게는 지도자가 되고 야만인에게는 주인이 되어야 한다. 그리고 그리스인은 친구나 친족과 같이 대하고 야만인은 식물과 동물처럼 취급해야 한다."라고 조언했다. 여기서 야만인은 물론 아시아인을 가리킨다. 우리가 존경하는 아리스토텔레스 역시 아시아인을 비하했다고 하니 당황스럽다.

유럽의 정체성은 8세기 이슬람의 팽창을 통해 명확해졌다. 8세기경에 이루어진 이슬람 세력의 팽창은 유럽의 지중해 상실과 이베리아반도(포르투갈과 스페인)의 점령 그리고 프랑크 왕국에 대한 공격으로 이어졌다. 이는 이슬람 세력과 대비되어 기독교라는 종교적 동질성을 지닌 유럽이라는 지역정체성을 확립하게 되는 계기가 되었다.

기독교 공동체로서 유럽의 정체성은 16세기 종교개혁 이후 해체되었고 문명civilization이라는 단어로 빠르게 대체되었다. 18세기 후반에 이르면서 '유럽은 곧 문명'이라는 등식화가 항상 붙어 다니게 되었다. 즉 유럽은 진보와 문명으로 상징되는 지역으로 이미지를 구축했고, 유럽 이외의 지역은 야만을 상징하는 지역이 되었다. 이러한 사고는 유럽의 식민지배를 정당화했다. 아리스토텔레스가 자유의 척도에 따라 유럽인과 아시아인을 구분 짓는 도식은 서양과 동양의 이분법적 도식으로 이어졌고, 그 결과 서양은 유럽으로, 동양은 유럽이 아닌 아시아와 아프리카 등 유럽 이외의 지역으로 통칭되기에 이르렀다.

47

아프리카 흑인의 마음과 그들의 사회는?

키워드: 아프리카, 쿤타 킨테, 노예, 에메 세제르, 흑인영가, 기후순화, 니그로.

1. 노예가 된 흑인

독자들은 혹시 '쿤타 킨테'란 흑인을 기억하고 있는가? 그는 미국의 유명한 작가 알렉스 헤일리Alex Haley의 원작소설 『뿌리Roots』에서 제일 처음 흑인노예로 미국에 끌려간 알렉스 헤일리의 조상이다. 이 소설이나 드라마를 본 사람이라면 흑인의 감정을 잘 이해할 수 있을 것이다. 여기서는 흑인을 이해하기 위한 목적으로 지면을 할애하여 그

사진 3-21. 소설과 드라마로 제작된 '뿌리'

내용을 설명해 보려고 한다.

노예를 부리는 행위는 오래전부터 있어 왔던 인류의 관행이었다. 고대 그리스인과 로마인도 노예를 부렸고, 전부는 아니더라도 상당수의 문명권에서 강한 자와 승리한 자가 약한 자와 패배한 자를 노예로 삼곤 했다. 그러나 세계 어느 곳의 노예제도 유럽인이 아프리카에 도착했을 때 벌어진 일에 비견할 수 없다. 그들은 아프리카인을 노예로 삼기만 한 것이 아니라 붙잡아서 짐짝처럼 운반하여 바다 건너로 내다 팔았다. 아프리카 노예들은 다시는 고향을 보지 못했다.

지리학자 하름 데 블레이Harm de Blij를 비롯한 여러 인류학자는 아프리카 문화경관에서 아직까지도 이 무시무시한 재앙의 충격을 읽을 수 있다고 말한다. 노예사냥꾼의 습격이나 그에 따른 싸움으로 인하여 지역 전체가 초토화된 것은 물론이고, 사람 목에 현상금을 붙여 아프리카인끼리 서로 반목하게 만들고 종족 간 적개심에 불을 질렀다. 오랜 시간 겪은 불행에도 불구하고 아프리카에는 세계에서 차지하는 문화적 역동성과 중요성이 그대로 잔존해 있다.

지난 수십만 년 동안 아프리카는 인류를 기르고 단련시켰으며 전 세계로 내보내 이 지구를 바꿔 놓았다. 아프리카의 시대, 흑인의 시대는 다시 돌아올 수 있을까? 먼저 그들의 의식세계 속으로 들어가 보자.

2. 흑인의 의식세계

흑인의 종교 관념은 대단히 복잡하고 다양하여 자연의 정령精靈과 조상숭배는 물론 그중 최고의 신에 대한 의식에까지 이르기도 한다. 그들이 일상생활에서 가장 중요하게 여기는 것은 조상신앙이며, 그것에 의지하여 재앙을 막고 공동체의 안전을 지키려 한다.

조상의 영혼은 생전과 똑같이 생활하는 것으로 인식되므로 이에 대한 공양을 결코 게을리할 수 없다. 거기에는 신비한 힘을 가진 숭배가 담겨져 있다. 인간의 행복은 주로 조상의 영혼으로부터 주어지지만, 재앙은 사술邪術을 행하는 사람에 의해서도 초래된다. 사술을 행하는 인간을 식별하는 것은 특수한 능력을 가진 주술사만 가능하기 때문에 주술사가 흑인사회에서 차지하는 사회적 지위는 매우 높다. 이러한 이유들로 흑인사회의 일상생활에서 신앙이 차지하는 비중은 클 수밖에 없다.

오늘날에도 마녀는 여전히 아프리카인에게 공포와 혐오의 대상이 되고 있다. 짐바브웨 정부는 그 폐해가 어찌나 컸던지 2006년부터 일반인을 현혹시키는 사술과 주술 행위를 법으로 금지시켰다. 그러나 어디까지가 사악한 사술인지에 대한 기준이 마련되어 있지 않아 법원은 재판이 있을 때마다 전통적 치료사들을 불러 피고의 범죄 구성 여부에 대한 전문적 의견(?)을 구했다. 그런데 그 전통적 치료사들도 법정에 선 마녀들과 큰 차이는 없었다. 정령의 신비로운 힘에 의존해 병을 치료하기는 마찬가지였기 때문이다.

나이지리아 교회에서는 목사가 마녀 감별을 하면서 적지 않은 돈을 번다. 집안에 알 수 없는 불행이 닥쳤을 때 부모들은 자녀들이 마녀에 홀렸다고 의심하면서 교회로 찾아가 목사에게 감염 여부를 묻는다. 목사는 아이 한 명당 5달러 정도를 받고 진단해 준다. 나이지리아 언론들은 교육 수준이 낮고 가끔 요술에 홀리는 경찰들을 우스꽝스러운 짓을 했다고 조롱하지만, 마냥 비웃을 일만은 아니다.

흑인 시인 에메 세제르Aime Cesaire는 다음과 같은 유명한 시를 남겼다. 그는 이 시에서 '흑인다움', 즉 아프리카인다움을 노래했다.

흑인은 아무것도 정복한 것이 없다
흑인은 어느 곳도 탐험한 적이 없다
그러나 흑인은 흑인다움으로
천지의 본체로 돌진해 간다

아프리카인의 주요한 심리적 특색은 민감함과 격한 감정에 있다. 그것은 열대습윤

타실리나제르의 벽화

나이지리아의 테라코타 조각

사진 3-22. 아프리카 선사시대의 벽화와 조각상

기후에서의 생활, 목축과 농업을 영위하며 형성된 땅과의 친밀감, 나아가 계절의 리듬과 관련이 있다. 감정이야말로 흑인의 본성인 것이다. 위에서 소개한 세제르의 시는 흑인다움이라는 다이내믹한 특색이 넘치고, 추상적 관념이 구체적 의미를 부여하고 있다. 흑인들이 그들의 고향으로부터 노예로 잡혀가 아메리카에서 창출한 예술작품에는 일관되게 격한 감정이 드러난다. 가령 미국 흑인가수로 명성이 높은 흑인영가靈歌는 흑인 특유의 리듬감을 살려 20세기 초부터 재즈 음악을 만들어 냈다.

흑인의 고향 아프리카에서는 예로부터 일정한 미적 원리에 의한 기술의 응용과 예술의 창조력이 발달해 왔다. 사하라의 타실리나제르에서 발견된 기원전 4000년경의 벽화유적에서 그들의 미적 감각을 엿볼 수 있다. 흑인의 전통예술 가운데 가장 발전한 것은 조각이다. 남아프리카 짐바브웨의 거대한 조각상, 서아프리카 나이지리아에서 발견된 테라코타 조각상, 가나 아샨티의 황금공예품 등은 잘 알려져 있다. 가장 보편적인 것은 다루기 쉬운 목재에 조각한 것이며, 목각을 만드는 목적은 종교적 관념과 연결된다.

3. 흑인사회

흑인사회의 기본적 구조는 촌락공동체이며, 그들의 결합체는 혈연과 친족으로 구성된 집단이다. 대부분은 부계제이지만 경우에 따라서는 모계제도 존재한다. 중앙아프리카와 서아프리카 등지에는 여전히 모계사회가 잔존하고 있다.

흑인사회는 성별뿐만 아니라 나이에 따라서도 재편성된다. 또한 전통적으로 일부다처제가 인정되어 왔다. 이것 역시 그들 특유의 의식에서 유래된 것으로, 아내의 수유기간 중에는 남편과의 잠자리를 금지하는 관습이 있다. 최근에는 흑인사회가 근대화되면서 일부일처제가 많아지고 있다.

흑인사회의 전통적 경제는 자급자족제를 취하며 화전경작을 행한다. 외국인의 눈에는 아프리카의 경작지가 황폐한 경관으로 보일지 모르겠지만, 그것은 전통적으로 형성된 환경적응의 결과물일 뿐이지 결코 불합리한 토지이용이 아니다. 열대지방에서는 단지 자연에 복종함으로써 자연에 명령할 수 있기 때문이다. 지리학에서는 이런 현상을 기후순화氣候順化라 부른다.

구체적인 예로, 무거운 철제 농기구를 사용하여 토지를 깊게 파서 경작하는 일은 열대지방의 토양을 심하게 상처 내는 것이므로 피해야만 한다. 일반적으로 토양은 가볍고 비옥하지 못하므로 성장시기가 다른 작물들을 선택적으로 재배한다. 또한 토양을 전부 노출시키지 않은 채로 식물피복을 남겨 가능한 한 집중호우와 직사광선에 의한 토양손실을 방지한다.

이와 같은 경작법이 비효율적으로 보일지라도 지극히 합리적이라 할 수 있다. 수단 남부지방에 거주하는 아잔티족 등은 각기 다른 종류의 토지, 즉 작물에 따라 적합한 토지를 표현하는 40종류 이상의 어휘가 있다. 옥수수와 카사바(고구마 종류)의 10종이 넘는 변종을 식별해 각 토지에 알맞은 작물을 정확하게 파악하고 있을 정도다. 그러므로 땅에 대한 그들의 이해도는 누구 못지않게 높은 편이다.

토지는 아프리카 원주민에게 신성한 의미를 지닌다. 토지에 대한 제사의식을 이해하는 일은 아프리카 문화를 이해하는 하나의 열쇠다. 케냐의 우후루 케냐타 대통령은 토지가 농민의 물질적 필요성을 만족시킬 뿐더러 정신적 만족을 안겨 주는 장소라 주장했다. 아프리카 원주민은 인간과 조상영혼 간의 교류는 토지를 통해서만 가능하며 토지를 부족의 어머니라 여기고 사후세계의 영혼에게 생명을 부여하는 것이 땅이라 생각한다. 그들은 토지를 사유재산이 아니라 부족 전체의 소유로 간주한다. 이상에서 설명한 것처럼 흑인은 대부분 가난하지만 자신들의 소중한 토지를 떠나려 하지 않는다.

4. 아프리카의 규모

아프리카 대륙은 우리가 생각하는 것보다 훨씬 크다. 우리가 아프리카 대륙이 크다는 사실을 잘 모르는 이유는 흔히 평사도법이나 메르카토르 도법을 이용한 세계지도에서 왜곡되어 나타나기 때문이다. 그림 3-15를 보면 아프리카가 얼마나 큰지 알 수

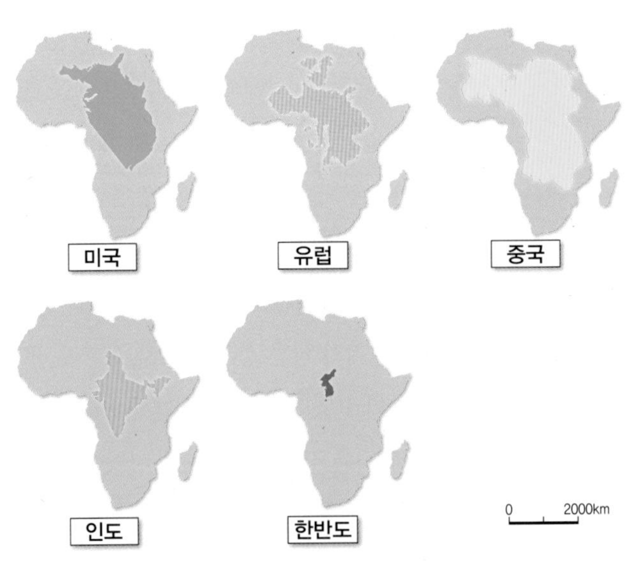

그림 3-15. 아프리카 대륙과 유럽 대륙 및 여러 나라와의 크기 비교

있을 것이다. 아프리카 대륙의 면적은 우리가 크다고 생각하는 미국, 중국, 인도보다 훨씬 크며, 그 면적은 약 3,000만㎢로 아시아 대륙과 거의 같다. 지구를 북반구·남반구·동반구·서반구로 나눌 경우 모두 걸쳐 있는 대륙은 아프리카밖에 없다.

거대한 아프리카의 풍토 속에서 생활하는 흑인은 자연의 리듬에 맞춰 살아가며 그들을 둘러싼 다양한 정령을 달래기 위하여 노래를 부르고 춤을 춘다. 그들은 이를 게을리하면 흉작과 기근을 면치 못한다고 믿고 있다. 아프리카는 광활한 대륙이므로 자세히 들여다보면 북아프리카·서아프리카·중부 아프리카·동아프리카·남아프리카의 문화가 상이하다.

아프리카는 인류에게 매우 중요한 땅이다. 아프리카의 다양한 민족과 변화무쌍한 문화, 인류의 거울인 멸종위기의 영장류들, 신생대 초기와의 연결고리인 사라져 가는 야생동물에 비길 만한 것은 전 세계 어디에도 없다. 사하라사막 이남의 아프리카는 호미니데Hominidae의 고향이자 인류의 요람이며, 인류 최초의 공동체가 출현한 무대이자 처음으로 문화가 꽃핀 땅이다.

5. 흑인의 호칭

원래는 흑인들을 '니그로'라 칭했다. 니그로Negro란 지리적으로 아프리카에서 발생한 검은 피부의 인종을 가리키는데, 넓게는 아프리카계 미국인을 포함하여 흑인 전반을 지칭하기도 한다. 'Negro'는 스페인어와 포르투갈어에서 온 것으로 '검은' 혹은 '어두운'이란 뜻을 지니고 있다. 1440년경 사하라사막 이남의 아프리카에서 인도로 가는 항로를 찾던 스페인과 포르투갈 사람들이 처음 사용한 것이다.

1960년대 후반 이후 흑인 민권운동에서 'black'을 흑인을 지칭하는 말로 사용하기 시작하면서 니그로는 다소 부정적인 의미를 띠게 되었다. 그리하여 미국에서는 공식적 문서 등에 흑인을 지칭할 때는 '아프리카계 미국인African American'을 사용한다. 그러므로 우리도 함부로 흑인을 니그로라 부르면 안 된다.

여담이지만, 한국이 낳은 글로벌 아이돌 그룹 방탄소년단이 부른 '페이크러브'가 미국에서 큰 인기를 얻다가 일시적으로 인기가 시들해진 적이 있다. 그 이유는 노랫말에 등장하는 우리말 '니가(네가)'가 미국사회에서 흑인을 비하하는 표현인 니거nigger와 비슷했기 때문이다. 결국 그들은 노랫말 '니가(네가)'를 다른 말로 바꿔 미국에서 공연을 마쳤다. 국제 연합 총회에서 세계 청년들에게 희망 메시지를 연설한 방탄소년단은 빌보드 메인 앨범 차트인 〈빌보드 200〉에서 두 번이나 1위를 차지했다. 이로써 방탄소년단은 비영어권 음반으로 같은 해 두 장 연속 정상을 차지한 첫 번째 가수가 되었을 뿐 아니라 〈페이크러브〉는 유튜브 3억 뷰를 달성하는 위업도 떨쳤다. 1년에 두 번씩이나 빌보드 차트 1위에 오른 가수는 비틀즈, 엘비스 프레슬리, 프랭크 시나트라와 같은 슈퍼스타뿐이다.

독자들은 자원이 많은 나라일수록 부국이 될 수 있을 것이라고 생각할지도 모르겠지만, 현실은 그렇지 않다. 경제학자들은 자연조건이 양호한 땅에서 문명이 나타나지 않는다는 사실을 인용해 '천연자원의 저주'라는 패러독스로 표현했다. 예컨대 이렇다 할 만한 금광도 없고 열대활엽수도 없는 이탈리아보다 황금과 석유자원은 물론 값비싼 열대활엽수의 축복을 받은 나이지리아가 훨씬 부유할 것으로 예상되지만, 결과는 정반대이다. 브루나이를 제외하고는 천연자원이 풍부한 나라는 이상하게도 부유하기는커녕 가난하다. 지리에 해박하지 않은 사람이라 할지라도 천연자원은 풍부하지만 경제적으로 가난한 국가를 어렵지 않게 생각해 낼 수 있을 것이다.

세계경제를 이해하기 위해서는 로컬 차원뿐만 아니라 글로벌 차원에서도 세계화가 진행되고 자원을 둘러싼 글로벌기업의 자본이 개입되면서 자원쟁탈전이 전개되고 있음을 염두에 두어야 한다. 이것이 과거에는 식민지 수탈로 설명될 수 있었지만, 세계화된 오늘날에는 상황이 바뀌었다. 그럼에도 아프리카에는 과거의 상흔이 여전히 남아 있음을 잊어서는 안 된다.

제4장

경제적 차원: 경제활동의 세계화와 자원 쟁탈

48

아시아 태평양 경제협력체APEC는 왜 만들어졌을까?

키워드: 아시아 태평양 경제협력체, APEC 경제지도자회의, 보고르 선언.

1. 아시아 태평양 경제협력체의 특징

아시아 태평양 경제협력체APEC: Asia·Pacific Economic Cooperation는 환태평양 국가들의 경제·정치적 결합을 돈독하게 하고자 만든 국제기구다. 1989년 11월 오스트레일리아

그림 4-1. APEC의 가맹국

의 캔버라에서 12개국이 모여 결성되었다. 그 후 1991년 중국·홍콩·타이완이, 1993년 멕시코·파푸아뉴기니, 1994년에 칠레, 1998년에 페루·러시아·베트남 등이 추가로 가입하여 총 21개 국가들이 참여하고 있다. 1993년부터는 매년 각 나라의 정상들이 모여 회담을 열고 있다.

APEC 회의장에서는 가입국의 국기를 게양하거나 국명 표시를 하지 않는 것을 원칙으로 한다. 또한 APEC 정상 간의 회의는 사진 4-1에서 알 수 있는 것처럼 정상회의Summit가 아닌 APEC 경제지도자회의Economic Leaders' Meeting라는 이름으로 불린다.

2. 오스트레일리아는 왜 APEC 결성을 제안했을까?

1973년 영국이 유럽 연합EU의 전신인 유럽공동체EC에 가맹함에 따라 유럽경제는 전환점을 맞았다. 그런데 이는 멀리 떨어진 아시아 태평양에도 커다란 영향을 미치게 되었다. 바로 오스트레일리아에 직격탄을 날린 것이다.

오스트레일리아에서는 1828년경까지 영국의 식민지로 개척되었다. 영국에서 건너간 죄수들이 원주민이었던 애버리지니를 학살하거나 그들로부터 토지를 빼앗아 새로

사진 4-1. 페루 리마에서 열린 제24차 APEC 경제지도자회의

운 대륙을 개척한 것이다. 말하자면 오스트레일리아는 죄수들의 유형流刑 식민지였던 셈이다. 영국에서 가져온 44마리의 양은 현재 7,600만 마리로 늘어나 세계 1위의 양모 수출량 국가가 되었다.

빅토리아주에서 금광이 발견되면서 취업기회가 늘어나자 중국인 이민자가 증가하였다. 중국인이 일자리를 위협한다고 생각해 오스트레일리아의 백인이 이민배척운동을 일으켜 1888년에 제정된 중국인 이민제한법은 백호주의를 이 나라의 국시로 삼게 된 계기가 되었다. 백호주의는 1901년 이민제한법의 제정을 시작으로 1975년 인종차별금지법이 제정될 때까지 70년 넘게 지속되었다.

백호주의를 관철하기 위하여 오스트레일리아는 영국과 아일랜드를 비롯한 유럽으로부터 이민자를 받아들일 계획을 세웠으나 제2차 세계대전의 발발로 실현될 수 없었다. 그 후, 영국이 1973년 유럽공동체에 가맹할 당시 오스트레일리아의 최대 무역상대국은 영국이었다. 영국만 믿고 의지했던 오스트레일리아는 당황하지 않을 수 없었다. 그리하여 오스트레일리아는 인접한 아시아 태평양 국가들과의 관계를 중시하게 되어 백호주의를 폐지하고 다문화주의를 펼치게 되었다.

1989년 당시의 수상이었던 호크Hawke의 제안으로 APEC은 일본·오스트레일리아·뉴질랜드·미국·캐나다·한국과 동남아시아국가연합ASEAN: Association of Southeast Asian Naions 6개국이 포함된 12개국으로 발족했다. 이를 계기로 같은 해에 오스트레일리아의 수도 캔버라에서 20개국이 참가한 제1회 APEC 회담이 개최되었으며, 오스트레일리아 외교부 장관이 초대 의장을 맡았다.

초창기 ASEAN 회원국들이 가입 거절 의사를 표명하자 오스트레일리아는 비아시아 국가들을 제외할 것을 제의했으나 미국과 일본이 강력히 반대해 1993년 미국 대통령과 오스트레일리아 총리와의 회담으로 타결을 모색했다. 당시 미국은 이 회의를 통해 교착상태에 빠진 우루과이 라운드UR: Uruguay Round 통상협의가 다시 정상 궤도에 올라서는 데 도움이 될 것으로 기대하였다. 이 회담에서 APEC 사무국을 싱가포르에 설치하기로 결정했다.

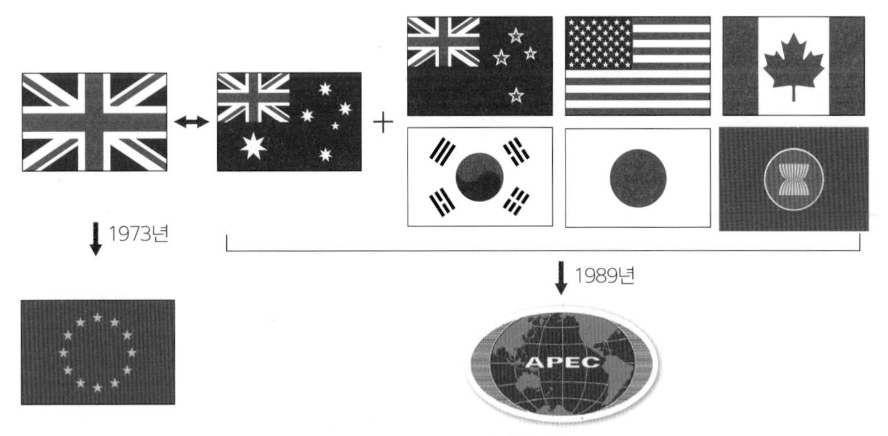

그림 4-2. APEC이 결성된 이유

1994년 인도네시아 정상회담에서 각국 정상은 보고르 선언을 통해 아시아 태평양 지역의 무역투자를 자유화하고 개방하기로 약속했으며, 2010년까지는 선진국들이, 2020년까지는 개발도상국들이 이행하기로 결정했다.

두 나라가 서로 다른 길을 택한 계기는 양국 간의 지리적 거리에 있었다. 두 나라가 영연방국가라 할지라도 또한 아무리 교통·통신이 발달하여도 두 나라 사이의 물류비용과 인적 교류는 비능률적이고 비효율적이기 마련이다. 사람도 아무리 친한 사이라도 거리가 멀리 떨어져 있으면 소원해지는 것과 같은 이치일 것이다. 고집스럽게 백호주의를 표방하던 오스트레일리아 역시 이웃사촌이 더 소중하다는 사실을 뒤늦게 깨달은 것일까?

49

중국의 경제발전은 인류의 재앙인가?

키워드: 중국, 중국경제, 퇴퍼, 신암흑기.

1. 중국경제의 급성장

중국은 최근 대단한 기세를 몰아 급속한 속도로 성장하고 있다. 1980년대 초까지만 해도 한국 에너지 수입량의 절반밖에 안 되던 중국이 이제 미국 다음의 2대 에너지 수입국으로 빠르게 발전하고 있다. 1980년대 중반부터 중국경제는 세계에서 가장 빠른 경제성장을 이룩해 지난 20년간 4배가 넘는 규모로 성장하였고, 중국에서는 빠른 속도로 부자가 되는 사람이 늘어났다.

중국경제의 고도성장은 2015년까지 지속되었다. 중국의 통계에 대해 신빙성에 의문을 갖는 경우가 많지만, 중국 정부는 7%를 웃도는 경제성장을 목표로 했다. 그러나 그림 4-3에서 보는 바와 같이 2016년에 접어들자 성장률은 목표치를 밑돌게 되었다. 비록 중국의 경제성장률이 하향세를 타고 있지만, 경제규모가 크므로 6%대의 성장은 다른 나라에 대비시켜 보면 대단한 것이다.

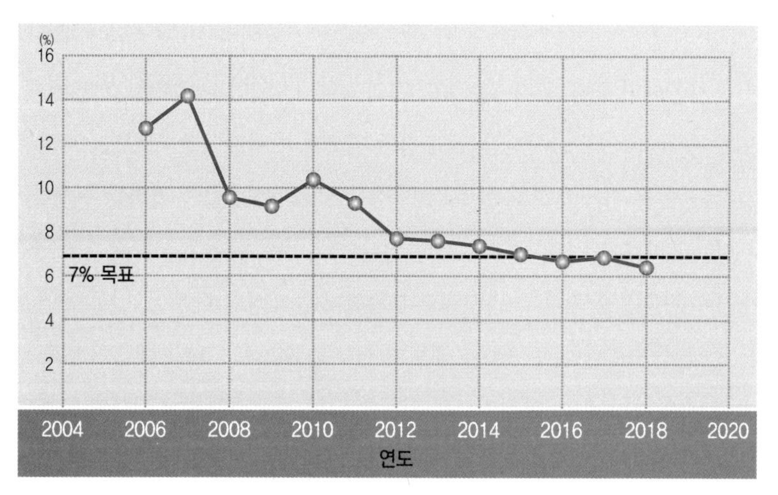

그림 4-3. 중국의 경제성장률 추이(2004~2018년)

2. 중국 국민이 1가구 1차량을 보유하게 되면 어찌 될까?

중국은 1994년에 자동차 중심의 교통시스템을 수립하고 자동차산업을 성장산업의 지주로 삼았다. 이러한 중국의 정책은 심각한 문제점을 내포하고 있었다. 오늘날 중국은 자동차 생산량에서 압도적 1위를 차지하고 있다.

미국의 지구정책연구소 소장인 브라운Brown은 중국의 석유문제를 거론하며, 만약 중국의 지속적인 경제성장으로 1가구 1차량, 또는 1가구 2차량이 실현되면 하루당 8,000만 배럴(mb/d, million barrels per day) 이상의 석유가 필요할 것이라 지적했다. 현재 세계의 석유생산량은 하루당 7,600만 배럴에 불과하다. 이는 2000년대 초의 통계를 기초로 한 것이지만, 최신 통계로 계산하면 심각성은 더욱 고조될 것이다.

그림 4-4는 중국의 1인당 국민소득이 늘어날 때 원유 수요가 얼마나 증가할 것인가를 예상한 것이다. 그림에서 두 개의 세로축은 각각 연 4% 성장을 지속하는 저성장 시나리오와 연 7% 성장하는 고도성장 시나리오를 상정한 것이다. 국제통화기금IMF이 예상한 대로 중국의 1인당 GDP가 매년 5.5% 성장할 것이라고 본다면, 2021년 각각 하

루 1,520만 배럴과 1,820만 배럴의 원유가 소비될 전망이다. 만약 중국경제가 저성장 기조를 유지한다면 원유 소비량은 2015년의 하루 1,150만 배럴에서 2025년에 1,520만 배럴로 증가하는 데 그치지만, 고도성장 기조로 나아간다면 하루 2,080만 배럴에 이를 것이다. 이는 미국의 하루 원유 소비량인 1,980만 배럴을 능가하는 수치다.

모든 산유국의 수출 물량을, 모든 석탄생산국의 석탄 수출량을, 모든 가스생산국의 천연가스 수출량을 중국 혼자 독점해도 부족하다는 계산이 나온다. 미국 에너지 정보청EIA은 중국이 2017년 하루 840만 배럴의 원유를 수입해 790만 배럴의 미국을 제쳤다고 밝힌 바 있다. 중국이 화석연료를 기반으로 한 경제정책을 추진하면 인류의 재앙이 될 것이므로 재생 가능한 에너지 정책으로 바뀌지 않으면 안 될 것이다. EIA의 예상대로라면 원유의 국제가격은 현재의 배럴당 50~60달러에서 172달러로 상승할 것이다.

국제 연합 개발계획UNDP의 퇴퍼Töepfer 사무총장은 이대로 가면 중국의 경제성장은 '인류의 재앙'이 될 것이라고 공개적으로 경고한 바 있고, 하버드 대학의 페어뱅크Fairbank는 세계 최대 인구국가가 생태적 악몽을 향하고 있음을 지적했다. 중국의 급격

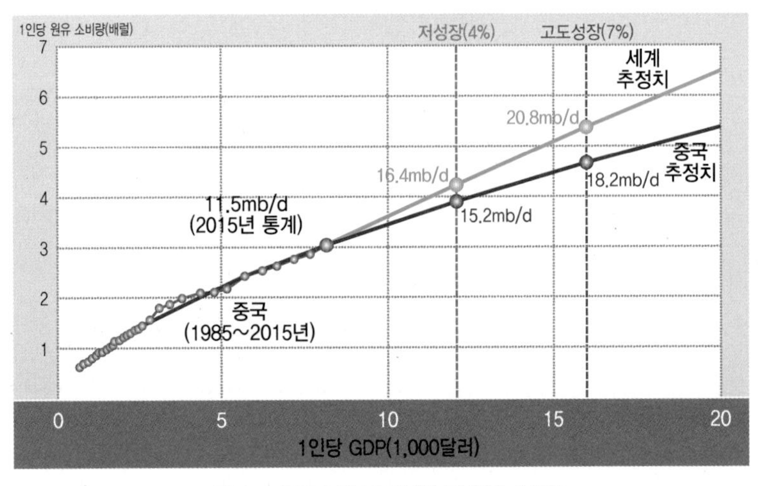

그림 4-4. 중국 국민소득의 향상과 원유 소비량

사진 4-2. 중국 고속도로의 극심한 교통체증

한 에너지 소비 대국화, 특히 1인당 석탄과 석유 소비량의 급증은 세계의 제조 센터·물류 센터·도시화 센터에 이어 '세계 공해 센터'로 개악될 것이 자명하다. 현재 수준에서도 이미 중국은 이산화탄소 배출량에서 미국에 이어 세계 2위로 전 세계 배출량의 15%를 차지하고 있다.

3. 중국의 소득증가에 따른 문제점은?

종이와 육류 소비의 예를 들면 문제는 더 심각해진다. 만약 중국의 1인당 종이 소비량이 미국 수준에 이른다면 세계의 종이는 완전히 고갈되어 버린다. 그림 4-5에서 보는 것처럼 중국인들이 주로 섭취하는 육류 중 돼지고기가 주를 이루고 있는 까닭에 현재 중국은 돼지고기 세계생산량의 절반을 차지한다. 그러나 중국인의 돼지고기 소비량은 이미 세계 소비량의 절반을 넘어선 52%에 달하고 있다.

만약 생활 수준이 향상되어 그들의 식성이 쇠고기로 바뀌게 되면 현재 5~6%인 중국의 쇠고기 소비 증가율이 향후 10년 이상 지속되어 6,000만 톤이 소요되는데, 세계

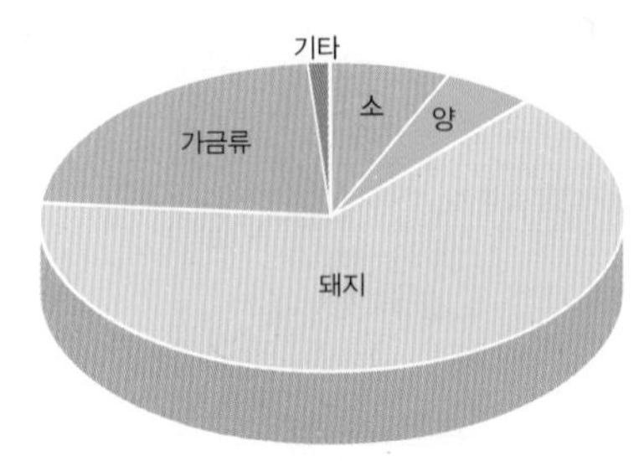

그림 4-5. 중국인의 육류 소비(2015년)

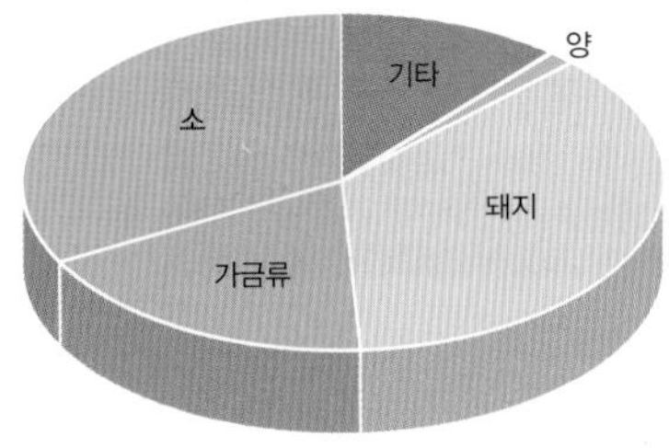

그림 4-6. 한국인의 육류 소비(2015년)

쇠고기 생산량 6,700만 톤 대부분을 중국인이 먹어 치우게 된다는 결론이 나온다.

2015년 현재 경제협력개발기구OECD통계에 따르면, 중국의 1인당 육류 소비량은 세계 16위로 23위의 일본을 능가하지만 14위의 한국에는 미치지 못하고 있다. 그러나 그림 4-6에서 보는 바와 같이 쇠고기 소비량이 한국처럼 증가하면 문제가 발생할 전망이다. 이미 중국인의 식성이 경제성장과 더불어 쇠고기를 선호하는 것으로 바뀌고 있다. 2018년의 중국 쇠고기 가격은 1980년과 비교하면 거의 30배 정도 상승했다. 중국의 쇠고기생산량은 이미 세계 3위로 올라섰지만, 중국의 목축업시스템이 낙후되어 공급이 수요에 미치지 못하고 있다.

그림 4-7에서 알 수 있는 것처럼 1985년을 기점으로 중국의 육류 소비량이 증가추세임을 알 수 있다. 돼지고기의 소비량이 쇠고기에 비해 급증하고 있지만, 쇠고기 소비량도 장차 급격한 증가를 보일 전망이다.

도시 거주지와 농촌 거주자 모두의 식량 소비구조가 변하였으며 특히 육류 소비구조가 크게 바뀌었다. 도시민이 소비하는 돼지고기의 비율은 전체적으로 감소하고 있다. 1980년 89%에서 2008년 63%로 감소했다. 농촌 주민의 1인당 돼지고기 소비비율은 1980년 86%에서 2008년 70%로 감소했다. 돼지고기 소비비율은 감소하고 있지만, 돼지고기는 여전히 중국, 특히 농촌 거주자가 소비하는 주요 식품이다.

중국인의 소득향상과 더불어 비단 쇠고기뿐만 아니라 육류 전반에 걸쳐 소비량이 증가할 것이다. 중국의 돼지 사육두수는 전 세계의 48.7%를 차지하여 세계 1위다. 거의 세계 돼지의 절반이 중국에 있는 셈이다. 중국은 돼지 4.8억 두, 소 1.1억 두(세계 3

위), 양 1.8억 두(세계 1위), 염소 1.8억 두(세계 1위), 닭 47.4억 마리(세계 1위)에 달하는 세계적인 축산국이다. 돼지고기의 경우 중국의 생산량과 소비량이 거의 같아 수입에 의존하는 분량은 적지만 사료가 문제다. 돼지를 비롯한 가축의 사료인 콩의 수요가 엄청나다.

중국의 콩 생산량은 미국, 브라질, 아르헨티나에 이어 세계 4위로 상위권에 속한다. 그러나 2000년대 이후 지속적으로 수입이 초과하고 있다. 지난 20년간 대두의 공급량은 무려 5배 급증했는데, 옥수수와 더불어 가축의 사료 수요로 이용되기 때문이다. 그런데 옥수수와 콩은 중국 국내 판매가격이 국제가격보다 비싼 편이다. 특히 콩 가격은 국제가격에 비해 매우 비싸다. 콩은 벼농사만큼 물을 대량으로 필요로 하는 작물이다. 따라서 콩을 생산하기 위해서는 많은 물이 필요하며 콩 수요가 증가하면 농업용수의 확보가 문제가 된다.

최근 중국은 농업용수뿐만 아니라 공업발전과 도시화에 따라 공업용수와 생활용수의 수요가 급증하고 있다. 수자원에는 한계가 있다. 이에 따라 도시지역과 농촌지역 간에 수자원을 둘러싼 갈등이 발생하고 있다. 특히 콩 생산량의 증가는 곤란하므로 수입에 의존할 수밖에 없다. 중국의 콩 자급률은 15% 정도로 낮아졌고, 중국은 세계 콩

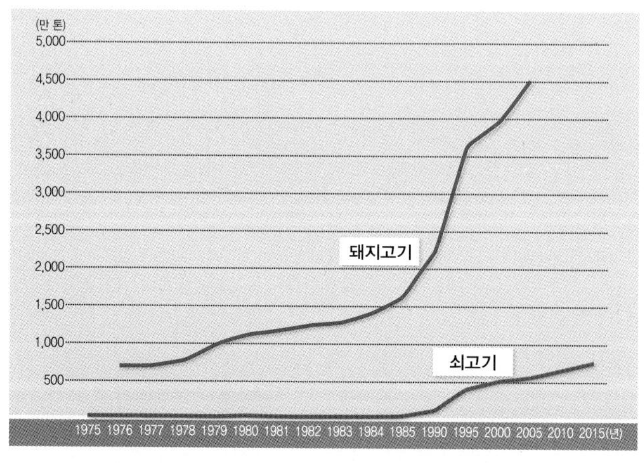

그림 4-7. 중국 돼지고기와 쇠고기의 소비량 증가 추세

생산량의 20%를 수입하고 있다. 중국이 브라질과 긴밀한 관계를 맺고 있는 이유가 바로 여기에 있다.

4. 중국의 경제성장은 인류의 근심거리다!

이런 관점에서 볼 때, 중국의 경제성장은 석유와 농산물의 가격인상, 삼림 벌채, 심각한 공해 발생, 육우가격 인상 등으로 이어져 재앙 수준의 결과를 빚게 될지도 모른다. 만약 중국이 환경문제를 해결하기 위해 쓰레기·재활용 폐기물·공해물질 등의 수입을 금지하면 다른 나라에 미치는 영향 또한 막대할 것이다. 특히 인접국인 우리나라에 미치는 영향이 매우 클 것이다.

중국인구 13억 명의 근대화는 1만 달러 이상의 소득국가인 서유럽, 북아메리카, 오스트레일리아, 일본, 한국, 싱가포르 등의 인구를 합친 것의 두 배 가까운 규모의 근대화를 의미한다. 이는 중국 근대화의 규모가 엄청나다는 이야기다.

인류는 2020년경부터 근대화를 넘는 새로운 문명과 새로운 지구촌시스템을 맞이하지 않으면 안 될 것이다. 이 과정에서 반근대화, 혐근대화, 초근대화의 여러 시도가 있을 것이고, 중세유럽과 같은 신암흑기를 경험하게 될지도 모른다.

50 인도에서 IT산업이 발달한 이유는?

IT산업(information technology)은 넓은 의미로 교육·출판·인쇄·신문·방송·통신 등과 같은 종래의 지식 관련 산업까지도 포함하고 있어 지식산업이라고도 불린다. 좁은 의미로는 컴퓨터·반도체·통신기기를 비롯한 하드웨어 산업, 소프트웨어 산업, 정보처리업, 정보통신업 등의 컴퓨터와 직·간접적으로 관련된 일련의 산업을 말한다. 여기서는 인도에서 IT산업이 발달하게 된 이유를 살펴보기로 하겠다.

키워드: 인도, IT산업, 실리콘 플레인, 카스트 제도, 소프트웨어.

1. 해답은 경도, 영어, 수학에 있다!

인도는 한국과 북한 간 동시수교국으로 한국과는 1962년 3월 영사관계를 수립한 이후 1973년 대사급 외교관계 수립에 합의했고, 북한 역시 1962년 영사관계 수립을 거쳐 1973년 대사급 외교관계를 수립했다. 인도는 국제무대에서 한반도 문제에 중립적인 태도를 취하고 있지만 경제문제에서는 한국과의 관계 증진에 힘쓰고 있다. 인도에 거주하고 있는 재외동포는 1만 388명이며, 한국에 거주하고 있는 인도 국적의 등록외국인은 2017년 기준 8,317명이다.

과거 영국의 식민통치를 경험한 인도는 영어가 준공용어이다. 인도의 연방공용어로 힌두어가 있지만, 국민의 41%만이 사용하고 있을 뿐이다. 그러므로 영어가 공용 언어로 널리 사용되고 있다.

인도는 국토의 중앙부를 동경 80°가 지나며, 서경 100° 부근과의 시차가 12시간이다. 서경 100°는 미국 텍사스주를 중심으로 발전한 실리콘 플레인Silicon Plain이라 불리는 첨단기술산업의 집적지를 통과한다. 이곳은 세계 반도체 3대 산지의 하나로 최첨단 엘렉트로닉스 기술이 개발되고 있다. 실리콘 플레인과 2시간 차이나는 미국 서부의 실리콘 밸리는 퍼스널 컴퓨터 등과 같은 기술의 저가격화를 선도하고 있다.

인도는 미국과 거의 12시간 차이가 나기 때문에 실리콘 플레인과 실리콘 밸리에서 개발되고 있는 소프트웨어를 밤에 인도에 보내면 아침을 맞이한 인도에서 이어받아 개발을 계속할 수 있다. 또한 미국과 마찬가지로 영어를 사용한다는 점 역시 빼놓을 수 없는 중요한 이점이다. 인도의 입장에서는 영국의 식민통치가 쓰라린 기억이겠지만, 과거 종주국의 언어가 오늘날 인도의 소프트웨어 산업을 발달시킨 원동력이 되었다는 사실은 아이러니가 아닐 수 없다.

인도의 IT산업이 발달한 또 다른 요인은 인도가 전통적으로 수학 강국이라는 점에서 찾을 수 있다. 특히 수학사數學史에 있어 암흑기라고 할 수 있는 중세 때 인도의 수학이 수학사의 공백을 메워 주었다. 예를 들어 현재 우리가 사용하고 있는 아라비아 숫자는 원래 인도에서 만들어져 아라비아로 전파되었는데, 앞의 인도를 생략한 채 아라비아 숫자라고만 부르니 인도로서는 억울한 노릇이 아닐 수 없다.

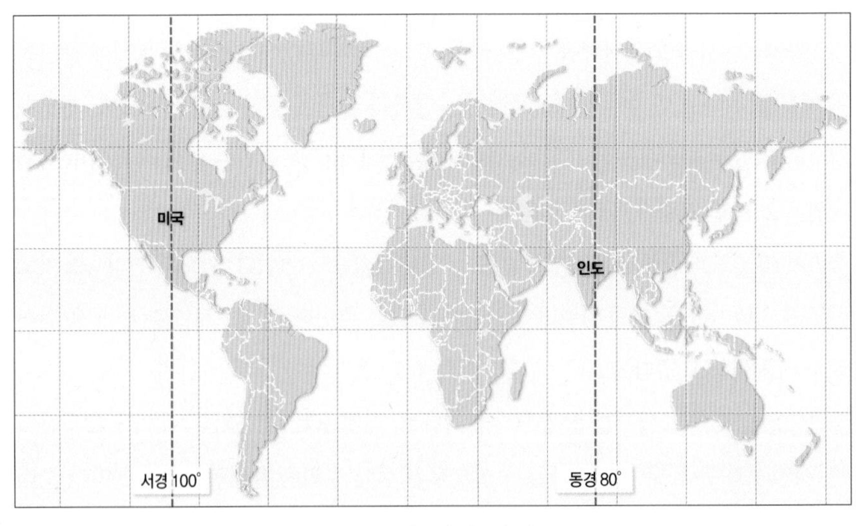

그림 4-8. 인도와 미국의 경도

인도에서 발달한 문명 중 단연 으뜸은 수학적 개념일 것이다. 특히 음수와 복소수 등 수학을 구성하는 거의 모든 토대가 인도에서 나왔다고 해도 과언이 아니다. 수학공식들은 수학자들이 특별히 만들어 낸 것이 아니라 인도인의 생활 속에서 창조되었다. 대표적인 것이 마이너스의 음수 개념이다. 이는 상인이 상품의 출납을 기록하다가 만들어졌으며 적자赤字와 흑자黑字란 단어도 나가는 물품은 빨간색으로, 들어오는 물품은 검은색으로 표기하던 당시 인도 상인들의 관습에서 유래했다. 인도의 초등학교에서는 IT산업에서 주목받고 있는 곱셈공식을 한국의 구구(9×9)단보다 더한 십구십구(19×19)단까지 가르친다.

2. 카스트 제도와 IT산업

인도 국민의 약 80%가 힌두교를 믿는다. 힌두교에는 카스트 제도라는 신분질서가 있는데, 최상층은 브라만(승려), 다음은 크샤트리아(귀족, 무사), 다음은 바이샤(농민, 상인, 연예인), 최하층은 수드라(수공업자, 하인, 청소부)로, 그 아래 4개 계급으로 구성된 바르나가 있고 그 아래 계층에 불가촉천민이 있다.

많은 카스트 개혁운동이 일어나고 있고 불가촉천민에 대한 박해가 현재 헌법으로 금지되어 있지만, 카스트 동맹은 여전히 인도에서 뿌리 깊게 강력한 정치적·사회적 세력으로 남아 있다. 그러나 최근에 이르러 산업 발달과 함께 IT산업이 등장하여 카스트 제도에는 규정이 없는 직종이 등장하게 되었다. 이에 따라 낮은 계급의 인도인도 약간의 재능과 부단한 노력으로 빈곤 탈출이 가능하게 되었다.

그들이 꿈을 실현하기 위해서는 16개 캠퍼스로 구성된 인도 공과대학IIT: Indian Institute of Technology에 입학해야 한다. 동양의 MIT라 불리는 이 대학의 입학경쟁률은 무려 53:1에 달한다. 이 대학을 졸업한 대부분의 청년들은 파격적인 연봉을 받고 세계 여러 나라의 IT기업에서 일하고 있다. 대표적인 졸업생 중에는 구글의 대표이사인 순다르 피차이Sundar Pichai와 맥킨지 앤드 컴퍼니 최고경영자인 라자트 쿠마르 굽타Rajat Kumar

사진 4-3. 인도 공과대학 델리 캠퍼스

Gupta가 있다. 그뿐만 아니라 마이크로소프트는 사원의 36%가 인도계 인재들이며, IBM 엔지니어의 28%, NASA의 32%가 인도 공과대학 출신들이다.

미국의 대표적 글로벌기업 중 하나인 구글에서는 2015년 기준으로 평균 1억 4,000만 원의 연봉을 보장해 준다. 인도 국내 IT기술자의 평균 연봉이 1,000만 원이라는 점을 감안하면 파격적인 금액이 아닐 수 없다. 개천에서 용 나는 사회는 많은 젊은이에게 꿈과 희망을 준다.

2014년 5월에 인도 총선에서 승리하여 인도의 총리가 된 나렌드라 모디는 1950년에 카스트 신분제 하위계급인 '간치Ghanchi'에 속하는 식료품 잡화상 집안의 6남매 중 셋째로 태어났다. 그는 부친을 도와 어린 시절에 기차역 근처에서 짜이(밀크티)를 팔았고, 소년 시절에는 버스터미널 근처에서 짜이 노점상을 꾸리기도 했다. 그는 많은 인도의 낮은 카스트들에게 꿈과 희망을 안겨 주었다.

51

노르웨이가 유럽 연합EU에 가입하지 않는 이유는?

키워드: 노르웨이, 유럽공동체, 유럽 연합, 브렉시트, 나르비크.

1. 유럽 연합과 노르웨이

매년 5월 9일은 '유럽의 날'이다. 유럽 연합은 왜 이날을 기념할까? 이날은 유럽 통합의 시발점인 쉬망(슈만) 선언이 발표된 날이기 때문이다. 쉬망 선언은 1950년 5월 9일 프랑스 외무부 장관이었던 로베르 쉬망Robert Schuman이 공업의 핵심자원인 석탄과 철강을 공동 관리하자고 제안한 선언이다. 프랑스의 목적은 독일의 전략산업인 석탄과 철강을 국제 관리 아래 두어 군사대국화를 방지하려는 데 있었다. 이에 독일은 패전국으로서 국제무대에 복귀할 수 있는 기회라 여기고 찬성했다.

그리하여 유럽석탄철강공동체ECSC가 결성되었다. 유럽 내의 경제통합 움직임은 1957년 유럽경제공동체EEC를 거쳐 1967년 유럽 연합의 전신인 유럽공동체EC가 1993년 결성되어 오늘에 이른 것이다. 2016년 6월 23일 영국 국민이 유럽 연합 탈퇴 국민투표에서 탈퇴를 결정한 브렉시트Brexit로 인해 현재 27개국이 유럽 연합에 속해 있다.

여기서 놀라운 점은 그림 4-9에서 보는 바와 같이 노르웨이가 유럽 연합에 가입하지 않고 있다는 사실이다. 왜 그럴까? 노르웨이는 국토의 대부분이 북위 50° 이북에

그림 4-9. 유럽 연합 가맹국

위치해 있어 한랭한 기후를 보이며 스칸디나비아산맥이 종단하고 있기 때문에 평탄한 토지가 별로 없다. 그에 따라 농업생산이 부진하여 농작물 부족에 시달리고 있다.

그러나 산림자원이 풍부하고 철광석 산지가 많아 자원공급지로서 탄탄한 지위를 확보할 수 있었다. 노르웨이는 1536년부터 농작물 재배가 성한 인접국 덴마크와 1814년부터 1905년까지 스웨덴과 동군연합을 형성한 적이 있다. 동군연합同君聯合이란 하나의 군주가 서로 독립된 2개국 이상을 통치하는 정치 형태를 가리킨다. 400년 가까운 연합 상태로부터 자유를 얻은 노르웨이 국민의 애국심이 강한 이유는 바로 그런 이유 때문이다. 그와 같은 역사적 배경으로 노르웨이 국민에게는 타국의 지배를 매우 싫어하는 기질이 생겨났다.

2. 노르웨이의 강점은 무엇인가?

노르웨이가 유럽 연합에 가입하지 않는 것은 단지 국민들의 애국심 때문만은 아니다. 노르웨이가 믿는 구석이 있기 때문인데, 그것은 수산업의 발달을 비롯하여 풍부한 수력발전과 원유 및 천연가스에서 나오는 자신감이다.

노르웨이의 강점은 대륙붕의 노르웨이해에서 한류와 난류가 합류하는 덕분에 양호한 어장이 발달되어 있고, 빙하의 침식으로 형성된 피오르fjord 해안이 있어 항구가 입지하기에 유리한 조건을 갖추고 있다는 점이다. 고위도 지방임에도 불구하고 나르비크항처럼 온난한 북대서양 해류 덕분에 겨울철에도 얼지 않는 부동항이 많다. 그 때문

사진 4-4. 노르웨이의 부동항 나르비크

에 인접국인 스웨덴은 겨울철에 보트니아만이 얼면 노르웨이 북쪽의 나르비크항구를 이용하여 철광석을 해외에 수출한다. 노르웨이의 수산업이 발달한 것은 어제오늘의 일이 아니다.

두 번째 강점은 노르웨이가 산악국가여서 지형적 고저 차이가 심하고 강수량이 많아 수력발전이 발달했다는 점이다. 이 나라에는 현재 700개에 달하는 수력발전소가 있으며, 수력발전의 비율은 96.2%에 달한다. 따라서 전깃값이 100kWh당 9.45달러로 파격적이다. 세계 평균가격이 19.6달러이니 노르웨이의 전기료가 얼마나 저렴한지 알 수 있다. 값싼 전기를 이용한 풍부한 전력으로 알루미늄을 생산한다. 노르웨이의 알루미늄 생산량은 미국, 캐나다, 오스트레일리아, 브라질, 중국에 이어 세계 6위다.

알루미늄을 만들기 위해서는 막대한 전력이 요구된다. 알루미늄 금속과 합금은 항공기 건조, 건축재료, 내구성 소비재(냉장고, 공기 조절기, 조리 기구), 전기도체, 화학 공정장치와 식품가공장치 등에 널리 쓰인다. 그러나 노르웨이처럼 전력이 풍부해야 생산할 수 있다는 제약이 있다.

또한 노르웨이는 세계적으로 원유와 천연가스 생산량이 많은 나라다. 1969년 북해의 에코피스크에서 유전을 채굴하는 데 성공하여 해외에 수출함으로써 경제력을 높일 수 있게 되었다. 노르웨이의 1인당 원유 수출여력은 쿠웨이트에 이어 사우디아라비아와 아랍에미리트에 필적하는 수준이며, 천연가스의 수출여력은 세계 최고다. 수출여력이란 총생산량에서 국내 소비량을 뺀 수치를 의미한다.

3. 해답은 노르웨이의 독자성에 있다!

노르웨이는 1972년과 1994년 두 차례에 걸쳐 유럽 연합 가맹을 둘러싼 국민투표를 실시했으나 반대쪽이 약간 우세하여 부결된 바 있다. 2016년에 행해진 여론조사에서는 반대 70.6%로 국민의 다수가 유럽 연합 가맹을 희망하지 않는다는 사실이 밝혀졌다. 앞서 지적한 것처럼 노르웨이는 과거 동군연합의 경험으로부터 자국의 독자성을 고집하는 성향이 생겨난 것이다.

세계에서 가장 행복한 나라는 어디일까? 우리는 흔히 노르웨이를 9세기에 활약한 바이킹의 고향 정도로만 알고 있지만, 국제 연합UN이 발표한 2017 세계행복지수에 따르면 세계에서 가장 행복한 나라는 스칸디나비아반도의 노르웨이였다.

노르웨이인은 논리적이고 사리 판단을 할 때 냉정하며 불의와 타협하는 일이 없는 강한 준법정신으로 정평이 나 있다. 노르웨이 민족성은 어떤 환경에서도 안정되고 품위 있으며 올바른 도덕의식과 인간 존엄성을 존중하는 균형 잡힌 성격이면서도 타인의 간섭을 몹시 싫어하는 성격으로 요약될 수 있다.

러시아와 네덜란드의 경제적 관계가 깊은 이유는?

키워드: 러시아, 네덜란드, 라인강, 도나우강, 국제하천, 유로포트.

1. 러시아의 최대수출국은 어느 나라일까?

러시아는 매우 광대한 영토를 가진 나라다. 국토면적은 한반도의 무려 77배를 넘으며 세계 최대로 유라시아 대륙에 동서로 펼쳐져 있다. 러시아의 최서단은 폴란드 북쪽의 칼리닌그라드를 포함하면 동경 20°이며 베링해협 쪽의 최동단은 서경 170°로 경도차가 170에 달한다. 러시아는 동서 방향뿐 아니라 남북 방향으로도 넓은 나라다.

러시아의 최대수출국은 어느 나라일까? 독자들은 아마 제1의 경제대국인 미국이나 그다음 가는 중국일 것이라고 생각할지 모르겠다. 정답은 네덜란드다. 네덜란드는 평균소득이 4만 6,300달러(2016년)의 경제선진국이므로 구매력은 높지만 인구가 1,700만 명에 불과해 시장 규모는 크지 않다.

네덜란드가 왜 러시아의 최대수출국이 되었을까? 이 문제를 푸는 열쇠는 러시아의 원유에 있다. 구소련이던 시절에는 블록 경제체제에 따라 무역의 약 7할은 연방 구성국 간에 행해졌다. 그러나 냉전체제가 붕괴된 후부터는 이른바 페레스트로이카Perestroika라 불리는 개혁정책에 따라 유럽으로의 수출이 매년 신장되었다. 수출품목의 대부분은 물론 원유와 천연가스다.

2. 유럽을 흐르는 국제하천 라인강과 도나우강의 역할

국제하천이란 그림 4-10에서 보는 바와 같이 여러 나라를 가로질러 흐르고 있어 조약에 따라 어느 나라의 선박도 통행할 수 있는 하천을 가리킨다. 유럽은 영국의 그레이트브리튼섬을 제외하고는 국경을 마주하고 있는 관계로 라인강과 도나우(다뉴브)강처럼 국제하천이 흐르고 있다. 라인강은 북해로, 도나우강은 흑해로 흘러들어 간다.

라인강에는 마인강이란 지류가 있고, 마인강과 도나우강은 마인-도나우 운하로 연결되어 있다. 다시 말해서 북해와 흑해가 하나의 대동맥으로 연결되어 있다는 것이다. 또한 마인강 연안에는 유럽경제의 중심지인 프랑크푸르트가 입지해 있다.

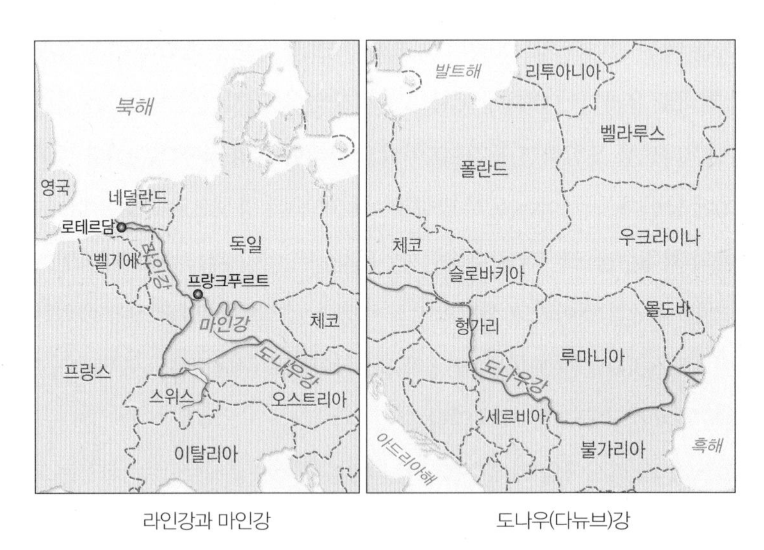

라인강과 마인강　　　　도나우(다뉴브)강

그림 4-10. 두 개의 국제하천

3. 네덜란드는 유럽시장의 관문이다

도나우강은 독일의 유명한 슈바르츠발트Schwarzwald, 즉 흑림지대에서 발원해 서쪽에서 동쪽으로 흐른다. 슈바르츠발트란 독일 남서부 바덴뷔르템베르크주에 있는 검은 삼림지대를 가리킨다. 그곳에서 슬로바키아, 헝가리, 세르비아, 루마니아, 불가리아로 흘러 흑해와 연결된다. 도나우강의 하류지역은 루마니아이므로 냉전 중에는 상류지역과 항행이 불가능했다. 그러나 구소련에 고르바초프가 등장하여 냉전체제가 붕괴되면서 도나우강의 수운교통은 활발해졌다. 마인-도나우 운하가 완성된 시기는 1992년이었다.

한편, 라인강은 알프스산맥의 여러 골짜기에서 흘러내려오는 물줄기가 스위스·독일·오스트리아에 걸친 국경호수 보덴호에 모였다가 북쪽으로 흘러 독일과 프랑스의 국경하천을 이루며, 독일의 루르 공업지대를 통과하여 네덜란드를 거쳐 북해로 유입된다. 하구에 입지한 도시는 네덜란드의 로테르담으로, 여기에는 유럽 최대 항구인 유로포트Europoort라 불리는 로테르담항이 있다(사진 4-5). 유로포트는 유럽시장의 관문인 것이다. 이곳에는 세계 최대의 석유화학공업이 발달해 있어 석유화학 콤비나트가

사진 4-5. 유럽시장의 관문 유로포트

밀집해 있다.

4. 네덜란드에서 유럽 전역으로

우리는 앞에서 '러시아의 최대수출국은 어느 나라일까?'란 물음에 대하여 잠깐 망설였었다. 이제 독자들은 왜 네덜란드가 러시아의 최대무역상대국인지 알게 되었을 것이다. 그것은 바로 유럽시장의 관문이 네덜란드기 때문이다.

러시아에서 유로포트로 운반되는 원유는 로테르담에서 석유화학공업의 원료가 된다. 또한 유로포트에서 독일의 루르 공업지대까지 파이프라인이 설치되어 있다. 그림 4-11을 보면 러시아 원유가 북해를 거쳐 네덜란드로 수출되고, 네덜란드는 그것을 석유제품으로 가공하여 라인강을 거쳐 독일로 수출하는 루트를 볼 수 있다.

네덜란드에서 가공된 석유는 라인강의 또 다른 지류와 운하를 통하여 벨기에와 프랑스에도 수출이 가능하다. 네덜란드의 주요 수출상대국은 1위 독일, 2위 벨기에, 3위 영국, 4위 프랑스다.

한편, 러시아에서는 최대수출상대국을 유럽 연합으로 인식하는 경향이 강한 것으로 알려져 있다. 그 유럽 연합의 현관이 바로 네덜란드이다. 이밖에도 네덜란드의 경제는 발달된 시장경제체제를 갖춰 운송업을 비롯하여 금융업·경공업·중공업 등에 기반을 두고 있다. 그러나 무엇보다도 네덜란드가 경제적으로 성장한 최대요인은 라인강 하구에 위치하고 있다는 점일 것이다.

그림 4-11. 러시아 원유의 수출 루트

6차 산업을 선도하는 와인 산업

키워드: 6차 산업, 포도재배, 와인 산업, 와인 벨트, 지중해성기후.

1. 캅카스 산지에서 시작한 포도재배

우리가 여름철에 많이 먹는 포도는 기원전 6000년경부터 인간에 의해 재배되기 시작한 것으로 알려져 있다. 포도가 인간에 의해 최초로 재배되기 시작한 지역은 서부아시아의 흑해 연안과 캅카스지방이다. 지금으로부터 8,000년 전에 재배되기 시작했던 포도는 경작지가 주변으로 퍼지면서 기원전 3000년경에는 메소포타미아의 퍼타일 크레슨트에서 재배되었다. 와인이 가톨릭교회의 미사주로 사용되면서, 가톨릭교가 확산된 지역으로 포도가 전파되기도 했다.

포도를 생육하기 위해서는 기후조건이 특히 중요하며, 연평균 기온이 11~15℃에 이르는 북위 20~50°의 북반구와 남위 20~40°에 이르는 남반구가 재배에 적합한 지역이다. 다른 농산물에 비해 재배가능지역의 범위가 넓은 특징이 있다. 원산지에 따라서는 캅카스지방과 카스피해 연안을 중심으로 하는 유라시아 종, 미국의 동부를 중심으로 하는 북아메리카 종, 우리나라와 일본 등지를 중심으로 하는 동아시아 종이 대표적이다.

고대 그리스의 시인이었던 호메로스가 저술한 『일리아드』라는 서사시는 트로이 전쟁을 주제로 다룬 작품이다. 트로이는 지금의 터키 서부에서 에게해에 접해 있었다. 그는 작품 속에서 과수원과 농경지가 가장 좋은 땅이라고 평하였다. 그리고 에게해에 접한 해안가의 과수원에서는 포도가 재배되고 있으며 바다에 접한 7개의 도시에서는 가을이 되면 포도가 익어 간다고 묘사했다. 즉 지중해와 에게해 일대에서도 일찍부터 포도가 재배되기 시작했으며, 여름철에 건조한 지중해 주변에서 포도는 인간이 재배할 수 있는 최적의 작물이었다.

우리나라에서는 1906년 개량된 품종을 들여와 한강변의 뚝섬 원예모범장에서 처음으로 재배하기 시작했다는 이야기가 있다. 뚝섬 원예모범장은 1906년 대한 제국이 외국으로부터 도입한 과수의 개량품종을 시험 재배하던 곳이었다. 다른 한편으로는 경기도 안성 일대에 가톨릭교를 전파한 프랑스 캄블라제 출신의 초대 신부인 공안국(프랑스명 안토니오 콩베르Antonio Combert)이 1901년 안성의 구포동 성당(지금의 안성성당)에 심은 것을 계기로 주변으로 재배지역이 확산되었다는 설이 있다.

2. 세계 전역으로 퍼져 나간 포도와 와인

최초로 포도재배에 성공한 캅카스지방에서 처음으로 와인이 만들어진 이후 포도의 재배지역이 세계 여러 나라로 퍼져 가면서 지금은 많은 나라에서 와인이 생산되고 있다. 16세기 이후 유럽의 경제가 팽창하고 해외에 식민지를 개척하면서 신대륙에 정착한 유럽인은 새로운 정착지에 포도재배기술을 이식하고 와인 생산기술을 전파했다. 이렇게 해서 와인은 본래의 고향을 벗어나 전 세계로 퍼져 나갔다.

캅카스에 인접한 지중해 연안의 국가에서는 이미 기원전부터 포도를 재배하고 와인을 생산했다. 이탈리아에서는 기원전 2000년경 포도재배를 시작해 기원전 1000년 이전부터 와인을 생산했고, 프랑스에서는 지금으로부터 약 2000년 전에 포도재배를 시작해 2세기경부터 와인을 생산했다.

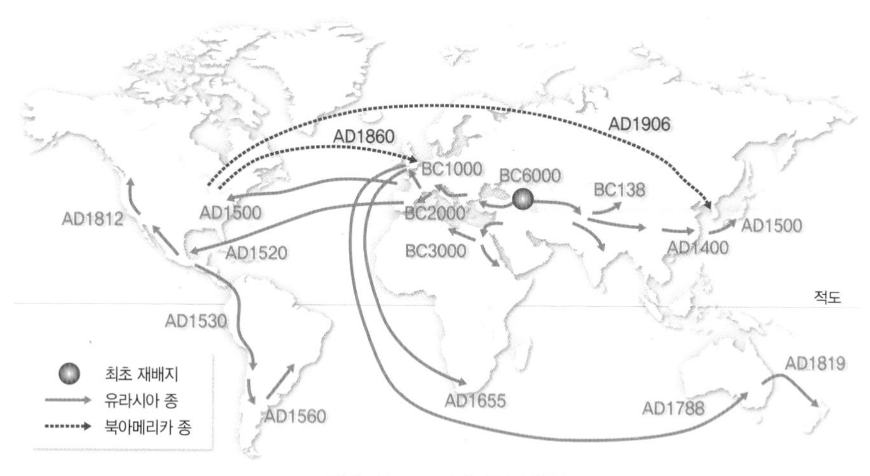

그림 4-12. 포도재배지역의 확산

지리상의 발견이 진행된 16세기에는 신대륙 아메리카에 포도가 전파되었다. 1520년대 초반에 멕시코에서 포도밭이 생겨났고, 1530년경에는 남아메리카의 볼리비아와 콜롬비아에서도 포도가 재배되기 시작했다. 포도재배지역은 점점 남하하여 칠레·아르헨티나·페루 등지에서도 1550~1560년대에 포도재배가 활발하게 이루어졌다. 라틴아메리카에서는 이미 16세기에 많은 국가에서 포도를 재배했지만, 북아메리카는 라틴아메리카보다 훨씬 더디게 포도재배지가 확산되었다. 남아프리카공화국에서 포도재배에 성공한 시기는 17세기 중반이다.

포도재배와 함께 와인을 생산하는 기술도 전파되었다. 일찍이 포도가 전파된 라틴아메리카에서는 16세기에 와인이 생산되기 시작했지만 미국 서부의 캘리포니아에 와인 생산기술이 전파된 시기는 1830년 이후의 일로 알려져 있다. 남아프리카공화국에서 와인 생산이 본격화된 시기는 영국이 점령한 1795년 이후다. 영국은 나폴레옹 전쟁으로 프랑스에서 생산한 와인의 공급이 끊기면서 남아프리카공화국에서 생산된 와인을 찾게 되었다. 오스트레일리아에는 1788년에 포도나무가 이식되었으며, 1791부터 와인을 생산하기 시작했다.

중국과 일본에서는 19세기 중반부터 와인을 본격적으로 생산했다. 우리나라에서는 1918년부터 포도 농장에서 와인을 생산했다고 하지만, 본격적인 생산은 1970년대 중반 이후부터 이루어졌다. 18세기에 운송과 보관을 용이하게 해 주는 유리병과 코르크 마개가 사용되면서 세계적으로 와인의 수요가 빠르게 증가했다.

현재 포도가 재배되는 국가로는 프랑스, 이탈리아, 스페인, 미국, 아르헨티나, 칠레, 오스트레일리아, 남아프리카공화국, 중국, 독일 등이 대표적이다. 포도재배면적은 스페인이 가장 넓으며, 중국이 2위를 차지한다. 유럽에서는 지중해 일대에 포도재배지가 광범위하게 분포하지만, 기후온난화현상의 진행으로 재배지역이 점차 북상하고 있다. 세계적으로 가장 많은 와인을 생산하는 나라는 한때 프랑스였지만, 최근에는 프랑스와 이탈리아가 선두 자리를 주고받고 있다. 이들 나라에서는 연간 5,000만 병에 가까운 와인이 생산된다. 와인의 최대 소비국은 미국이다.

국제와인기구OIV: International Organisation of Vine and Wine에 따르면, 세계에서 생산된 와인은 연간 2억 8,000만 병에 달한다. 프랑스와 이탈리아를 비롯해서 스페인과 미국에서도 연간 2,000만 병 이상을 생산하고 있다. 와인 생산의 상위 10개 국가에는 유럽의 이탈리아·프랑스·스페인·독일이 포함되고, 아메리카 대륙에서는 미국·아르헨티나·칠레 등지가 포함된다. 이 외에 아프리카의 남아프리카공화국, 아시아의 중국, 대양주의 오스트레일리아 등이 세계에서 와인을 많이 생산하는 국가의 반열에 올라와 있다. 대체로 적도에서 멀리 떨어진 나라들이다.

지구에서 와인이 생산되는 와인 벨트는 포도재배에 적합한 지리적 환경을 가진 북위 20~50°, 남위 20~40° 사이에 집중적으로 형성되어 있다. 미국·칠레·독일은 와인 생산량이 증가하고 있지만, 프랑스·이탈리아·스페인 등지에서는 일시적으로 와인 생산량이 감소하기도 했다.

포도 생산량만 따지면, 2016년 기준으로 중국의 생산량이 가장 많았다. 그다음으로 이탈리아, 미국, 프랑스, 스페인, 터키, 인도, 칠레, 이란, 남아프리카공화국, 오스트레일리아, 아르헨티나, 이집트, 우즈베키스탄, 독일 등의 순이었다. 포도의 생산량 순위

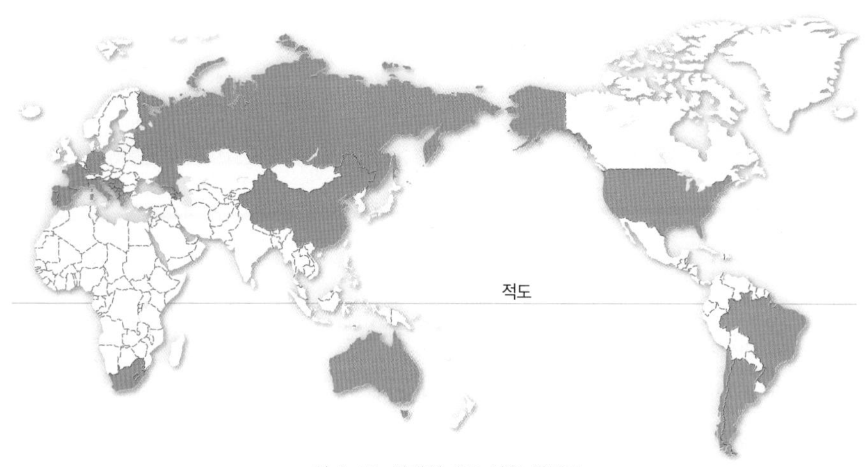

그림 4-13. 세계의 주요 와인 생산국

와 와인 생산량의 순위가 일치하지는 않는다. 생산된 포도를 모두 와인 생산에 사용하지 않기 때문이다.

포도 생산량은 많지만 와인 생산량이 많지 않은 나라에는 중국, 인도, 이란 등이 대표적이다. 중국과 인도는 인구가 많은 나라로 포도의 소비량이 많은 국가이고, 이란은 공식적으로 음주가 금지된 이슬람 국가다. 중국은 포도 생산량의 80%가량이 생식용으로 소비되지만, 최근 들어 와인 산업이 빠르게 성장하고 있다. 이란에서는 교회에서 예배 중 와인을 먹었다는 이유로 채찍 80대를 맞았다는 이야기도 있다.

3. 6차 산업을 선도하는 와인 산업

2000년대 들어 세계적으로 농업 부문에서 각 지역별 특화 농업을 육성하기 위한 전략을 추진하면서 농업 클러스터가 형성되고 있다. '클러스터'란 모여 있다는 의미로, 각종 연관 산업이 한 자리에 집적해 있는 경우를 의미한다.

6차 산업이란 농업 부문의 융복합화를 통해 1·2·3차 산업을 서로 연계함으로써 새로운 부가가치를 창출하는 경제활동을 가리킨다. 1+2+3=6의 의미로 받아들일 수도

그림 4-14. 포도를 이용한 6차 산업

있고, 1×2×3=6의 의미로 해석할 수도 있다. 즉 포도를 재배하는 1차 산업, 와이너리에서 포도를 가공하여 와인을 생산하는 2차 산업, 유통·판매·홍보·체험·관광산업 등을 포함하는 3차 산업이 포도재배지 주변에서 동시에 진행됨으로써 지역의 소득 창출을 주도한다.

미국 캘리포니아의 와인 클러스터는 농업을 6차 산업으로 발전시키는 계기가 되었다. 캘리포니아에서 생산된 와인은 세계적으로 품질이 우수하다는 평가를 받는데, 가족 단위로 운영되는 영세 와이너리부터 기업이 운영하는 와이너리에 이르기까지 4,000개 이상의 와이너리에서 와인이 생산된다. 기업이 상업적으로 운영하는 와이너리만 700여 개에 달한다. 와이너리들은 캘리포니아에 입지한 대학교, 연구기관, 와인 기구 등과 관계를 맺는 동시에 식료품점, 식당, 와인 산지 관광 등과 결합하여 거대한 캘리포니아 와인 클러스터를 형성했다.

지중해성기후가 펼쳐져 대규모의 포도 농장이 조성되어 있는 캘리포니아의 내파밸리Napa Valley와 서노마Sonoma에서는 1861년부터 상업용 와인을 생산했다. 와인 생산량은 연간 27억L를 넘으며, 세계 125개국에 와인을 수출해 수익을 창출할 뿐만 아니라 와인 생산지에서 이루어지는 관광 상품인 와인 투어를 통해 수익도 극대화한다. 특히 와인 투어로 유명한 내파밸리에서는 전체 수익의 70% 이상이 관광수익이라 알려졌는데, 2018년에 발생한 대형 산불로 막대한 피해를 입었다.

와인 생산량이 많지 않았던 중국은 국가적인 차원에서 와인 산업을 지원하고 있다. 중국의 와인 산업은 와인 생산뿐만 아니라 관련 산업과의 연계를 통한 가치사슬을 형성하고 있다. 포도재배지와 와이너리, 와인 박물관 등의 산업이 결합하여 거대한 문화관광산업 클러스터를 형성하고 있다. 중국에서도 와인 산업을 통한 6차 산업이 활기를 띠고 있다. 조만간 중국이 세계의 와인 지도를 바꾸는 때가 올 것이다.

우리나라에서도 충청북도 영동군 및 충청남도 천안시 등지가 주요 포도산지로 성장하고, 그 주변 지역에서 포도를 가공하며, 대전광역시와 충청북도 옥천군에서 포도 마케팅 및 포도 연구의 거점을 형성하는 와인 밸리가 탄생할 것으로 전망된다. 영동군에 비해 조금 늦게 생산되기 시작한 경상북도 영천시와 전라북도 무주군의 와인도 6차 산업을 선도하고 있다. 포도를 가공한 와인의 6차 산업 모델을 적용하여 막걸리와 같은 우리나라의 전통주를 세계적인 술로 발전시키는 방안도 함께 모색해 보아야 할 것이다.

54

자원을 둘러싼 세계 5대 분쟁지역은?

먼저 아래의 그림 4-15를 보면서 자원을 둘러싼 분쟁이 어느 곳에 발생하고 있는지 살펴보고 이 글을 읽기를 권한다.

키워드: 세계 5대 분쟁지역, 북극해, 기니만, 아부무사섬, 동중국해, 오리노코강, 구단선.

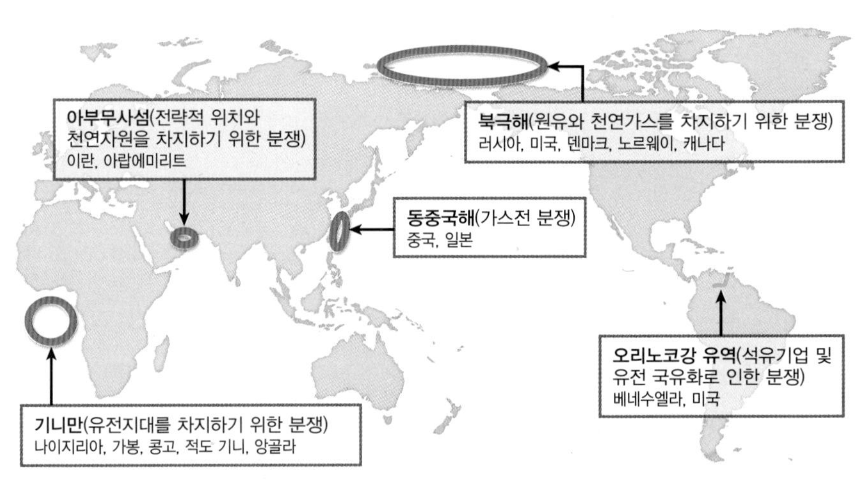

그림 4-15. 자원을 둘러싼 세계 5대 분쟁지역

1. 북극해

최근 지구온난화로 북극의 빙하가 점차 녹으면서 막대한 심해 자원의 개발가능성이 주목받게 되어 북극해를 둘러싼 인접 국가들이 서로 대립하고 있다. 북극해 영유권 분쟁의 핵심은 자원에 있다. 지금까지 미국 지질조사국USGS: United States Geological Survey에 의해 알려진 바에 따르면 북극권에는 지구 전체 원유 매장량의 13%, 천연가스 매장량의 30% 정도가 매장되어 있다고 한다.

북극 주변국들은 자국의 배타적 경제수역EEZ 확장을 통한 자원 확보를 위해 다른 나라의 선박 출입을 제한하고 영유권을 주장하고 있다. 이에 따라 미국·캐나다·러시아·덴마크·노르웨이의 5개국은 200해리로 설정되어 있는 배타적 경제수역 범위를 350해리로 확대해 줄 것을 국제 연합에 요구하고 있다.

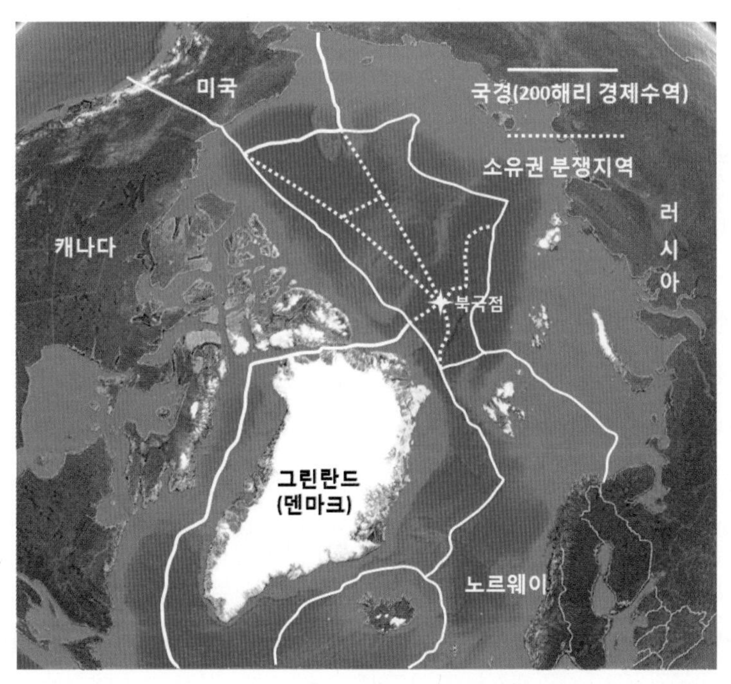

그림 4-16. 북극해의 각국 영해와 소유권 분쟁지역

5개국 외에도 스웨덴·핀란드·아이슬란드를 포함한 8개국은 1996년 북극이사회Arctic Council를 발족해 북극에 관한 여러 현안을 논의하기로 결정했다. 북극이사회의 설립목적은 지속가능한 개발과 환경보호를 비롯한 공동문제에 있어 몇몇 원주민 공동체의 참여 아래 모든 북극 연안국의 협력·조율·상호활동을 도모하는 것이다. 2년마다 개최되는 북극 이사회에서는 장관 회의의 승인을 거쳐 북극권 이외의 나라도 옵서버(참관인) 자격을 얻을 수 있다. 2013년 5월 현재 한국을 포함한 12개국이 영구 옵서버 자격을 얻었다. 영구 옵서버 국가는 북극이사회의 회의에 초청된다.

2. 기니만

1990년대 서아프리카의 기니만에서 대규모 유전과 천연가스가 발견된 이후 앙골라·콩고 민주공화국·가봉·적도기니·나이지리아 등의 기니만 연안 국가들이 유전지대를 둘러싸고 영유권 분쟁을 벌이고 있다. 왜냐하면 기니만 일대에는 여러 나라가 존재하는데, 이들 나라의 영해선이 명확하지 않기 때문이다.

나이지리아와 카메룬 사이에 위치한 바카시반도를 둘러싼 영토분쟁에서 영국과 독일이 국경협정을 맺었으나 제2차 세계대전으로 실패하고 그 후 진행된 몇 차례의 협의도 실패하여, 이 문제는 결국 1994년 국제사법재판소ICJ에 회부되었다. 그 결과 2002년 국제사법재판소는 카메룬의 손을 들어주어 바카시반도는 이양되었지만, 여전히 양국관계는 악화일로에 있다.

카메룬 남쪽에 위치한 적도기니 역시 기니만 유전의 발견으로 눈부신 경제성장을 이루었다. 아프리카 국가로서는 1인당 GDP가 2018년 추정치로 1만 1,457달러에 달하는 발군의 성장을 거둔 것이다. 그럼에도 불구하고 적도기니의 독재정치와 부정부패의 만연으로 국민들은 여전히 불안정한 생활을 영위하고 있다.

기니만 일대에서는 하루 470만 배럴의 원유가 생산되며, 원유 매장량만 하더라도 240억 배럴에 이른다. 우리나라 석유소비량이 하루 230만 배럴이니까 엄청난 매장량

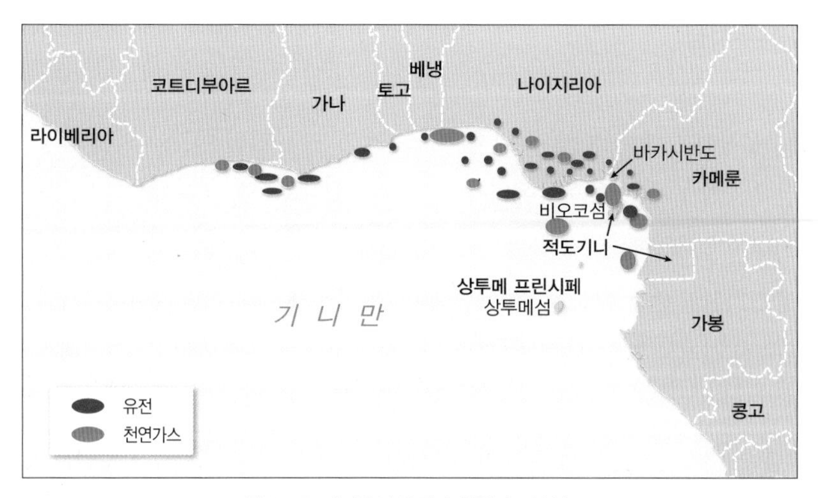

그림 4-17. 기니만의 유전과 천연가스의 분포

임을 알 수 있다.

나이지리아에는 아프리카에서 제일가는 거대재벌이 많다. 전 세계 흑인 중에서 가장 재산이 많은 알리코 단고테와 두 번째 부자인 마이크 아데누가가 모두 나이지리아 사람이다. 아프리카 여성 중에서 앙골라 전 대통령의 딸에 이어 두 번째 부자인 폴로룬쇼 알라키자 역시 나이리지아 사람이다. 국제유가가 배럴당 100달러를 넘었던 2014년 2월에는 나이지리아 증시에 상장된 보유 주식 가치가 크게 올라 재산이 250억 달러를 넘어서기도 했다.

단고테Dangote 그룹의 모기업은 단고테 시멘트 회사다. 나이지리아뿐만 아니라 아프리카에서는 급격한 도시화로 넘쳐나는 '오일 달러' 덕분에 곳곳에서 건축 붐이 일고 있다. 2018년 세계 최고 부자 리스트에 따르면, 단고테의 재산은 원화로 환산해 대략 15조 원이 넘는 거액으로 아프리카에서 1위, 전 세계적으로는 100위를 차지했다.

3. 아부무사섬

아부무사섬은 페르시아만에 위치한 작은 섬이다. 1971년 이란에 의해 점령될 때 이 섬에는 약 1,000명의 아랍에미리트 국민이 거주하고 있었다. 아부무사섬의 면적은 25㎢이며 아랍에미리트 해안으로부터 43㎞, 이란 해안으로부터 67㎞ 떨어져 있다. 중간기선의 원칙에서 본다면 아랍에미리트의 영토지만, 이란은 아부무사섬 동쪽에 위치한 시리섬 혹은 툰브섬을 기준으로 하면 40㎞라고 주장하며 실효지배를 하고 있다.

그림 4-18에서 보는 바와 같이 아부무사섬의 북쪽에 위치한 툰브(대툰브와 소툰브)섬은 아랍에미리트의 한 토후국의 영토였으나, 1971년 11월 영국 군대가 철수하기 며칠 전에 이란에 점령당했다. 이란이 섬의 영유권을 주장한 이유는 이 섬들이 페르시아만의 출입구인 호르무즈해협에서 가까워 전략적인 곳에 위치하고 있기 때문이다. 이와 동시에 아부무사섬의 천연자원 또한 이란인의 관심 대상이다. 이들 섬은 1819년에 페르시아만의 군주들과 영국 사이에서 체결된 보호조약에 포함되어 있었으나 스스로

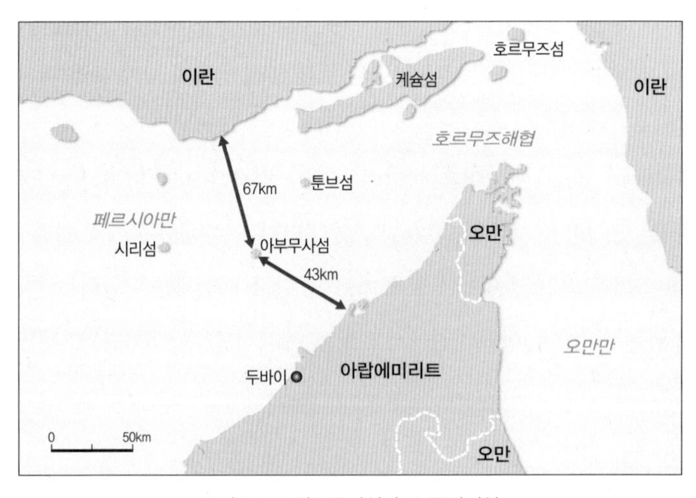

그림 4-18. 아부무사섬과 그 주변지역

를 '지역의 최대 패권'으로 규정한 이란의 목표가 되었으며 1904년과 1963년에 점령을 시도를 했으나 모두 실패했다.

1971년 11월 30일로 정해진 영국군의 철수가 있기 5일 전, 이란은 대툰브섬을 무력으로 침공했다. 아랍에미리트가 결성되면서 아부무사섬에 대한 영유권 문제가 국가적 과제로 부상했다. 섬의 통치권을 반으로 나누는 조약은 1990년대 초까지 영향력을 미쳤으나, 제1차 걸프전 종료 이후 이란의 지도자들은 아부무사섬에 대한 군사적 영향력을 증강시키기로 결정하여 이란 혁명 수비대의 요새를 구축했고 해군 부대가 주둔했다.

아랍에미리트는 이란의 점령을 인정하지 않고 있으며 이슬람 국가 간 충돌을 피하기 위해 이 문제를 국제 연합에 제소했다. 또한 아랍에미리트의 지도자들은 이 문제를 양국 간의 직접 대화나 국제사법재판소에 맡겨서 해결하자고 여러 차례 요구했으나, 이란은 이들 섬에 대한 이란의 지배권이 논쟁의 대상이 아니라고 주장하며 이 제안을 계속 거부하고 있다. 이런 노력의 일환으로 1992년 아부다비에서 시리아의 중재로 양측 간의 협상이 있었으나 성공을 거두지 못했다.

아랍에미리트와 이란은 현재도 섬의 소유권을 놓고 대립 중이다. 이 섬은 많은 석유 수송 선박이 통과하는 호르무즈해협 동쪽에 위치한 곳으로 두 나라는 영유권을 갖게 될 경우 자국에 큰 경제적 이익을 가져올 수 있다는 판단하에 협상을 미루고 있다.

4. 동중국해

센카쿠 열도(중국명 댜오위다오釣魚島)는 일본 오키나와에서 약 300㎞, 타이완에서 약 200㎞ 떨어진 동중국해 남부에 위치하며, 8개의 무인도로 구성되어 있다. 이들 섬은 동중국해에 위치한 무인군도로 어업자원이 풍부하고, 석유와 천연가스의 매장량이 많으며, 해상교통로와 군사적 요충지로 경제·군사 등 전략적으로 매우 중요하다.

1969년 국제 연합 아시아·극동경제위원회(지금의 아시아·태평양경제사회위원회)

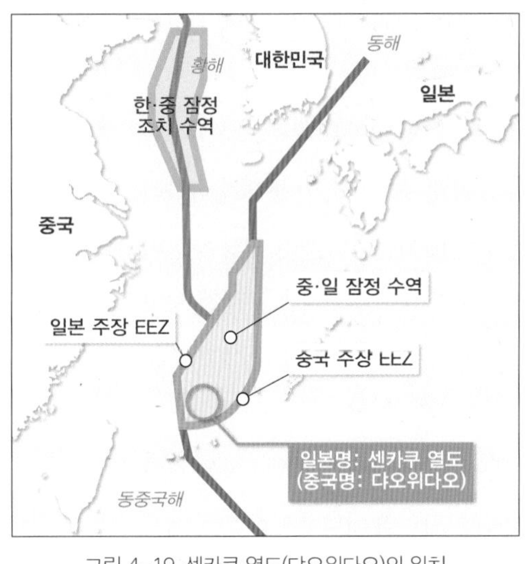

그림 4-19. 센카쿠 열도(댜오위다오)의 위치

가 이 군도 인근 해역에 석유와 천연가스가 대규모로 매장돼 있다고 발표하면서 분쟁지역으로 떠올랐다. 중국은 이 군도와 관련된 시모노세키 조약, 샌프란시스코 강화조약 등의 조약의 강제성과 불법성을 주장하며 이 군도가 중국의 고유영토라고 주장하는 반면, 일본은 1884년 센카구 열도를 처음으로 발견한 뒤, 이곳이 무주지無主地여서 1895년 1월 일본 영토로 편입한 것이라고 주장한다. 따라서 시모노세키 조약으로 할양받은 타이완의 부속도서가 아니라 일본 고유의 영토로 현재까지 실효적으로 지배하고 있다는 주장이다.

최근에도 가스전 확보를 위해 두 나라가 모두 강력하게 센카쿠 열도(댜오위다오)의 영유권을 주장하고 있다. 이 섬은 현재 일본이 실효지배를 하고 있지만, 일본과 중국 간 영유권 분쟁이 첨예하게 벌어지고 있다. 일본은 한국이 실효지배를 하고 있는 독도는 인정하지 않으면서 센카쿠 열도는 실효지배라고 맞서는 자기모순을 범하고 있는 셈이다.

5. 오리노코강 유역

베네수엘라의 공식명칭은 베네수엘라 볼리바르 공화국Republica Bolivariana de Venezuela이다. 오리노코강은 베네수엘라와 브라질 및 콜롬비아 국경을 따라 뻗어 있는 파리마산맥과 메리다산맥에서 발원한다. 베네수엘라는 상류의 열대우림기후지역, 하류의 온대초원인 야노스 초원지역을 합해 약 94만㎢의 유역면적을 지니고 있다.

베네수엘라를 동서로 흐르는 오리노코강 유역은 이 나라의 최대 원유 매장지로 다국적 거대 석유기업들이 몰려 있다. 그러나 석유산업 국유화 문제를 둘러싸고 미국 석유기업과 충돌하고 있다. 미국 지질조사국 과학자들의 탐사보고에 따르면 그림 4-20의 오리노코 벨트Orinoco belt에 5000억 배럴 이상의 석유가 묻혀 있다고 하며, 당장 채굴 가능한 원유매장량은 약 2,700억~2,984억 배럴이니 배럴당 50달러로 환산하면 약 15조 달러의 가치에 해당하는 자원의 보고다. 단일지역으로는 세계 최대 원유 매장지며, 이곳에는 다국적 거대 석유기업이 참여하여 원유를 생산하고 있다.

자원개발산업의 국유화를 추진하려는 차베스 대통령은 2007년 석유산업의 국유화를 선언하고, 유전기업의 지분 60%를 베네수엘라 정부에 넘겨준다는 협약에 동의하도록 강요했다. 여러 기업이 동의하기도 했지만, 동의하지 않은 미국 기업인 엑손모빌과 코노코 필립스는 이 지역에서 추방되었다. 반면, 협약에 동의한 셰브론, BP 등은 유전 개발에 여전히 참여하고 있다.

차베스 정권은 복지 포퓰리즘으로 경제가 파탄나자 채굴권을 경매에 붙였지만 사정은 녹록지 않았다. 이 정권이 집권하기 시작한 1999년부터 현재까지 나라의 재정이 거덜 나자 돈을 싸 든 부자들부터 약 300만 명으로 추산되는 서민들까지 엑소더스(어떤 지역에서 많은 사람이 빠져나가는 일)를 이루며 해외로 빠져나가고 있다. 그들의 이민

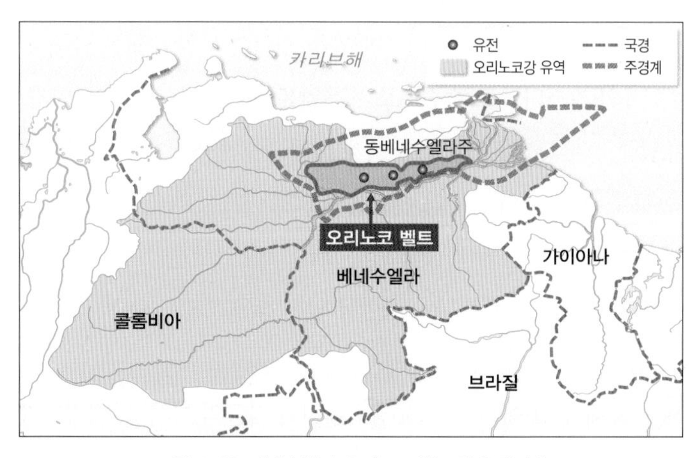

그림 4-20. 베네수엘라 오리노코 벨트의 유전지대

대상국은 주로 스페인어를 사용하는 나라이며, 해당 대사관들은 이민행렬이 늘어나자 종이 부족으로 여권을 만들지 못해 여권을 준비하는 데만 수개월이 걸릴 정도다. 이 나라의 물가상승률이 10,000%를 상회할 정도니 돈의 가치가 종잇장에 불과하다.

문제의 심각성은 이 나라의 고위직 관료는 물론 엘리트 계층인 교수와 의사까지도 빠져나가고 있다는 데 있다. 학교에 등교해도 가르칠 교수가 없고 병원에 가도 의사가 없다. 우리는 베네수엘라에서 포퓰리즘정책의 재앙을 목격할 수 있다. 이와 대조적으로 1831년까지만 하더라도 그란 콜롬비아Gran Colombia로 같은 나라였던 콜롬비아는 2018년 OECD 회원국이 되어 번영의 길을 걷고 있다.

6. 남중국해

미국의 어느 외교전문가는 앞에서 설명한 지역을 세계 5대 분쟁지역으로 꼽았지만, 여기에 또 하나를 추가하면 남중국해를 들 수 있다. 남중국해는 중국의 남동안과 필리핀, 인도차이나반도, 보르네오섬으로 둘러 싸여 있는 해역을 뜻한다. 바다의 북단은 타이완해협을 통해 동중국해와 연결되며 남단은 믈라카해협을 통해 인도양으로 이어지는 중요한 해상교통로다.

아시아 국가의 상품교역 중 아메리카 대륙을 제외한 무역은 모두 남중국해를 통과한다. 특히 원유와 가스의 주요 수송로로 세계원유무역의 1/3과 액화천연가스LNG 수송의 1/2이 남중국해를 지나간다. 또한 세계 10대 항구 중 8개가 이 지역에 몰려 있다.

남중국해에는 700여 개의 암초와 산호섬 등으로 이루어져 있는 4개의 군도가 위치해 있는데, 남쪽의 스프래틀리(중국명 난사, 베트남명 쯔엉사), 서쪽의 파라셀(중국명 시사, 베트남명 호앙사), 동쪽과 남쪽 사이에 있는 매클즈필드 퇴Macclesfield Bank, 동쪽의 프라타스(중국명 둥사) 등이다.

남중국해는 국제 연합 아시아·극동경제위원회(지금의 아시아·태평양경제사회위원회) 보고서에서 서태평양과 인도양을 연결하는 해상수송로의 핵심적인 해역인 동시에 석유·천연가스 등의 자원이 풍부할 것으로 추정되면서 분쟁지역으로 부상했다. 중국을 비롯하여 타이완·베트남·필리핀·말레이시아·브루나이 등의 6개 국가가 영유권을 주장하고 있다. 여기에 아시아 태평양 지역에서 영향력을 확대하려는 미국이 일본, 필리핀 등과 연대해 중국 견제에 적극적으로 나서면서 패권 다툼이 빚어지는 곳이기도 하다. 만약 중국이 이 해상교통로를 장악하여 차단하면 동북아시아의 경제는 무너지고 만다.

중국은 1947년 남중국해에 이른바 그림 4-21에서 보는 것처럼 구단선九段線 혹은 남해구단선을 설정한 바 있으므로 자국의 영해라 주장하고 있다. '구단선'이란 중국이 주장하는 남중국해의 해상 경계선으로 남중국해 해역과 해저에 대한 영유권을 주장하기 위해 남중국해 주변을 따라 그은 남중국해 80%에 해당하는 9개의 선을 가리킨다. 이 점선은 U자 형태로 남중국해 대부분을 감싸 안는데, 중국정부는 구단선 안쪽 해역에 대해 영유권을 주장하고 있다.

2016년 중국이 설정한 구단선에 대해 법적 근거가 없다는 국제법정의 판결이 나왔

그림 4-21. 남중국해의 영해선과 분쟁 도서들

다. 남중국해 영유권 분쟁의 핵심쟁점에 대하여 네덜란드 헤이그에 있는 상설중재재판소PCA가 이와 같은 판결을 내렸음에도 불구하고 중국정부는 이에 불복하고 있다.

중국은 2010년 3월 남중국해는 중국의 주권 및 영토보전과 관련된 핵심적 이해 해역이라고 미국에 통보했으나, 미국정부는 남중국해 항행자유는 미국의 국가적 이해가 달려 있는 문제이며 중국의 지배력 강화를 더 이상 좌시하지 않겠다는 입장을 표명한 바 있다.

유럽 제국의 식민지 수탈 현장, 아프리카 기니만

키워드: 기니만, 후추해안, 곡물해안, 상아해안, 황금해안, 노예해안.

1. 강대국 침탈의 현장 기니만의 별칭들

유럽은 중세에 들어와 오랫동안 식량부족에 시달림에 따라 해외로 눈을 돌리게 되었다. 유럽이 주목한 땅은 유럽과 가까운 아프리카였고 그중에서도 서아프리카의 기니만 연안지대에 특히 관심을 가졌다.

서아프리카 대부분의 해안지대는 위치가 낮기 때문에 자연적으로 생긴 항구가 거의 없다. 또한 해안지역은 진흙으로 이루어진 홍수림이 울창하게 자라는 지류 및 석호에 의해 내륙의 건조지대와 구분된다. 따라서 아프리카 해안에 사는 주민들은 기니만에서 쉽게 어로작업을 할 수 없었다. 일반적으로 기니만의 범위는 팔마스곶에서 적도 근처의 로페즈곶까지다. 유럽 열강들이 침입하면서 기니만 연안에는 그림 4-22에서 보는 것처럼 여러 별명들이 생겨났다.

후추해안Pepper Coast은 현재의 라이베리아와 시에라리온 연안지대를 가리키는 용어로 곡물해안Grain Coast과 혼용하여 부르기도 한다. 15세기 유럽의 항해가들이 향신료를 구하기 위해 아프리카 대륙을 탐험하는 과정에서 후추를 발견하면서 유래된 이

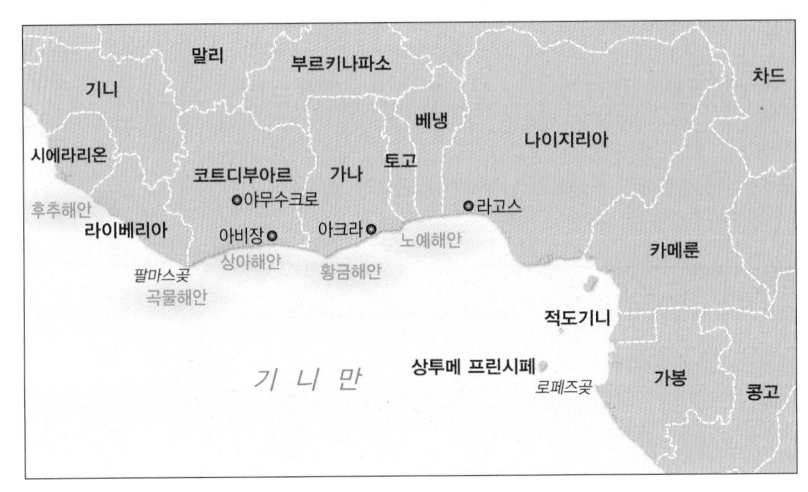

그림 4-22. 서아프리카 기니만 연안의 별칭들

름이다. 유럽인은 주로 육식을 했으므로 후추와 같은 향신료에 매료되었다.

곡물해안은 오늘날의 라이베리아 남쪽의 팔마스곶까지 뻗어 있는 곳을 가리키는 별칭이다. 이 해안에서는 주로 아프리카와 포르투갈의 교역이 이루어졌는데, 곡물해안이라는 명칭은 초기에 여기서 거래된 크실로피아Xylopia aethiopica라는 마른 열매가 '낙원의 곡물'로 불린 데서 유래했다.

상아해안Ivory Coast은 해안지대에서 상아를 산출한 것에서 유래한 지명으로 프랑스어로 코트디부아르Cote d'Ivoire라 부르기 때문에 해안을 끼고 있는 국가 역시 코트디부아르 공화국Republic of Cote d'Ivoire이라 부르게 되었다. 공식적 행정수도는 야무수크로이지만 아비장이 실질적 수도 역할을 한다. 15세기부터 열강이 침입하기 시작했으며 20세기 초반 프랑스에 장악되었고 그 영향하에 있다가 1960년에 독립했다.

황금해안Gold Coast은 서아프리카 가나의 아크라에 있는 기니만 연안의 해변을 말한다. 금·석유·천연가스를 비롯한 지하자원의 매장량이 풍부하다. 1482년 포르투갈이 처음 상륙한 뒤부터 브란덴부르크-프로이센 공국, 스웨덴, 덴마크, 네덜란드의 무역업자들이 교역의 거점으로 삼았다. 1821년 영국령 골드코스트가 설립된 뒤부터 영국은 인접한 다른 나라의 식민지들을 편입시켰다. 1957년 골드코스트 식민지는 가나라는 이름의 국가로 독립했다.

노예해안Slave Coast은 현재의 토고·베냉·나이지리아 서부 연안지대를 가리키는 별칭이다. 16세기 초반 포르투갈의 상인들이 도착한 뒤부터 19세기 초반 노예무역이 공식적으로 폐지될 때까지 기니만 연안에서 많은 아프리카의 흑인노예가 팔려 나갔다.

이집트의 카이로에 이어 아프리카의 두 번째 대도시인 라고스는 15세기에 건너온 포르투갈인에 의해 노예무역의 기지로 번창했다. 노예무역은 이익이 많이 남는 장사였다. 노예무역으로 벌어들인 거대한 이익이 유럽 산업혁명의 자본을 제공했다는 견해도 있을 정도였다. 이 무역을 통해 팔려 나간 흑인 노예들은 1,000~2,000만 명에 달했으며 아프리카의 인적·경제적·문화적 손실로 이어졌다.

2. 유럽 강대국의 식민지 침탈과정

유럽의 강대국들은 자원 수탈을 목적으로 아프리카를 비롯해 아시아와 아메리카 대륙으로 침략의 손을 뻗쳤다. 처음에는 주로 지리학자들로 구성된 탐험가들에 의해 어떤 땅에 무슨 자원이 있는지 목숨을 건 해외진출이 경쟁적으로 벌어졌다. 그들은 자원이 풍부한 곳을 찾아내 본국에 보고했다. 따라서 당시의 지리학자들은 왕실에 충성하는 어용학자들이었던 셈이다. 오늘날 유럽의 지리학회가 왕립지리학회인 이유다.

다음 단계로 성직자들은 슈바이처 박사와 같이 탐험가들이 찾아낸 곳에 진출해 현지 주민들에게 다가갔다. 만인은 신 앞에 평등함을 알리면서 환심을 사기 위해 의료혜택을 펼치며 부족들의 성격을 파악해 본국에 보고했다. 왕실은 백인의 침략에 맞서는 부족에

그림 4-23. 독립 전 아프리카 국가의 식민지 종주국

대해서는 군대를 동원하여 강압적으로 자원을 차지했다. 유럽에서 백인이 들어오면서 아프리카 원주민은 종교·언어 등의 문화를 전수받게 되었다.

아프리카에는 여러 부족이 살고 있었지만, 유럽 열강들은 경쟁적으로 땅을 나눠 갖기 위해 임의적으로 국경선을 만들었다. 아프리카 지도를 보면 자로 그은 듯이 국경선이 직선인 경우가 많은데, 그것은 아프리카의 지리적 특성과 역사 등을 전혀 고려하지 않고 강대국들이 영토를 나누어 국경을 설정했기 때문이다. 가령, 토고의 영토는 남북으로는 550㎞에 달하지만 동서로는 70㎞밖에 안 되는 매우 부사연스러운 모습을 띤다. 이렇게 아무렇게나 국경선이 설정되면서 토고 남부에 살던 에웨족은 영국, 독일, 프랑스 세 나라의 식민지로 나뉘어 따로 떨어져 살아야 했다.

3. 기니만에서 도출된 교통로 발달의 4단계 모델

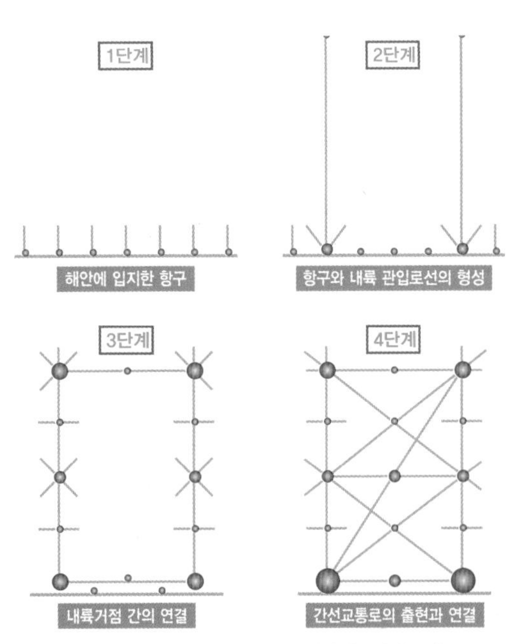

그림 4-24. 저개발국 교통로 발달의 4단계 모델

19세기 말부터 유럽 열강은 앞을 다퉈 경제적으로 낙후되고 국력이 약한 나라들을 대상으로 자원을 수탈하기 위해 식민도시를 건설하고 교통로를 개설했다. 미국의 교통지리학자인 타페Taaffe 등은 아프리카 기니만 일대의 저개발국가들을 대상으로 교통로의 발달과정을 분석하여 이른바 '교통로 발달의 4단계 모델'을 발표한 바 있다.

그림 4-24에서 보는 것처럼 기니만에 상륙한 유럽 국가들은 처음 기니만 연안에 그들의 거점인 항만을 건설한 후 자원을 찾으려 교통로를 건설하며 내륙으로 향했다. 내륙에 그들이 찾는 자원이 있을 경우 그곳에

도 내륙거점을 만들어 항만과 연결하는 이른바 관입교통로를 만들었다. 이에 따라 해안의 항만은 차별적으로 성장하게 되었고 내륙거점 간 교류의 필요성이 생겨 그곳 사이를 연결하는 교통로도 건설되었다.

식민통치를 경험한 국가의 교통로가 4단계를 거쳐 발달한 것처럼, 열강패권국들의 식민화단계는 탐험대→성직자→군대의 파견에 이어 자국의 종교인 기독교를 전파하고 문화를 확산시키는 과정을 거친 것이다. 식민지에서 수탈한 자원은 본국으로 보내졌다. 런던, 파리, 리스본, 마드리드 등의 도시가 눈부신 성장을 거둔 것은 식민지로부터 들여온 자원 덕분이었다.

이런 현상은 비단 서아프리카뿐만 아니라 유럽 열강의 침입을 받았던 아시아와 아메리카 대륙에서도 찾아볼 수 있다. 일제의 침략을 받은 우리나라도 예외는 아니다.

그림 4-25를 보면 서아프리카의 수도들이 모두 해안가에 입지해 있음을 알 수 있다. 모리타니의 누악쇼트를 비롯하여 남쪽으로 세네갈의 다카르, 감비아의 반줄, 더 남쪽의 앙골라의 루안다에 이르기까지 각국의 수도가 해안가에 입지해 있다. 이는 영국과 프랑스의 식민 종주국들이 자원 수탈을 위해 그들의 거점을 해안가에 건설했기 때문이다. 코트디부아르의 아비장과 나이지리아의 라고스는 현재 수도가 아니다.

그림 4-25. 서아프리카 국가들의 수도

4. 기니만의 해적

최근 기니만 일대에서는 아덴만의 소말리아의 경우처럼 해적들이 출몰하여 한국인 선원들도 납치된 적이 있다. 중국 어선의 불법조업으로 해양수산자원이 고갈되자 서아프리카의 어부 중 손쉽게 돈을 벌 수 있는 해적질과 마약거래로 전환하는 사람들이 많아진 탓이다. 나이지리아 해적은 유전지대의 범죄조직과 연계되어 있는 것으로 알려져 있다. 기니만은 도미·정어리·고등어·새우 등의 어족자원이 풍부한 어장이었지만, 불법조업과 남획으로 연간 15억 달러에 달하는 수산자원을 빼앗기고 있다.

그림 4-26은 해적 공격이 만연한 서아프리카 기니만 일대의 상황을 나타낸 지도다. 이 지도에서 보는 바와 같이 해적들의 공격은 주로 토고·베냉·나이지리아 영해에서

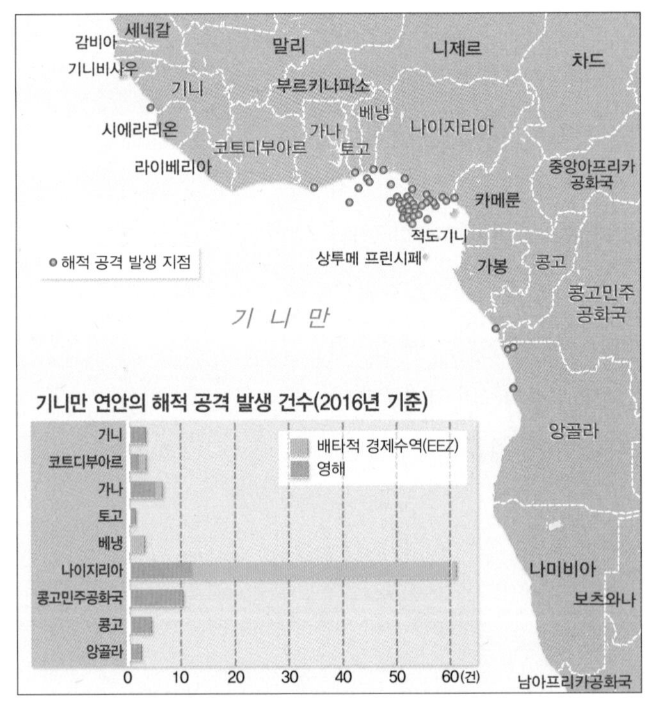

그림 4-26. 기니만 연안의 해적 공격 발생 건수

발생하며 기니·콩고·앙골라 영해에서도 발생하고 있다. 가장 빈번하게 발생하는 곳은 나이지리아로 2016년 서아프리카의 총 95건의 해적 공격 중 60건이 넘었다. 해적의 공격은 영해에서뿐만 아니라 배타적 경제수역EEZ에서도 가리지 않고 발생하고 있다. 특히 베냉과 나이지리아의 경우가 그러하다.

몇 해 전까지만 하더라도 아덴만에 소말리아 해적들이 많이 출몰했지만, 한국을 비롯한 국제사회의 공조로 많이 해소되었다. 한국의 청해부대는 국제 연합 안전보장이사회의 결의안 제1816호에 의거하여 2009년부터 그곳에 파견되어 활약하고 있다. 그러나 파벌 간의 내전으로 경제가 피폐한 소말리아 상황에서 언제 또 해적이 생겨날지 모를 일이다.

소말리아는 사실상 무정부 상태이기 때문에 해적문제는 지금도 통제하기 어렵다. 소말리아 출신의 해적들은 대부분 빈곤계층이므로 자신들의 생계를 위해서 해적 활동을 하는 경우가 많다. 다른 나라에서 소말리아 근처 해안에 산업폐기물을 투기하는 경우가 많기 때문에 어장이 파괴되어 어민들의 생계가 위협을 받아 해적으로 활동하는 경우가 생겨나고 있다.

56

석유는 어느 지역에서 채굴되나?

키워드: 석유, 습곡구조, 배사, 향사, 신기조산대, 환태평양조산대, 석유수출국기구, 천연자원의 저주.

20세기는 '석유의 세기'라 부를 정도로 석유의 수요가 대폭 증가했다. 석유를 만드는 원유의 매장지역은 특정한 곳에 편재되어 있으므로 편재성이 큰 자원으로 꼽힌다. 원유는 주로 습곡구조를 가진 지층에 많이 매장되어 있다. 그림 4-27에서 보는 것처럼 지층이 좌우 방향으로 횡압력이 가해지면 물결 형태로 주름이 생기게 되는데, 이것을 습곡작용이라 부른다. 지층의 주름에서 위로 올라간 부분을 배사背斜, 아래로 내려간 부분은 향사向斜라고 부른다. 원유는 배사구조를 가진 사암층에 매장되어 있다.

습곡구조를 가진 지역은 어느 곳에서나 볼 수 있는 것이 아니라 환태평양조산대·알프스히말라야조산대와 같은 신기조산대新期造山帶에 많은 것으로 알려져 있다. 환태평양조산대는 태평양을 둘러싼 오스트레일리아-아시아-아메리카 대륙에 걸쳐 있고, 알프스히말라야조산대는 유라시아 대륙의 남쪽에 뻗어 있다.

자동차와 비행기의 이용이 빈번해지면서 산업용 전력수요가 증가하고 에너지원인 석유수요가 높아짐에 따라 원유가 다량 매장되어 있는 페르시아만 주변의 지배권을 둘러싸고 열강들의 주도권 쟁탈전이 벌어지게 되었다. 이에 따라 정치형세가 자원가격에 영향을 미치게 되었다. 따라서 원유는 지정학적 리스크가 큰 자원으로 간주된다.

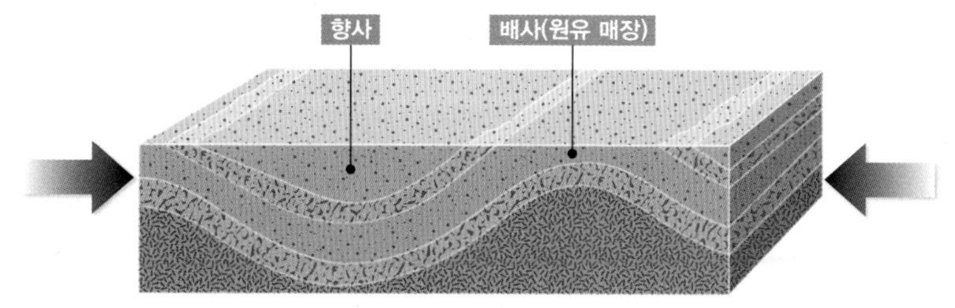

그림 4-27. 횡압력과 습곡구조

유전은 당연히 원유가 매장되어 있는 지역에 분포하기 마련인데, 앞에서 신기조산대에 집중적으로 분포한다고 설명한 바 있다. 정말 그러한지 신기조산대지역(그림 4-28)의 지도 위에 세계 주요 유전들의 분포를 오버랩시켜 본 것이 그림 4-29이다. 이 지도에서 보는 것처럼 북해 유전(A)과 러시아(D, E), 중국(K, J), 나이지리아 포트하커트 유전(H)을 제외하고는 대부분 신기조산대에 분포하고 있음을 확인할 수 있다.

국가별 1일 석유생산량을 그림 4-30에서 보는 것처럼 지도화해 보면, 의외로 산유국이 많은 것처럼 보인다. 석유생산량이 많은 나라는 러시아와 사우디아라비아를 비롯해 미국, 이란, 중국, 캐나다, 아랍에미리트, 멕시코, 이라크의 순이다. 석유생산량이 많다고 하여 잘사는 나라라고 볼 수 없다. 자원을 수출하여 외화를 벌어들이는 나라가 있는가 하면, 원유를 수입하여 가공한 후 역수출하는 나라도 있다.

석유생산국 중 석유를 많이 소비하는 나라도 있다. 세계 석유소비의 거의 절반에 가까운 분량을 미국, 중국, 일본, 러시아, 독일 등이 차지하고 있다. 석유를 생산하지 못하는 국가의 경우 석유확보 경쟁은 피할 수 없는 과제가 되었다.

국제유가는 세계경제에 지대한 영향을 미친다. 특히 서부 텍사스 중질유WTI·북해산 브렌트유·두바이유는 국제유가에 커다란 영향력을 행사한다. 이 중 두바이유는 서남아시아 유전에서 채굴되는 원유의 가격 기준으로 활용되며, 우리나라의 석유가격에 절대적 영향력을 행사하는 유종이다.

이것을 조절하는 역할을 하는 것이 바로 석유수출국기구OPEC: Organization of Petroleum Exporting Countries인데, 이 기구는 1960년 사우디아라비아·이라크·쿠웨이트·이란·베

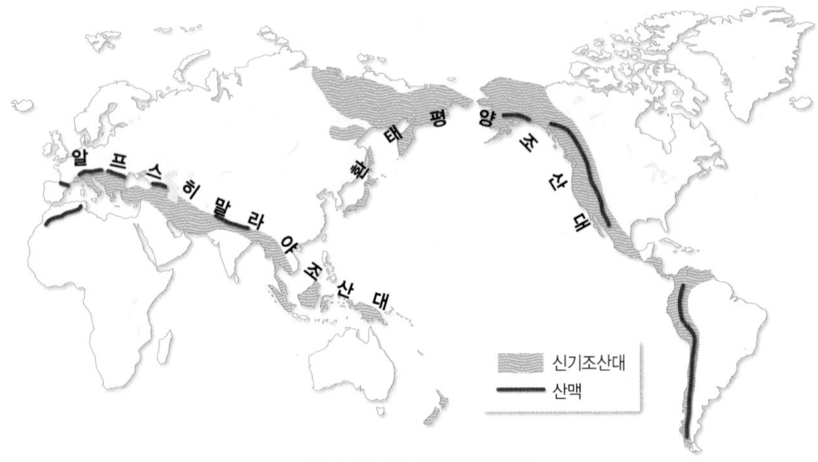

그림 4-28. 신기조산대의 분포

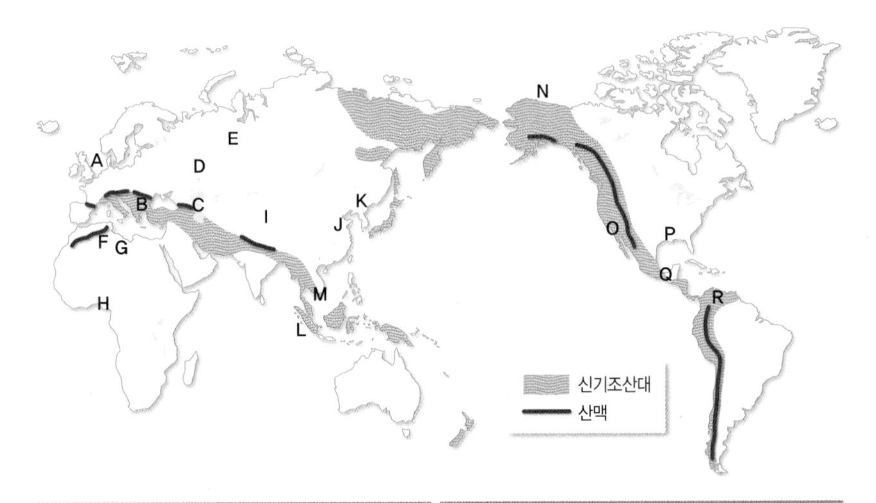

A	북해 유전: 영국, 노르웨이 등이 개발	J	성리 유전: 중국이 개발
B	프로에시테 유전: 루마니아 유전(고갈될 전망)	K	다칭 유전: 중국 최대 유전
C	바쿠 유전: 아제르바이잔의 최대 유전	L	미나스 유전: 인도네시아 최대 유전
D	볼가-우랄 유전: 러시아 제2 유전	M	베트남 유전: 해저 유전
E	츄메니 유전: 러시아 최대 유전	N	프루도 베이 유전: 미국 유전(단계적 폐쇄)
F	하시메사우드 유전: 알제리 최대 유전	O	캘리포니아 유전: LA 주변 유전
G	나세르 유전: 리비아 최대 유전	P	멕시코만 유전: 미국 유전
H	포트하커트 유전: 나이지리아 최대 유전	Q	멕시코 유전: 탐피코, 포사리카 유전 등
I	위먼 유전: 중국이 개발	R	베네수엘라 유전: 마라카이보, 오리노코 유전 등

그림 4-29. 세계 주요 유전의 분포

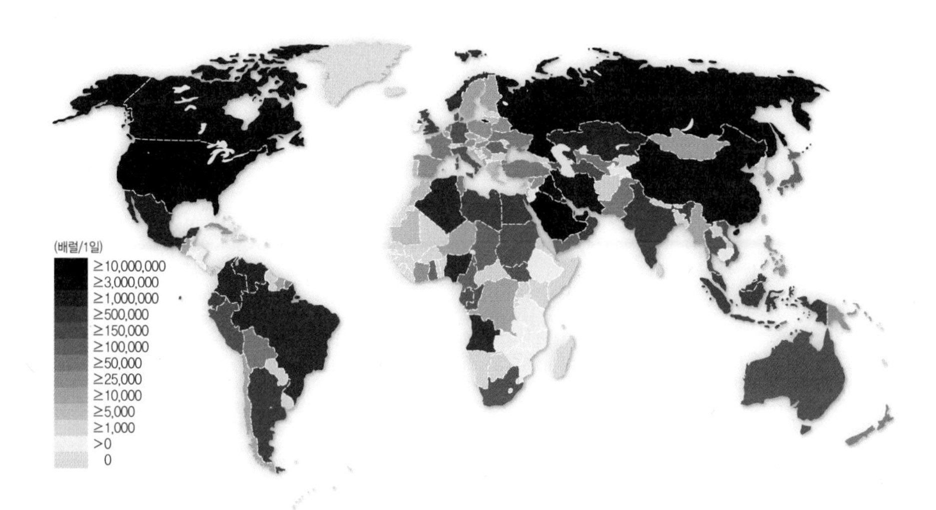

그림 4-30. 국가별 1일 석유생산량

네수엘라의 5개 산유국이 결성한 일종의 '자원 카르텔'이라고 할 수 있다.

그림 4-31에는 주요 국가별 석유 생산량과 수출량이 표시되어 있는데, 이것을 보면 어느 나라가 석유를 많이 수출하여 외화를 벌어들이는지 알 수 있다. 다시 말해서 그림 4-30의 석유 생산국과 그림 4-31의 석유 수출국이 반드시 일치하지 않는다는 사실이다. 산업선진국들의 석유수요가 많기 때문이다.

석유수출이 많은 나라는 사우디아라비아, 이라크, 이란, 아랍에미리트, 쿠웨이트, 베네수엘라 등의 순인데, 일부 국가를 제외하면 석유수출국의 대부분이 발전도상국임을 알 수 있다. 경제학자들이 자원부국이 곧 경제부국이 아님을 '천연자원의 저주'라는 패러독스로 표현하는 이유가 바로 여기에 있다. 최근 베네수엘라를 보면 잘 알 수 있다. 경제학자들은 이 패러독스를 자원의 편재와 부패 및 비리로 설명했지만, 그것은 완벽한 설명이 될 수 없다.

그림 4-32를 보면 러시아·미국·중국의 석유생산량은 매년 증가하고 있지만, 자국의 수요로 인하여 석유를 수출하지 않고 대부분 소비한다. 그러나 산업시설이 별로 없어 자국의 수요가 적은 사우디아라비아를 비롯한 이란 등의 산유국들은 그림 4-31과

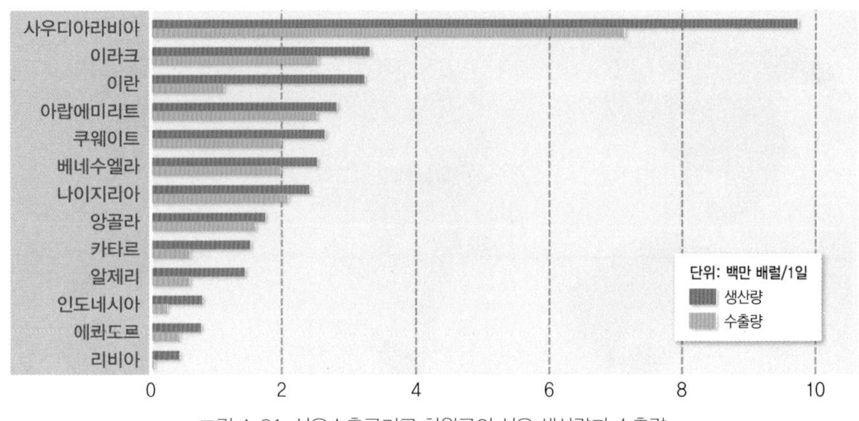

그림 4-31. 석유수출국기구 회원국의 석유 생산량과 수출량

같이 생산량의 대부분을 수출하고 있다.

우리나라는 비산유국이지만 석유수출국에 속한다. 수입한 원유를 가공하여 역수출하기 때문이다. 우리나라는 비산유국 중 단연 석유수출 1위를 달성해 석유산업 발전 모델의 새로운 표준으로 자리 잡고 있다. 석유의 수출산업화 노력은 갈수록 탄력을 받아 2004년 첫 100억 달러에 달하는 수출을 기록한 이후 2017년에는 약 2.3억 배럴에 달했다. 석유제품별로는 경유가 가장 많았고 항공유, 휘발유, 나프타 등의 고부가가치 경질유를 위주로 수출하고 있다.

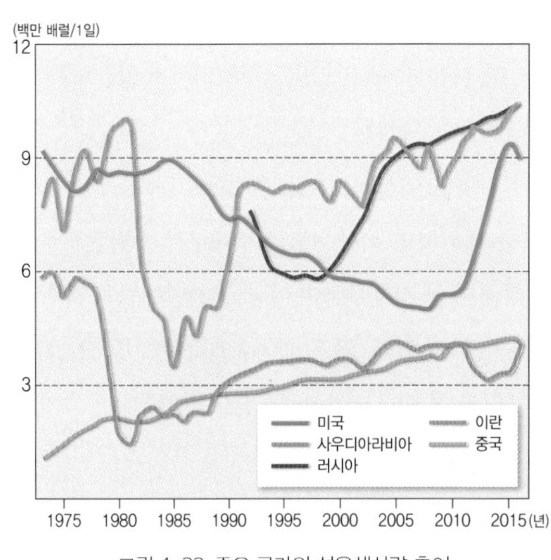

그림 4-32. 주요 국가의 석유생산량 추이

57

캅카스 산지는 왜 제2의 발칸반도가 되었나?

키워드: 캅카스산맥, 캅카스 3국, 영토문제, 유럽올림픽.

1. 캅카스산지의 중요성을 아는가?

우리는 서쪽의 흑해와 동쪽의 카스피해 사이에 위치한 지역을 과거에는 영어발음으로 코카서스Caucasus산맥이라 불렀다. 그러나 근래에는 지명의 독음이 현지발음으로 바뀌어 캅카스라 부른다. 교과서에는 단지 캅카스산맥이라 기술되어 있지만, 사실은 그림 4-33에서 보는 것처럼 대캅카스산맥과 소캅카스산맥의 두 줄기가 동일한 방향으로 뻗어 있고, 그 사이에 조지아와 아제르바이잔이 위치해 있다.

과거에는 백인종을 코카소이드라 불렀지만, 이제는 캅카소이드라 불러야 할 것이다. 이는 캅카스산맥이 동양(아시아)과 서양(유럽)의 경계가 되는 곳임을 의미한다. 그뿐만 아니라 조지아는 과거 그루지아라 불렸지만, 2009년부터 한국정부에 영어식 발음인 조지아라 불러 줄 것을 요청하여 2010년부터 우리나라도 조지아라 부르게 되었다.

과거에는 이 일대가 인종 및 종족은 물론 언어가 복잡하게 혼재하는 지역이었기 때문에 지리학뿐만 아니라 언어학과 민속학 분야에서도 중요한 곳이었다. 그러나 20세

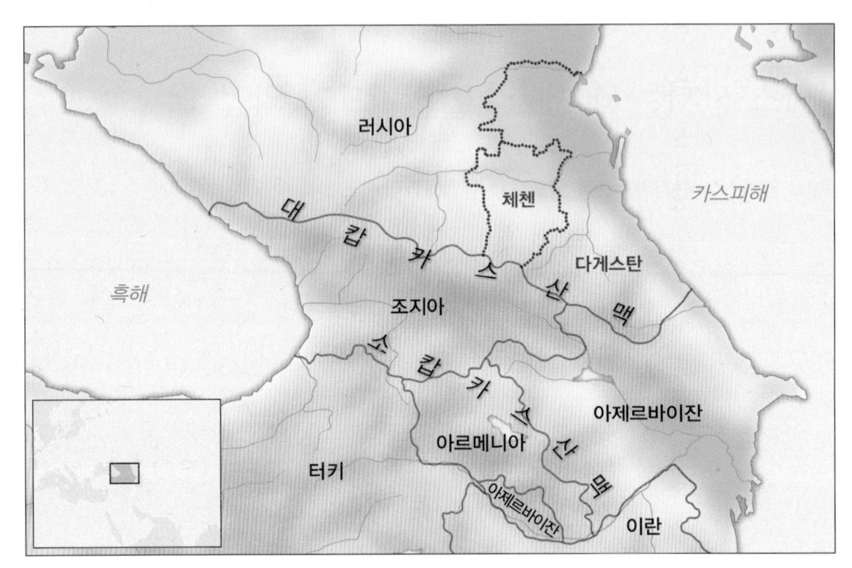

그림 4-33. 캅카스산맥 일대의 지도

기에 들어와서는 카스피해 주변에 엄청난 매장량의 유전과 가스가 발견됨에 따라 열강들의 각축장이 되었다. 특히 제2차 세계대전 당시에는 러시아와 독일이 세를 다투었다.

오늘날에도 유전의 중요성은 여전하다. 그러나 카스피해는 내륙해이기 때문에 수요가 많은 유럽으로 운반하기 위해서는 흑해와 지중해 항구까지 운반해야 하는 문제가 있다. 최근 카스피해를 둘러싸고 인접국인 러시아·카자흐스탄·아제르바이잔·투르크메니스탄·이란 등의 5개국 사이에서 영유권 갈등이 첨예하게 벌어지고 있다. 카스피해를 바다로 볼 것인가, 호수로 볼 것인가에 따라 국제법이 달리 적용되기 때문이다. 러시아와 카자흐스탄은 카스피해가 바다라고 주장하면서 해안선 길이에 따라 카스피해를 나누자고 주장하고 있는 반면, 나머지 국가들은 카스피해가 호수이기 때문에 면적에 상관없이 똑같은 크기로 나누자고 주장하고 있다. 만약 바다로 본다면 연안국이 해안선 길이만큼 자국의 영해권을 주장할 수 있고, 호수로 본다면 모든 연안국이 해상과 해저자원에 대한 균등한 권리를 가지게 된다.

소련 치하의 국장

현재의 국장

그림 4-34. 아라라트산이 묘사된 아르메니아의 국장

아제르바이잔에서 지중해로 나아가기 위해서는 아르메니아와 터키를 지나야 하지만 두 나라의 관계가 좋지 못하다. 터키의 전신인 오스만 제국 영내에서 아르메니아인들이 대량학살당한 사건 때문이다. 아르메니아는 오스만 제국의 계획적 범행이라고 주장하지만, 터키는 인정하지 않았다. 또한 아르메니아인의 정신적 구심점이며 성산으로 여기는 아라라트산을 터키에 빼앗겼다.

그림 4-34에서 보는 것처럼 아르메니아 국장國章에도 아라라트산이 중앙부에 그려져 있을 정도로 중요하다. 이런 배경에서 양국 간의 정치적 관계는 악화되어 오늘에 이르렀다. 국가 간 관계가 복잡한 서남아시아처럼 캅카스 국가의 경우에도 치밀한 외교전략이 요구된다.

2. 파이프라인의 건설

1991년 구소련이 붕괴함에 따라 카스피해 연안국들은 새로운 파이프라인의 건설을 모색하게 되었다. 터키는 1992년 자국을 통과하는 파이프라인 건설을 제안했다. 파이프라인은 초기 건설비가 많이 들지만 일단 설치해 놓으면 저렴한 비용으로 장거리 대용량수송이 가능하다는 장점이 있다.

파이프라인은 유전지대의 중심인 바쿠로부터 러시아나 조지아를 통과하는 수밖에 없다. 즉 그림 4-35에서 보는 것처럼 러시아의 ①안과 조지아를 거쳐 터키를 통과하는 ②안, 그리고 아르메니아→이란→터키를 거치는 ③안을 생각해 볼 수 있다. 아제르바이잔의 수도 바쿠로부터 터키의 제이한 항구까지 최단거리를 연결하면 ③안이 가장 좋지만 조지아를 통과하지 않고 이란을 지나게 된다. 당시 이란은 서유럽 국가들

사진 4-6. 아제르바이잔의 바쿠 유전지대

그림 4-35. 아제르바이잔의 파이프라인 건설 안

과 미국으로부터 경제제재를 받고 있어 이란을 통과하는 파이프라인 건설은 불가능했다.

이 정도 설명하면 독자들은 ①~③안 중 ③안이 채택되지 않게 된 이유를 알게 되었을 것이다. 2017년 10월에는 바쿠에서 트빌리시를 걸쳐 터키의 카르스를 연결하는 원유수송 철도가 개통되었다.

3. 캅카스 지역의 복잡한 국가 간 관계

캅카스 지역 일대에 국경을 접하고 있는 나라들은 과거 소련의 지배를 받다가 독립하거나 공화국을 만들면서 정치적 관계가 복잡해졌다. 천연자원뿐만 아니라 종교적 갈등도 한몫했고 영토분쟁도 끼어들었다. 예를 들면 악화일로에 있는 아제르바이잔과 아르메니아의 종교적 대립을 들 수 있다. 구체적으로, 아제르바이잔 국민의 대부분은 시아파에 속하는 이슬람을, 아르메니아 국민의 다수는 기독교(아르메니아 정교)를 각각 주요 신앙으로 삼고 있다.

아르메니아는 지정학적 고립을 타개하기 위해 조지아 내에 거주하는 아르메니아인의 차별문제가 있음에도 불구하고 조지아를 협력 파트너로 간주하고 있다. 하지만 조지아는 터키와 적대적임에도 아제르바이잔이 터키와 함께 추진하고 있는 아르메니아 우회철도사업에 참여하고 있다.

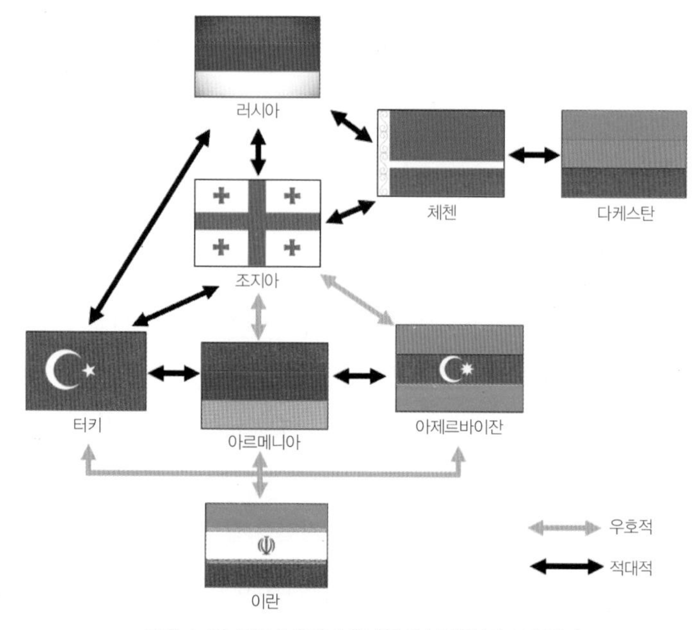

그림 4-36. 캅카스 3국과 주변국의 복잡한 국가 간 관계

또한 아제르바이잔 영토 내에서는 지난 20년간 나고르노 카라바흐(혹은 아르차흐)의 귀속을 둘러싸고 아르메니아와 아제르바이잔이 최근까지 무력충돌했고 현재는 대립 상태에 있다. 이 구역은 구소련 지배하에서 아제르바이잔에 귀속하는 대신에 아르메니아 민족자치주로 인정받았다. 그러나 1980년대 후반부터 영토문제가 재연됨에 따라 아르메니아는 통합을 요구했고 이를 저지하려는 아제르바이잔과 군사적 충돌을 피할 수 없게 되었다. 장차 아르메니아는 영토분쟁과 관련하여 러시아의 지지를 확보하는 것이 급선무라는 인식하에 러시아와의 협력을 지속할 전망이다.

한편 내륙국가인 아르메니아는 교통로 개설을 위해 이슬람 국가인 이란과 해상·육상수송의 통로로 연결되어 있다. 2007년부터 아르메니아와 이란 간 파이프라인이 완공되어 아르메니아는 가스를 공급받아 전력을 생산해 이란에 공급하고 있다. 산업이 발달하지 못한 아르메니아는 러시아에 대한 경제의존도가 높아 조지아를 경유하여 러시아로부터 필요한 물자를 공급받아야 하지만, 최근 러시아와 조지아의 관계가 악화되자 어려움을 겪고 있다. 지정학적으로 불리한 위치에 놓인 아르메니아는 종교를 떠나 인접국들과 우호정책을 펴지 않으면 안 될 것이다.

4. 캅카스 3국

흔히 아제르바이잔·조지아·아르메니아를 '캅카스 3국'이라 부른다. 이들 세 나라를 석유·물·돌의 나라로 요약할 수 있다. 구체적으로 아제르바이잔에는 풍부한 천연가스가 매장되어 있고, 조지아는 캅카스산맥으로부터 흘러내리는 수자원이 풍부하며, 아르메니아는 산악지대와 고원지대로 이루어져 석재가 풍부하다. 그들은 이것을 신이 내린 선물이라고 여긴다.

이들 3국을 지배하던 소련이 붕괴됨에 따라 각기 독립국가를 형성하게 되었지만 민족은 물론 종교와 언어가 다르고 서로 이해관계가 상충하는 탓에 발전이 늦어지고 있다. 국민들 중 일부는 오히려 소련의 지배를 받던 시대가 더 좋았다고 느끼고 있을 정도다.

캅카스 3국은 분명 아시아에 속하는 나라이지만, 그들 스스로는 유럽에 속한다고 생각하고 있다. 이들 세 나라는 아시아 대회에 참가하지 않고 유럽 대회에 참가하고 있다. 2012년 유럽올림픽위원회EOC: European Olympic Committees가 조직되어 하계 유럽 대회의 개최를 의결함에 따라 2015년에는 아제르바이잔의 수도 바쿠에서 제1회 유럽올림픽이 개최된 바 있다. 아제르바이잔은 그동안 벌어들인 오일 달러로 유럽 대회를 유치했다. 최근에는 석유가의 하락으로 아제르바이잔 경제가 어려움을 겪고 있지만, 그 전에는 눈부신 경제성장을 이룩했다.

아제르바이잔은 이슬람권에 속하지만 과거에는 불의 신을 섬기는 조로아스터교를 종교로 삼았다. 그 전통이 오늘날에도 남아 있어 불을 형성화한 빌딩이 곳곳에 있다. 여기서 잠깐 그림 4-37에서 아제르바이잔의 국기를 주목해 보자. 투르크족을 상징하는 파랑, 진보를 뜻하는 빨강, 이슬람을 의미하는 녹색에 국기 중앙에 초승달과 팔각별을 넣은 가로형 삼색기로 디자인되었다.

사진 4-7. 불꽃을 형상화한 바쿠 시내의 빌딩들

터키 국기

아제르바이잔 국기

그림 4-37. 터키와 아제르바이잔 국기의 비교

이슬람 국가인 터키·파키스탄·알제리·우즈베키스탄·인도네시아 등의 국기에도 초승달과 별이 그려져 있는 것과 같은 맥락이다. 그런데 그중에서도 아제르바이잔 국기의 가운데 모양은 터키 국기와 동일하다. 오늘날의 아제르바이잔 주민은 원래 페르시아(이란)인이었으나 9세기에 투르크화된 까닭에 문화적으로 터키와 매우 유사하며 양국 간 정치적 관계도 우호적이다. 이슬람교가 생기기 이전의 초승달과 별의 심벌은 유목민이 믿었던 샤머니즘에서 유래된 것으로 추정된다. 별은 금성을 가리킨다.

이들 캅카스 3국은 괄목할 만한 문명국으로 거듭나기에는 면적과 인구가 작은 편이다. 비록 민족과 종교가 다르지만 하나의 연합체를 구성하면 시너지 효과가 나타나 크게 성장할 것으로 예상되지만, 현실적으로는 어려울 것 같다.

소금은 바다에서만 만들어지는 것이 아니다!

키워드: 소금, 천일염, 자염, 전오염, 암염, 소금사막.

1. 인간생활에 없어서는 안 되는 소금

하얀색의 결정체로 이루어진 소금은 인간생활에 없어서는 안 되는 매우 중요한 식품이다. 소금은 공업용으로 사용되기도 하고 맛을 내거나 음식이 상하는 것을 방지하기 위한 염장에도 이용된다. 이뿐만 아니라 인간의 몸속에서 삼투압을 유지하는 중요한 역할을 하며, 사람이 먹을 수 있는 소금을 식염이라고 한다. 땀을 많이 흘리는 여름철에는 땀을 통해 염분이 배출되기 때문에 적절한 양의 소금을 먹어 몸속의 염분을 유지하기도 한다. 과다하게 섭취하면 몸에 해롭다고 하지만, 소금은 날마다 적정선을 유지하면서 인간이 먹지 않으면 안 되는 식품이다.

우리나라에는 '소금 먹은 놈이 물 켠다.'라는 속담이 있다. 이 말은 무슨 일이든 반드시 그렇게 된 까닭이 있다는 의미로 사용되는데, 소금을 중요한 식품으로 여겼기에 원인과 결과를 내포하는 말에 소금이 포함되지 않았을까? 소금은 모피·보석·향신료·석유 등과 함께 세상을 바꾼 5가지 가운데 하나로 알려져 있다.

고대 이집트에서는 국민들에게 세금을 징수하기 위해 각 가정에서 사용하는 소금의 양을 환산해 가족의 수를 추정하기도 했다. 고대 로마에서는 군인들에게 지급되는 급여가 소금이었다고 한다. 급여를 의미하는 영어 단어 'salary'의 어원이 라틴어의 소금을 가리키는 'salaria'에서 유래했다는 사실은 잘 알려져 있다. 고대사회에서는 노예를 사고팔 때도 화폐 대신 소금을 이용했다. 노예의 몸무게만큼 소금을 값으로 환산한 것이다.

보통 바닷물을 말려서 소금을 생산해 내는 방법이 사용되었기 때문에, 일찍부터 바다에 접하지 않은 내륙일수록 소금을 구하기가 힘들었고 소금값도 금값보다 비쌌다고 한다. 우리나라에서도 바닷가에서 생산된 소금을 내륙으로 운송하는 일은 아주 중요한 작업이었다. 우리나라에서는 해안에서 내륙으로 연결되는 고갯길로 소금이 이동했다는 데서 유래한 '염티' 또는 '염치'라 불리는 고개가 많다. 세계적으로 소금을 사고파는 소금장수가 부를 축적했다는 이야기는 고대부터 근대에 이르기까지 동서양을 막론하고 쉽게 접할 수 있다.

또한 소금을 쟁탈하기 위한 전쟁도 여러 차례 있었다. 독일과 오스트리아는 1611년 '소금 전쟁'을 치렀다. '소금 성(城)'이라는 의미를 가진 잘츠부르크Salzburg는 예로부터 소금 산지로 유명했으며 오스트리아에서 상업이 발달한 가장 부유한 도시이다. 이곳에서는 17세기에 잘츠부르크의 영주인 대주교와 독일 황제 사이에 소금 독점을 위한 전쟁이 일어났었다.

우리나라에서도 삼국시대인 680년에 신라와 당나라 간에 서해안의 염전을 둘러싼 관할권 분쟁이 있었다. 17세기 초 네덜란드의 신교도 전쟁 역시 이베리아반도의 소금 생산지를 봉쇄함에 따라 발생했다. 미국에서 독립운동이 일어나자 영국은 소금 봉쇄로 맞섰다. 미국의 남북전쟁 때 북군의 화포는 남부의 소금공장을 주요한 목표물로 정조준했다. 1890년대 칠레와 페루 사이에 발생한 태평양전쟁은 안데스산맥의 소금쟁탈전이었다.

2. 바다는 물론 산지와 사막에서도 소금은 생산된다!

우리가 알고 있는 소금 생산방법 가운데 가장 보편적인 것은 바닷물을 가두어서 뜨거운 햇볕에 물을 증발시킨 후 남아 있는 알갱이를 모으는 방법일 것이다. 바닷물을 증발시키는 방법으로 얻은 소금을 천일염天日鹽이라 한다. 그러나 소금을 만드는 방법에는 천일제염뿐만 아니라 더 많은 방법이 있다. 소금을 만드는 방법을 크게 두 가지로 나누면 하나는 바닷물을 이용하는 방법이고 다른 하나는 바다 이외의 장소에서 채취하는 방법이다.

앞에서 언급된 천일염은 일본이 부족한 소금을 충당하기 위해 타이완에서 소금을 만들었던 방식에서 유래했다고 한다. 바닷물을 가두어 놓은 곳을 염전이라 한다. 천일염이 생산되는 나라는 우리나라가 유일하다는 이야기도 있지만, 세계적으로는 인도양, 지중해 연안, 미국, 오스트레일리아, 멕시코, 중국 등지에서도 천일염이 생산된다. 특히 인도와 아라비아반도 사이의 해안은 세계의 바닷물 가운데 염분이 매우 높은 곳이다. 우리나라에 천일염이 소개된 것은 1907년으로 인천의 주안 일대에 국내 최초로 염전이 조성되었다. 천일염의 방식을 사용해 소금을 생산하기 위해서는 기후조건이 맞아떨어져야 한다. 일조량이 풍부하고 기온도 적절하게 높아야 바닷물이 빠른 속도로 증발한다.

불순물이 포함된 바닷물을 여과시킨 후 바닷물을 끓여서 소금을 생산하기도 한다. 이는 정제염으로 불린다. 대량생산이 가능한 방식이므로, 정제염은 상대적으로 저렴하고 위생적이다. 여기에 조미료라 하는 MSG를 첨가하면 맛소금이 된다. 정제염은 주로 대단위의 공장에서 생산되며 생산 방식도 효율적이다. 요즘은 바닷물을 전기분해하여 불순물과 중금속 등을 제거한 정제염이 대량으로 생산된다.

염전에서 천일염을 만들던 방식이 우리나라에 소개되기 이전에 사용하던 전통적인 방식으로 만들어진 소금은 자염煮鹽이었다. 즉 일제강점기 이전 우리나라의 서남해안에서 생산된 소금은 대부분 자염이었던 것이다. 이 소금은 갯벌이 발달한 해안가에서 갯벌을 써레로 갈아 염전을 만들고, 여기에 바닷물을 붓고 써레질을 하는 작업을 반복해 염도가 높은 개흙을 만드는 일에서 시작한다. 여과장치 위에 개흙을 올리고 바닷물을 부어 흘러내린 물을 가마솥에서 끓여 낸 후 농축시키면 자염이 만들어진다.

갯벌이 발달하지 않은 해안가에서는 모아 둔 바닷물의 수분이 자연적으로 증발하면, 그 물을 가마솥에 끓여서 소금을 생산했다. 이렇게 만들어진 소금을 전오염煎熬鹽이라 부르는데, 일본에서도 전통적으로 가마솥에 바닷물을 끓여서 결정체를 얻었고, 내륙국가인 라오스에서는 오늘날에도 염분을 함유한 소금물을 끓여서 수분을 증발시킨 후 소금을 얻는다.

바닷물로부터 소금을 생산하지 않는 방법도 있다. 대표적인 것이 암염이다. 암염巖鹽은 말 그대로 바위소금이며, 인류가 소금을 구하기 위해 최초로 사용했던 방법 가운데 하나다. 본래 지구가 하나의 덩어리로 이루어져 있다가 대륙이 이동하면서 지금과 같은 모양을 하게 되었는데, 이 과정에서 옛날에 바다였던 곳이 육지로 변하게 되었다. 이렇게 되면 지하에 소금이 굳어 돌이 된 암염이 만들어진다. 잉카문명의 기저에는 해발 3,000m의 안데스산지에 살리나스Salinas라 불리는 계단식 염전이 있었다. 암염은 직접 캐기도 하지만 물을 부어 녹은 소금을 채취해서 정제하는 방법으로 얻을 수도 있다. 암염은 세계적으로 고르게 분포하는 편이다.

소금사막에서 소금을 얻을 수도 있다. 염분을 많이 함유하고 있는 흙이 분포하는 소금사막에 물을 부어 흙탕물을 만든 다음 내버려 두면 물이 증발하고 소금만 남게 된다. 소금사막에 있는 물은 대부분 소금물이다. 남아메리카의 볼리비아에 있는 우유니 소금사막Salar de Uyuni은 세계 최대의 소금사막으로 알려져 있다. 우유니 소금사막에 있는 소금은 볼리비아 국민이 수천 년 동안 먹을 수 있는 양이다.

이 외에 호수 바닥에 소금이 있어 그냥 퍼 담기만 하면 되는 소금호수가 있다. 함호라 불리는 소금호수는 사해나 세네갈의 장미호수가 유명하다. 또한 지하수와 암염이 닿아 자연적으로 소금물이 나오는 우물물을 증발시켜 소금을 생산한다. 이 우물은 소금우물이라 하며, 중국의 쓰촨성이나 티베트에서 주로 생산한다. 중국 티베트의 해발

사진 4-8. 볼리비아의 우유니 소금사막

4,000m가 넘는 곳에는 소금우물이라는 이름을 가진 옌징鹽井이란 도시가 있다. 중국 남부에 있는 2,000년이 넘는 역사를 가진 고대 교역로인 차마고도茶馬古道는 옌징에서 생산된 소금과 차를 티베트, 미얀마, 인도 등지로 실어 나르던 길이다. 차마고도에 관해서는 제5장의 63절에서 상세히 설명할 예정이다. 이곳에서는 지금도 전통적인 방식을 이용해 소금을 생산한다.

3. 100여 개 나라에서 생산되고 전 세계에서 소비되는 소금

전 세계적으로 소금을 생산하는 나라가 110개를 넘을 정도로 많은 나라에서 소금을 생산한다. 그러나 주요 소금생산국의 수는 7개국에 불과하다. 세계의 3대 소금생산국이라 하면 중국, 미국, 인도가 꼽힌다. 오랫동안 미국이 세계 소금생산량 1위를 차지했지만, 2015년부터 중국이 미국을 제치고 소금생산 1위 국가의 자리에 올랐다.

세계에서 이루어지는 소금수요의 6% 정도만 식용으로 사용된다. 그리고 10%가 겨울철 도로결빙 방지를 위한 제설용이고, 15%가량은 미용 및 건강 제품 생산에 쓰인다. 세계에서 생산된 소금의 68%는 산업용 화학제품을 생산하는 재료로 이용되고 있다. 이 가운데 변화가 가장 큰 부문은 겨울철의 제빙용 소금의 소비량이다. 따라서 국제적인 소금생산 추이는 도로결빙 방지용으로 얼마만큼의 소금이 사용되었는지에 따라 매년 변화한다. 겨울철에 눈이 많이 내리는 미국과 유럽에서는 전체 소금소비량의 30% 이상이 도로결빙을 방지하는 제설용으로 이용된다. 미국에서는 겨울철에 폭설이 내리면 소금수요가 크게 늘어난다.

지난 10년간 북아메리카와 유럽에서는 소금생산량이 감소했는데, 이 역시 겨울철에 도로결빙을 방지하는 데 사용된 소금의 양이 줄었기 때문이다. 2015년 이후 소금생산국 1위는 중국이며, 전 세계 생산량의 25%가 넘는 연간 7,000만 톤의 소금을 생산한다. 그 뒤를 이어 미국이 세계 생산량의 15%를 넘는 4,500만 톤을 생산하며, 이 소금의 상당량은 겨울철에 소비된다.

2016년 기준으로 세계에서는 2억 5,500만 톤의 소금이 생산되었다. 중국과 미국의 뒤를 이어, 인도, 독일, 캐나다, 오스트레일리아, 멕시코, 칠레, 브라질, 우크라이나, 영국, 프랑스, 스페인 등지가 세계의 주요 소금생산국에 해당한다. 우리나라의 소금생산량 순위는 세계 48위이고, 일본과 북한은 각각 32위와 42위를 기록했다.

상위 10개국의 소금생산량이 전 세계 생산량의 약 75%를 차지한다. 대륙 단위로는 아시아가 세계 생산량의 30.5%를 차지하고 유럽 27%, 북아메리카 26.9%, 남아메리카 6.4%, 오세아니아 4.9%, 아프리카 2.1%, 중동 1.2% 등을 차지한다. 아시아에서의 생산량 증가율이 가장 두드러지는데, 그 이유는 중국에서 생산량이 증가했기 때문이다.

아시아는 세계 소금소비의 42%를 차지하고 있지만 중국이 홀로 24%를 소비한다. 중국의 화학부문 성장은 소금소비량을 증가시킬 것으로 전망되며, 인도의 소비량도 빠르게 증가할 것이다. 아시아에서 소비된 소금은 2016년에 전 세계 소비량의 47%를 차지하지만, 장차 10년 뒤에는 그 비율이 53%까지 상승할 것이라는 전망이다. 유럽과

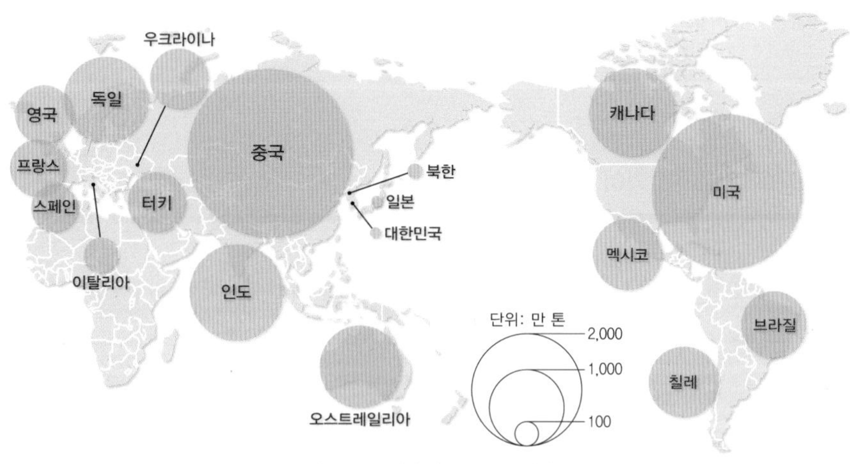

그림 4-38. 세계의 주요 소금생산국

북아메리카의 소금소비는 각각 24%와 22%를 차지한다. 소금소비는 중국을 비롯한 아시아 국가와 신흥 개발도상국에서 빠르게 증가하는 추세다.

아프리카와 남아메리카는 식용으로 소금을 이용하는 비율이 다른 대륙에 비해 높은데, 그 이유는 이들 대륙에서 소금을 이용한 산업의 발달이 상대적으로 더디기 때문이다. 1인당 연평균 소금의 식용소비량은 세계 평균 6.9kg으로 추정된다. 대륙별로는 북아메리카에서 1인당 평균 10kg을 섭취하고, 남아메리카와 오세아니아가 각각 7.5kg, 아시아 7.1kg, 유럽 6.4kg, 아프리카 4.5kg 등의 순이다.

소금은 대량운송비가 크지 않기 때문에 소금의 국제무역은 꾸준히 증가했다. 소금의 주요 수출국은 멕시코, 오스트레일리아, 네덜란드, 독일, 인도 등지이고, 주요 수입국은 미국, 일본, 독일, 중국, 한국 등지다. 오스트레일리아에서 생산된 소금의 수출이 2013년 이후 감소하는 경향을 보이고 있기는 하지만, 국내 소비량이 많지 않은 오스트레일리아의 소금수출량은 규모가 큰 편이다. 특히 화학용으로 사용하기 위해 한국, 일본, 중국, 인도네시아 등지에서 주로 오스트레일리아 소금을 수입한다.

인도네시아는 전체 소금수입액의 80% 이상이 오스트레일리아에서 들어오는 소금이다. 오스트레일리아의 소금수출이 감소한 원인 가운데 하나로 인도와의 수출경쟁이 거론되기도 한다. 인도의 소금수출은 최근 크게 증가했다. 특히 중국과 우리나라로 수출하는 소금의 양이 크게 증가했다.

4. 소금에도 프리미엄이 있다

모든 물건에 등급이 매겨지듯, 소금도 마찬가지로 세계적으로 주목받는 프리미엄 소금이 있나. 이 글에서는 그 가운데 몇 가지만 소개하도록 하겠다.

먼저, 히말라야 핑크 암염이다. 지금으로부터 2억 5,000만 년 전 유라시아 대륙과 인도 대륙이 충돌하면서 바다였던 곳이 히말라야 산지로 융기되었고, 그 과정에서 바닷물이 굳어져 만들어진 핑크색의 암염이 생겨났다. 히말라야 고원지대의 소금바위에서 채취되는 소금은 철분·요오드·칼슘 등 80여 가지의 미네랄을 함유하고 있다. 이 소금은 지구상에서 가장 깨끗한 소금인 동시에 가장 유익한 소금으로 알려져 있다. 히말라야 핑크 소금은 화학물질이 함유되지 않아 호흡기 질병, 혈압 조절, 혈당 조절, 소화기능 개선 등 우리 몸의 신체기능 개선에도 효과가 있는 것으로 알려져 있다.

세계적으로 유명한 갯벌 천일염 생산지로는 대서양에 접한 프랑스의 게랑드Guérando나 포르투갈의 알가르브Algarve가 있다. 프랑스 서부 게랑드반도의 염전에서 생산되는 소금은 염전 바닥의 진흙으로 인해 소금이 약간 회색빛을 띠며 천혜의 자연조건에서 생산된다. 이 소금은 루이 14세가 즐겨먹었다는 데에서 '황제의 소금'이라 불리기도 하고, 미식가들이 선호하는 소금이어서 '소금의 캐비어'라고도 불린다. 포르투갈 남부 알가르브에서 생산된 소금은 2,000년 전 로마인들이 생산하던 방식을 그대로 따라 손으로 소금을 생산한다. 알가르브의 소금은 크림 냄새가 난다는 데에서 '솔트 크림salt cream'이라고도 불린다.

요르단과 이스라엘의 국경에 걸쳐 있는 사해에서 생산된 소금도 잘 알려져 있다. 요르단강이 사해로 흘러들지만 물이 빠져나가는 곳은 없다. 단지 유입한 물의 양만큼 증발할 뿐이다. 사해는 사막 가운데에 있으며, 호수의 면이 해수면보다 400m가량 낮다.

사해 소금은 일반 바닷물의 염도보다 6배 이상 높으면서 일반적인 바닷물에서는 발견되지 않는 12종의 미네랄을 포함해 모두 30여 가지의 미네랄이 함유되어 있다. 이 소금은 혈액순환을 돕고 신진대사를 촉진하며 각종 피부질환을 완화시켜주는 효능이 있다.

오스트레일리아의 동남부 빅토리아주 내륙을 통과하는 머리강과 달링강으로 형성된 머리-달링 분지에서도 소금이 생산된다. 주로 머리강 일대에서 생산된다. 이곳의 소금은 자연적으로 형성된 식염수로부터 생산되는데, 마그네슘과 칼슘 등을 함유하고 색깔이 분홍색을 띠는 특징이 있다. 이 일대의 호수 역시 바닥이 소금으로 이루어져 호수가 약한 분홍색을 띤다. 이 소금은 세계에서 가장 얇다는 평가를 받으며 오스트레일리아 핑크 솔트 플레이크pink salt flakes라는 이름으로 불리기도 한다.

59

태평양과 대서양을 연결하는 지름길, 북극항로

키워드: 북극, 북극항로, 북빙양, 서북항로, 동북항로, 베링해, 쇄빙선.

1. 북극과 북극항로

북극Arctic은 북극점 주변을 일컫는다. 북극은 남극과 달리 땅이 없이 바다로만 이루어져 있다. 이 바다는 북극해 또는 북빙양北氷洋이라 불린다. 북극해는 면적 1,257만㎢에 가장 깊은 곳의 수심은 5,500m를 넘는다. 국제해사기구IMO: International Maritime Organization에 따르면 북극해는 그린란드 쪽에서 북위 67°03′09″의 북쪽과 베링해 쪽에서 북위 60° 북쪽을 포함한다. 북극은 북극해를 비롯해 미국의 알래스카, 캐나다 북부, 핀란드, 그린란드, 아이슬란드, 노르웨이, 스웨덴, 러시아 등의 국가와 경계를 맞대고 있다. 겨울에는 대부분 두께 1~15m 내외의 얼음으로 이루어지고 여름에는 얼음 조각이 떠다니는 유빙이 베링해와 북대서양으로 이동한다.

유럽이 북극을 통해 유럽과 동아시아를 연결하는 항로를 개척하고자 관심을 가지기 시작한 시기는 16세기 무렵이다. 당시 영국은 북쪽으로 방향을 잡고 북극해를 통해 동시베리아해 연안으로 동진하면 중국으로 갈 수 있다고 판단했다. 영국에서 대서양을 통과하는 항로는 스페인이나 포르투갈의 방해를 받았지만, 북극을 통과하는 항로는 그러한 장애물 없이 동방으로 진출할 수 있다고 판단했기 때문이다. 영국에서 최초로 탐험대를 파견한 시기는 1553년이다.

기온이 낮고 빙하가 많은 북극해의 자연환경으로 인해 북극해를 통과하는 상업용 항로 개통은 조선기술 및 항법이 발달한 19세기 말에 본격적으로 이루어졌다. 스웨덴 출신의 지리학자이자 탐험가인 노르덴시욀드Nordenskiöld가 1878년 노르웨이 북부의 트롬쇠Tromso에서 출발해 그해 9월 말부터 이듬해 7월까지 베링해 근처에서 배가 얼어붙어 멈춰 있다가 날씨가 풀린 후 다시 항해를 시작해 1879년 9월 일본 요코하마에 입항한 것이 역사상 최초의 북극해 통과 기록이다.

북극을 통과하는 항로는 서북항로와 동북항로로 구성된다. 서북항로Northwest Passage는 유럽에서 북아메리카 대륙의 연안을 따라 태평양으로 진입하는 경로이고, 동북항로Northern Sea Route는 유럽에서 러시아의 북쪽을 따라 태평양으로 이동하는 경로다. 북극을 통과하는 이 두 항로를 이용하면 오래전부터 이용되어 왔던 수에즈 운하나 파나마 운하를 경유하는 항로에 비해 거리와 기간을 모두 단축시킬 수 있다. 따라서

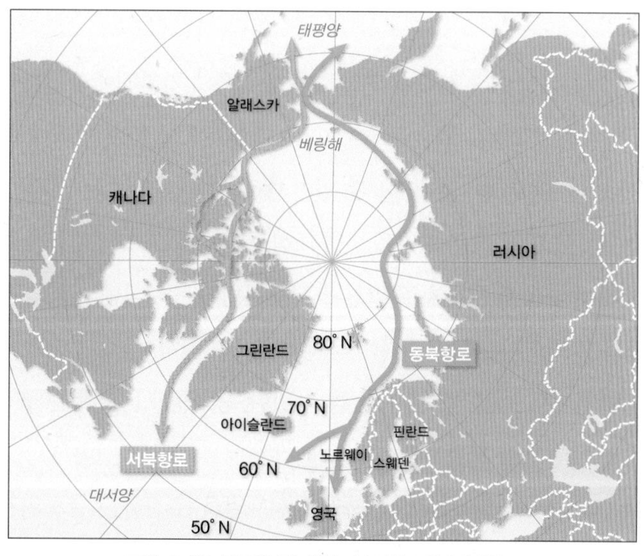

그림 4-39. 북극을 통과하는 북서항로와 동북항로

그림 4-40. 국제 연합의 기(旗)

북극항로가 열린다는 것은 세계 해운 물류시스템의 새로운 혁신을 의미한다.

북극 지도를 보면 국제 연합의 깃발이 떠오를 것이다. 이 깃발은 1946년 미국의 건축가 매클로플린McLaughlin이 고안한 것에 바탕을 둔 것으로 어느 나라의 영토에도 속해 있지 않은 북극을 바탕으로 디자인되었다. 즉, 하늘색 바탕 가운데에는 유엔의 공식 엠블럼이 그려져 있는데, 이 엠블럼은 북극에서 본 세계지도를 두 개의 올리브 가지가 감싸고 있는 형상의 디자인이다. 이는 국제 연합이 전 세계의 평화를 목적으로 활동하는 조직임을 의미한다. 올리브 가지는 평화의 상징이며 세계지도는 전 세계의 모든 사람들을 의미한다. 하늘색과 하얀색은 국제 연합을 상징하는 색이다.

2. 빠르고 경제적인 북극항로

동북항로는 러시아의 북쪽 북극해 연안을 따라 서쪽의 카라해에서 시베리아를 지나 베링해까지 연결하며, 그 길이는 대략 3,500~4,700㎞에 달한다. 거리에 차이가 나는 이유는 북극해에서 경로 변경이 있을 수 있기 때문이다. 이 항로는 러시아 북쪽의 해안선을 따라 얼음이 많지 않은 해역을 선택해 섬들 사이의 협소한 해협을 통과하기 때문에 얼음 상태에 따라 항로가 자주 변경된다. 동북항로는 북극해 연안의 작은 도시들과 산업시설 등을 연결하는 동시에 천연자원 개발을 촉진하며, 이를 넘어 태평양과 대서양 연안을 연결하는 산업의 동맥이라 할 수 있다. 동북항로는 대부분 구간이 러시아의 배타적 경제수역EEZ에 포함된다.

동북항로는 러시아 정부의 개발 의지와 자원개발을 추진하는 글로벌기업의 다양한 노력으로 상용화될 가능성이 점점 높아지고 있다. 러시아는 동북항로 전 구간에 대한 상업용 선박의 운항을 위해 강력한 쇄빙선단을 새롭게 구성하여 정기적으로 얼음을 깨는 작업을 수행하기로 했다. 시베리아에서 생산되는 석유나 천연가스 및 광물자원의 운송수요가 증가하면서 동북항로의 전면적인 개통에 대한 필요성이 증가한 것이다. 2017년 동북항로를 이용한 물동량은 약 1,070만 톤이었으며, 매년 빠르게 증가하고 있다. 2025년에 동북항로를 이용하는 물동량은 8,000만 톤을 넘을 것이라는 전망이 지배적이다.

아시아와 유럽을 왕래하는 선박은 대부분 아시아 대륙과 아프리카 대륙 사이에 있는 수에즈 운하를 이용했다. 수에즈 운하 대신 동북항로를 이용하면 아시아에서 유럽을 연결하는 시간과 거리를 획기적으로 단축할 수 있다. 우리나라 부산에서 출발한 선박이 동북항로를 통해 유럽 최대의 무역항인 네덜란드의 로테르담까지 이동한다고 가정해 보자.

그림 4-41에서 보는 것처럼 수에즈 운하를 따라 이동하면 총이동거리는 21,000km에 달하지만, 북극해를 통과하는 동북항로를 이용하면 총이동거리는 12,700km로 줄어든다. 북극항로를 이용하면 부산에서 로테르담까지의 이동일은 열흘가량 줄어든다.

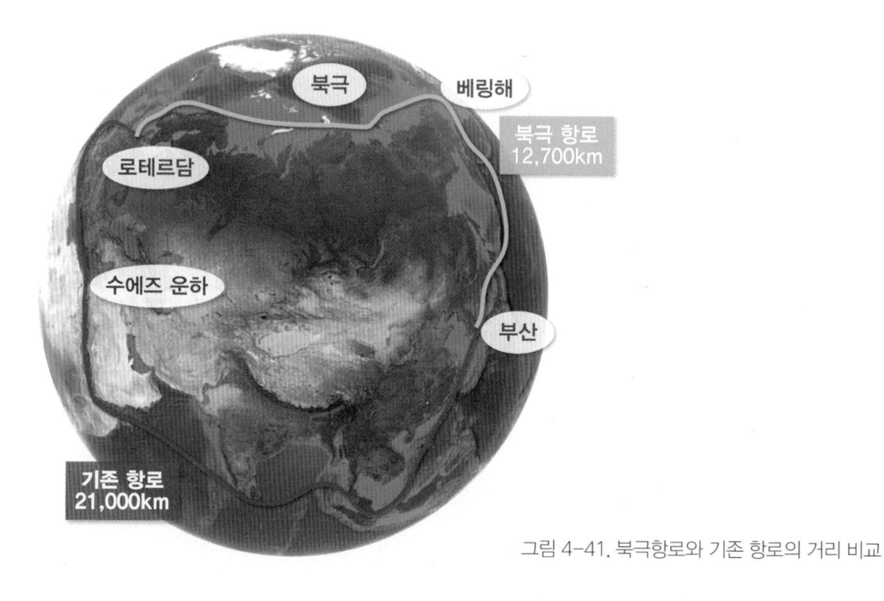

그림 4-41. 북극항로와 기존 항로의 거리 비교

중국의 상하이에서 로테르담까지 이동할 경우에는 19,500㎞의 거리가 14,960㎞로 감소한다.

한편 서북항로는 대서양에서 북아메리카의 북쪽 해안을 따라 태평양에 이르는 항로다. 서북항로는 캐나다의 북극해 섬들 사이를 통과하는 깊은 수로들로 이루어져 있다. 서북항로는 북극해를 가로질러 아시아에서 북아메리카의 동쪽 해안을 최단으로 연결한다. 예컨대, 캐나다 동부의 뉴펀들랜드에서 파나마 운하를 경유해 일본의 요코하마에 이르는 구간의 총 거리는 약 15,000㎞를 넘지만, 서북항로를 이용하는 거리는 10,000㎞에 불과하다. 또한 캐나다 서부의 밴쿠버에서 네덜란드의 로테르담까지는 22,000㎞에서 12,000㎞로 절반이나 줄어든다.

인공으로 건설한 수에즈 운하와 파마나 운하는 대형선박의 통항이 쉽지 않았고, 통과하는 데 소요되는 시간도 꽤 길었다. 그렇지만 북극항로는 수에즈 운하나 파나마 운하가 허용하는 수준보다 더 큰 선박의 항해도 자유롭다는 장점이 있다. 북극항로는 아시아에서 유럽으로 이동하는 물류비를 획기적으로 감소시킬 수 있는 경제적인 항로다. 현재 아시아에서는 싱가포르·상하이·홍콩 등지가 유럽과 교역하는 주요 중심항구로 기능하지만, 북극항로가 활발하게 운용된다면 유럽과 지리적으로 가까운 부산의 중요성이 더욱 증대될 것이다.

3. 북극항로는 지구온난화의 선물인가?

북극항로를 이용해 선박이 항해할 수 있게 된 것은 북극해를 덮고 있는 얼음이 사라졌기 때문이다. 1980년 이후 북극해 얼음의 면적은 750만㎢에서 400만㎢ 이하로 줄었다. 북극해의 얼음이 녹아내리면서 2012년 9월에는 최초로 북극항로 전 구간이 완전히 녹아 버렸다. 달리 표현하면, 북극항로는 지구온난화의 선물이다. 얼음이 많은 겨울철에는 항해가 제한적일 수밖에 없다.

최근에는 쇄빙선이 개발되면서 겨울철에도 항해가 가능하지만, 쇄빙선을 이용하는 부담이 만만치 않다. 게다가 러시아에서는 북극항로를 이용하는 선박에게 통행료를 부과한다. 쇄빙선 이용료와 통행료를 합한 비용이 기존 수에즈 운하의 통행료보다 훨씬 비싼 점이 북극항로를 이용하고자 하는 선박에게는 부담으로 작용한다.

그러나 얼마 지나지 않아 쇄빙선 이용료의 부담이 사라질 것이고, 북극항로를 이용하는 선박은 기하급수적으로 증가하리라는 전망이다. 북극항로를 이용하기 쉬어진다는 것은 선박의 항해에 걸림돌인 빙하가 사라진다는 것을 의미한다. 빠르면 2030년, 늦어도 2050년이 되면 북극항로에는 더 이상 얼음이 존재하지 않을 것이며, 연중 운송이 가능해질 것으로 예상된다. 쇄빙선을 이용하지 않아도 되는 장점이 있지만, 북극항로의 활성화는 북극의 환경에 악영향을 미칠 수 있다.

러시아에 이어 한국과 중국에서도 쇄빙선을 건조하고 북극항로 개발에 적극적으로 참여하고 있다. 북극해를 통과하는 선박이 늘어날수록 지구의 기후변화는 더욱 심해질 수밖에 없다. 여름철의 폭염과 겨울철의 한파가 더 강해질 것이다. 이는 우리에게 환경 생태계의 파괴라는 또 다른 재앙으로 다가올 것이다.

수만 년에 걸쳐 만들어진 북극 빙하는 이제 겨우 25%만 남아 있다. 2030년이 되어 그것마저 모두 녹아 버린다면 어찌될까? 제트 기류가 약화되어 지구의 냉각시스템이 붕괴되고 지구가 뜨거워져 이상기후가 발생할 것이며, 해수면은 높아질 것이다. 이제는 대비책을 세워도 이미 늦었다. 그러면 인류는 어찌될 것인가?

제5장에서 다룬 국가들의 분포

제5장의 로컬 차원에서 국가별 이슈로 설명한 국가들은 위의 지도에 표시한 나라들이니 참고하기 바란다. 이 지도에서 보는 바와 같이 여기에서 언급된 나라는 아시아·태평양 11개국, 아프리카 3개국, 유럽 1개국, 아메리카 2개국이다.

제5장
로컬 차원: 국가별 이슈

60

대한민국은 작은 나라인가?

키워드: 대한민국, 영토 규모, 인구 규모, 강소국, 문화영토, 경제영토.

1. 대한민국의 영토와 인구 규모

대한민국은 과연 작은 나라일까? 이 물음에 대답하려면 먼저 그림 5-1을 보면 그 해답을 알 수 있다. 그림의 왼쪽은 영토 규모를, 오른쪽은 인구 규모를 순위별로 나타낸 것이다. 남한은 영토 규모에서 지구상의 200여 개국 중 109위에 해당하는데, 이는 중위권에 속하는 규모라 할 수 있다. 여기에 북한을 합치면 그 순위는 더 상승할 것이다. 인구 규모는 27위에 해당하므로 단연 상위권에 속한다.

이렇게 볼 때, 우리나라는 결코 소국小國이라 할 수 없는 영토와 인구 규모를 가진 국가임을 알 수 있다. 영토가 크다고 무조건 좋은 것만은 아니다. 미국의 헤리티지 재단과 월스트리트 저널이 세계 각국의 경제활동을 비교분석하기 위해 기업들의 경제활동이 얼마나 자유로운지를 측정하는 경제자유지수IEF를 발표한 바 있다. 2018년 통계에 따르면 1위 홍콩, 2위 싱가포르, 3위 뉴질랜드, 4위 스위스, 5위 오스트레일리아 순으로 이 중 오스트레일리아를 제외하면 작은 영토를 가진 국가들의 경쟁력이 높다는 사실을 알 수 있다.

물론 영토 규모가 너무 작으면 문명을 창출하는 데 제약이 크지만, 한반도의 크기 정도라면 충분하다고 볼 수 있다. 이러한 사실을 세계사에서 독자들에게 증명해 보이기 위하여 한반도를 고대문명이 창출된 메소포타미아와 그리스가 위치한 펠로폰네소스 및 발칸반도에 오버랩시켜 보았다.

그림 5-2의 (a)에서 보는 바와 같이 한반도 전체의 남북 길이가 대략 메소포타미아의 북부와 남부에 걸친 크기이거나 그림 5-2의 (b)에서 알 수 있는 것처럼 그리스가

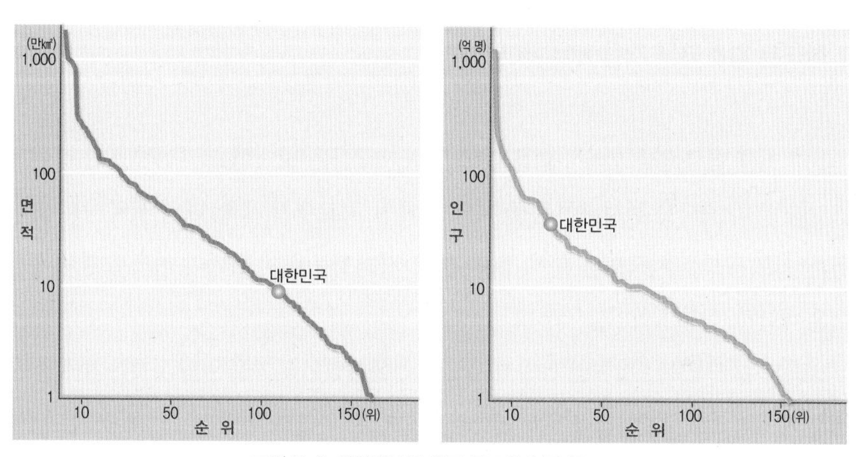

그림 5-1. 대한민국의 영토 규모와 인구 규모

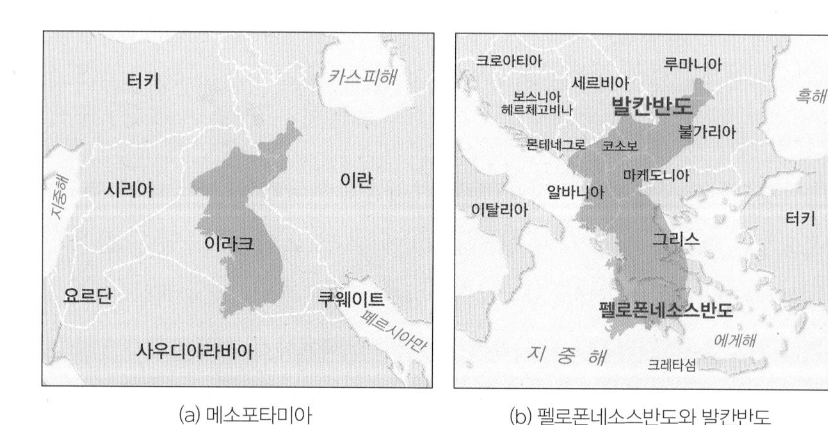

(a) 메소포타미아 (b) 펠로폰네소스반도와 발칸반도

그림 5-2. 메소포타미아 및 그리스와 한반도의 면적 비교

위치한 펠로폰네소스반도와 발칸반도를 망라할 수 있는 크기임을 알 수 있다. 이렇게 비교해 본 이유는 한반도 크기 정도라면 하나의 독자적 문명이 창출될 수 있는 최소한의 면적임을 독자들에게 보여 주기 위해서다. 만약 산업혁명을 성공적으로 일으켜 대영 제국을 건설한 영국과 한반도의 크기를 비교한다면 거의 동일할 것이다. 따라서 하나의 문명을 창출하기 위해서는 한반도 정도의 땅만 있으면 충분하다는 결론을 얻을 수 있다.

2. 한국은 강소국을 지향해야 한다!

과거 인류 역사에서 강력한 힘을 갖고 있던 제국들은 방대한 크기의 영토를 가지고 있었다. 로마 제국을 위시하여 몽골 제국, 스페인, 포르투갈 제국, 대영 제국 등이 그러했다. 영토 규모는 자국민을 위한 정치·경제·사회활동을 펴 나가야 하므로 영토의 광협은 대단히 중요한 의미를 갖는다.

그림 5-3에서 보는 것처럼 과거 대제국을 건설하였던 국가들은 당시에는 세계를 지배할 것처럼 보였지만, 결국에는 역사의 뒤안길로 사라져 버렸다. 그 제국들은 너무 방대한 영토가 오히려 부담으로 작용했던 것이다. 그러므로 지나치게 넓은 영토를 갖는 대제국은 실현될 수 없다고 보아야 한다. 비록 강제규정은 없지만 과거와 달리 국제법을 어겨 가며 타국의 영토를 침략하는 것은 세계 여론의 지탄을 받기 때문에 사실상 불가능하다고 보아야 한다.

오늘날 방대한 영토를 가진 러시아·중국·브라질 등은 국가의 구성요소가 지나치게 다양하고 넓은 영토가 오히려 각종 인프라 정비에 부담으로 작용하고 있다. '한강의 기적'을 이룬 우리나라는 세계에서 모범적으로 발전한 국가 중 하나로 손꼽힌다.

우리나라는 정보통신기술ICT이 비약적으로 발달해 세계에서 휴대폰이 가장 잘 터지고 인터넷이 가장 빨리 연결되는 나라로 정평이 나 있다. 이렇듯 적당한 영토 규모가 국가의 인프라 발전에 이로울 수 있음을 알 수 있다. 그러므로 한국은 국가목표를 강

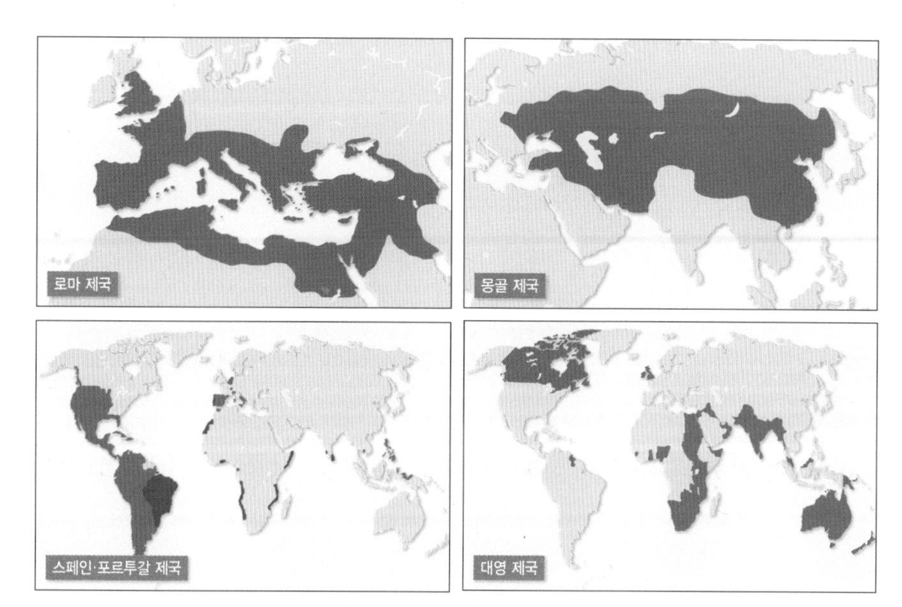

그림 5-3. 시대별 제국의 영토 규모

표 5-1. 한국의 주요 지표별 순위

정보통신기술 2016년, 175개국 기준			인터넷 속도 2016년, 63개국 기준			전자정부지수 2016년, 193개국 기준		
1위	한국	8.84	1위	한국	26.1	1위	영국	0.9193
2위	아이슬란드	8.83	2위	노르웨이	23.6	2위	오스트레일리아	0.9143
3위	덴마크	8.74	3위	스웨덴	22.8	3위	한국	0.8915
4위	스위스	8.68	4위	홍콩	21.9	4위	싱가포르	0.8828
5위	영국	8.57	5위	스위스	21.2	5위	핀란드	0.8817

대국이 아닌 강소국을 지향하는 방향으로 수립해야 한다. 북한 정권이 지향하고 있는 강성대국은 실현될 수 없는 허황된 구호에 불과하다.

3. 새로운 영토 개념: 문화영토와 경제영토

역사적으로 볼 때, 한민족이 남긴 발자취는 동아시아 전역에서 찾아볼 수 있다. 아득한 선사시대로부터 현재에 이르기까지 한민족이 생활해 온 일체의 문화 및 생활사적 공간을 '문화영토'라는 새로운 개념으로 지칭하여 문화영토론文化領土論이라 부른다.

이와 마찬가지로 한 민족이 모든 인류의 삶을 위해 경제활동을 영위하는 공간을 '경제영토'라 부를 수 있을 것이므로, 이를 경제영토론經濟領土論이라 부를 수 있다. 문화영토론과 경제영토론은 무엇보다 종래의 주권적 영토개념인 배타성에 대한 평화지향의 대항논리로 제기된 이론이다.

이와 같은 새로운 영토개념은 서구문화의 세계지배와 그 한계에 대한 극복의 내안으로 제기된 이론이다. 서구선진국의 비서구세계에 대한 군사·정치·경제·문화적 지배를 특징으로 하는 근대사의 전개는 아시아·아프리카·라틴아메리카에 대한 지배와 종속의 구조를 확립시켜 서양우월주의에 기초한 서양 중심사관을 뿌리내리게 만들었다.

서구의 위기가 곧 인류의 위기로 파급될 정도로 그 지배력과 영향력이 세계를 압도하고 있는 것은 사실이지만, 그것을 극복할 수 있는 대안이 서구 세계 자체에 없다면 비서구 세계에서 찾을 수밖에 없다. 17세기까지만 하더라도 동양의 문화 수준이 서양보다 높았으나 18세기를 기점으로 역전되었다. 문화영토론과 경제영토론이 극복의 대안이 되는 이유가 바로 여기에 있다. 그러므로 새로운 영토론은 장기적으로 인류의 보편적 가치에 기초한 것이어야 한다.

수출액	(단위: 달러)
1위 중국	2조 2,702억
2위 미국	1조 5,468억
3위 독일	1조 4,485억
4위 일본	6,982억
5위 네덜란드	6,525억
6위 대한민국	5,737억
7위 홍콩	5,503억
8위 프랑스	5,350억
9위 이탈리아	5,063억
10위 영국	4,450억

그림 5-4. 세계 10대 수출 강대국(2017년)

우리나라는 이미 수출대국에 편입된 지 오래다. 2017년 무역통계에 따르면, 한국은 5,737억 달러의 수출액을 달성한 바 있다. 이는 그림 5-4에서 보는 것처럼 세계 6위로 프랑스,

이탈리아, 영국을 제치고 10대 수출 강국에 편입되었음을 뜻한다. 대한민국은 세계에서 아홉 번째로 2011년 기적에 가까운 무역 1조 달러 클럽에 가입한 바 있다.

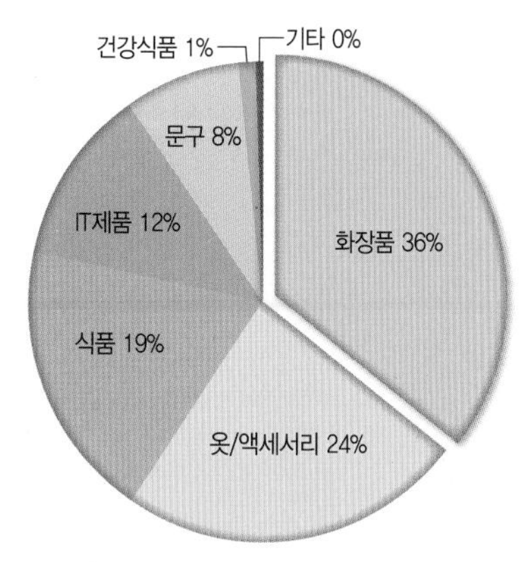

그림 5-5. 외국인 한국 방문객의 구매상품

한국을 방문하는 외국인 관광객들이 구입하는 상품을 살펴보면 그림 5-5에서 보는 바와 같이 다양하다. 외국인이 한국산 상품 중 가장 많이 구입하는 것은 화장품이고 그 뒤를 이어 옷·액세서리, 식품, IT제품, 문구의 순이다. 특히 한국화장품이 인기를 끌게 된 것은 한류의 영향이 크다.

61
중국과 러시아의 사이에 낀 몽골

간혹 몽골을 '몽고(蒙古)'라고 부르는 경우가 많지만, 몽고라는 표현은 오랫동안 몽골족에게 시달려 왔던 중국인이 우매할 몽(蒙)과 옛 고(古)를 조합하여 몽골족을 비하하기 위해 만든 단어다. 그러므로 이 명칭을 사용하면 몽골인에게 결례가 된다.

키워드: 중국, 네이멍구, 와이멍구, 몽골횡단철도.

1. 중국으로부터 독립한 와이멍구(외몽골)

중국의 북부에는 네이멍구內蒙古, Inner Mongolia가 있으며, 그 북쪽으로는 몽골Mongolia이라는 나라가 자리하고 있다. 몽골의 북쪽으로는 러시아가 있다. 몽골은 동아시아에 위치한 나라 가운데 바다를 접하지 않은 몇 나라 중 하나다. 인구는 많지 않지만 영토의 크기는 156만 4,116㎢로 미국의 알래스카보다 넓다.

이토록 넓은 땅에 우리나라 부산광역시에도 미치지 못하는 인구가 살고 있는 이유는 몽골의 기후가 식생이 정착하기 어려운 스텝기후이고, 이에 따라 사막이 광활하게 분포하기 때문이다. 몽골mongol의 '골gol'은 본래 이 일대에 거주하던 부족들의 언어로 '용감하다'는 의미이다.

세계 강대국인 중국과 러시아에 포위당한 형국을 취하고 있는 몽골은 본래 구소련뿐만 아니라 현재의 러시아 및 중국과 역사적·지리적으로 매우 밀접한 관계를 형성했으며, 그 관계는 지금까지도 이어지고 있다. 말을 타고 다니던 기마민족이었던 몽골 사람들은 한때 강력한 세력을 펼쳐 몽골 제국을 수립하고 중국(당시 원나라)을 침략하기도 했지만, 결국에는 중국의 지배하에 놓이게 되었다. 1600년대 후반부터 1911년에 이르기까지 중국의 일부였다.

몽골은 1911년 중국이 혼란스러울 때 독립했다. 그때 독립을 쟁취한 범위가 지금의 몽골이라는 나라인데, 몽골의 바깥쪽에 있다는 데에서 와이멍구外蒙古, Outer Mongolia라 불리기 시작했다. 그래서 중국의 북부에 있는 곳은 몽골의 안쪽에 있다는 데에서 네이멍구가 되었으며, 네이멍구는 현재 중국에서 자치주로 편성되어 있다. 중국은 와이멍구를 다시 중국의 손아귀에 넣으려 했지만, 1917년에 러시아혁명이 발발하면서 그 뜻을 이루지 못했다.

결국 와이멍구는 1924년 11월 26일 소비에트의 보호를 받으면서 소련식 헌법을 채택하여 몽골인민공화국이 되었다. 당시 소련은 몽골을 위성국처럼 취급했다. 네이멍구와 몽골 사이의 국경은 군인의 경비가 매우 삼엄하다. 몽골은 지금의 나라인 외몽골과 내몽골이 서로 분리된 분단국가이지만, 분단된 지 오래되었기 때문에 통일에 대한 의지는 거의 없어 보인다.

2. 세계체제의 주변부로 전락한 몽골

비록 옛날의 이야기이긴 하지만 한때 세계를 지배했던 몽골은 지금 세계체제world system에서 주변부에 자리하고 있다. 몽골은 1961년 국제 연합UN에 가입하고 1992년 1월 국호를 몽골인민공화국에서 몽골로 변경하면서, 사회주의를 포기하고 자유시장 경제체제를 지향했다. 그럼에도 불구하고 몇 년 동안은 구소련의 원조가 중단되고 광물의 생산이 감소하면서 국가경제가 마이너스 성장을 지속했다. 사회주의 유산으로 평가되는 모든 경제적 비효율성을 극복하고 양호한 성과를 거두면서 21세기 들어 본격적인 경제성장의 토대를 마련했다. 특히 몽골은 세계 10대 자원부국으로서 전 세계적인 자원부족 현상과 이에 따른 자원가격의 상승에 힘입어 빈곤을 탈출하고 중소득 국가로 발돋움했다.

그럼에도 몽골의 경제상황을 보여 주는 각종 지표를 살펴보면, 세계에서 차지하는 순위는 아직까지 100위권 밖이다. 2017년의 1인당 GDP는 4,000달러에도 미치지 못했으며 세계에서 122위를 차지했다. 같은 해 우리나라의 1인당 GDP는 2만 9,730달러로 세계에서 29위를 차지했으며, 1위에 자리한 국가는 10만 7,708달러를 기록했던 룩셈부르크였다.

2010년 이후 1인당 GDP는 꾸준히 상승하고 있지만, 국가의 경제성장률은 지속적으로 감소했나. 지하자원을 기반으로 외국에 광물자원을 수출하는 몽골경제가 타격을 입은 이유는 중국 내에서 석탄에 대한 수요가 감소하고 중국기업과의 마찰이 생기면서 석탄 수출물량이 줄어든 탓이다. 여기에 외국으로부터 유입된 투자가 많지 않았던 것도 국가경제의 활력을 저하시키는 요인이 되었다.

몽골은 국민소득이 매우 낮고 영토에 비해 인구 규모가 작아 물건을 생산하더라도 소비할 만한 시장의 규모가 작기 때문에 국가 내에서 경제가 발전하는 것이 쉽지 않다. 이로 인해 몽골의 산업은 서비스업이 차지하는 비율이 매우 큰 반면 제조업의 비율은 11% 정도에 불과하여 대부분의 공산품을 수입에 의존할 수밖에 없다. 광활한 국토와 적은 인구, 숙련된 노동력의 부족 등이 몽골의 경제발전을 저해하는 요인이다.

몽골의 주력 산업은 광업·농업·목축업·관광산업 등이지만, 국가의 성장동력은 광업이다. 광업은 산업총생산의 2/3를 차지하며 총수출의 80% 이상을 담당해 몽골경제에서 압도적인 비중을 차지한다. 외국인 직접투자도 대부분 광업 부문에 집중되어 있다. 광업 부문으로의 집중은 비광업 부문을 위축시키는 문제를 유발했다. 몽골은 비교적 높은 경제성장률을 지속했지만 광산개발의 수익이 감소하고 외국인 투자의 이탈이 심화되면서 최근에는 성장률이 전반적으로 저하되었다. 몽골의 문제점은 3C 및 외국인 직접투자에 과도하게 의존한다는 점이다. '3C'란 구리copper, 석탄coal, 중국China을 일컫는다.

몽골의 경제를 잘 보여 주는 일화가 있다. 지난 2010년 중국의 광저우 아시안 게임에 출전한 몽골 국가대표 야구팀은 비싼 나무 방망이를 구입할 형편이 되지 않아 방망이 한 자루만 가지고 아시안 게임에 참가했다. 그때 우리나라와 일본, 타이완이 몽골 야구 대표팀에게 각 세 자루씩의 야구 방망이를 지원했던 일이 있다. 또한 그들은 경비를 최소화하기 위해 야구팀을 구성하는 24명 엔트리의 절반인 12명을 기차를 통해 몽골에서 광저우로 이동시켰다. 우리나라도 경제가 어려웠던 1954년에 60시간이 넘는 긴 여정 끝에 경기시작 10시간을 남기고 스위스 월드컵에 출전했던 일이 있었다.

3. 중국 및 러시아와 국경을 접한 지리적 이점

몽골과 중국은 한때 적대적 관계에 있었지만, 1990년대 들어 중국은 몽골의 대외교역에서 가장 중요한 국가로 등장했다. 중국과 몽골의 관계는 2014년 전면적이면서도 전략적인 파트너 관계로 재정립되었다. 이와 함께 두 국가 사이의 교역액을 연간 100억 달러까지 증가시키는 합의가 있었다. 중국의 입장에서 몽골은 한국보다 더 중요한 파트너다.

몽골 정부는 2013년부터 중국의 광물자원 관련 국유기업이 몽골에 자유롭게 진출할 수 있도록 허용했다. 중국기업의 대규모 자원개발을 쉽게 허용하지 않았던 몽골은 중국의 투자를 견제하기 위한 특이한 법을 제정하기도 했었다. 그러나 인접국인 중국과의 교류는 몽골의 국가경제 유지에 가장 중요한 요소라는 인식과 함께, 중국과의 교류를 강화시켜 나가고 있다.

몽골 고비사막 남부의 타반 톨고이Tavan Tolgoi 광산에서 중국으로 이어지는 철도건설에 중국의 표준궤를 적용하였다. 5개의 언덕이라는 의미를 가지는 타반 톨고이에 있는 노천탄광에는 약 50억 톤의 석탄이 매장되어 있는 것으로 보고된다. 이 광산에서 채굴된 석탄을 몽골철도와 연계하여 러시아의 태평양에 자리한 보스토치니Vostochny로 수송하는 계획이 수립된 바 있다.

몽골이 광물자원의 최대 수요국이자 투자국인 중국 및 러시아와 국경을 맞대고 있다는 점은 자국의 광물수출에 분명 유리한 점으로 작용한다. 몽골에는 15개의 전략 광산이 있다. 이들 광산에서 채굴되는 자원 중 석탄·원유·구리·몰리브덴·금·형석·철광석·아연 등이 대표적이다. 석탄은 매년 2,500만 톤이 생산되고, 원유는 매년 생산량이 늘어 2016년에는 900만 배럴 가까이 생산되었다. 철광석 역시 매년 400만 톤 이상 생산되고, 구리는 100만 톤 이상이 생산되고 있다.

몽골의 산업에서 큰 비중을 차지하는 관광산업도 중국과 러시아에 접한 지리적 이점을 누린다. 몽골을 방문하는 관광객은 연간 50만 명에 조금 미치지 못하는데, 중국과 러시아에서 온 관광객의 규모가 가장 크다. 중국인이 전체 방문객의 40%를 넘고 러시아인은 약 20%가량을 차지할 정도로 인접한 두 나라에서 온 관광객이 많다. 과거 소련의 도움이 없었다면 몽골은 티베트처럼 중국에 다시 합병될 수도 있었기에 몽골은 러시아와도 매우 긴밀한 관계를 맺고 있다. 몽골에서 필요한 에너지의 90%가량이 러시아에서 유입된다.

바다에 접하지 않은 몽골의 서쪽은 알타이산맥의 산줄기가 펼쳐져 있는 오지이고 도로나 인적도 매우 드물다. 바다를 끼고 있지 못한 지리적 특징은 몽골의 대외교역에 커다란 단점이다. 따라서 몽골이 주변국과 원활하게 교류를 할 수 있는 육상교통로는 국경을 맞대고 있는 중국이나 러시아를 경유할 수밖에 없다. 경제적 상황이 여의치 않은 몽골은 국가의 교통 인프라가 매우 빈약하다. 그러나 몽골의 교통로에서 근간을 이루는 몽골횡단철도는 예외다.

그림 5-6의 몽골횡단철도TMGR: Trans Mongolian Railway는 구소련의 주도하에 1949~1961년 사이에 건설되었다. 러시아의 시베리아횡단철도 중간에 있는 울란우데에서부터 몽골 북부의 나우스키와 다르한을 거쳐 수도인 울란바토르를 지난다. 이 철도는 몽골 남부의 사인샨드와 에렌호트를 지나 중국의 지닝까지 이어진다. 지닝의 남쪽으로는 중국의 수도인 베이징을 거쳐 베이징의 관문도시인 톈진으로 연결되는 중국의 철도가 개통되어 있다.

몽골횡단철도는 정확하게 중국의 지닝부터 러시아 울란우데까지 전체 1,650㎞의 구간으로 구성되며, 몽골에서의 구간 거리는 1,111㎞에 달한다. 몽골횡단철도가 중국

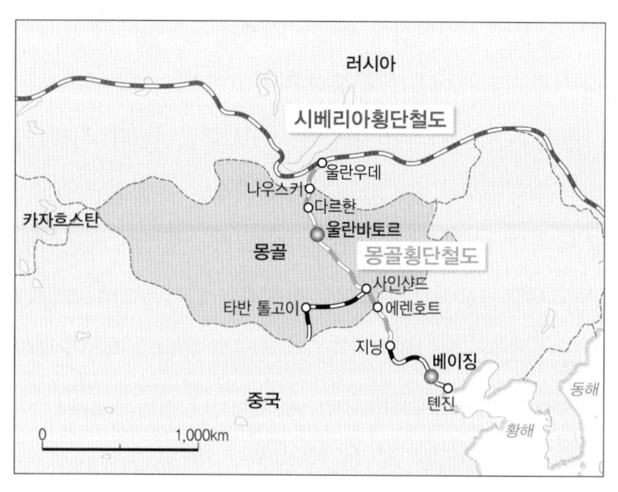

그림 5-6. 몽골횡단철도와 주변 국가의 철도

지닝에서 톈진까지의 구간은 포함하지 않지만, 지닝이 몽골횡단철도와 중국 철도의 연결고리 역할을 한다는 점에서 지닝에서 톈진에 이르는 구간도 몽골횡단철도에 포함시킬 수 있을 것이다.

그러나 몽골과 중국의 철도는 궤도 폭에서 차이가 있다. 러시아의 영향을 받은 몽골의 철도는 러시아와 같이 궤도의 폭이 1,520㎜인 광궤를 사용하지만, 중국 땅에는 1,435㎜의 표준궤가 설치되어 있다. 따라서 몽골과 중국의 철도교통로가 통합되는 것은 쉽지 않다. 그럼에도 몽골의 타반 톨고이 광산으로 연결되는 철도를 중국의 표준궤로 설치한 것은 앞으로 중국과 몽골의 관계가 더욱 돈독해질 것을 암시한다.

중국에 속하는 네이멍구는 전통 몽골 문자를 사용하지만, 몽골에서는 키릴 문자를 사용한다. 키릴 문자는 동유럽을 비롯한 러시아에서 언어를 표기할 때 사용되는 문자다. 키릴 문자가 몽골에서 사용되기 시작한 시기는 1924년 공산주의혁명 이후다. 구소련이 붕괴된 후 전통적인 몽골 문자를 복원하려 했지만, 키릴 문자의 간편성 때문에 몽골에서는 키릴 문자가 대세가 되었다. 이렇게 러시아와 몽골은 문자 표기에서 공통점을 가진다. 이는 두 나라의 교류에서 커다란 이점으로 작용하고 있다.

서울의 동대문 근처에 러시아인이 모여서 경제활동을 하던 곳이 있었다. 러시아인이 서울을 떠나 부산으로 모여들면서, 동대문 근처의 러시아 타운은 새로운 집단으로 대체되었다. 그곳을 새롭게 차지한 사람들이 바로 몽골인이다. 러시아인과 몽골인의 자리 교체가 순식간에 이루어지지 않고 서서히 진행될 수 있었던 것도 키릴 문자라는 공통점을 가진 두 국가 사람들의 의사소통이 비교적 수월했기 때문이다. 러시아 출신과 몽골 출신은 문자를 공유함으로써 서로 상생하는 입장을 취하고 있다. 서울에는 재한 몽골학교가 있다. 1999년 12월 설립된 이 학교는 몽골 교육부로부터 최초로 정식 허가를 받은 외국에 있는 몽골학교다.

몽골 초원에서도 세계화의 증거를 찾을 수 있을까?

키워드: 몽골, 울란바토르, 세계화, 고비몬.

1. 몽골의 개요

몽골은 동북아시아 서북부에 위치한 내륙 국가로 북쪽으로는 러시아, 남쪽으로는 중국의 네이멍구와 접경하고 있다. 국경선의 총길이는 8,162㎞로, 그 가운데 중국과의 접경이 4,710㎞, 러시아와의 접경이 3,452㎞이며 동서로 2,394㎞이고, 남북의 길이는 1,259㎞이다. 국토의 총면적은 156만㎢로 한반도의 7.4배에 달할 만큼 광활한 영토를 가지고 있다(그림 5-7).

석탄·동·철·형석·몰리브덴·주석·니켈·아연·금 등의 부존자원이 풍부하며, 특히 우라늄·텅스텐·희토류·원유와 같은 전략자원이 주목받고 있다. 국토의 대부분은 목축지(80%)이며, 산림은 9%에 불과하고 경작지는 2%에 머물러 여전히 유목민이 초원에 거주하고 있다.

고원국가로 전 국토의 40%가 잔풀이 자라는 황무지이며, 서부지역은 산악지역으로 알타이산맥이 있고, 북부지역은 산림지대와 농경지, 동남부는 평원 및 사막지대다. 평균 고도는 약 1,580m로 우리나라 오대산 정상 높이에 버금간다. 전형적인 대륙성기후

그림 5-7. 몽골의 지정학적 위치

로 겨울이 길고 여름은 짧으며 일교차가 큰 기후 특성을 보인다.

몽골의 민족구성은 할흐 몽골족(90%), 카자흐족(5.9%), 브리야트계(2%) 등 17개의 부족으로 구성되어 있다. 몽골의 인구는 2014년 기준으로 306만 명이며 평균수명은 68.8세다. 유목민의 가축두수는 총 5,598만 두로 염소·양·소·말·낙타 등을 키우며 인구보다 가축두수가 압도적으로 많다. 광활한 영토에 비해 총인구가 적어 인구밀도가 희박하다는 특징을 띤다.

정부 형태는 의원내각제적 성격이 강한 민주공화제(이원집정부제)이며, 대통령이 외교·국방을 담당하고 총리가 내각수반의 역할을 담당한다. 1911년 12월 29일 과거 적군이었던 구소련과 연합하여 중국으로부터 독립했고, 현재는 러시아·중국·쿠바·북한 등과 함께 사회주의를 표방하고 있다.

종교는 라마불교(53% 이상)가 주를 이루고 이슬람교(4%)가 소수이며 무교가 39%이다. 1990년 이후 기독교 인구가 증가하고 있는 것이 특징이다. 매년 7월 11일에는 혁명을 기념하는 나담Naadam 축제가 열리고, 13세기 대제국을 건설한 칭기즈칸이 몽골의 주요 상품과 홍보의 상징이 되고 있다. 이 국민행사는 몽골 민족으로서의 일체감을 공유하는 의미도 포함한다.

몽골의 국민 1인당 소득은 앞에서 밝힌 것처럼 아직 낮은 편이며, 경제성장률은

2~3%로 개발도상국에 해당한다. 수출품은 지하자원이 대부분을 차지하고 캐시미어가 5%를 차지한다. 수입품은 중장비와 부품(20%), 석유제품(19%), 식품(12%), 자동차(7%) 등의 순이며, 주요 무역상대국은 중국, 러시아, 영국, 한국, 일본, 미국의 순이다.

'붉은 영웅'의 의미를 지닌 몽골의 수도 울란바토르시의 면적은 1,358㎢로 서울의 2.2배에 달하지만, 도시화율은 약 30% 중반에 지나지 않는다. 그러나 2020년까지 울란바토르와 위성도시의 인구가 150만 명에 달해 도시화율이 50%를 넘길 것으로 예측되는 만큼 급격한 도시화를 겪고 있다. 도시공간구조는 칭기즈칸 인민광장을 중심으로 상업시설이 밀집해 있는 단핵구조의 형태를 띠며 위성도시의 발전이 현재에는 이루어지지 않고 있다. 하지만 2030년 울란바토르 도시마스터플랜의 수립을 통해 울란바토르 주변으로의 시가지 확장이 계획되고 있으며, 단핵에서 다핵체계로의 변화를 도모하고 있다.

울란바토르의 문제점은 국지의 상업용지 주변으로 주거지가 형성되고 그 주변으로 유목민의 도시정착 게르ger촌이 3단으로 형성되고 있으며, 주변 구릉지로 게르촌이 확산되어 시가지가 급속히 확산되고 있고 목탄을 이용한 연료 사용과 도시내부에 위치한 4개의 화력발전소, 그리고 자동차의 배기가스 배출로 인해 스모그가 심하다는 점이다. 도로와 철도 등의 교통인프라가 노후하고 기후가 건조하며 혹독한 추위 탓에 물 공급과 난방 공급이 원활하지 못하다는 점이 도시문제로 대두되고 있다.

울란바토르를 동서로 가로지르는 톨강을 중심으로 녹지공간을 형성하려는 계획이 진행 중에 있고, 도시외곽으로 중산층이 거주할 수 있는 근교촌이 만들어지면서 도시분화가 서서히 진행되고 있다. 몽골은 비록 사회주의국가지만 개방화를 서두르고 있으며, 풍부한 지하자원을 바탕으로 외국의 투자를 유치해 잠재적 경제성장이 기대되고 있다. 우리나라는 한국국제협력단KOICA을 통한 정부개발원조ODA를 진행하고 있으며, 한류를 통한 한몽 간의 교역이 활발해지고 있다.

2. 몽골의 세계화

사회주의를 표방하는 몽골의 초원에서도 세계화의 증거를 찾을 수 있을까? 세계화가 무엇인가라는 질문에 여러 가지 대답이 있을 수 있다. 혹자는 '다이애나 비의 죽음'이라고 표현하기도 한다. 영국 왕자비였던 다이애나가 이혼 후 프랑스 파리의 지하도에서 독일차를 운전한 벨기에인 기사와 무슬림 애인과 함께 교통사고로 운명을 달리한 것이 세계화의 상징이라는 것이다. 국경 없이 사본이 이동하는 것을 세계화로 표현하곤 하는데, 이러한 세계화 증거가 사회주의 몽골의 초원에서도 나올까가 이야기의 핵심이다.

정답은 몽골의 초원에도 세계화의 증거가 있다는 것이다. 몽골의 '고비몬'이라는 국립공원에서 그 증거를 찾을 수 있다. 몽골 초원에서는 좀처럼 화장실을 찾기 어렵다. 아니, 지을 필요가 없다. 초원이 자연적인 화장실이자 인분이 훌륭한 거름이기에 화장실을 만들 필요가 없는 것이다. 하지만 국립공원인 고비몬에서는 관광객들을 위해 훌륭한 화장실을 게르촌 주변에 만들어 놓았다. 사진 5-1에서 볼 수 있듯이 초원의 화장실에는 삼화 페인트 통이 휴지통으로 사용되고 있다. 한국의 페인트 제품 통이 몽골까

몽골 고비몬 국립공원 화장실

휴지통으로 사용되는 삼화 페인트 통

사진 5-1. 몽골 초원의 화장실에서 본 세계화의 증거

지 흘러들어 가 화장실의 휴지통으로 사용되고 있다는 것이 흥미롭다.

이처럼 세계화는 어려운 것이 아니며, 우리 주변에서 흔히 발견할 수 있는 현상이다. 지리를 알면 세계가 보이듯 지리를 통해 사소한 현상을 세계화와 결부지어 보는 것도 흥미롭지 아니한가?

티베트 사람들이 차를 즐겨 마시는 이유는?

키워드: 티베트, 차마고도, 수유차, 마야족, 보이차, 병차, 전차, 긴압차.

티베트는 해발고도가 높기 때문에 같은 위도의 다른 지역에 비해 춥고 비가 적게 내리며 산소도 희박하다. 일교차 또한 심하다. 그러나 태양만큼은 눈이 부실 정도로 풍부하다.

티베트인의 전통 복장은 옷깃이 넓은 두루마기 같은 옷을 허리띠로 묶는 것으로 더운 낮에는 한쪽 어깨를 드러내고 추운 밤에는 다시 입어서 체온을 보존한다. 이들이 거주하는 집은 2~3층으로 되어 있는데 1층은 가축우리나 헛간으로 사용한다. 벽을 돌과 흙으로 겹겹이 쌓아 추위를 막고 지붕을 평평하게 하여 햇볕을 최대한 받도록 고안되었다.

그들의 일상 식단은 주로 양고기, 말고기 또는 낙타의 젖과 버터로 이루어져 있다. 평균 해발고도가 4,000m를 넘는 티베트의 추운 기후와 더 좋은 초지를 찾아 양떼를 몰고 떠도는 유목민의 일상에서 채소농사를 짓는 것은 거의 불가능했다. 채소나 과일 재배가 어려워 비타민을 보충해 줄 필요가 있었고 공기가 건조한 고원지대이기 때문에 물을 많이 마셔 체내의 수분을 보충할 필요가 있었다.

차는 단백질 섭취가 높지만 비타민과 필수 미네랄이 부족한 그들의 식단에 환상적인 식재료였다. 차는 필수 영양분을 공급할 뿐만 아니라 소화를 돕는 기능도 있어서 엄청난 양의 다양한 동물지방을 분해하는 데 도움을 주었다. 그래서 티베트에서 차를 마시는 일은 매우 중요했고 이들은 엄청난 차 중독에 걸렸다.

티베트에서는 주로 수유차를 마시는데, 이는 차마고도茶馬古道를 통해 윈난성雲南省에서 들여온 보이차와 야크 버터, 소금, 짬빠라고 부르는 보릿가루나 메밀가루를 넣고서 수백 번 이상 저어 만든 차다.

수유차는 차라기보다는 스프에 가까운 것 같다. 일반 차에 비해 열량이 훨씬 높기 때문에 고원지대의 차고 건조해진 몸을 녹이고 수분과 비타민을 보충하는 데 더할 나위 없이 좋다. 차는 티베트인뿐만 아니라 중국 북쪽과 서쪽의 만주, 몽골, 티베트 그리고 국경 너머 다른 나라의 유목민에게 주요 식품이 되었다. 유목민은 중국인이 필요로 하는 잘 길들여진 말을 사육하고 있었다. 유목민과 중국인 사이의 차와 말의 교역은 그렇게 시작되었다. 말 한 필은 차 20~50kg에 해당되는 가치를 가졌다. 이 무역은 국가적으로 중요해졌고 쓰촨성과 윈난성을 중심으로 차 생산이 산업화되었다.

마야족이 카카오를 화폐로 사용했듯이 티베트인은 차를 화폐로 사용했다. 찻잎 한

그림 5-8. 차마고도

장 한 장을 화폐단위로 사용한 것은 아니었다. 당나라 초기 이래 찻잎을 압축하여 둥근 떡 모양으로 만든 병차餠茶는 오래 보관할 수 있고, 운송도 편리하여 일반화되었다. 중국에서 화폐로 사용한 것은 병차와 유사한 전차磚茶로, 이것은 햇빛에 잎을 말린 뒤 두드려 잎을 잘게 부수어 찐 후에 압력을 가해 눌러 만든 긴압차緊壓茶의 한 형태다.

긴압차 중에서 우리에게 가장 친숙한 것은 보이차다. 찻잎 덩어리는 다양한 크기의 틀에 꽉꽉 담겨져 둥그렇거나 벽돌모양이 되었다. 몇 주 동안 원형 혹은 사각형 틀에서 차를 말렸다. 전차는 각각 어디서 만들었는지 구별하기 위해서 차 위에 글자나 모양을 인장으로 찍어서 표시했다. 전차의 가격은 생산지에서 멀어질수록 비싸졌다. 차는 종이로 만든 지폐와 함께 사용되었는데, 가벼워서 날아다니는 돈이라고 불린 지폐보다 더 가치 있게 인식되었다.

중국의 상인들은 긴압차 중에서 품질이 상급에 해당되는 귀한 찻잎 수백 kg씩을 낙타 등에 싣고 북쪽으로 서쪽으로 먼 길을 여행했다. 반면 품질이 떨어지는 차는 사람 등에 실려 티베트로 들어갔다. 티베트로 가는 차는 4개의 전차를 하나의 대나무 잎으로 묶은 뭉치를 모아 약 150kg의 짐으로 만든 후 사람이나 말 등에 실려 운반되었다. 사람만이 지금의 차마고도라고 불리는 좁고 험난한 산길을 통과할 수 있었고 협곡에 밧줄로 매달린 다리를 건널 용기를 가질 수 있었다. 그들은 150kg의 차를 등에 진 상태에서 짚으로 만든 신발을 신고 영하의 추위를 견디면서 그 길을 지나다녔다.

사진 5-2. 건조시킨 보이차

이렇듯 높은 산길을 통해 윈난성의 차와 티베트의 말을 맞교환하는 상거래가 이루어져 이 교역로가 '차마고도'로 불리게 된 것이다. 차마고도는 실크로드보다 200여 년이나 앞선 고대 교역로다. 높고 험준하며 해발고도 4,000m가 넘는 길과 눈 덮인 산, 아찔한 협곡을 잇는 약 5,000㎞에 달하는 이 위험한 교역로는 세계에서 가장 아름다운 길로 꼽힌다.

특히 세 강이 이루는 삼강병류협곡은 2003년 유네스코 세계자연보전연맹IUCN에 의해 세계자연유산으로 등재되었다. '마방馬幇'이라고 불리는 차마고도 상인들은 5~10명씩 무리 지어 말 등에 짐을 싣고 교역에 나섰다. 차마고도 중간중간에는 마방들이 쉬어 가며 물물교환 등을 하던 역참기지가 발달하였는데, 오늘날의 쿤밍昆明, 다리大理, 리장麗江, 샹그릴라香格里拉 등이다. 중국에서는 오늘날 옛 티베트의 땅인 중띠엔을 샹그릴라라고 부른다.

64

인구 1억 명의 소비 대국 베트남을 주목하라!

키워드: 베트남, 브리티시 인도차이나, 프렌치 인도차이나, 도이머이.

1. 식민지에서 사회주의국가로

동남아시아의 인도차이나반도에 자리한 베트남Vietnam은 우리에게 잘 알려진 국가이며, 영토는 남북 방향으로 긴 모양이다. 우리는 이 나라의 이름을 베트남으로 부르지만, 정확하게 읽으면 '비엣남'이 맞다. 베트남에서 현지 주민에게 베트남이라고 하면 아무도 알아듣지 못한다. 우리나라 사람들이 베트남이라 부르는 것은 일본식 발음을 그대로 차용한 것이라는 설이 있다. 국가 이름인 비엣Viet, 越은 본래 백월Bach Viet, 百越족을 의미한다. '비엣남'이라는 말은 16세기에 등장했으며, 지금은 베트남을 지칭하는 국가명이 되었다.

유럽 열강의 해외식민지 개척이 한창이던 19세기 중반, 영국은 인도 대륙을 점령하고 그 세력을 점차 동쪽으로 확장해 나갔다. 그 결과 인도 대륙의 동쪽에 자리한 미얀마·말레이시아·싱가포르 등지는 영국의 식민지가 되었다. 동남아시아에서 영국과 식민지 경쟁을 벌였던 나라 가운데 프랑스가 있었다. 프랑스는 이미 캐나다에서 영토 전쟁을 벌여 영국에게 많은 땅을 빼앗긴 경험이 있었다. 이에 동남아시아에서 식민지 개척을 시도하던 프랑스는 영국과의 충돌을 피하기 위해 영국이 점령하지 않은 인도차이나반도의 동쪽으로 진입했다.

이렇게 해서 프랑스는 인도차이나반도의 동쪽에 있는 라오스·베트남·캄보디아 등지를 식민지로 경영할 수 있게 되었다. 이로써 인도차이나반도의 서쪽은 영국의 식민지배를 받았다는 의미로 브리티시 인도차이나British Indochina라 불리고, 동쪽은 프랑스의 식민지배를 받았다는 의미로 프렌치 인도차이나French Indochina라 불리게 되었다. 영국과 프랑스는 인도차이나반도의 가운데에 자리한 지금의 태국을 나름대로 완충지대로 남겨 두었다. 이로써, 동남아시아 국가 가운데 태국은 유일하게 외세의 식민지배를 받지 않은 나라로 남았다.

프랑스는 1858년 베트남 중부의 항구도시인 다낭Da Nang을 접수하고 남쪽과 북쪽 방향으로 진격해 1884년 베트남 전 지역을 프랑스의 식민지로 지배하기 시작했다. 프랑스는 북쪽의 중국 국경에서부터 남쪽의 메콩강 삼각주에 이르는 길이 2,000㎞의 해안가를 식민지로 지정했다.

프랑스인은 해안에서 내륙까지의 폭이 240㎞에 불과한 베트남이 유사한 문화적 속성을 지닌 지역이 아니었음을 알게 되었다. 그에 따라 고유한 문화적 속성을 토대로 베트남 식민지를 ① 북부의 하노이와 홍강Red River 삼각주를 중심으로 하는 지역, ② 남부의 사이공과 메콩강 삼각주를 중심으로 하는 지역, ③ 중부의 고대도시 후에Hue를 중심으로 하는 지역, 이렇게 세 개의 단위로 분할했다. 요즘의 베트남 사람들은 이 세 개 지역을 각각 북부Bắc bộ, 남부Nam bộ, 중부Trung bộ로 부르는 것을 선호한다.

베트남의 지방 이름을 보면 부Bộ가 공통으로 포함되어 있는데, 이는 한자의 부部에 해당한다. Bắc bộ는 북부北部, Nam bộ는 남부南部, Trung bộ는 중부中部의 베트남식 발음에 따른 표기다. 본래 베트남은 중국의 한자와 베트남의 한자를 혼합한 문자인 '쯔놈'이라는 베트남어를 사용했다. 그러나 프랑스 식민지 시절 프랑스인에 의해 베트남 사람들은 그들의 문자를 잃어버리게 되었다. 언어는 있지만 문자가 사라져 버린 꼴이 된 것이다.

이로 인해 베트남어는 현재 로마자에 음의 높낮이를 나타내는 성조를 표기하는 식으로 바뀌었지만, 발음은 과거의 것을 그대로 활용하고 있다. 사진 5-3에 제시된 것은 화장실 표기인데 왼쪽 화살표는 남男, 오른쪽 화살표는 여女이다. 이는 식민시를 경험하고도 우리의 글과 말을 모두 지켜 낸 대한민국의 선조들이 얼마나 대단한지를 알게 해 주는 내용이다.

사진 5-3. 로마자에 성조를 사용하는 베트남의 문자

프랑스의 식민지배는 1940년 일본의 침공으로 막을 내렸다. 일본의 지배가 이어지다가 1945년 일본이 전쟁에서 패배했지만, 프랑스는 베트남을 다시 회복하지 못했다. 1945년 9월 호찌민은 베트남의 독립을 선언했으나 프랑스가 베트남의 독립을 인정하지 않아 두 국가는 제1차 인도차이나 전쟁을 치렀다. 1954년 프랑스는 하노이에서 서쪽으로 300㎞가량 떨어진 디엔비엔푸Dien Bien Phu 전투에서 심각한 피해를 입고 베트남에서 떠났다. 이후 남북으로 나뉘게 된 뒤, 하노이를 중심으로 하는 북부에는 공산주의가, 사이공을 중심으로 하는 남부에는 반공주의가 점령했다.

공산주의자와 반공주의자의 전쟁에 미군은 한 국가의 위험이 인접국가의 안전을 위협한다는 도미노 이론을 빌미로 끼어들었다. 전쟁 결과 북부의 공산주의가 남부를 점령하면서 베트남은 사회주의공화국이 되었다. 호찌민은 1969년 2월 베트남의 통일을 보지 못한 채 숨졌지만, 그는 베트남에서 가장 영향력 있는 사회주의 지도자 가운데 한 명이었다. 베트남 전쟁이 끝난 후 베트남공화국의 수도였던 사이공은 그의 이름을 따 호찌민시Ho Chi Minh City로 지명이 바뀌었다.

2. 도이머이정책과 시장경제 도입

남과 북이 하나의 나라로 통일된 후 베트남의 경제발달은 생각보다 진전되지 못했다. 태평양 연안에 자리한 지리적 이점을 제대로 누리지 못했으며, 세계화의 진행에 따른 외국기업의 투자도 활발하지 않았다. 게다가 베트남은 중국과 같은 사회주의국가였지만, 중국과는 다른 점이 있었다. 중국에서는 덩샤오핑과 같은 강력한 리더십을 갖춘 지도자가 등장해 나라를 이끌었지만, 베트남은 그렇지 못했다는 점이다.

베트남에서는 파탄상태에 빠진 경제를 살리고 지역격차를 해소하기 위해 대대적인 혁신정책을 실시했다. 1986년에 도입된 이 정책은 '도이머이Doi Moi'라 불리는 것이다. 이는 공산당 1당 독재를 유지하면서 자본주의 시장경제를 도입하는 정책으로, 베트남식 페레스트로이카정책이라 할 수 있다. 페레스트로이카는 1985년 구소련에서 고르바초프 공산당 서기장이 기존의 것을 새롭게 바꾸고자 실시했던 개혁정책이다.

도이머이정책을 채택한 이듬해인 1987년에 베트남에서는 외국인 투자법을 새롭게 제정해 해외직접투자의 규모를 확대할 수 있게 되었다. 도이머이정책을 시행한 이후 베트남으로 유입된 외국자본의 규모는 매우 빠르게 성장했으며, 연평균 경제성장률도 7% 이상을 달성할 수 있게 되었다. 1994년에는 베트남에 대한 미국의 경제제재 조치가 해제되었다. 특히 2006년에는 세계무역기구WTO에도 가입하면서 세계 각국이 베트남으로 활발히 진출했으며, 베트남의 경제발전은 급속도로 빠르게 진행되었다.

베트남으로 진출한 해외자본이 증가한 것이 단순히 도이머이정책의 결과만은 아니라는 것이 일반적인 견해다. 소비시장으로서의 중요성이 증대함에 따라 외국자본의 유입이 빠르게 진전되었다는 것이다. 즉 베트남의 경제성장에 영향을 준 요인은 외국자본의 유입을 용이하게 해 준 정책뿐만 아니라 베트남 내에서 진행된 시장환경의 변화도 무시할 수 없다.

3. 공장에서 시장으로의 변화

베트남은 전통적인 농업국가다. 세계 2위의 쌀 수출국이며, 국가 인구의 약 80%가 농촌에 거주하고 전체 노동 인구의 약 69%가 농업 부문에 종사한다. 아열대기후인 베트남에서는 식민지시대에 커피를 중심으로 하는 플랜테이션이 발달했으며, 지금은 세계에서 커피 수출국 1·2위 자리를 오르내리고 있다. 최근에는 외국기업의 진출이 활기를 띠면서 섬유나 의류의 수출은 증가하고 있는 반면, 주력 농산품인 쌀과 커피의 수출량은 감소하고 있는 추세다. 제조업을 중심으로 하는 글로벌기업의 베트남 진출은 농업의 비중을 감소시키면서 공업의 비중을 증가시킨 요인이 되었다.

베트남으로 외국기업이 진출한 이유 가운데 하나는 저렴한 인건비와 풍부한 노동력이었다. 베트남은 글로벌기업뿐만 아니라 우리나라의 중소기업도 선호하는 글로벌 생산공장이다. 특히 노동집약적 공업인 섬유 및 의류 공장이 저렴한 인건비의 효과를 누리기 위해 베트남에 진입했지만, 그 기업들은 2015년 이후부터 베트남을 단순한 생산지가 아닌 잠재력이 큰 소비시장으로 간주하기 시작했다. 공업입지 및 글로벌기업의 지사 등이 베트남의 주요 도시에 진출함에 따라 그간 부진했던 도시화가 빠르게 진행되면서 도시 내에서 소비자가 증가하여 베트남의 시장잠재력이 높아졌다.

국제통화기금IMF에 따르면, 베트남은 2018년 기준으로 인구가 9,549만 명으로 거의 1억 명에 달한다. 1인당 GDP는 2,730달러를 기록했다. 우리나라와 비교하면 GDP는 1/10 수준에 불과하지만, 최근의 경제성장을 고려하면 이 격차는 빠르게 좁혀질 것으로 예상된다. 1990년의 1인당 GDP는 98달러에 불과했으나, 2019년 상반기의 GDP 성장률은 6.5%를 기록했다. 베트남 제1의 경제도시인 호찌민이나 수도인 하노이 등의 대도시에서는 1인당 평균소득이 5,000달러를 넘는다. 여기에 경제성장으로 최저임금이 향상되면서 중산층의 비율도 크게 증가했다.

베트남의 소비시장은 단순히 섬유나 의류 부문에 머무르지 않는다. 언론보도에 따르면 베트남은 2020년대 초반 세계에서 육류소비가 가장 비약적으로 증가한 나라가

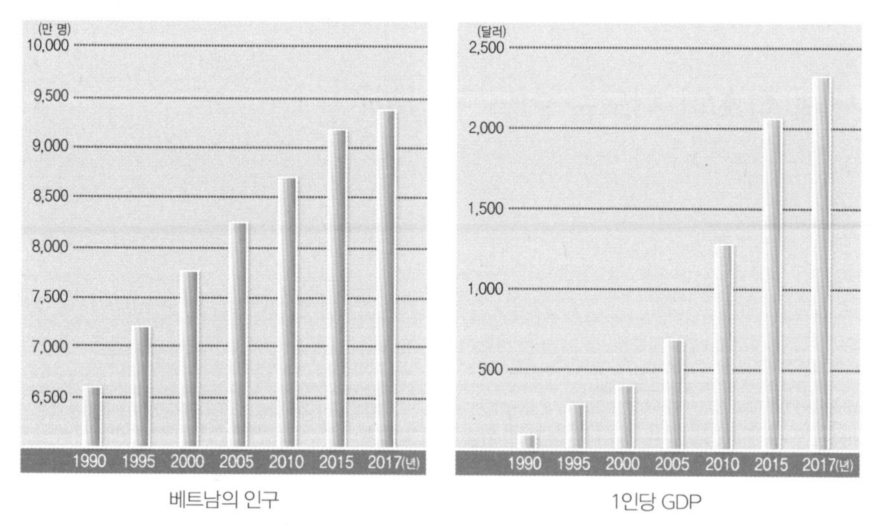

그림 5-9. 베트남의 인구 및 1인당 GDP의 변화

될 것이라는 전망이다. 또한 3세 미만의 영유아가 전체 인구에서 차지하는 비율이 7%에 육박하는 만큼 유아용품의 소비시장도 빠르게 성장하고 있다. 이처럼 베트남은 과거 풍부한 노동력 때문에 생산기지로 주목받았지만, 근래에는 소득 수준이 향상되면서 소비시장으로 급부상했다. 베트남은 1억 명에 가까운 인구, 30세에 불과한 평균연령, 경제성장으로 인한 소득증가 등의 요인이 복합적으로 작용하면서 세계에서 유망한 소비시장으로 등장했다.

베트남의 소비시장을 성장시킨 요인이 베트남 국민에 한정되는 것은 아니다. 베트남으로 진출한 외국기업의 규모가 커지고 기업의 수가 많아지면서, 선진국에서 이주해 온 외국인의 규모도 동시에 증가하고 있다. 특히 우리나라를 비롯한 동아시아의 국가에서 베트남으로 진출한 기업이 증가하면서 국적별로 모여 사는 타운도 형성되었다. 소위 국적에 따른 주거지분화 현상이 베트남의 주요 도시에서 진행되고 있는 셈이다. 이들 외국인도 베트남의 소비시장 성장에 한몫하고 있음을 부인할 수 없다.

세계 최초의 지도는 어느 것일까?

인류는 태초부터 문자에 앞서 기록을 남겼다. 그것은 바로 지도였다. 선사시대의 인류는 땅에 대한 지리적 지식이 필요했으며, 이것을 문자 대신 그림으로 표현한 것이 지도의 시작이었던 것이다. 그렇다면 인류가 만든 최초의 지도는 어떤 것일까?
지금까지는 고대 이집트나 메소포타미아의 라가시 및 바빌론의 지도가 최초의 지도일 것이라 생각했다. 그러나 인류 최초의 지도는 터키 아나돌리아 고원의 차탈휘위크 시도였음이 밝혀졌다.

키워드: 터키, 차탈휘위크, 멜라트, 흑요석, 차탈휘위크 지도.

1. 차탈휘위크 지도의 발견경위

고고학자 제임스 멜라트James Mellaart는 1963년 터키 아나톨리아 고원의 유적지를 발굴하던 도중에 의외의 놀랄 만한 사실을 밝혀 냈다. 유적지 주택 중 한 곳에서 지도로 간주할 수 있는 벽화를 발견한 것이다. 그림 5-10에서 보는 것처럼 조밀한 건물과 폭발하는 화산을 조감도鳥瞰圖 형식으로 표현한 지도였다. 지도의 상단에 그려진 두 개의 봉우리를 가진 화산은 하산 닥Hasan Dağ이라고 밝혀졌다. '닥Dağ'이란 터키어로 산이란 뜻이다. 이 화산은 당시의 현지주민들에게는 신이 내린 선물이면서도 공포의 대상이었다.

차탈휘위크 주민들은 그 화산지대에서 흑요석을 채취하여 중요한 자원으로 삼았다. 흑요석은 다른 지역과의 교역으로 차탈휘위크의 건축과 풍요로운 문화 및 미술을 발달시키는 요인이 되었다. 그러므로 하산 닥은 그들에게 부를 가져다주는 한편 공포의 대상이 되는 양면성을 지녔던 것이다. 그러나 이러한 멜라트의 주장은 최근의 연구에서 수정되었다.

그림 5-10. BC 6200년에 제작된 차탈휘위크 지도

지도학자와 역사학자에 의해 차탈휘위크 벽화가 지도라는 사실이 입증되었다. 세계는 이 벽화가 지도학사에서 새로운 획을 긋는 위대한 발견이라고 경탄했다. 지금으로부터 8,200년 전에 제작된 지도가 차탈휘위크 유적지에서 발견되리라고는 아무도 예상하지 못했다.

미국 스미스소니언의 화산 프로젝트 전담기구인 SIGVPSmithsonian Institution's Global Volcanism Program에 참여한 화산학자들은 차탈휘위크 지도를 통해 중앙 아나톨리아 화산이 폭발한 적이 있었음을 인정하면서 하산 닥의 폭발사실을 확인했다. 그리고 지도학자들은 차탈휘위크 지도가 인류최초의 지도임을 확인했다. 구석기시대의 암벽화는 자연경관을 나타낸 것이라 할지라도 지도로 간주할 수 없다. 지도학자들은 벽화의 기능과 중요성의 측면에서 구석기시대의 암벽화가 '차탈휘위크 지도'와 같은 진정한 지도화가 아니라는 결론을 내린 바 있다.

2. 차탈휘위크 지도의 지도학적 의미

지도제작의 발달은 문자의 발달이 그러했던 것처럼 인간생활에서 매우 중요한 의미를 갖는다. 그러므로 인류 최초의 지도가 실제로 지도의 요건을 갖추었는지 확인하는 것이 필수적이다. 지도의 발달은 인간의 인식·사회조직·신앙적 믿음을 이해하는 계기를 마련해 준다. 공간적으로 지각한 것을 2차원 표면으로 전환하는 인지능력은 인류의 진화에서 초기에 달성한 지적 행동의 발달을 가져왔다.

알타미라 동굴벽화에서 알 수 있듯이 인류는 적어도 3만 5,000년 전에 정신적 이미지를 영구적인 동굴 벽에 재생산하는 능력을 지니고 있었다. 단순한 벽화와 달리 차탈휘위크 지도와 같이 2차원과 3차원 사이에서 추론한 지도를 실제로 제작하는 과정과 공간을 축소하는 능력은 인간의 사고를 요약하고 기호로 표현하는 데 있어 중요한 발전의 밑거름이 되었다.

근대적 지도제작에서 채용되는 조감도식 표현방법은 세상을 하늘에서 내려다보는 특별하고 전문적인 표현법이다. 이러한 표현법은 세상 속에서 인간이 주체가 된 것이 아니라 세상 밖에서 객관적으로 관조하는 방법을 뜻한다. 만약 차탈휘위크 주민들이 세상으로부터 분리되어 살았거나 새처럼 내려다보는 능력을 가지고 세상을 2차원 표면으로 생각했다면, 이는 신석기시대에 살던 그들의 세계관을 이해하는 데 있어서 매우 중요한 시사점을 제공받을 수 있음을 뜻한다.

선사시대의 지도는 우주론적 상징주의의 이용을 통해 통달된 지식을 교류하는 과정 속에서 만들어졌다. 만약 선사시대 초기에 지도가 제작되었다면, 그것은 오늘날의 지도제작과 동일한 목적으로 만들어졌을 것이다. 지도를 만드는 목적은 예나 지금이나 변함이 없다는 뜻이다. 문자가 발명되기 이전의 교역사회는 공간정보를 기호화하여 표현했겠지만 지도제작에서 조감도 형식을 사용한 표현은 매우 드물다.

3. 차탈휘위크 지도의 특징

차탈휘위크의 벽화는 주택의 벽에 백색 벽토를 칠한 후에 그린 것이 대부분인데, 개인의 라이프 사이클과는 아무런 관련이 없다. 다만 벽화나 장식을 위해 벽에 흰색을 칠하는 풍습은 다른 지역에서 찾아보기 힘들다. 차탈휘위크의 취락에서는 적어도 매년 1회씩 벽토를 행하는 것이 관례였다.

멜라트가 1963년 처음 벽화를 발견했을 때 그는 그 벽화를 지도라 생각하지 않고 기하학적 문양 위에 표범 가죽을 그린 그림이라고 판단했다. 그는 단순히 차탈휘위크 지도를 종교적 혹은 주술적 의미를 지닌 주택 내부의 장식을 위한 기하학 문양이라고만 생각했다. 완벽하게 복원작업을 마친 후에야 지도라는 것을 깨달았던 것이다. 희미하게 보이는 벽화는 마치 표범의 가죽무늬와 같은 문양이었다. 벽화 발견 후 시간이 얼마간 경과한 다음에서야 조감도 형식의 취락지도임이 밝혀졌다.

주택과 길로 구성된 취락의 패턴이 정확한 격자형 패턴을 이루지 않고 건물과 도로가 직선을 이루지 않는 것은 오랜 시간이 경과되면서 변형된 것으로 추정된다. 즉 화산폭발에 의한 지층의 변이와 오랜 시간의 경과로 토양의 성분과 하중에 의해 벽면의 왜곡이 심해졌을 것이다. 아나톨리아 고원에서는 역사상 여러 차례에 걸쳐 화산이 폭발하고 지진이 발생했다.

차탈휘위크 지도에서 주목할 만한 또 하나의 사실은 화산이 분출하는 하산 닥이 취락 바로 옆에 묘사되었다는 점이다. 이 화산은 차탈휘위크로부터 100㎞ 이상 멀리 떨

사진 5-4. 여러 각도에서 바라본 하산 닥 화산 봉우리

어진 위치에 있음에도 불구하고 취락 바로 옆에 묘사되어 있다. 그만큼 화산이 현지 주민들에게 가깝게 인식될 정도로 공포의 대상인 동시에 관심의 대상이었기 때문일 것이다.

지도는 현실세계의 경관을 정신적 공간이나 우주관으로 표현하는 것이므로 고지도의 분석은 당시 인간들의 정신세계를 엿볼 수 있는 실마리를 제공해 준다. 차탈휘위크 지도에 묘사된 화산은 인간과 자연환경 간의 공간적 관계를 보여 주는 단초가 될 수 있다.

인류 초기에 제작된 지도들은 도시지역이거나 그 주변지역을 묘사한 것이 대부분이다. 그것은 인류의 점거지역에 대한 지리적 정보가 필요했기 때문에 당연한 결과일 것이다. 이러한 측면에서 선사시대에 제작된 지도가 인간사회를 묘사한 도시지도였음은 당연한 일이라고 볼 수 있다.

차탈휘위크 지도는 다른 지역에서 발견된 구석기시대의 암각화와 달리 지도학계의 확인을 거쳐 명백한 지도임이 확인되었다. 그럼에도 불구하고 본 지도가 지도발달사에서 자리매김할 수 있는 연결고리는 발견할 수 없다. 지금까지 발견된 고지도 중 두 번째로 오래된 메소포타미아의 도시지도와 무려 4,000년의 격차가 있기 때문이다. 이를 해결하기 위해서는 두 시기 간의 간극을 메워 줄 수 있는 또 다른 지도의 발견을 기다리는 수밖에 없다.

레바논의 민주화를 삼나무 혁명이라고 부르는 까닭은?

키워드: 레바논, 삼나무, 콰디샤 계곡, 비블로스, 대레바논국.

그림 5-11. 레바논 국기

독자들은 레바논 국기를 기억하고 있는가? 그림 5-11의 레바논 국기를 자세히 들여다보면 중앙부에 초록색 나무 그림이 있다. 이것은 삼나무를 형상화시킨 것이다. 레바논 삼나무는 오늘날 불변·불멸을 상징한다.

레바논은 고대문명을 탄생시킨 땅이다. 특히 페니키아문명을 상징하는 표음문자는 알파벳의 기원이 되었다. 알파벳이라는 명칭은 그리스어의 첫 두 글자인 알파(α)와 베타(β)에서 유래되었다. 이 페니키아 알파벳은 고대 그리스어를 거쳐 서양 알파벳이 되었다. 그뿐만 아니라 고대 서남아시아 일대에서 사용된 자음과 모음 문자인 북셈 문자는 히브리어의 모태가 된 가나안 문자와 아랍 문자의 모태가 된 아람 문자로 분화했다.

2005년 레바논의 민주화를 '삼나무 혁명'이라고 부르고 국기에 새겨 넣을 정도로 삼나무는 레바논의 상징이자 보물이다. 삼나무는 레바논의 산맥 1,000~2,000m의 고산 지대에서 자라는 소나무과의 침엽수이다. 높이 35~40m, 직경 2.5~3m까지 곧게 자라 가공하기 쉬우며 잘 썩지 않고 해충에도 강하며 은은한 향기가 오랫동안 유지된다. 레바논 최고의 경관이라고 일컬어지는 콰디샤 계곡Ouadi Qadisha 근처에서 삼나무 숲 유적을 볼 수 있다(사진 5-5).

고대에 레바논의 삼나무는 신전이나 왕궁 건축에 적합한 최고의 목재였다. 메소포타미아 사르곤 대제는 삼나무로 신전의 천장대들보를 만들었고, 이집트의 파라오들은 저 세상으로 타고 갈 배를 만들었으며, 이스라엘의 솔로몬은 성전과 자신의 왕궁을 지었다. 바빌론·페니키아·아시리아·페르시아·그리스·로마의 제왕들도 자신들의 신전을 짓고 배를 만들었다. 이 거대한 목재를 운반하기 위해 산을 뚫어 도로를 건설하고, 지중해에 항만을 세웠다. 레바논의 삼나무는 곧 권력의 크기였으며, 특히 지중해의 해상 권력을 가늠하는 척도였다.

레바논 삼나무는 비블로스항을 통해 이집트로 수출되었고, 그 대가로 이집트의 파피루스가 비블로스를 통해 그리스로 팔려 나갔다. 메소포타미아 남부 수메르의 도시

사진 5-5. 레바논의 콰디샤 계곡

건설에도 레바논 삼나무가 사용되었다. 「길가메시 서사시」에 등장하는 길가메시의 무훈담에서도 레바논 삼나무 숲속을 배경으로 한 대목이 있다. 길가메시는 실존했던 우르크 왕국의 왕이었다.

삼나무 숲은 레바논의 영광이었다. 그러나 한편으로는 역사적으로 이를 둘러싸고 전쟁과 침략이 끊이지 않았고, 숲의 황폐화로 이어져 왔기 때문에 레바논의 비극이라고 할 수도 있다. 지금은 광범위한 삼림경관이 사라졌으며 듬성듬성하게 일부 숲만 남아 있을 정도다.

13세기 아나톨리아에서 건국되어 16세기 위세를 떨쳤던 오스만 제국은 발칸반도와 북아프리카에 이르는 광대한 영토를 갖게 되었다. 이 무렵 인접국이었던 레바논 역시 오스만 제국에 정복되었다. 그 당시의 레바논 국기에 삼나무가 그려져 있다(그림 5-12).

제1차 세계 대전에서 승리한 프랑스는 오스만 제국의 지배를 받았던 레바논에 위임통치령으로 대레바논국Greater Lebanon을 설치했다. 프랑스는 1920년 무슬림이 많은 남레바논 및 베카 고원을 합쳐 대레바논을 설립하고 시리아로부터 분리해 자치권을 부여했다. 프랑스 위임 통치기의 레바논 국기에는 프랑스 국기 중앙부에 삼나무가 그려져 있다.

이를 통해 오스만 제국과 프랑스도 레바논에 있어서 삼나무의 상징성을 인정했다는 사실을 알 수 있다. 레바논과 삼나무의 관계를 이해할 수 있는 대목이다. 레바논 국가의 가사 속에도 어김없이 삼나무가 등장한다.

오스만 제국 점령기

프랑스 위임 통치기

그림 5-12. 과거의 레바논 국기

동방의 보석은 레바논의 땅과 바다라네

온 세상을 통틀어 레바논의 영광이 극에서 극까지 넘쳐흐르리라

그리고 레바논의 이름은 시간이 시작된 이래로 영광스러웠나니

삼나무는 그대의 자존심이요, 불멸의 상징이로다

우리 모두 노력하세, 조국을 위하여, 우리들의 깃발을 위하여,

영광을 위하여!

이슬람 현대도시 아부다비에서 부자를 식별하는 방법은?

키워드: 아부다비, 아랍에미리트, 만수르, 마스다르.

1. 물이 곧 돈이다!

아부다비는 아랍에미리트연합국UAE: United Arab Emirates의 수도다. 아부다비 하면 떠오르는 것이 무엇인지 말해 보라고 하면, 선뜻 떠오르는 것이 별로 없을 것이다. 아마 어디에 있는 도시인지조차 모르는 사람들이 대부분일 것이다. 지리를 공부하거나 뉴스를 많이 본 사람이라면 한참을 생각한 후에야 대답할 것이다.

세계 최고의 부자인 만수르Mansour의 고향 또는 우리나라가 바카라 원전이나 이라크의 바스라 천연가스 공장을 지어 주고 있는 나라 등과 같이 미지에 가까운 도시라는 대답을 내놓을 것이다.

두 가지 이상의 대답을 내놓는다면 정말 지리를 잘 알거나 세계를 잘 아는 현자라 할 만하다. 질문에 대한 대답으로 만수르를 제시했다면 축구를 사랑하는 사람일 것이다. 만수르는 아름다운 두바이의 공주를 아내로 두고 있는 영국 프리미어리그 축구팀 맨체스터시티의 구단주로 알려져 있기 때문이다. 세계의 엄청난 부자 중 한 명인 만수르가 아부다비 에미리트의 통치자이자 아랍에미리트연합국의 대통령인 쉐이크 할리파

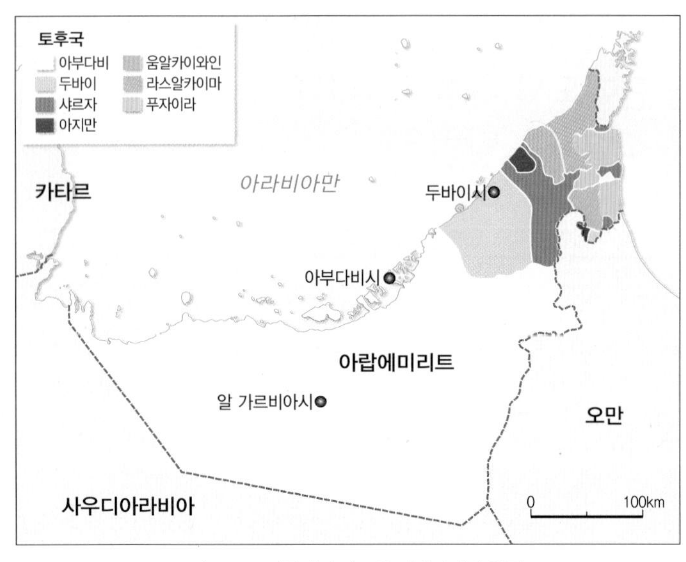

그림 5-13. 아랍에미리트와 아부다비의 위치

알 나하얀Al Nahyan의 동생이며 현직 부총리라는 사실을 아는 사람은 별로 많지 않다.

만수르의 고향이자 만수르가 살고 있는 도시인 아부다비는 세계 최고의 부자들인 에미라티Emirati가 거주하는 도시이기도 하다. 1958년에 발견된 석유로 인해 매일 360억이 넘는 현찰이 국유은행에 쌓이는 도시이다.

미국의 9.11 사태로 촉발된 이슬람 세계에 대한 국제적 경제제재로 묶여 있던 중동의 석유자본이 아부다비로 몰려들면서 아부다비는 중동의 최대 금융 중심지로서의 기능을 담당하고 있다. 또한, 2008년 말 미국에서 촉발된 서브프라임 모기지 사태에 기인한 세계금융위기로 두바이는 성장이 둔화되었지만, 아부다비는 탄탄한 오일머니와 비석유경제로의 전환을 통해 매년 8% 이상의 고속성장을 이루고 있다.

이에 더해 세계 유명 박물관으로 대표되는 루브르 박물관과 구겐하임 박물관을 유치하는 등 문화·레저도시로 거듭나기 위해 준비하고 두바이에서 문제가 된 생태파괴의 도시발전을 교훈 삼아 아부다비 근교에 친환경 저탄소 도시인 마스다르시티Masdar city를 계획하면서 전 세계적으로 각광을 받고 있기도 하다. 이 도시는 세계 첫 무탄소

도시를 꿈꾸는 스마트 도시가 될 전망이다.

아부다비의 인구는 2015년 기준으로 약 270만 명으로 아랍에미리트에서 두바이에 이어 두 번째로 많으며, 아부다비의 면적은 6만 7,340㎢로 아랍에미리트 면적의 87%를 차지한다. 아부다비의 GDP는 2013년 기준 약 2,600억 달러 수준이며, 1인당 GDP는 17만 달러에 달할 만큼 신흥선진국으로 급부상하고 있다. 특히 전체 인구에서 아랍에미리트인을 말하는 에미리트인만 따질 경우 1인당 GDP는 30만 달러 이상으로 추산되기도 한다. 이처럼 소득이 높은 에미리트인이 거주하는 곳이 아부다비다.

사막해변의 인공 섬인 아부다비에서 부자를 구분하는 간단한 방법이 있다. 그 첫 번째는 바로 물이다. 아부다비는 건조기후로 대표되는 사막에 만들어진 인공 섬이다. 사막의 척박한 오아시스에서 기원한 통치자 알 나하얀의 가문은 석유가 발견되면서 부를 축적하게 되었고 그들이 원하는 물을 찾아 해변가에 인공 섬을 만들게 되었다. 대추야자 나무의 열매를 먹던 사막의 유목민인 알 나하얀 가문이 물을 계기로 해변가로 나와 인공 섬을 만들게 된 것이다. 사막의 유목민은 물을 사랑할 수밖에 없다.

그림 5-14. 마스다르시티 조감도

사진 5-6. 아부다비 외곽의 저층 중산층 주거지대

아부다비에서는 물이 휘발유보다 비싸다. 가령 휘발유 1L 가격이 우리나라 돈으로 300원(1디르함)인 데 비해 생수 250ml 한 병 가격은 1,000원으로 1L로 환산하면 4,000원이다. 즉 물이 석유보다 10배 이상 비싼 재화다.

그렇기 때문에 아부다비에서는 물을 많이 가지고 있느냐로 부자인지 판별할 수 있다. 이와 관련하여 주거지의 나무로도 부자를 식별할 수 있다. 아부다비 외곽의 중산층이 거주하는 주거지대의 건축물을 사례로 들어보자.

건물의 외견은 모두 비슷해 보인다. 이 건축물 중 상대적으로 부자가 사는 곳은 어디일까 추측해 보자. 답은 나무에서 찾을 수 있다. 같은 중산층이 거주하는 주택임에도 불구하고 나무가 많은 집이 상대적으로 부자다(사진 5-6의 왼쪽 첫 번째 집). 나무를 키우기 위해 석유보다 비싼 물이 필요하기 때문이다.

2. 차가운 물이 곧 돈이다!

부자를 구분하는 두 번째 방법은 차가운 물을 이용할 수 있는가의 여부다. 아부다비에서 부자가 거주하는 주택을 구분하는 다른 사례는 비데나 샤워기에서 찾아 볼 수 있다. 이슬람 주택의 내부 화장실에는 우리의 좌변기식 비데와는 다른 비데 호스가 양변기 옆에 붙어 있다. 용변을 본 후 이 호스로 비데를 대체하게 된다. 부자를 구분하는 방식은 호스의 물 온도를 통해 파악할 수 있다.

직사광선이 강해 여름 기온이 50℃를 넘는 아부다비에서는 냉각기가 있는지의 여부로 부자를 가늠해 볼 수 있다. 냉각기가 없으면 물이 50℃ 이상이 되어 비데 호스나 샤워기를 이용할 때 엉덩이나 머리를 데일 수도 있다(참고로 이것은 저자가 실제로 경험한 일화이며, 저자는 평범한 서민임을 밝혀 둔다). 즉 고온의 물을 냉각시킬 냉각기가 있는 주택을 소유한 사람은 부자라 할 수 있다.

이처럼 가혹한 사막기후를 극복하는 간접적 수단인 물과 차가운 물이 부자를 판별할 수 있는 근거가 된다는 사실이 세계를 이해하는 지리의 기초가 되기도 한다는 교훈을 명심해야 할 것이다.

68

세계 최고 높이의 건물 이름이 부르즈 할리파인 이유는?

키워드: 아랍에미리트, 두바이, 부르즈 할리파, 모하메드 알 막툼.

세계에서 가장 높은 건축물은 어디에 있을까? 아랍에미리트의 7개 토후국 중 하나인 두바이에 있다. 두바이는 중동과 북아프리카, 유럽 및 아시아를 연결하는 국제적인 금융·부동·물류·관광산업의 경제적 허브 역할을 담당하고 16억의 인구와 35조 달러 규모의 경제권 중심에 위치하여 급속히 성장하고 있는 도시다.

두바이는 아랍에미리트의 최대도시이자 7개 토후국의 경제중심도시다. 인구는 2014년 기준으로 약 229만 명으로 아랍에미리트에서 최대이며, 면적도 4,114㎢로 자본과 정치의 수도인 아부다비에 이어 두 번째 규모를 자랑한다.

두바이는 1966년 페르시아만 대륙붕에서 석유가 발견되면서 오일머니를 토대로 경제가 급성장했다. 하지만 석유의 매장량이 아부다비의 1/10에 불과해 석유산업의 의존도를 낮추고 창의성에 기반한 부동산, 물류, 관광, 금융의 도시로 탈바꿈하기 위해 도시정책과 계획을 수립하고 시행하게 되었다.

부동산과 관광업을 통한 경제성장과 더불어 도시의 경관도 급속한 변화를 거듭하고 있다. 즉, 진주잡이와 어업에 종사하던 두바이 크리크creek 양안의 데이라Deira와 부르두바이Bur Dubai를 중심으로 소규모 어촌의 구시가지가 처음으로 형성되기 시작했다

(사진 5-7).

그 후 석유자본을 바탕으로 도시 인프라(항만 · 국제공항 · 고속도로 · 지하철)를 건설함으로써 해안선을 따라 북동-남서 방향의 개발 축을 완성했다. 정비된 인프라를 기반으로 해안의 수변공간과 쇼핑몰 및 신도시를 개발하고 포스트모던 양식의 고층건물을 건설하게 되는데 그 대표적인 예가 부르즈 할리파Burj Khalifa다(사진 5-8).

세계 최고 높이의 랜드마크이자 두바이의 경제성장을 상징하는 838m 높이의 '부르즈 할리파'라는 이름은 어떻게 지어진 것일까? 2007년까지는 부르즈 할리파라는 이름이 아닌 '부르즈 두바이'였다. 두바이는 해변가를 따라 만들어진 도시의 모습이 메뚜기를 닮았다고 하여 아랍어로 메뚜기를 뜻하는 단어에서 유래한다. 즉 두바이는 메뚜기라는 뜻이다.

두바이 땅에 세워진 세계 최고 높이의 건축물이었기에 탑을 의미하는 아랍어인 부르즈를 넣어 두바이의 탑이라는 뜻의 부르즈 두바이로 명명되었다. 하지만 이 이름은 2008년의 세계경제 금융위기 때 부르즈 할리파라는 이름으로 새롭게 불리게 되었으며, 우리는 세계 최고층 건물의 이름을 부르즈 할리파로 알고 있다.

사진 5-7. 1950년대의 두바이

사진 5-8. 세계 최고층 건물인 부르즈 할리파

부르즈 두바이에서 '부르즈 할리파'란 명칭으로 바뀌게 된 이유는 무엇이고 부르즈 할리파의 의미는 무엇일까? 먼저 부르즈 할리파의 의미를 생각해 보자. 할리파 또는 칼리파는 아랍에미리트의 대통령이자 아부다비의 통치자인 쉐이크 할리파 알 나하얀의 이름에서 딴 명칭이다. 그렇다면 두바이와 상관없는 아부다비의 대통령 이름을 사용한 이유는 무엇일까? 바로 정치·경제적 이유 때문이다.

2008년 미국의 서브프라임 모기지 사태로 촉발된 세계경제 위기로 인해 두바이에 투자되었던 세계 부동산 자금이 모두 회수되기 시작했다. 일시에 200억 달러에 달하는 투자금이 미국으로 돌아가게 되면서 성장세를 거듭하던 두바이의 부동산 시장은 소위 쪽박을 차게 되었고 모든 부동산 시장이 일시에 얼어붙게 되었다.

이에 두바이의 통치자이자 아랍에미리트 부통령인 모하메드 알 막툼은 도시파산 위기를 극복하고자 배다른 형제이자 큰형인 아부다비의 통치자 할리파 대통령에게 긴급 자금을 요청하게 되었다. 이때 아부다비의 통치자인 할리파 대통령은 막툼 부통령에게 다음과 같은 세 가지의 대부조건을 제시하였다.

첫 번째는 두바이 국제공항의 경영권을 아부다비로 넘기라는 것이었다. 두바이 국제공항은 연 3,000만 명 이상이 이용하는 국제 허브 공항의 역할을 하고 있어 알짜배기 공항이었다. 200억 달러를 빌려주는 대신 알짜배기 공항을 달라는 것이었다. 두 번째는 두바이의 경찰권을 아부다비로 이양하라는 것이었다. 세 번째는 두바이의 활황기와 성장을 상징하는 부르즈 두바이를 자신의 이름을 딴 부르즈 할리파로 명명해 달라는 것이었다. 이 세 가지 조건을 받아들인다면 긴급자금 2,000조 원를 빌려주겠다고 했다.

두바이의 통치자인 알 막툼의 입장에서 세 가지 조건을 다 받아들이는 것은 굴욕적이었다. 특히, 두바이 국제공항 경영권과 경찰권을 아부다비로 넘겨준다는 것은 통치권을 넘겨주는 것으로 인식되었으므로 반대했고, 세 가지 조건 중 한 가지인 부르즈 할리파의 이름은 이양할 수 있다는 의견을 밝혔다. 이에 할리파 대통령은 만족스럽진 않지만 어려운 형제국을 위해 아량을 베푼다는 차원에서 2,000조 원을 빌려주게 되면서 두바이의 상징인 부르즈 두바이의 이름이 부르즈 할리파로 바뀌게 되었다. 결과적으로 건축물 이름 하나가 200억 달러의 값어치를 하게 되었다는 것은 아이러니가 아닐 수 없다.

에티오피아에서 여러 종교가 생긴 이유는?

키워드: 에티오피아, 아비시니아고원, 애니미스트, 에티오피아 정교, 콥트교, 케파, 커피.

1. 에티오피아는 어떤 나라인가?

세계에서 가난한 나라 중 하나인 에티오피아연방민주공화국은 육지로 둘러싸여 국토의 북쪽은 산악지대이고, 동쪽과 서쪽은 저지대에 속한다. 중앙 아비시니아고원은 동아프리카 지구대에 의해 서부 고원지대와 동부 고원지대로 나뉜다. 고지대는 온화하여 거의 사바나성기후이고, 건조한 저지대는 무덥다. 오스트랄로피테쿠스에 속하는 유인원의 유골들이 발견된 곳이 바로 이 나라다.

집약농업과 삼림벌목은 토지의 심각한 침식을 가져왔다. 이러한 침식현상은 주기적인 가뭄과 함께 식량부족의 원인이 되었다. 이전에는 다양하고 많은 야생생물들이 서식했지만, 오늘날에는 야생생물들의 개체 수가 격감하여 멸종 위기에 처해 있다.

종족구성은 인구의 1/3을 차지하는 암하라족과 오로모족이 가장 많고, 그 외 티그라이족·아파르족·소말리족 등이 균형을 이루고 있다. 이탈리아인이 1889년부터 해안지역을 지배하다가 1896년 축출되었으나, 그 후 다시 이탈리아령에 속했다. 한국의 6.25전쟁 때에는 병력을 파병했다. 1993년 북쪽의 에리트레아는 독립했지만, 동쪽에 위치한 소말리아와의 국경분쟁은 계속되었다. 1995년 양원제를 채택한 새로운 공화국이 설립되었다. 오늘날 에티오피아의 행정구역은 그림 5-15에서 보는 바와 같이 수도인 아디스아바바와 디레다와를 포함한 2개 특별시와 오로미아주를 비롯한 9개 주로 구성되어 있다.

그림 5-15. 에티오피아의 행정구역

2. 기독교·애니미즘·이슬람의 종교 구성

에티오피아는 주로 아비시니아고원과 사막으로 이루어져 있는데, 남부지방은 적도편서풍의 영향으로 장기간 비가 많이 내리는 몬순우림기후이고, 북부지방은 한발이 빈번한 과우지역이다. 남부지방에 사는 사람들은 애니미즘을 믿고, 북부지방 주민들은 4세기부터 기독교를 믿으며, 동부지방의 건조지역에 사는 주민들은 6세기경부터 이슬람을 신봉했다. 총인구 중 약 3/5이 기독교도이며, 그중에서도 에티오피아 정교도가 대부분을 차지한다. 그 밖에 전체의 1/4은 이슬람교도이며, 1/10 이상은 여전히 토속 애니미즘을 지키고 있다.

북부·중부·남부의 세 지역 중 북부지방에 거주하는 기독교도는 군사적·정치적으로 가장 강력하여 에티오피아연방민주공화국을 형성했으나, 식습관이 전혀 다른 우림지역과 사막지역에는 들어가지 않는다. 즉 밭농사지대의 기독교도들은 인제라injera 빵을 주식으로 하는 데 비해, 사막의 무슬림들은 낙타와 양의 젖과 고기로 생활하고, 다우지역의 애니미스트들은 바나나와 비슷한 엔세테ensete 전분을 발효시켜 구워 먹는다. 고원지대는 농사에 적합한 환경으로 강우량이 적절하고 화산토양이 분포하고 있는 까닭에 기원전 3000년대부터 곡물과 야채를 재배했다.

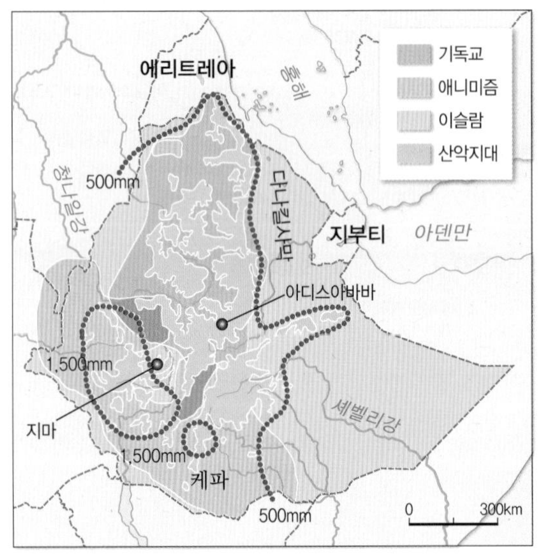

그림 5-16. 에티오피아의 자연환경과 종교 분포

* 숫자는 강수량을 뜻함.

이들 세 지역은 서로 음식문화가 달라 종교 전파에 제동이 걸렸다. 결과적으로 음식의 차이 때문에 서로 다른 종교가 생겼다는 것인데, 이는 자연환경의 차이에서 비롯된 것이라고 생각해야 할 것이다. 에티오피아의 종교 분포는 그림 5-16에서 확인할 수 있다.

에티오피아는 커피의 본고장이다. 해발고도 2,400m의 고원지대인 남부지방의 케파Kefa는 커피의 원산지로 알려져 있는데, 프랑스어의 카페café와 영어의 커피coffee가 이 단어에서 유래했다고 한다. 6~7세기에 우연히 발견된 커피는 9세기경부터 재배가 시작되어 15세기에 이르러 아라비아반도와 터키 등의 이슬람권으로 전파되었다. 그러므로 커피 문화의 확산은 비록 유럽에서 상품화되었지만 이슬람권에서 비롯된 것이라고 해도 과언이 아니다.

우리는 이와 같은 설명을 근거로 기후와 음식, 자연환경과 종교가 지리적으로 깊은 관련성이 있음을 알 수 있다. 종교와 음식 간에는 본질적 관계가 없더라도 일단 관련성이 생기면 종교적 관행으로 굳어져 그 식습관이 지속된다. 이와 같이 에티오피아에서 기독교·이슬람교·애니미즘의 분포가 1,300년간 지속되고 있는 것은 지리적 관점에서 설명될 수 있다.

이슬람교는 건조기후지역인 사막지대에 전파되는 경향이 있으므로 '오아시스 종교'라고도 불린다. 기독교와 조로아스터교 역시 이에 포함된다. 조로아스터교의 영향을 받은 기독교와 이슬람교는 『구약성서』를 공유하지만 상이한 측면이 있다. 이슬람교가 에티오피아에 전파될 수 있었던 지리학적 이유를 이슬람교가 지닌 도시적 성격에서 찾을 수 있다.

이슬람교를 창시한 마호메트가 메카의 상인 출신이었기 때문에는 코란에는 원금과 이자 등의 상업용어가 많이 등장한다. 이슬람 신학의 내용 가운데 “지붕이 무너진 예배당 안에서 행해진 예배가 과연 유효한가?”란 구절이 있는 것으로 볼 때 이슬람교가 도시적 성격을 지니고 있음을 알 수 있다. 왜냐하면 상업은 도시에서 성하고 이슬람에서는 도시적 설비가 갖춰진 사원에서의 예배를 중시하기 때문이다. 570년경 메카에서 마호메트가 탄생했을 때, 그곳은 원래 다신교의 도시였다.

에티오피아의 다나킬사막지대와 같은 건조지대는 이슬람권이 되었으나 고원에는 이슬람이 전파되지 못한 원인 역시 지리적으로 파악할 수 있다. 즉 아비시니아고원의 북부지방은 평탄한 용암대지가 깊은 협곡으로 차단되어 있는 지형으로 구성되어 있기 때문에 일반인의 왕래는 물론 상인들의 이동도 곤란했다. 평탄한 대지 위에 흩어져 자급자족 농업을 하는 지역에는 도시가 형성되지 못한 까닭에 상업활동은 거의 전무한 형편이었다.

이와는 달리 밀림으로 덮인 어두운 삼림지대에는 공포 분위기가 조성되어 주민들이 다신교의 애니미즘을 믿게 되고, 허허벌판의 사막지대에서는 일신교가 성행했던 것이다. 북부 고원지대는 기독교가 전파된 4세기경까지만 하더라도 침엽수림으로 덮여 있었으나, 오늘날에는 거의 벌채되어 평탄한 밭으로 변했다. 그러므로 기독교의 남하와 삼림개척의 남하는 거의 일치한다. 그러나 과거 울창한 삼림이었을 당시에는 기독교 속에 다신교적 요소가 많이 남아 있었다.

에티오피아에 기독교가 전파된 것은 불가사의한 측면이 있다. 이 나라 국민들은 아무런 일을 하지 않고 노는 것이 선善이라는 인식을 가지고 있지만, 기독교에서는 죄악시한다. 이는 종교의 교리보다 민족적 전통을 우선시하는 대목이다.

에티오피아가 기독교를 국교로 정한 것은 330~355년의 일로 유럽 대부분의 기독교 국가보다 빠른 시기였다. 흔히 에티오피아의 기독교를 이집트에서 기원한 콥트교 Coptic Church에 속하는 것이라고 알고 있지만, 사실은 이집트와 인근 아프리카 북동지

사진 5-9. 에티오피아 정교의 교회

역에 분포한 오리엔트 정교회의 콥트교와는 좀 상이하다. 예배 형식은 콥트교보다 오히려 시리아와 더 유사하다. 그러므로 에티오피아 기독교는 고유한 기독교의 일파로 에티오피아 정교회라 부르는 것이 타당할 것이다.

대부분의 지리학자들은 이슬람과 건조지역, 애니미즘과 삼림지역, 또는 일신교와 건조지역의 일치에 관해서 공통된 견해를 가지고 있다. 이에 대해 모든 건조지역에 그와 같은 이론이 적용될 수 없다고 반론을 펴는 학자들도 있다. 하지만 인문현상은 물론 식물에 이르기까지 현재의 생물 분포가 전파의 결과이기 때문에 동일한 환경론이 모든 지역에서 성립될 필요는 없을 것이다. 어느 것이나 예외적인 경우가 있기 때문이다. 그러나 예외적인 경우라 할지라도 자세히 들여다보면, 별도의 요인이 작용한 결과임을 간파할 수 있다.

탄자니아 국명은 탕가니카와 잔지바르의 결합이다

키워드: 탄자니아, 잔지바르, 산호섬, 프레디 머큐리.

탄자니아 여행의 백미는 인도양에 면한 잔지바르Zanzibar일 것이다. 잔지바르는 아랍어로 흑인이라는 '잔지zanzi'와 해안이라는 '바르bar'가 합쳐진 이름의 산호섬이다. 잔지바르는 노예무역과 식민지배라는 슬픈 역사와 아름다운 자연을 가진 매력적인 여행지 중 하나다.

섬은 화산에 의해 생기기도 하지만 산호에 의해 만들어지기도 한다. 산호초는 화산섬 간의 관계에 따라 세 종류로 나뉜다. 산호초가 화산섬 주변에서 자라나는 안초岸礁, 산호초가 섬 해안에서 조금 떨어져서 생기거나 섬을 보위하듯 둘러싼 보초堡礁, 섬은 바닷속으로 가라앉고 산호초만 반지처럼 보이는 환초環礁이다. 표면 수온이 25℃ 정도 되는 인도양, 카리브해, 태평양의 서부 해역 등 열대 및 아열대기후지역의 얕은 바다에는 산호의 분비물이나 뼈가 쌓여 이루어진 암초인 산호초가 발달한다. 잔지바르는 화산섬 주변에 산호가 서식하는 섬으로 인도양의 몰디브처럼 아름다운 에메랄드 바다 빛깔로 유명하다.

잔지바르는 그림 5-17에서 보는 바와 같이 잔지바르섬과 펨바Pemba섬의 두 섬으로 이루어져 있는데, 잔지바르섬의 구시가지인 스톤 타운은 다양한 지역의 문화경관을 볼 수 있는 곳으로 유네스코의 세계 문화유산으로 등재되어 있다. 아랍의 무역업자들은 아랍, 인도, 아프리카 사이의 항해를 위한 중계무역항으로 잔지바르섬을 이용했고, 해안 마을과 무역하기 편리한 지점인 스톤 타운에 정착했다. 그들은 섬에 주둔지를 세우고 남반구 안에 최초의 모스크를 세웠다.

그림 5-17. 탕가니카와 잔지바르

잔지바르는 1503년부터 200년간 포르투갈인이 점령하였으며, 이후에는 오만의 일부가 되었다. 19세기에 들어와서는 영국이 점령하였고 1963년까지 영국의 식민통치를 받았다. 1964년 잔지바르에서 흑인들이 아랍인들을 살육한 사건은 20

사진 5-10. 잔지바르 해안가

절의 제노사이드에서 설명한 바 있다. 그럼에도 잔지바르에는 아름다운 인도양 바다를 배경으로 아랍풍의 좁고 구불구불한 도로, 노예집산지였던 노예시장의 유적, 아랍 술탄의 왕궁, 오만 제국의 요새, 이슬람 사원, 영국 탐험가 리빙스턴의 집, 성공회 성당 등이 남아 있다.

잔지바르는 아랍, 포르투갈, 영국 등과 같은 여러 문화권의 지배를 받으면서 이들 지역문화와 아프리카 토착문화가 뒤엉킨 다양한 문화경관을 보여 준다. 영국으로부터 독립한 이듬해 잔지바르는 아프리카 본토의 탕가니카와 합쳐져서 탄자니아공화국이 되었다. '탄자니아Tanzania'라는 국명은 탕가니카Tanganyika와 잔지바르Zanzibar의 알파벳을 고르게 섞어 만든 것이다.

세계적 밴드인 퀸(Queen)의 리드 보컬인 프레디 머큐리(Freddie Mercury)는 1946년 당시 영국의 식민지였던 탄자니아의 잔지바르에서 영국 총독부 공무원의 아들로 태어났다. 외모에서 알 수 있듯이 그는 앵글로 색슨족이 아니다(사진 5-11). 그의 조상은 8세기에 이슬람교도에 쫓겨 인도로 피신한 페르시아인(이란인)이다. 그는 생전에 "나는 록 스타가 되지 않겠다. 나는 전설이 될 것이다."란 말을 남기기도 했다.

사진 5-11. 퀸의 멤버와 머큐리

71

콩고민주공화국의 하루 1달러짜리 코발트 중노동

키워드: 콩고민주공화국, 코발트, 아동노동.

1. 전기 배터리의 원료인 코발트

화학원소의 주기율표에서 27번에 자리하며 기호 Co로 표기되는 코발트Cobalt는 4차 산업혁명의 다이아몬드로 불린다. 스마트폰의 사용이 증가하고 전기를 이용해 움직이는 자동차가 상용화되면서, 코발트는 스마트폰이나 전기자동차 제품의 배터리에 없어서는 안 되는 중요한 자원이 되었다. 코발트는 자석이나 강도가 센 합금을 만드는 데 사용되며 우리 인류에게 아주 중요한 자원이지만, 지각에는 0.003%만 분포하고 있는 자원이다. 코발트는 아주 오래전부터 유리·유약·도자기 등에 색을 내는 도료로 활용되었다.

코발트 광석은 고대 이집트에서 훌륭한 청색 도료로 사용되었다. 이슬람의 모스크에 있는 푸른색 모자이크 타일을 만드는 데에도 코발트가 사용된다. 동양에서는 도자기에 푸른색을 낼 때 사용되었다. 우리나라에서도 고려청자의 뒤를 이어 몽골과 이슬람교의 영향을 받아 코발트로 색을 낸 청화백자가 등장했다. 페르시아가 코발트의 주산지였기 때문에 코발트 광석을 거래하는 상인들은 당시 이슬람 신도들이었다. 당시 이슬람교를 회회교回回敎라 했던 만큼, 코발트는 이슬람 신도가 가져온 푸른색이라는 뜻에서 회청이라 불렸다. 제2차 세계대전이 일어났을 때 독일은 전쟁에 사용할 무기를 만드는 데 코발트 합금을 이용하기도 했다. 이후 미국이 군용으로 사용할 수 있는 안정적인 코발트 공급지를 찾으려 하면서 코발트에 대한 관심이 크게 증가했다.

전기자동차가 상용화되면서 전기자동차에 사용되는 배터리의 핵심원료인 코발트의 가격이 폭등했다. 코발트는 한 번 충전하면 수백 ㎞를 달릴 수 있는 고용량 2차 전지 제작에 필수적인 원료다. 우리가 보편적으로 사용하는 스마트폰의 배터리 등에 사용되는 고용량 리튬 배터리에는 리튬·니켈·코발트를 혼합한 화합물이 사용된다.

코발트는 전 세계 생산량의 약 60%가 중앙아프리카의 후기 선캄브리아기 해양퇴적층에 매장되어 있다. 특히 적도 부근의 콩고민주공화국에서 잠비아의 구리광산지대 copper belt까지 이르는 500㎞ 범위에서 대규모로 발견된다. 콩고민주공화국에 이어 오스트레일리아·러시아·쿠바·필리핀·마다가스카르·캐나다 등지 역시 코발트가 매장된 주요 국가다. 콩고민주공화국과 잠비아의 두 나라에서 코발트가 집중적으로 생산되기 때문에 이들 국가의 사회·경제적 문제는 코발트 생산량 변화와 직결된다.

그림 5-18. 세계의 코발트 주요 생산국과 생산량

최대 생산국인 콩고민주공화국 내전 등의 정치적 불안과 광산에 사용할 전력부족 문제가 심각해지면서, 국제적으로 코발트의 수급문제는 더욱 심화되고 있다. 한편 코발트는 분쟁광물conflict mineral로 규정되어 국제사회의 규제를 받는다. 콩고민주공화국과 그 주변 국가들이 무장 세력의 자금줄로 사용하면서 채취과정에서 노동력 착취라는 인권문제가 발생했기 때문이다.

2. 코발트의 보고, 콩고민주공화국

코발트의 세계 매장량은 약 700만 톤으로 추정된다. 이 가운데 340만 톤이 콩고민주공화국에 매장되어 있으며, 전 세계 생산량의 절반가량인 6만 톤 정도가 콩고민주공화국에서 생산된다. 콩고민주공화국은 1924년부터 구리 광석에서 코발트를 생산해왔다. 1967년 벨기에 계열의 회사가 국유화되었고 많은 기업이 콩고민주공화국에서 코발트 개발에 참여하고 있으나, 국가의 정치·사회적 문제로 최근에는 코발트 생산에 많은 제한을 받고 있다.

벨기에는 콩고민주공화국을 식민지로 지배했던 국가이다. 콩고민주공화국은 식민지에서 독립한 후 1971년에 자이르Zaire로 국명을 고쳤다가 1977년에 지금의 이름을 확정했다. 이 나라는 중앙아프리카에서 면적이 가장 넓고 인구도 가장 많다. 콩고민주공화국Democratic Republic of Congo의 서쪽에는 과거 프랑스 식민지 지배를 받았던 콩고Republic of Congo라는 나라가 별도로 존재한다.

콩고민주공화국에서 생산되는 코발트는 1970년대에 1만 톤을 넘었던 것이 1990년대에는 대폭 감소해 1995년에는 1,670톤까지 생산량이 감소하기도 했다. 이후 지속적으로 생산량이 증가하여 2011년 이후 6만 톤 이상을 생산하게 되었다. 그러나 콩고민주공화국에서 제련된 코발트 생산량은 400톤에 불과하다. 그 이유는 제련 기술의 수준이 뒤처져 있기 때문이다. 제련된 코발트를 가장 많이 생산하는 나라는 중국이다. 중국은 코발트 최대 소비국이며, 대부분 배터리를 만드는 사업에 사용한다. 2017년 기준으로 세계 10대 코발트 생산자본 가운데 6개가 콩고민주공화국에 자리를 잡았으며, 2022년에는 9개로 늘어날 것으로 전망된다.

코발트 산지가 제한적이고 가격도 비싸다 보니 세계 최대 생산국인 콩고민주공화국에서는 어린아이들까지 채굴현장에 동원하고 있다. 어깨에 커다란 자루를 짊어진 어린이들은 매일 아침 눈을 뜨자마자 흙더미 속에서 안전장비도 갖추지 않은 상태로 돌무더기를 찾는 작업을 한다. 각종 사고와 중증질환의 위험을 무릅쓰고 채굴에 동원된 어린이들이 4만 명에 달하며 이들이 하루 동안 일하고 손에 쥐는 돈은 고작 1달러에 불과하다. 콩고민주공화국에서 수출되는 코발트의 20%가량은 어린이들이 채굴한 것이라고 한다.

어린이들의 광산노동은 아동노동 가운데 최악으로 알려져 있다. 특히 콩고민주공화국의 영세 채광기업에서 일하는 어린이들은 거의 1년 내내 광산에서 지내며, 학교에 다니는 어린이들도 주말과 휴일이 되면 광산에서 10시간 이상을 일한다. 어린이들은 학비를 제대로 감당할 수 없어 학교 대신 광산으로 향한다. 콩고민주공화국은 무상으로 초등 의무교육을 실시하지만, 정부의 재정지원이 넉넉하지 못해 학교의 운영비를

사진 5-12. 코발트 노동을 하고 있는 콩고민주공화국의 어린이들

조달할 목적으로 학부모에게 매달 10~30달러를 부담시킨다.

세계은행World Bank에서 정한 빈곤선poverty line은 하루 1.92달러다. 즉 인간이 하루에 최소의 생계를 유지하기 위해서는 적어도 1.92달러가 필요하다는 의미다. 세계적으로 빈곤선 이하에 해당하는 인구는 매년 감소하고 있지만, 콩고민주공화국의 어린이들은 세계은행에서 정한 빈곤선에도 미치지 못하는 일당을 받으며 고된 노동에 동원되고 있다.

이러한 문제로 인해 콩고민주공화국의 코발트가 세계적으로 분쟁광물로 지정된 것이다. 콩고민주공화국에서 1년에 생산되는 코발트의 양이 약 6만 톤이라는 것도 공식적으로 집계된 것일 뿐 아동 노동력이나 반군들에 의해 생산된 물량에 대한 통계는 아무도 모른다고 한다.

3. 유라시아 자원 그룹ERG의 통제와 지원

유라시아 자원 그룹ERG: Eurasian Resources Group은 1994년에 창설된 유수의 천연자원 개발기업으로, 세계 여러 나라에 8만 명이 넘는 종업원을 두고 있다. 이 기업은 콩고민주공화국에서 구리와 코발트를 채굴한다. 2017년 9월 런던 금속거래소LME: London Metal Exchange에서, 유라시아 자원 그룹의 코발트 마케팅 책임자였던 토니 사우스게이트Tony Southgate는 다음과 같이 일갈했다.

> 당신이 가지고 있는 휴대전화에 콩고민주공화국의 어린이노동으로 만들어진 코발트가 포함되어 있다는 것은 거의 피할 수 없는 사실이다.

이 표현만 보더라도 콩고민주공화국은 세계 코발트시장의 무법자라 불릴 만하다. 이후 윤리적이고 사회적으로 책임질 수 있는 자원 채굴과 생산이 요구되었다. 어린이 노동은 배터리에 사용되는 자원 사슬이 형성되면서 콩고민주공화국에서 발생한 여러 문제 가운데 하나에 불과하다. 콩고민주공화국의 광업을 둘러싼 정치적·법적·윤리적 불확실성과 연계된 코발트 공급 사슬은 여전히 위험한 종속의 문제다.

유라시아 자원 그룹이 2017년에 예측한 자료에 따르면, 세계의 코발트 소비량은 전기자동차의 공급과 함께 배터리 부문의 성장으로 인해 2025년이 되면 19만 톤으로 증가할 것이다. 이렇게 매년 코발트의 수요가 증가하지만, 공급은 제대로 이루어지지 않아 세계 코발트시장은 공급이 제한된 상태로 남게 될 것이 분명하다. 매년 5만 톤 이상의 공급이 부족하기 때문이다.

세계 코발트시장에서는 비윤리적이고 비인간적인 코발트를 제거하려는 움직임이 강해지면서 윤리적인 공급을 위해 노력해야 한다는 목소리가 커지고 있다. 특히 어린이들의 노동을 직·간접적으로 후원한다고 생각하는 코발트 업체가 엄격한 조사를 받게 되면 콩고민주공화국의 코발트는 시장성이 사라지고 결국에는 적자가 누적될 것이다.

유라시아 자원 그룹에서는 주택·교육·지방 산업 등을 후원함으로써 콩고민주공화국의 지역 공동체 발전에 도움을 주고 있다. 콩고민주공화국의 코발트 아동노동은 세계적으로 진행되고 있는 환경보전에 대한 관심과 기술의 진보가 다른 한편으로는 어린이 노동력 착취와 건강문제를 초래한 아이러니의 사례라 할 수 있다.

72

스위스가 영세중립국이 될 수 있었던 지리적 환경은?

키워드: 스위스, 용병, 영세중립국, 조세피난처.

일반적으로 알프스 하면 요들송과 알프스 소녀 하이디의 스위스를 떠올린다. 스위스는 중부 알프스에 걸쳐 있다. 스위스는 연방공화국으로 면적은 남한의 2/5가량인 약 4만㎢, 인구는 860만 명 정도다.

150년 전까지만 해도 스위스는 공업기반이 거의 없는 유럽의 최빈국에 지나지 않았다. 이랬던 스위스가 1339년 최강의 전력이었던 합스부르크 군대를 격파한 이후 영국과 프랑스 간 백년전쟁이 발생했던 때처럼 서로 치고받고 싸우던 유럽 여러 군주의 관심을 받게 된다. 히말라야의 구르카족과 마찬가지로 알프스의 거친 산악지대에 살았던 스위스인도 심폐기능과 지구력이 뛰어났다.

유럽의 최빈국 스위스는 용병부대를 조직해서 수출하기 시작했다. 그들의 진가는 1513년 노바라 전투Battle of Novara에서 스위스군을 모방해 창설한 독일 용병인 란츠크네흐트 부대와 프랑스 군을 동시에 격파하면서 세상에 알려지기 시작했다. 바티칸 교황청 경비에도 스위스 용병들이 투입되었는데, 1527년 교황 클레멘트 7세가 기거하던 교황청에 2만 명에 달하는 신성로마제국군이 교황청으로 쳐들어왔다. 189명 중 147명의 스위스 근위병이 사망하면서까지 2만 병력을 막아 내며 시간을 버는 동안 클레

멘트 7세는 간신히 피신했다. 현재까지도 교황을 호위하는 110명의 근위대는 스위스 용병으로 운영되고 있다.

1616년 프랑스 왕 루이 13세는 스위스 용병에게 스위스 근위병Swiss Guards이라는 호칭도 부여하며 아예 왕궁 경비를 맡겼다. 스위스 용병의 용맹성과 그들에 대한 신뢰성은 1792년 프랑스혁명 때 다시 확인되었다. 루이 16세는 1,000여 명에 달하는 스위스 근위대의 호위를 받으며 마르세유궁을 버리고 튀일리궁으로 피신했다. 성난 시위대와 시민군에 가담한 프랑스 정규군들이 튀일리궁으로 몰려들자 루이 16세는 가족과 함께 급히 궁에서 탈출했지만, 스위스 근위대는 궁의 정문을 봉쇄한 채 시민군의 진입을 저지하면서 끝까지 싸워 거의 전멸당하고 말았다. 스위스 정부는 1815년 영세중립국이 되면서 가난 때문에 용병을 수출했던 지난 과거에 대한 반성으로 교황청을 제외한 외국군대 입대를 전면 금지했다.

스위스 용병에 대한 우직하고 믿음직스러운 이미지는 스위스의 국가 이미지로 연결되어 스위스 제품에 대한 믿음을 높여 주는 역할을 한다. 소위 '맥가이버 칼'이라고 불리는 스위스 아미 나이프, 티쏘·해밀턴·론진·까르띠에·태그호이어·불가리·오메

사진 5-13. 바티칸궁의 스위스 용병

가·브라이틀링·롤렉스·제니스 등 고가의 정밀시계, 0.0001g까지 측정할 수 있는 저울, 스위스의 은행 등에 대한 신뢰감은 스위스 용병의 죽음으로 얻어 낸 것이라고 할 수 있다. 스위스는 자국제품에 대한 자신감으로 국내에서 제조된 상품에 대하여 'MADE IN SWISS'가 아니라 'SWISS MADE'라 기재한다.

그림 5-19. 스위스의 대표적 명품

스위스는 1648년 베스트팔렌 조약을 통해 신성로마 제국으로부터 독립하였다. 1815년 빈(비엔나)회의에서는 나폴레옹 전쟁 이후의 유럽을 개편하는 작업이 이루어졌는데, 스위스의 경우에는 독립이 재차 확인됨과 동시에 영세중립국永世中立國으로 국제적인 인정을 받았다. 영세중립국이란 다른 국가 간의 전쟁에 참여하지 않는 의무를 가진 국가를 말한다. 대신 다른 국가들도 영세중립국을 침공하지 않는다.

빈 회의에서 네덜란드와 벨기에도 중립국으로 인정받았지만 제2차 세계대전 당시 독일의 침공을 받고 국토가 점령당한 반면, 스위스는 영세중립국 지위를 유지했다. 스위스가 제2차 세계대전에서 영세중립국을 유지할 수 있었던 것은 스위스의 지리적 환경과 스위스군의 용맹스러움에 대한 명성 덕분이기도 하다.

제2차 세계대전이 발생하고 얼마 되지 않아 프랑스가 독일에 항복하면서 스위스는 두 주축국인 독일과 이탈리아를 잇는 지점에 놓여 있게 되었다. 독일군으로부터 스위스를 점령해 이탈리아와의 통상로를 확보해야 한다는 의견이 개진되자, 스위스는 독일군의 침공이 있을 경우에 스위스와 이탈리아를 잇는 알프스의 통로를 모두 파괴해 버리겠다고 선언했다. 그리고 독일군의 침공이 발생할 경우를 대비하여 스위스 군은 알프스의 험한 지형을 이용하여 게릴라 작전을 벌일 수 있는 준비를 진행했다.

결국 독일은 스위스를 침공하더라도 이탈리아를 잇는 통로가 파괴되면 독일과 이탈리아 간 물자 및 병력 수송이 더욱 어려워질 수 있고 알프스의 험한 지형을 이용한 장기간의 게릴라전을 진행할 경우 패배할 확률이 높기 때문에 침공을 포기하고 스위스의 중립을 인정하게 되었다.

뉴스나 드라마를 보면 재벌이나 정치가가 엄청난 금액의 돈을 스위스 은행에 송금해 뒀다는 내용을 종종 듣게 된다. 스위스가 조세피난처로 변신하게 된 데에는 영세중립국이라는 독특한 위치가 결정적인 역할을 했다. 제2차 세계대전이 끝나자 전쟁을 치른 대부분의 유럽 각국은 엄청난 전비에다 복구비용으로 재정난에 시달려 세금을 인상하지만, 영세중립국이었던 스위스는 낮은 세율을 유지할 수 있었고 외국의 부자들은 자국의 세금폭탄을 피해 스위스 은행에 돈을 맡겼다.

그림 5-20. 18세기 은행비밀의 기원지가 된 스위스 제네바 은행

73

콜라의 전쟁
코카콜라와 펩시콜라, 어느 쪽의 승리인가?

콜라는 코카의 잎에서 추출한 성분과 콜라나무 껍질에서 추출한 원액에 캐러멜과 여러 첨가물을 넣고 여기에 탄산을 더해 만든 탄산청량음료로 보통 병이나 캔에 담아서 판매한다. 술을 먹을 수 없는 어린이나 청소년 그리고 무슬림이 술 대용으로 마시는 경우가 많다. 카페인과 설탕 덕에 많이 마시면 사람에 따라 심장이 빨리 뛰는 등 흥분되는 기분을 느끼기도 한다.

키워드: 미국, 콜라, 콜라 전쟁, 코카콜라, 펩시콜라.

1. 콜라의 역사

콜라는 1886년 미국의 약사藥師 존 펨버턴John Pemberton에 의해 처음 만들어진 것으로, 당시에는 첨가물 없이 순전히 코카 잎 추출 성분과 콜라나무 껍질 원액과 탄산수로 만들어졌으며, 원래는 소화제를 주목적으로 한 자양강장제였다. 하지만 이것만으로는 부족해서 첨가물을 더 넣고 만든 것이 오늘날의 콜라다.

콜라는 펨버턴 약국의 소다수 판매 진열대에서 한 잔당 5센트로 판매되었지만 판매량이 별로 많지 않았고, 그는 2년 후 이 청량음료에 대한 제조와 판매 등 모든 권리를 단돈 122만 2,000원에 약제 상인 캔들러에게 팔아 버렸다. 캔들러는 이 청량음료의 가능성을 알아보고 펨버튼의 전 동업자였던 프랭크 로빈슨Frank Robinson과 함께 1892년에 '코카콜라 컴퍼니The Coca-Cola Company'를 설립했다.

캔들러의 탁월한 영업능력으로 콜라의 판매가 급증했고 미국을 상징하는 대표적인 청량음료로 성장하게 되었다. 현재에도 사용되는 있는 코카콜라 병의 디자인은 1915년 캔들러가 500만 달러의 현상금을 걸고 공모전을 벌였을 때 여기에 응모했던 유리

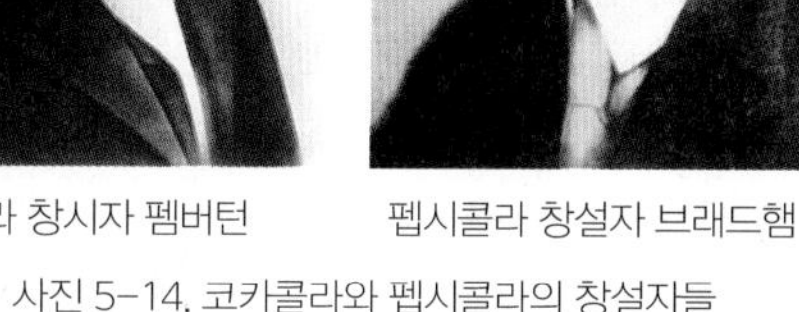

코카콜라 창시자 펨버턴　　　　펩시콜라 창설자 브래드햄

사진 5-14. 코카콜라와 펩시콜라의 창설자들

병 공장의 직원이 디자인한 것이다.

한편 펩시콜라는 1893년 미국의 약사였던 칼렙 브래드햄Caleb Bradham이 설립했다. 그는 1898년 제품이 소화불량 치료에 효과적이라는 이미지를 주기 위해, '브래드의 음료수'였던 제품명을 펩시Pepsi를 넣은 '펩시콜라Pepsi-Cola'로 변경했다. 이후 펩시콜라의 수요가 증가하기 시작하면서 1902년에 '펩시콜라 컴퍼니The Pepsi-Cola Company'를 설립했으며, 다음 해에 펩시콜라의 상표를 등록했다.

2. 콜라의 확산

콜라는 제2차 세계대전 중에 미군의 군수물자로 채택되어 전 세계에 폭발적으로 보급되었다. 당시 상당수 작전지역에선 정제한 물맛이 좋지 않았기 때문에 미군은 진주하는 곳마다 식수 대용품으로 콜라를 자주 마시게 되었다. 그로 인해 대량의 콜라가 보급되면서 현지인들에게도 소개되고 전 세계적으로 퍼지는 데 큰 영향을 끼쳤다. 실제 미군이 제2차 세계대전을 치른 지역에서는 당시 미군들이 버린 콜라병들이 지금도 종종 보일 정도이니 그 보급량이 얼마나 많았는지 가늠하기 어렵다.

코카콜라에서 내놓은 환타도 제2차 세계대전과 관련이 깊다. 나치 독일 시절에 코카콜라 생산시설을 독일에 건설했으나, 전쟁으로 인해 코카콜라 원액의 공급이 끊겨 콜라의 대용품으로 과즙 등을 이용해 만든 탄산음료가 바로 환타였다. 결국 독일의 패전 후 코카콜라 회사에서 환타 생산시설을 입수했고, 반응이 좋아 공식 코카콜라의 제품군에 포함되는 영광을 누리게 되었다.

1942년 영국 식품성은 전시상황의 비용절감이라는 측면도 고려하여 코카콜라와 펩시콜라를 합쳐 그냥 '아메리칸 콜라'라고 명명해 영국시장에 공급할 것을 두 회사에 명령했나. 이 조치는 매우 당연하게도 코카콜라 회사를 격분시켰고, 이 때문에 1948년까지 영국에서 영업을 중단했다.

코카콜라는 발전을 거듭해 미국에서 제법 유명한 음료수가 되었지만 지금과 같은 위상은 아니었다. 코카콜라의 변화는 1941년 일본의 진주만 습격으로 시작되었다. 이 사건으로 인해 미국은 제2차 세계대전에 참전하면서 1,600만 명의 군인과 그들이 마실 100억 병의 코카콜라를 전선에 투입한 것이다. 하지만 코카콜라는 아군과 적군을 가리지 않고 모두에게 사랑받는 음료수가 되었다. 안타깝게도 역사는 승자와 패자만을 이야기할 뿐 음료수를 기억하지 않는다.

제2차 세계대전은 코카콜라에 군인 할인이 적용되는 시기였다. 당시 코카콜라의 회장은 "군복만 입고 있으면, 묻지도 따지지도 않고 세계 어디든 콜라 한 병에 5센트에 판매하겠다."라고 발표했는데, 콜라 덕후였던 유럽 연합군 총사령관 아이젠하워가 이 기회를 놓치지 않았다. 1943년 북아프리카에서 연합군을 지휘하는 아이젠하워는 "이곳에는 콜라… 코카콜라가 필요하다!"란 내용의 긴급 전보를 본부에 보냈다. 그는 전보로 300만 병의 코카콜라를 주문했지만 미국에서 아프리카까지 코카콜라를 배송하려면 시간도 오래 걸리고, 병이 깨져 아까운 코카콜라가 흐를 수도 있었다. 그 때문에 그는 하루에 600만 병 분량을 만들 수 있는 코카콜라 생산기지를 만들었다.

연합군이 주둔한 세계 곳곳에 만들어진 코카콜라 생산기지는 전쟁이 끝난 후에도 그 자리에 남았다. 다만 군인이 아닌 시민에게 코카콜라를 판매하게 되었다. 이를 계기로 미국 내에서만 판매되던 코카콜라가 국제 연합 가입국보다 많은 국가에서 판매되기 시작되었다.

3. 콜라 전쟁

코카콜라는 창립 이래 99년간 유지해 온 콜라를 버리고 왜 신제품을 출시했을까? 경쟁사인 펩시의 추격 탓이다. 제2차 세계대전 직후 60%에 이르던 세계시장 점유율이 21.8%로 떨어진 상황에서 '캔자스 프로젝트'라는 극비 계획을 진행했다. 펩시 회사는 1950년대 "타도! 코카콜라!"를 외치며 경쟁사의 임원과 기술자들을 다수 스카우트하여 꾸준한 노력을 지속했다.

1985년 4월 23일 코카콜라가 기존의 콜라를 대체할 새로운 제품을 내놓았다. "최고가 더 좋아졌습니다!"라는 문구와 함께 등장한 신제품의 이름은 '뉴 코크New Coke'였다. 단맛이 추가된 코카콜라의 신제품은 19만여 명을 대상으로 진행한 사전 테스트에서 극찬을 받았다. 기대했던 대로 뉴 코크의 출발은 더할 나위 없이 좋았다. 발매 이틀 만에 소비자의 80%가 인지하고 판매량도 늘어났다.

그러나 문제는 기쁨이 한순간에 그쳤다는 점이다. 옛 제품을 선호하는 소비자들의 혹평이 쏟아진 것이다. 옛 코크를 돌려 달라는 아우성 속에 항의 전화 40만 통이 걸려 왔다. 야구장 전광판에 뉴 코크 광고가 나가면 관중은 야유를 보냈다. 판매량도 뚝 떨어졌다. 그 덕분에 펩시콜라는 코카콜라를 추월하는 반사 이익을 누렸다. 본격적인 콜라 전쟁이 시작된 것이다.

사진 5-15. 코카콜라의 신제품 뉴 코크

그 소동은 뉴 코크 발매 79일 만에 '코카콜라 클래식'이라는 이름으로 옛 콜라를 생산하면서 잠잠해졌다. ABC 방송국은 인기 드라마인 〈종합병원〉 방영 도중 자막을 띄울 만큼 이 소식을 크게 다루었다. 코카콜라의 실수는 경영실패의 사례로 손꼽힌다. 55%의 불만 고객만 의식하고 골수 고객 45%를 무시한 결과는 마케팅 교과서에도 올랐다.

과연 코카콜라는 실패했을까? 천만의 말씀이다. 번복 이후 폭발적인 인기 덕분에 매출과 순이익이 각각 10%, 9%씩 껑충 뛰었다. 광고효과도 톡톡히 누렸다. 전화위복의 본보기가 된 것이다. 1985년 우주왕복선에 탑재될 음료 경쟁에서 코카콜라가 승리한 것도 펩시콜라에게는 치명타였다. 뉴 코크 출시를 둘러싼 콜라 전쟁에서 얻어야 할 진정한 교훈은 바로 과오를 인정하는 신속하고 대담한 의사결정이다.

탄산음료계의 제왕 코카콜라란 이름은 'OK' 다음으로 가장 많이 사용된 영어단어가 되었다. 우리는 세계 어느 곳에 발을 딛어도 코카콜라를 만날 수 있다. 초기 메소포타미아 문명기의 사람들이 맥주를 마셨고, 중세 귀족들이 커피를 즐겼다면, 그 바통을 이어받을 음료수는 단연 코카콜라다.

사진 5-16. 콜라 업계의 영원한 라이벌

코카콜라와 펩시콜라는 각기 창립된 이래 그들의 로고를 조금씩 변경해 왔다. 독자들은 연령에 따라 기억하고 있는 로고가 다를 것이지만, 그림 5-21에서 보는 바와 같이 코카콜라의 로고는 2007년, 펩시콜라는 2008년에 현재의 모습으로 바뀌었다.

그림 5-21. 코카콜라와 펩시콜라의 로고 변천

사진 5-17. 다양화한 펩시콜라의 제품

코카콜라의 성공 이후 많은 곳에서 코카콜라의 아성에 도전하기 위해 자신들만의 콜라를 많이 내놓았으나 대부분은 시원찮은 결과를 맞이했고, 그나마 성공한 콜라 업계들도 대부분 자국 내 소비에서만 그쳤다. 유일하게 코카콜라를 따라잡는 데 성공한 것이 바로 폭풍성장을 거둔 펩시콜라였다. 펩시콜라가 코카콜라를 추월한 비결은 제품의 다양화에 있었다. 그러나 우리나라 콜라시장에서는 펩시콜라가 코카콜라에게 맥을 못 추고 있다.

74

자메이카 음악가 밥 말리는 라스타파리교를 퍼뜨렸나?

키워드: 자메이카, 셀라시에 1세, 라스타파리안, 라스타파리교, 밥 말리.

에티오피아의 마지막 황제인 하일레 셀라시에 1세Haile Selassie I는 1950년 6.25전쟁 당시 자신의 군대를 파견해 우리나라를 지원한 공로로 1955년 대한민국 건국훈장 중 최고등급인 대한민국장을 수여받았다. 그는 1968년에 우리나라를 방문하여 서울 시민의 열렬한 환호를 받았다.

하일레 셀라시에 1세는 스스로 자신이 솔로몬과 시바 여왕의 자손이라고 주장했다. 에티오피아인은 솔로몬 왕을 찾아갔던 전설적인 시바 여왕이 민족의 기원이라고 생각한다. 『구약성서』에 기원전 900년경 시바 여왕이 '많은 시종과 황금과 보석을 잔뜩 실은 낙타를 거느리고' 솔로몬 왕을 방문한 내용이 나온다.

사진 5-18. 셀라시에 1세 황제

그런데 아프리카에 낙타가 들어간 것은 2세기 이후이기 때문에 시바 여왕은 아프리카 에티오피아 여왕이 아니라 아라비아반도의 예멘 여왕이었을 것이다. 시바 여왕과 솔로몬 왕 사이에서 태어난 아들이 에티오피아의 왕이 되었고 이 왕조가 하일레 셀라시에 1세가 통치한 20세기 중반까지 3,000년 동안 이어졌다는 것이다.

하일레 셀라시에 1세는 원래 이름이 타파리 마콘넨Tafari Makonnen으로 흔히 타파리 왕자라는 뜻의 '라스 타파리Ras Tafari'라고 불렸다. 1930년에 그의 화려한 황제 대관식을 지켜본 카리브해의 자메이카에 살고 있던 아프리카 노예의 후손들은 라스타파리교Rastafarianism를 만들어 하일레 셀라시에 1세를 오랫동안 자신들이 기다려왔던 구원자라고 여겼다.

라스타파리안들은 셀라시에가 아프리카계 주민들을 아프리카로 돌려보낼 곳을 마련했으리라고 믿었다. 그들은 머리털을 꼬아서 길게 늘어뜨린 드레드록dreadlocks 머리 스타일을 하고, 간자ganja라 불리는 대마초를 피우며 레게 음악을 만들었다. 전통적인 아프로 자메이카의 레게reggae는 아프로 아메리카와 북아메리카의 대중음악과 록 음악적 요소들이 복합적으로 결합되어 있다. 원래 자메이카 빈민층 음악에서 비롯했으며 사회적 불만을 반영하고 있고 아프리카로의 귀향, 에티오피아의 셀라시에 황제의 신격화, 종교의식에서의 마리화나의 사용 등을 강조하는 라스타파리안 운동Rastafarian movement에 바탕을 둔다.

라스타파리교는 자메이카의 음악가인 밥 말리Bob Marley를 통해 유명해졌다. 그는 1968년 라스타파리교로 개종했고, 그의 음악 속에는 그 신앙이 강하게 담겨 있다. 그렇지만 정작 하일레 셀라시에는 자신을 신이라 생각하지 않았고, 1966년 그가 자메이카를 방문했을 때 그를 숭배하려 한 라스타파리안들을 보고 당황했다.

자메이카는 카리브해에서 세 번째로 큰 섬으로 이루어진 나라이다. 항해가였던 콜럼버스가 1494년 발견한 이후 스페인과 영국이 지배하면서, 아프리카의 흑인들이 카리브해 일대로 이동하는 노예무역의 중심지가 되었다. 1651년 영국과 스페인의 전쟁에서 영국이 승리함에 따라, 자메이카는 1655년에 영국의 지배를 받게 되었다.

사진 5-19. 밥 말리

아프리카를 식민지로 지배하던 유럽의 국가들은 아메리카에 부족했던 노동력을 보충하기 위해 아프리카의 기니만 일대에서 흑인을 노예노동자로 데려왔는데, 그들의 중간 기착지 역할을 한 섬이 지금의 자메이카다. 유럽인이 커피를 마시기 시작하고 커피의 쓴맛을 잠재울 수 있는 설탕에 대한 수요가 증가하면서 자메이카와 그 주변 섬들은 사탕수수의 주요한 생산기지가 되었다. 이러한 과정을 겪으면서 자메이카는 카리브해에서 노예를 사고파는 중심지로 등장한 것이다.

사탕수수를 재배하고 이로부터 설탕을 만드는 데에 왜 그렇게 많은 노동력이 필요했을까? 결론부터 이야기하면 사탕수수 농업은 대규모의 노동력이 필요한 노동집약적 농업이기 때문이다. 4m가 넘는 사탕수수를 베어 공장으로 운반한 후 압착하여 즙을 얻어 낸 다음 설탕을 만들기 위해서는 커다란 솥에서 오랫동안 끓여야 한다. 불을 때는 연료는 당시 주변에서 구할 수 있는 나무였다. 따라서 사탕수수를 베는 일, 즙을 내는 일, 연료인 나무를 구하는 일에는 아주 많은 사람이 필요했던 것이다. 지금은 기계화가 이루어져 일손이 많이 필요하지 않지만, 당시에는 이 모든 작업을 사람의 힘으로 할 수밖에 없었다.

이러한 이유로 유럽인은 많은 노동력이 필요했고 설탕 제조에 필요한 노동력을 아프리카의 노예로 대체한 것이다. 당시 노예들의 작업 여건이 얼마나 비인간적이었는지는 더 이상 말할 필요가 없을 것이다.

사진 5-20. 사탕수수를 재배하는 아프로 자메이칸

자메이카를 지배하던 영국은 노예무역에서 탈출한 사람들과 1783년에 평화협정을 체결했으며, 100년 후에는 자메이카에 있던 모든 노예를 자유인으로 풀어 주었다. 해방된 노예들은 이후 스스로 농업을 영위할 수 있게 되었다. 이러한 연유로 자메이카에는 아프리카에서 온 노예들의 후손인 아프로 자메이칸 Afro-Jamaican이 많이 거주하게 되었으며, 현재 국민의 대부분이 흑인이다. 또한 영국의 식민지 지배를 받았기 때문에 주변 국가와는 달리 영어를 공용어로 사용한다.

같은 듯 다른 이웃 국가, 오스트레일리아와 뉴질랜드

오세아니아의 오스트레일리아는 세계에서 가장 큰 섬일까? 아니면 세계에서 가장 작은 대륙일까? 정답은 둘 다 맞다. 오스트레일리아는 세계에서 가장 작은 대륙인 동시에 가장 큰 섬이다. 이 나라 동남쪽에 뉴질랜드가 위치해 있다.

키워드: 오스트레일리아, 뉴질랜드, 애버리지니, 마오리족.

1. 오세아니아의 섬나라

세계를 5대양 6대주로 구분할 때 유일하게 섬들로 구성된 대륙이 포함된 지역이 있다. 바로 태평양에 자리하고 있는 오세아니아인데, 이곳은 대양ocean 가운데 있는 곳이라는 의미로 대양주라 불리기도 한다. 오세아니아를 대표하는 나라에는 오스트레일리아와 뉴질랜드가 있으며, 그 주변의 섬나라로 구성된 멜라네시아, 폴리네시아, 미크로네시아 등도 포함된다.

오스트레일리아와 뉴질랜드는 남반구에 걸쳐 있는 국가로, 주변에 어떠한 땅과도 연결되어 있지 않은 섬나라이며 세계에서 인구가 가장 희박한 나라이기도 하다. 이들 두 나라는 태즈먼해를 사이에 두고 있으며 두 나라를 통합한 오스트랄권은 서쪽으로 인도양, 동쪽으로는 태평양, 남쪽으로는 남극해를 마주한다. 이들 두 나라의 남쪽에 접해 있는 바다는 남대양Southern Ocean이라는 공식명칭이 있지만, 우리는 보통 남극의 얼음과 함께 구성되었다는 의미에서 '남빙양'이라 부른다.

지금과 같은 지구가 만들어지기 전에 하나의 덩어리였던 초대륙Pangaea은 아프리카 대륙을 중심으로 사방으로 분리되었으며, 그 가운데 하나가 오스트레일리아 판으로 떨어져 나왔다. 따라서 오스트레일리아와 뉴질랜드는 바다를 사이에 두고 분리되어 있지만 바닷속에서는 하나의 덩어리로 이루어져 있다. 오스트레일리아의 동쪽에 있는 태즈메이니아에서 뉴질랜드의 서쪽까지 가장 가까운 곳까지의 직선거리는 약 1,500㎞에 달한다.

그림 5-22. 오스트레일리아와 뉴질랜드

두 나라는 동일한 지리적 권역에 포함되지만, 자연지리적 성격은 전혀 다르게 나타난다. 오스트레일리아는 광활하고 건조한 대륙으로 내륙에서도 기복이 크지 않은 땅이지만, 뉴질랜드는 험준한 산악으로 이루어져 있고 강수량도 제법 많은 편이다. 오스트레일리아는 국토의 면적이 774만㎢로 세계에서 여섯 번째로 넓은 국가지만, 뉴질랜드는 국토의 면적이 26만 8,000㎢로 세계에서 73번째에 해당하는 순위다. 인구규모는 오스트레일리아가 약 2,500만 명이고 뉴질랜드는 약 479만 명이다. 인구밀도로 따지면 우리나라에서 150명이 점유하는 땅을 오스트레일리아에서는 1명이 점유하는 셈이다.

오스트레일리아 대륙이 동쪽으로 이동하는 과정에서 움직임이 멈춤에 따라, 동쪽에는 남북 방향으로 길게 형성된 산줄기인 그레이트디바이딩산맥이 형성되었다. 반면 대륙의 중부와 서부는 대체로 평평한 평지로 이루어져 있으며, 대부분 사막(그레이트빅토리아사막, 그레이트샌디사막)이다. 오스트레일리아는 세계에서 가장 건조한 대륙으로 연강수량이 500㎜에도 미치지 못하는 곳이 땅덩어리 전체의 2/3를 차지한다. 따라서 오스트레일리아에 사람이 많이 거주하는 곳은 온대기후의 특징을 보이는 서안해양성기후와 지중해성기후가 전개되는 대륙의 동쪽과 동남쪽, 서쪽의 일부 지역이다.

오스트레일리아의 인구 대부분이 거주하는 동남쪽에는 수도인 캔버라를 비롯해 오스트레일리아 제1의 도시인 시드니와 멜버른 등이 있으며, 서쪽에는 과거 19세기 중반 이후 금광개발로 성장한 퍼스가 있다. 오스트레일리아에서는 인구가 집중된 양쪽을 중심으로 여기고 나머지 지역은 시골로 간주한다. 그들이 부르는 시골의 명칭은 우리에게도 친숙한 아웃백out back이다. 아웃백에서는 소나 양을 기르는 목축과 함께 상업적으로 밀을 재배하는 광경을 쉽게 볼 수 있다.

크게 남섬과 북섬으로 이루어진 뉴질랜드는 국토의 중앙부를 산줄기가 남북 방향으로 관통한다. 특히 남섬은 해발고도가 3,000m에 육박하는 산들이 자리하며 남부알프스Southern Alps라는 이름을 가지고 있다. 산지가 많지 않은 북섬이 뉴질랜드의 주요 생활무대이며, 북섬에는 제1의 도시인 오클랜드를 비롯하여 수도인 웰링턴이 있다. 뉴질랜드의 동쪽 해안가를 따라서는 상대적으로 강수량이 풍부하여 목축업과 혼합농업이 발달하기 유리해 소와 양을 주로 사육한다. 한편 뉴질랜드는 오스트레일리아 대륙과 달리 '불의 고리Ring of Fire'라 불리는 환태평양조산대에 속하는 불안정한 땅이다. 지각운동이 활발해 지진이나 화산활동이 빈번하게 발생한다.

2. 원주민과 유럽 열강의 식민지배

바다를 사이에 두고 고립된 곳에 있는 두 나라이지만, 이들 나라에는 일찍부터 원주민이 거주했다. 지금으로부터 7만 년 전에 단단한 뼈를 가진 사람들이 인도네시아에서 이주해 왔고 5만 년 전에는 오스트레일리아 원주민의 조상이라 할 수 있는 사람들이 태즈메이니아를 통해 상륙했다. 고고학자들은 7만 년 전에 들어온 사람을 몸집이 크다는 의미에서 '로버스트Robust'라 불렀고, 5만 년 전에 들어온 사람은 로버스트에 비해 몸집이 호리호리하다는 데에서 '그레사일Gracile'이라 불렀다. 그레사일은 후에 유럽인에 의해 '애버리지니Aborigine'라 불리게 되었다. 그들은 부족 단위로 각기 고유한 생활을 하였으며, 토지 소유 또는 영토에 대한 개념을 가지지 않고 자연에서 식량을 얻으면서 살았다.

한편 유럽에서는 이미 15세기 말부터 항해를 시작해 해외의 영토 확장에 혈안이 되어 있었다. 1606년 네덜란드 탐험대가 제일 먼저 오스트레일리아에 도착한 이후 1688년에는 영국의 탐험대도 도착했다. 영국에서는 산업혁명 이후 도시로 몰려든 사람들이 늘어나면서 죄수가 증가하는 문제가 생겨났다. 죄수들은 미국으로 보내졌지만, 미국이 독립한 이후에는 영국 내에서 죄수를 처리하는 문제가 가장 큰 골칫덩어리였다. 영국의 탐험가 제임스 쿡James Cook은 식민지를 모색하던 중 오스트레일리아가 식민지 개척에는 부적합한 땅이지만 죄수들을 수용하기에는 좋은 곳이라고 보고했고, 1788년 영국의 장기수들이 시드니에 도착하면서 오스트레일리아는 유형식민지로 전락했다.

범죄자들의 진입과 더불어 일반인들도 오스트레일리아로 이주해 오면서 영국인이 증가했고, 영국에서는 1827년 오스트레일리아 전체를 식민지로 선포했다. 오래전부터 거주하던 원주민인 애버리지니가 토지 소유에 대한 개념을 가지지 않았기에 영국인들은 원주민들의 특별한 저항은 물론 협상이나 조약도 체결하지 않고 오스트레일리아를 점령할 수 있었다.

애버리지니는 백인으로부터 철저히 무시당하면서 살아야 했고, 그들에게 시민권이 주어진 것은 1967년 이후의 일이다. 남부에서 북부로 밀려난 원주민 애버리지니는 지금 오스트레일리아 북부의 특별행정구역인 노던 테리토리Northern Territory에 주로 거주한다. 억압받던 그들은 21세기 들어 서서히 목소리를 높이고 있다. 2000년에 개최된 시드니 올림픽 여자육상 400m 경기에서 금메달을 목에 건 캐시 프리먼Cathy Freeman이 애버리지니 출신이다. 지금은 약 30만 명의 애버리지니가 오스트레일리아에 거주하고 있다. 애버리지니와 오스트레일리아 정부 사이의 분쟁은 아직까지도 진행 중이다.

뉴질랜드는 지금으로부터 약 1,000년 전 태평양의 폴리네시아에 거주하던 사람들이 발견해 이주하면서 사람이 살기 시작한 곳이다. 초기에 뉴질랜드로 건너온 사람들이 원주민인 마오리Maori족이다. 그들은 토지와 혈연관계를 중심으로 그들 고유의 문화를 정착시켰다. 현재 뉴질랜드에서는 원주민인 마오리족의 전통을 존중하며, 그들

애버리지니

마오리족

사진 5-21. 오스트레일리아와 뉴질랜드의 원주민

의 문화를 관광자원으로 활용하고 있다. 마오리족은 뉴질랜드군에 포함되어 6.25전쟁에도 참전했다.

뉴질랜드에 유럽인이 처음 도착한 시기는 1642년이며, 18세기 이후에는 탐험가를 비롯하여 항해가와 상인들이 꾸준히 방문했다. 1840년에 영국인과 마오리 추장 사이에 와이탕기 조약Waitangi Treaty이 체결되면서 뉴질랜드는 영국의 식민지가 되었고, 영국 국민으로서의 권리를 인정받았다. 와이탕기 조약은 마오리족과 영국 사이의 파트너십을 형성하려는 의도에서 체결되었다. 뉴질랜드는 일찍이 유럽 열강과 조약을 체결하고 동반자 관계를 형성했다는 점에서 오스트레일리아의 식민지 지배과정과 다르다.

와이탕기는 뉴질랜드 북섬 북쪽의 아일랜즈만에 접한 해안도시다. 유럽의 제도가 도입되면서 마오리족이 소유했던 토지의 대부분이 유럽인에게 넘어갔으며 마오리족의 영향력도 약화되기 시작했다. 현재는 약 40만 명의 마오리 원주민이 남아 있으며 대부분 북섬에 거주한다.

두 나라는 식민지배를 받기 시작하면서 다양한 국가로부터 이주민이 들어왔다. 오스트레일리아는 백호주의를 표방하면서 유색인종의 진입을 막았지만, 근래에는 백호주의가 폐지됨에 따라 아시아에서 이주해 가는 사람이 많아졌다. 백호주의는 오스트레일리아에서 금광 개발이 한창이던 1850년대 이후 중국에서 온 노동자들이 금을 중국 본토로 보내자 중국인 노동자들이 오스트레일리아에 유입되는 것을 방지하기 위해 실시되었다. 뉴질랜드는 태평양의 도서국가에 거주하는 사람들이 진입해 오면서 더 다양한 국가로 변모하고 있다. 오스트레일리아와 뉴질랜드에는 원주민으로 이루어진 주요 문화유산이 남아 있지만, 지금은 다양한 이주민에 의해 다문화경관이 더욱 뚜렷해지면서 문화 모자이크로 변화하고 있다.

한편 영국의 식민지배 흔적은 오스트레일리아와 뉴질랜드의 국기에도 투영되어 있다. 두 나라의 국기는 전체적인 모양이 유사한데, 두 나라 국기에는 영연방에 속하여 남십자성과 영국의 유니언 잭이 공통적으로 들어가 있다.

3. 더딘 인구성장은 규모경제 실현의 걸림돌

앞에서 언급한 바와 같이, 오스트레일리아와 뉴질랜드는 영토규모에 비해 인구규모가 아주 작은 국가다. 아마 다른 나라에서 유입된 인구가 없었다면 이 두 나라의 인구는 이미 정체 상태이거나 감소 상태에 들어갔을지도 모른다. 아시아에 이민 문호를 개방하면서 아시아로부터 유입되는 인구가 증가하고 있음에도 국가적인 차원의 인구증가는 상당히 둔하게 진행되고 있다. 역사적으로 미국이나 영국이 번성했던 시기는 이민의 문호를 개방하여 집단의 규모가 커졌을 때다.

인구집단의 증가는 인간 간의 상호작용을 증대시키는 동시에 다양한 아이디어를 만들어 내는 촉매의 역할을 한다. 또한 국가 내에서 만든 물건을 소비할 시장이 넓어지는 것을 의미한다. 오스트레일리아와 뉴질랜드는 섬나라이며 인접 국가까지의 지리적 접근성도 양호한 수준은 아니다. 제조업을 발달시켜 물건을 만들더라도 소비시장이 제한적이라면 제조업은 결국 쇠퇴할 수밖에 없다.

오스트레일리아는 한때 글로벌기업의 주요 생산공장이 입지했던 나라다. 자동차 생산공장을 세웠던 포드·도요타·GM 등이 2014~2017년 사이에 오스트레일리아의 공장을 철수하거나 생산을 중단했다. 이뿐만 아니라 담배제조업체인 필립모리스와 정유

공장을 운영하는 BP 역시 공장을 폐쇄하기에 이르렀다. 오스트레일리아의 내부적인 경제여건이 열악해짐에 따라 글로벌기업이 이탈한 것이다. 덩달아 오스트레일리아의 실업률이 치솟았다.

세계적으로 권위 있는 기관인 헤리티지재단에서 매년 측정해 발표하는 경제자유지수에 대해 앞에서 살펴본 바 있다. 이는 각 나라의 경제활동이 얼마나 자유로운지를 보여 주는 것으로, 오스트레일리아와 뉴질랜드는 매년 상위 10위 안에 자리한다. 즉 두 나라가 제한된 정부권력으로 자유로운 기업환경을 조성했으며, 경제성장과 장기적 번영 그리고 사회적 진보에서 상당히 우위를 점했다는 의미이다. 경제가 꾸준히 개선되면서 외국기업의 진출이 활발함에도 불구하고 글로벌기업의 제조업체가 본국으로 돌아가는 이유를 생각해 볼 필요가 있다. 우리는 앞서 제4장에서 아시아태평양경제협력체APEC가 결성될 때 오스트레일리아와 뉴질랜드가 공동운명체가 된 까닭을 알 수 있었다.

오스트레일리아나 뉴질랜드에 여행을 다녀온 사람에게서 받은 선물이 농산물이거나 또는 그것을 가공한 제품이면 90도로 허리를 숙여 고마움을 표시하고, 공장에서 생산된 공산품이면 고개만 숙여 인사한다는 우스갯소리가 있다. 그 이유는 두 나라의 제조업이 빈약한 이유로 저개발국에서 생산한 공산품을 수입하기 때문이다. 과잉인구는 환경을 파괴하기도 하고 교통시설 및 인프라 확충을 위한 추가비용을 필요로 하지만, 적절한 인구규모는 국가의 경쟁력을 강화시키는 밑거름이 된다.

에필로그

지금까지 이 책을 읽으면서 여러 나라에 관한 각종 현상들이 상당 부분 지리적 영향을 받아 생성된 것임을 알 수 있었을 것이다. 21세기를 전후하여 세계가 직면한 도전은 정치·경제·환경·문화 등의 변화와 융합에 따라 사람과 장소 간의 연결을 증가시키는 데 있다. 이러한 현상을 흔히 세계화라고 일컫는다. 세계화는 경제·정치·사회·문화 등이 변화하는 과정을 통합함으로써 사람들과 장소의 상호연결이 증대되는 것이라 요약될 수 있다.

무엇보다 세계화에 따른 경제활동이 변화의 중심에 있다. 다시 말해서 그것은 글로벌 차원에서 글로벌 스탠다드에 따라 진행된 세계경제의 재편이었다. 경제의 세계화가 가능했던 배경에는 정보 통신의 발달에 따른 '정보화'가 있다. 이제는 오늘 벌어진 사건이 즉각 전 세계에 알려지는 세상이 되었다. 경제활동의 변화는 문화적 차원으로 이어졌다. 특히 소비문화의 확산으로 인해 세계의 문화적 다양성이 감소한 반면, 지역의 전통문화는 퇴색되는 경향이 생겨났다. 이로 인해 신구의 조화가 아니라 신구의 갈등이 야기되었다.

맥도날드와 같은 패스트푸드의 글로벌 지점망은 빅맥지수로 표현되는 경제지표가 되었고, 스위스의 명품시계와 독일 및 이탈리아의 고급자동차는 지구촌에 사는 소비자들의 선망의 대상이 되었으며, 프랑스제 향수는 모든 사람에게 익숙한 향기가 되어버렸다. 또한 스타벅스와 같은 커피숍의 아메리카노와 코카콜라, 펩시콜라는 지구촌의 일상적 음료가 되었다.

이와 같은 변화가 서양인에게는 친숙하게 다가올지 모르겠지만, 전 세계적으로 볼 때는 세계화를 통해 초래된 문화적 차원의 불편한 변화로 받아들일 수밖에 없을 것이다. 이는 당연히 문화적 다양성을 저해하는 요인이 될 수 있겠지만, "세계화는 곧 지방화다."란 말이 의미하듯이 '세방화glocalization'의 단면으로 이해할 수도 있다. 여기서 세방화世方化란 세계화globalization와 지방화localization의 합성어다. 가령 햄버거와 피자가 우리나라에 들어와 불고기 버거로 변형되거나 불고기 피자가 된 경우가 그 예이다.

세계화와 지방화는 동전의 앞뒷면과 같아 동일한 것으로 이해해야 한다. 가령 축구선수 손흥민은 지방화의 차원에서는 한국의 국가대표지만, 글로벌 차원에서 볼 때는 잉글랜드 프로 축구의 1부 리그인 프리미어 리그Premier League에서 활약하는 토트넘 팀의 핵심멤버다. 두 차원 모두에서 손흥민 선수는 동일 인물이지만, 국가대표로서의 존재와 프리미어 리거로서의 존재는 다르므로 동종이형同種異型이라 할 수 있다.

일부 낙관론자는 세계화의 진전으로 모든 종족을 아우르는 단일한 글로벌 문화가 생겨나 전쟁과 인종갈등, 자원갈등, 영토분쟁 등이 없는 평화로운 세상이 만들어질 것이라는 장밋빛 미래를 기대하지만, 그것은 유토피아에 불과할지도 모른다. 과거 패권국들이 힘없는 나라에 저지른 약탈의 역사를 아무 일이 없었던 듯이, 또는 아무런 반성 없이 내일만을 위해 나아가자고 한다면 공평하지 못하다. 일부 지역을 제외하고는 세계화가 거침없는 속도로 확산되고 있으나 모든 나라 국민이 그 수혜자가 되지는 못하고 있다. 그렇다고 하여 세계화를 아무런 대안 없이 반대하는 좌파들과 이슬람 국가들의 편에 설 수만도 없다.

지구촌이 세계화될수록 오히려 국가 간 경쟁이 전보다 더 치열해지는 경향이 나타나고 있다. 그 경쟁은 모든 분야에 걸쳐 발생하고 있는데, 이에 대해서는 제1장에서 국기·지폐·체구·스포츠·학문·치안·인구 등에 걸쳐 살펴보았다. 즉 글로벌 차원에서 세계를 이해할 수 있는 기회의 장이 되었다고 볼 수 있다.

제2장의 환경적 차원에서는 갑작스런 기후변화에 대해 충분한 사례를 들지 못한 점

이 아쉽다. 서유럽의 비옥한 농경지는 황폐화해졌고, 가난해진 농민들은 도시로 몰려들어 각종 도시문제를 유발했다. 여기에 더하여 아프리카와 시리아로부터 난민들의 행렬이 끊이지 않고 있으며 혹독한 겨울철 추위와 타는 듯한 여름철 더위는 시민들을 괴롭혔다.

이러한 일은 아프리카와 아시아에서도 벌어지고 있다. 물론 라틴아메리카도 예외는 아니다. 재앙적 기후변화에 대한 경고는 지금으로부터 수백 년 전부터 있어 왔다. 급격한 기후변화는 필시 국가안보에 위협을 미칠 것이다. '불의 고리'라 불리는 환태평양 조산대의 조짐도 심상치 않다.

인류는 자연재해로 인한 큰 재앙을 여러 번 경험한 바 있다. 『구약성서』에 등장하는 소돔과 고모라를 비롯해 역사적으로 여러 차례 피해를 입었다. 그중 로마시대인 79년 8월 25일 새벽 1시에 베수비오 화산이 폭발함으로써 폼페이시가 모두 화산재로 매몰된 적이 있다. 하나의 도시 역사가 일순간에 멈춰 버렸다. 당시 행복한 삶을 누렸던 폼페이 시민들은 여러 차례에 걸쳐 화산 폭발의 조짐이 있었음에도 불구하고 이에 대한 대비를 전혀 하지 않았다.

저자들이 이 책의 집필을 마무리할 무렵인 2018년 9월 6일에 일본의 홋카이도에서 진도 7의 강진이 발생했다. 자연재해는 도시를 삼켜 커다란 인명피해만 입히는 것이 아니라 자연을 파괴한다는 사실을 목격할 수 있었다. 홋카이도 산야 곳곳의 많은 계곡들이 칼로 잘라 낸 듯이 무너졌고 산사태로 토사가 쓸려 와 마을을 덮쳤다.

2018년 9월 28일 인도네시아 술라웨시섬 북부에 진도 7.5의 강진과 쓰나미가 밀어닥쳤다. 막대한 시설피해는 물론 1,700명의 사망자와 5,000명의 실종자가 발생한 엄청난 규모였다. 구조작업과 재난수습을 지휘해야 하는 전·현직 시장마저 사망해 난항을 겪었다. 이처럼 자연재해는 도시와 농촌을 가리지 않고 사람들과 자연에 막대한 피해를 준다.

자연재해는 화산폭발이나 지진 말고도 또 있다. 북극의 빙하가 녹고 남극의 오존층이 파괴되어 식물의 광합성과정에 이상이 생겨 지구의 허파라 할 수 있는 숲에 영향을

로마 폼페이 베수비오 화산 폭발의 상상도

인도네시아 술라웨시섬의 쓰나미

미친다. 예전에는 오존층이 극지방에서만 주로 봄철에 얇아진다고 생각했으나 실제로는 중위도 지역에서도 얇아지고 있다. 그래서 지금은 적도지역 정도에만 정상적인 오존층이 있을 뿐이다.

이 책의 제3장에서는 자연환경과 문화의 다양성에 대해서도 살펴보았지만, 제4장과 제5장에서 설명했음에도 불구하고 지리적 다양성이 세계화와 갈등을 일으키는지 살펴보는 데는 다소 미흡한 감이 없지 않다. 제5장의 로컬 차원에서 본 국가별 이슈는 흥미로운 사항을 선별해 기술하다 보니 골고루 안배되지 못했다. 이에 대한 지적 갈증이 심한 독자들께는 제1장 서두에서 언급한 『반 룬의 지리학』을 권하고 싶다. 헨드릭 빌렘 반 룬은 비록 지리학자는 아니었지만 다양한 분야에 걸쳐 지적 호기심이 남달랐던 저널리스트였다. 네덜란드에서 태어난 그는 미국의 하버드 대학과 코넬 대학에서 공부하고 독일의 뮌헨 대학에서 박사학위를 취득해 인기 있는 강좌를 개설하기도 했다.

우리는 제4장에서 중국의 경제발전이라는 무거운 주제에 대해 생각해 보는 기회를 가졌지만 그와 동시에 와인과 소금 등 부담 없는 주제에 대해서도 생각하는 기회를 가졌다. 인도의 IT산업이 발달한 이유는 의외였다. 또한 우리는 자원분쟁이 발생하고 있는 지역에 대하여 살펴보았고, 기니만 연안지역에서 열강들이 자행한 수탈 현장도 목격할 수 있는 기회를 가졌다. 여기서 지리학자 블레이가 그의 저서 『분노의 지리학』에서 유럽의 분열된 역사가 없었더라면 인종주의로 무장한 식민열강들이 한 세기 전에 세계지배를 달성했을지도 모른다고 술회한 대목을 상기할 필요가 있다.

지리학을 공부하지 않은 사람들도 일정한 경지에 오르면 역사가 지리의 포로임을 알게 되고, 역사란 지리의 4차원임을 깨닫게 된다. 또한 경제를 움직이는 것이 지리이며, 일본의 선각자 우치무라內村鑑三가 역설한 것처럼 지리를 모른 채 정치와 외교를 논하지 말라고 말할 수 있게 된다. 보통은 고대 그리스의 역사가인 헤로도토스가 지리학자였는지 잘 모르며 알렉산더 대왕이나 나폴레옹이 왜 지리에 심취되었고 물리학자 뉴턴이 왜 대학 강단에서 물리학뿐 아니라 지리학도 강의했는지 잘 모른다.

르네상스시대의 마키아벨리는 군대를 지휘하는 장군이 가장 먼저 모든 지리적 장소와 자연을 알아야 하는 것처럼 국토의 모든 것을 알기 위해 지리를 배워야 한다고 지적한 바 있다. 지리학과 정치학 간의 관계는 독일을 건설한 비스마르크의 사상에서도 엿볼 수 있다. 그가 "지리학은 역사의 유일한 장소이며 불변하는 구성요소다."라고 주장한 것은 마치 이 책의 머리말에서 소개한 저널리스트인 마샬이 "역사는 지리의 포로다."라며 지리의 힘을 역설한 것이나 또는 프랑스의 드골 장군이 "명령하는 것은 지리학이다."라고 한 말과 일맥상통한다.

프랑스의 지리학자 프레보Prévot는 전투의 지리학·반란의 지리학·혁명지리학이란 용어를 사용했다. 특히 '킬링필드'로 알려진 크메르 루즈 군의 캄보디아 학살사건으로 부상한 혁명지리학에서는 중국의 공산화를 이룬 마오쩌둥의 대장정 성공이 지리적 지식과 농업환경의 이해에 있다고 보았다. 그리고 그는 아르헨티나 출신의 공산주의 혁명가이며 쿠바의 게릴라 지도자였던 체 게바라의 실패를 지리적 준비의 부족으로, 또 카스트로의 게릴라 작전의 성공을 산악지대에 대한 지리의 이해로 간주했다. 만약 미국 대통령이 베트남을 비롯해 아프가니스탄과 이라크, 소말리아의 지리를 알았다면 실패한 정책을 펴지 않았을 것이다.

독자들은 이 책을 읽고 무엇을 느꼈으며 무엇을 얻을 수 있었는가? 세계는 재미있다고 느꼈는가? 아니면 우려할 만하다고 느꼈는가? 그리고 얻은 소득은 지식이었나? 아니면 해박한 교양이었나? 세계가 재미있다고 느꼈어도 좋고, 우려할 만하다고 깨달아도 좋다. 이 책이 독자들에게 지식의 밑거름이 되어도 좋고, 인문교양이 해박해져도 좋다. 왜냐하면 모두 독자들에게 도움이 되었다는 의미이기 때문이다. 역시 "세상은 아는 만큼 보인다."라는 말이 허황된 말은 아닌 것 같다.

한 가지 더 자문자답하기 바라는 사항이 있다. 독자들이 이 책을 읽고 한국인임이 자랑스러워졌나? 아니면 부끄러워졌나? 그것 역시 어느 쪽이라도 상관없다. 어떻게 느꼈든지 간에 무언가 느낀 점이 있다는 뜻일 테니까. 만약 독자가 이 책을 읽고 행복하다면 그것은 책이 잘 쓰인 것이라기보다는 독자가 잘 읽었기 때문일 것이다. 마지막으로 미국 한림원이 지적한 "모든 현상은 시간에 있기 때문에 역사가 있듯이, 공간이 있기 때문에 지리가 있다."란 말을 인용하며 이 책의 말미를 장식하련다.

참고문헌

강수민, 2017, "무슨 향수 쓰세요", CAPE House Book, 케이프 투자증권, 4-7.

김보라, 2016, "주요국의 몽골 경제협력 현황과 특징", 대외경제정책연구원 전문가풀 몽골분과 세미나 자료집.

김성준, 2001, 유럽의 대항해시대: 엔리케이에서 제임스 쿡까지, 신서원.

김영순 외, 2016, 중학교 사회 1, 두산동아.

김종선 외, 2017, 경박한 시사경제, 팬덤북스.

김춘동, 2012, "음식의 이미지와 권력: 커피를 중심으로", 비교문화연구, 18(1), 5-34.

남영우, 2010, "지금 지리학과 지리교육은 위기인가, 기회인가?", 대한지리학회지, 45(6), 691-697.

남영우, 2011, "인류 최초의 지도 '차탈휘위크 맵'의 발굴경위와 지도학적 특징", 한국지도학회지, 11(2), 1-14.

남영우, 2018, 땅의 문명, 문학사상사.

남영우·최재헌·손승호, 2018, 세계화시대의 도시와 국토, 법문사.

박현욱·강동진, 2013, "북극개발과 북극항로", HMC 투자증권.

송주미, 2015, "북극해 항로 이용가능 에너지자원 물동량 시나리오 분석", 한국해양수산개발원.

오소영, 2003, "안성천 중상류지역 거봉 포도의 공간적 확산", 고려대학교 대학원 석사학위논문.

왕설매·정진섭·왕정상, 2012, "한국기업의 對 중국 및 베트남 해외직접투자 특징에 관한 연구", 기업경영연구, 19(2), 99-125.

윤덕노, 2015, 음식이 상식이다, 더난출판사.

이윤호, 2008, 완벽한 한잔의 커피를 위하여, MJ미디어.

이헌동, 2009, "세계의 소금 시장, 어떻게 움직이고 있나?", 수산정책연구, 4, 74-93.

임수진, 2011, "지속가능한 커피의 역할과 한계: 20세기 말 커피위기 시대 중미지역을 사례로", 이베로아메리카, 13(2), 189-228.

KOTRA 울란바토르 무역관, 2016, "몽골", KOTRA.

한국여성지리학자회, 2011, 41인의 여성지리학자, 세계의 틈새를 보다, 푸른길.

해양수산부, 2018, "2017년 전 세계 해적사고발생 동향분석 보고".
홍익희, 2015, 세상을 바꾼 다섯 가지 상품 이야기, 행성B.
甲斐莊正泰, 1982, "フランス香水と世界の市場", 地域, 11, 50-55.
宮崎正勝, 1997, 鄭和の南海大遠征: 永楽帝の世界秩序再編, 中公新書, 東京.
宮路秀作, 2017, 經濟は地理から學べ!, ダイヤモンド, 東京.
內村鑑三·鈴木 範久 譯, 1995, 代表的日本人, 岩波文庫, 東京.
別技篤彦, 1989, 世界の風土と民族文化, 帝國書院, 東京.
市川健夫, 1984, 風土の中の衣食住, 東京書籍, 東京.
鈴木秀夫, 1988, 超越者と風土, 大明堂, 東京.
Brock, J., 2001, "The Town Plan of Catalhoyuk", *Measure and Map*, 13, 16-19.
de Blij, H.J., 2005, *Why Geography Matters*, 유나영 역, 2007, 분노의 지리학, 천지인.
de Blij, H.J., Muller, P.O. and Nijman, J., 2014, *Geography: Realms, Regions, and Concepts*, John Wiley & Sons, Hoboken, New Jersey.
Blouet, B.W. and Blouet, O.M., 2010, *Latin America and the Caribbean: A Systematic and Regional Surveym*, 김희순·강문근·김형주 역, 2013, 라틴아메리카와 카리브해: 주제별 분석과 지역적 접근, 까치.
Crampton, W., 1990, *The Complete Guide to Flags*, Gallery Books, New York.
Davis, K.C., 2001, *Don't Know Much About Geography*, 이희재 역, 2003, 지오그래피, 푸른숲.
Diamond, J., 1993, *The Third Chimpanzee*, 김정흠 역, 2015, 제3의 침팬지, 문학사상사.
Diamond, J., 1997, *Guns, Germs, and Steel*, 김진준 역, 1998, 총, 균, 쇠, 문학사상사.
Government of Dubai, 2012, Dubai 2020 Urban Masterplan, Dubai Municpality and Planning Department, p.2.
Harari, Y.N., 2014, *Sapiens: A Brief History of Mankind*, 조현욱 역, 2015, 사피엔스, 김영사.
Harwood, J., 2006, *To the End of the Earth: 100 Maps that Changed the World*, 이상일 역, 2014, 지구 끝까지: 세상을 바꾼 100장의 지도, 푸른길.
Heiser, C.B., Jr., 1990, *Seed to Civilization: the Story of Food*, 장동현 역, 2000, 문명의 씨앗, 음식의 역사, 가람기획.
Helliwell, J.F. *et al.*, 2018, *World Happiness Report 2018*, UN.
Herodotus, B.C. 440, *Historiai*, Grene, D.(trans.), 1987, *The History*, 박광순 역, 1996, 역사, 범우사.
Huntington, E., 1915, *Civilization and Climate*, 間崎万里 譯, 1938, 氣候と文明, 岩波書店, 東京.
Huntington, S.P., 1996, *The Clash of Civilization and the Remaking of World Order*, 이희재 역,

1997, 문명의 충돌, 김영사.
IPSA, 2016, *World International Security & Police Index*, WISPI.
Jacob, B., 2002, *Von Donnerbalken und innerer Einkehr*, 박정미 역, 2005, 화장실의 역사, 이룸.
Rowntree L., Lewis, M., Price, M. and Wyckoff, W., 2016, 안재섭·김희순·신정엽 역, 2017, 세계 지리: 세계화와 다양성, 시그마프레스.
Mellaart, J., 1967, *Çatal Hüyük: a Neolithic town in Anatolia*, McGraw-Hill, London.
OECD, 2018, *Meat Consumption*.
Pomeranz, K. and Topik, S., 1999, *The World That Trade Created: Society, Culture, and the World Economy, 1400 to the Present*, 박광식 역, 2003, 설탕, 커피 그리고 폭력, 심산.
Porter, M. and Bond, G., 2004, *The California Wine Cluster*, Harvard Business School.
Prévot, V., 1981, *A quoi sert la geographie?*, Le Centurion, Paris.
UNESCO, 2017, *The Global Slavery Index 2016*.
UNESCO, 2017, *Woman in Science*, Fact Sheet, 43.
Van Loon, H.W., 1932, *Van's Geography: The Story of the World We Live in*, 임경민 역, 반 룬의 지리학, 아이필드.
Vidal de la Blache, P., 1922, *Principles de Géographie Humaine*, 飯塚浩二 譯, 1940, 人文地理學原理, 岩波書店, 東京.
Work Free Foundation, 2018, *The Global Slavery Index 2016*.

기상청 블로그, "지구온난화 때문에 북극 뱃길이 개방되다?".
동아닷컴(2009년 12월 22일)
매일경제(2016년 10월 25일)
연합뉴스(2017년 11월 7일)
중알일보(2005년 7월 11일)
중앙일보(2018년 4월 1일)

그림, 사진, 표 출처목록

제1장

그림 1-1. 시대에 따른 동서양 경계의 변화 / 남영우(2018), p.335.

그림 1-32. 국가별 성인 남자의 평균 신장 / AverageHeight. co.(2017).

그림 1-55. 국가별 카카오 생산량(2005~2009년) / 국제코코아연맹(ICCO).

그림 1-58. 주요 국가의 연령별 행복지수의 변화 / OECD(2018).

그림 1-60. QS세계대학평가 로고 / http://www.iu.qs.com/.

사진 1-1. 터키의 아라라트산과 파키스탄의 K2 봉 / (a) 저자촬영 (b) Wikimedia Commons_Svy 123.

사진 1-3. 빅맥 햄버거 / Wikimedia Commons_Evan-Amos.

사진 1-7. 콜럼버스와 정화 동상 / Wikimedia Commons_Javi Guerra Hernando.

사진 1-8. 믈라카의 존커 스트리트 입구의 정화 선박 모형사진 / 다음 블로그 "이든의 배낭기"의 Eden님.

표 1-8. WISPI의 측정 영역과 지표 / IPSA(2016).

표 1-11. 현대판 노예에 대한 각국 정부의 대응 등급 / Work Free Foundation(2016).

제2장

그림 2-5. 빨대로 맥주를 마시는 우르 사람 / NHK세계4대문명.

사진 2-5. 툰드라의 송유관 / Flicker_Malcolm Manners.

사진 2-6. 히말라야산맥의 마차푸차레 / Flicker_Himanshu Ahire.

사진 2-7. 구르카 용병과 쿠크리 도검 / gurkha museum, Wikimedia commons_Anon5551212.

제3장

그림 3-1. 일본 여성이 용변을 보던 자세 / 市川健夫(1984), p.196.

사진 3-1. 로마시대의 수세식 화장실 / Flicker_PeterJ, John McLinden.
사진 3-2. 화장실이 없는 베르사유 궁전 / Wikimedia Commons_ToucanWings.
사진 3-4. 똥지게와 똥장군 / 국립민속박물관.
사진 3-5. 이슬람 여성의 눈 화장 / 게티이미지뱅크.
사진 3-7. 로얄 셀랑고르의 대표적 상징물 / Flicker_eGuide Travel.
사진 3-9. 바투동굴과 무르간 / Flicker_Ramanathan Kathiresan.
사진 3-17. 일본 센다이의 미야기 스타디움/ https://www.hashimototen.co.jp/business/construction/result/039/index.html
사진 3-18. 일본의 정종 기쿠마사무네 / Wikimedia commons_円周率3パーセント.

표 3-1. 주요 향수별 톱 텐의 점유율 / Euromonitor International.

제4장

그림 4-3. 중국의 경제성장률 추이(2004~2018년) / 中文维基百科.
그림 4-4. 중국 국민소득의 향상과 원유 소비량 / 中文维基百科.
그림 4-7. 중국 돼지고기와 쇠고기의 소비량 증가 추세 / 中文维基百科.
그림 4-17. 기니만의 유전과 천연가스의 분포 / Energy-Pedia News.
그림 4-26. 기니만 연안의 해적 공격 발생 건수 / 중앙일보.
그림 4-29. 세계 주요 유전의 분포 / 宮路秀作(2017), p.24.
그림 4-30. 국가별 1일 석유생산량 / OPEC(2017).
그림 4-31. 석유수출국기구 회원국의 석유 생산량과 수출량 / OPEC(2017).
그림 4-32. 주요 국가의 석유생산량 추이 / OPEC(2017).
그림 4-35. 아제르바이잔의 파이프라인 건설 안 / 宮路秀作(2017), p.79.

사진 4-1. 페루 리마에서 열린 제24차 APEC 경제지도자회의 / Wikimedia Commons_Galería de la Cancillería del Peru.
사진 4-4. 노르웨이의 부동항 나르비크 / http://www.narvikhavn.no/
사진 4-5. 유럽시장의 관문 유로포트 / Flicker_Kristoffer Trolle.
사진 4-8. 볼리비아의 우유니 소금사막 / 게티이미지뱅크.

제5장

그림 5-4. 세계 10대 수출 강대국(2017년) / WTO(2018).
그림 5-9. 베트남의 인구 및 1인당 GDP의 변화 / IMF.

그림 5-14. 마스다르시티 조감도 / Flicker_準建築人手札網站.

사진 5-2. 건조시킨 보이차 / Flicker_Matteo X.
사진 5-4. 여러 각도에서 바라본 하산 닥 화산 봉우리 / 남영우(2011).
사진 5-5. 레바논의 콰디샤 계곡 / Wikimedia Commons_Bontenbal.
사진 5-7. 1950년대의 두바이 / Government of Dubai(2012), p.2.
사진 5-8. 세계 최고층 건물인 부르즈 할리파 / Wikimedia Commons_Nepenthes.
사진 5-9. 에티오피아 정교의 교회 / Flicker_David Stanley.
사진 5-11. 퀸의 멤버와 머큐리 / Wikimedia Commons_KPFC.
사진 5-12. 코발트 노동을 하고 있는 콩고민주공화국의 어린이들 / 국제앰네스티.
사진 5-13. 바티칸궁의 스위스 용병 / Wikimedia Commons_Abaddon1337.
사진 5-19. 밥 말리 / Wikimedia Commons_Ueli Frey.
사진 5-21. 오스트레일리아와 뉴질랜드의 원주민 / Flicker_Malcolm Williams, Henryhbk.

표 5-1. 한국의 주요 지표별 순위 / 한국무역협회(2017).

에필로그

인도네시아 술라웨시섬의 쓰나미 / Wikimedia Commons_Devina Andiviaty.